碳化固化软弱土理论与技术

刘松玉　蔡光华　著

科学出版社

北京

内 容 简 介

本书针对土木工程可持续发展的战略需求，对采用活性 MgO 替代传统硅酸盐水泥碳化固化软弱土地基的理论和技术进行了系统总结，是国内外第一本有关 MgO 碳化固化软弱土理论与技术的专业工程著作。书中重点介绍了活性 MgO 碳化固化软弱土的技术原理、碳化方法，阐明了碳化固化软弱土的强度特性、物理与力学特性、耐久性等，并与硅酸盐水泥固化软弱土进行了对比；总结了碳化固化软弱土的化学机理、矿物机理和微观结构机理，建立了碳化固化软弱土的微观结构模型，提出了现场采用碳化搅拌桩技术和整体碳化技术的原理。

本书可供岩土工程、地下工程等领域的研究生学习、参考，也可作为土木工程、交通运输工程类的高校、科研院所、设计院及施工单位相关人员的技术参考书籍。

图书在版编目（CIP）数据

碳化固化软弱土理论与技术/刘松玉，蔡光华著. —北京：科学出版社，2021.12

ISBN 978-7-03-070462-7

Ⅰ. ①碳…　Ⅱ. ①刘…　②蔡…　Ⅲ. ①软土-建筑材料-固化工艺
Ⅳ. ①TU521

中国版本图书馆 CIP 数据核字（2021）第 221781 号

责任编辑：宋　芳　宫晓梅 / 责任校对：王万红
责任印制：吕春珉 / 封面设计：东方人华平面设计部

科 学 出 版 社 出版
北京东黄城根北街 16 号
邮政编码：100717
http://www.sciencep.com
新科印刷有限公司 印刷
科学出版社发行　各地新华书店经销
*
2021 年 12 月第 一 版　开本：787×1092　1/16
2021 年 12 月第一次印刷　印张：22 1/4
字数：525 000
定价：178.00 元
（如有印装质量问题，我社负责调换〈新科〉）
销售部电话 010-62136230　编辑部电话 010-62135120-2015（BF02）

前　言

在全球环境保护和节能减排的倡导下，以传统波特兰水泥为固化剂的软弱土固化技术已不能适应环境的可持续发展需要，主要体现在高能耗、高 CO_2 排放和不可再生资源消耗方面，研究低碳、环保和高效的软弱土处理技术是现代工程建设的迫切需要。碳化固化软弱土技术是以活性 MgO 替代波特兰水泥作为固化剂，经与土体均匀拌和后通入 CO_2 气体，经数小时碳化反应后，生成系列镁式碳酸盐，使软弱土的强度快速而显著提高，达到处理目标。碳化固化技术对土木工程领域的节能减排和可持续发展具有开创性的科学意义和应用前景。

在国家自然科学基金项目（项目编号：51279032、41902286、41972269）、江苏省交通科技基金项目（项目编号：2018T01）和国家重点研发计划（项目编号：2016YFC0800200）等项目资助下，著者及其课题组对 MgO 碳化固化软弱土的强度特性、物理与力学特性、耐久性、碳化加固机理等进行了系统研究，并自主研发了碳化搅拌桩技术和整体碳化技术，该技术的先进性和有效性已在工程实践中被证实，实现了软弱土碳利用加固目标。

本书共分 6 章：第 1 章主要介绍研究背景、固化技术应用的研究进展和 MgO 碳化固化技术的研究进展；第 2 章通过室内碳化试验，论述了不同土体条件、MgO 性质和碳化养护条件下碳化固化软弱土的强度变化规律；第 3 章介绍了基于不同条件影响下的 MgO 碳化固化软弱土的物理特性、电学特性、基本力学特性和渗透特性的变化规律；第 4 章介绍了 MgO 碳化固化软弱土在干湿循环、冻融循环和硫酸盐侵蚀作用下的耐久性能；第 5 章介绍了 MgO 碳化固化软弱土的机理和微观模型；第 6 章介绍了软弱土整体碳化固化技术与现场工程应用成果。

本书由刘松玉和蔡光华共同完成，其中，易耀林、曹箐箐、李晨、郑旭、叶晔、秦川、王亮为本书出版做出了重要贡献。东南大学杜广印博士、南京路鼎搅拌桩特种技术有限公司宫能和高工等为现场应用实施付出了辛勤努力，为本项目成果的成功应用做出了重要贡献；在本成果研究和著作撰写过程中，著者参考并引用了多位学者的研究成果，在此一并表示由衷的感谢！

限于著者水平，有些问题研究尚需进一步深入，书中存在一些疏漏在所难免，诚恳希望读者不吝赐教，以便著者及时更正和继续研究。

目　　录

第1章　绪论 ·· 1

　1.1　概述 ·· 1

　1.2　传统固化剂加固机理与特点 ··· 4

　　1.2.1　石灰加固机理 ··· 4

　　1.2.2　水泥固化机理 ··· 5

　　1.2.3　粉煤灰等工业废料类固化机理 ·· 9

　1.3　MgO 水泥 ·· 11

　　1.3.1　MgO 资源 ·· 11

　　1.3.2　MgO 活性及其测定方法 ·· 13

　　1.3.3　MgO 水泥的特点 ·· 15

　1.4　碳化技术 ·· 17

　　1.4.1　矿物碳化 ··· 18

　　1.4.2　碳化对混凝土的影响 ·· 20

　　1.4.3　MgO 水泥的碳化效果及其机理 ·· 27

第2章　碳化固化软弱土的强度特性 ··· 33

　2.1　碳化固化方法 ·· 33

　　2.1.1　三轴碳化法 ·· 33

　　2.1.2　碳化箱碳化法 ··· 34

　　2.1.3　碳化桶碳化法 ··· 35

　2.2　碳化固化土强度影响因素 ·· 36

　　2.2.1　MgO 性质 ·· 36

　　2.2.2　土体的影响 ·· 46

　　2.2.3　碳化养护条件影响 ·· 55

　2.3　强度增长预测方法 ··· 57

　　2.3.1　基于 MgO 掺量和碳化时间的强度预测方法 ······························· 57

　　2.3.2　基于似水灰比和碳化时间的强度预测 ·· 63

　　2.3.3　基于 MgO 活性指数和似水灰比的强度预测 ································ 65

　　2.3.4　基于天然土液限的强度预测 ··· 67

第3章 碳化固化软弱土的物理与力学特性 ························· 70

3.1 碳化固化软弱土物理特性 ································· 70
    3.1.1 温度变化 ··· 71
    3.1.2 质量变化 ··· 75
    3.1.3 体积变化 ··· 82
    3.1.4 含水率变化 ······································· 89
    3.1.5 密度变化 ··· 96
    3.1.6 颗粒粒径分布 ···································· 107

3.2 碳化固化软弱土电学特性 ······························ 116
    3.2.1 电阻率测试方法 ·································· 117
    3.2.2 电阻率变化规律 ·································· 120
    3.2.3 孔隙液电导率变化规律 ···························· 139

3.3 碳化固化软弱土基本力学特性 ·························· 143
    3.3.1 应力-应变曲线 ·································· 143
    3.3.2 破坏应变 ·· 154
    3.3.3 变形模量 ·· 159

3.4 渗透特性 ·· 161
    3.4.1 固化剂掺量的影响 ································ 163
    3.4.2 碳化时间的影响 ·································· 164
    3.4.3 初始含水率的影响 ································ 164
    3.4.4 CO_2 通气压力的影响 ·························· 166
    3.4.5 似水灰比的影响 ·································· 166

第4章 碳化固化软弱土的耐久性能 ······················· 170

4.1 抗干湿循环特性 ·· 170
    4.1.1 试验方法 ·· 170
    4.1.2 物理特性 ·· 171
    4.1.3 力学特性 ·· 177

4.2 抗冻融循环特性 ·· 180
    4.2.1 试验方法 ·· 180
    4.2.2 物理特性 ·· 181
    4.2.3 力学特性 ·· 184

4.3 抗硫酸盐侵蚀特性 ······································ 185
    4.3.1 试验方法 ·· 185
    4.3.2 物理特性 ·· 186
    4.3.3 力学特性 ·· 189

第 5 章　碳化固化软弱土机理与微观模型 ……………………………………… 193

5.1　微观分析测试内容与方法 ………………………………………………… 193

5.1.1　化学分析法 …………………………………………………………… 193

5.1.2　热分析法 ……………………………………………………………… 195

5.1.3　X 射线衍射 …………………………………………………………… 196

5.1.4　扫描电镜测试 ………………………………………………………… 197

5.1.5　微观孔隙测试 ………………………………………………………… 198

5.2　化学机理 …………………………………………………………………… 199

5.2.1　碳化土 pH 值 ………………………………………………………… 199

5.2.2　硝酸酸化法测试碳化度 ……………………………………………… 206

5.2.3　碳化固化土的热特性 ………………………………………………… 209

5.3　微观加固机理 ……………………………………………………………… 219

5.3.1　矿物成分 ……………………………………………………………… 219

5.3.2　微观结构 ……………………………………………………………… 229

5.3.3　孔隙特征 ……………………………………………………………… 245

5.4　碳化固化机理与结构模型 ………………………………………………… 269

5.4.1　MgO 固化土碳化加固机理 ………………………………………… 269

5.4.2　碳化固化粉土的结构模型 …………………………………………… 271

5.4.3　碳化固化粉质黏土的结构模型 ……………………………………… 272

第 6 章　整体碳化固化软弱土技术 ……………………………………………… 274

6.1　简述 ………………………………………………………………………… 274

6.2　整体碳化固化室内模型试验 ……………………………………………… 278

6.2.1　模型设计 ……………………………………………………………… 278

6.2.2　试验方案 ……………………………………………………………… 279

6.2.3　测试内容 ……………………………………………………………… 280

6.2.4　模型试验结果与分析 ………………………………………………… 284

6.3　整体碳化固化技术现场应用 ……………………………………………… 304

6.3.1　场地概况与施工材料 ………………………………………………… 304

6.3.2　整体碳化固化单点试验施工 ………………………………………… 306

6.3.3　整体碳化固化施工技术 ……………………………………………… 308

6.3.4　测试结果与分析 ……………………………………………………… 317

6.3.5　整体碳化固化技术影响因素分析 …………………………………… 326

6.3.6　沉降监测 ……………………………………………………………… 330

6.3.7　整体碳化固化施工工艺 ……………………………………………… 335

参考文献 …………………………………………………………………………… 338

第 1 章 绪 论

1.1 概 述

在我国，大部分沿海沿江地区是经济相对发达、基础设施建设相对密集的地区。随着我国经济和城市化的快速发展，高速铁路、高速公路、轨道交通、地下空间开发等基础设施建设日新月异，很多工程建设规模和工程技术含量处于国际领先水平。然而我国海岸大部分为淤质海岸，沉积了不同厚度的软土；沿江地带则由冲积或三角洲沉积而成，广泛分布软土和粉质类土等软弱土层。软土具有高含水率、大孔隙比、低强度、低渗透性、高压缩性、高灵敏度等特点，给沿海沿江地区工程建设带来了挑战，是诱发各类工程事故与病害的根本原因。

我国滨海地区软土分布情况如表 1-1 所示，沉积相主要有滨海相、潟湖相、溺谷相、三角洲相[1]。

表 1-1 我国滨海地区软土分布情况

沉积相	主要分布区
滨海相	天津滨海新区、连云港、宁波、舟山、温州、厦门、湛江
潟湖相	盐城、宁波、温州
溺谷相	福州、泉州
三角洲相	上海、珠江三角洲

滨海相——在较弱海浪暗流及潮汐的水动力作用下，逐渐沉积而成。沉积的土颗粒可包含粗、中、细砂，较粗的颗粒在近岸处沉积，而较细的颗粒则被搬运到向海的方向。滨海相软土沿海岸和垂直海岸方向常呈较大的交错层理变化特征，在我国天津滨海新区、连云港、宁波、舟山、温州、厦门、湛江比较典型。

潟湖相——沉积物颗粒较细，以黏粒为主，沉积范围较宽阔，常形成滨海平原。黏性土层分布广而厚，潟湖边缘常伴有泥炭堆积。潟湖相在盐城、宁波、温州比较典型。

溺谷相——与潟湖相的沉积环境类似，但溺谷相分布范围窄，在福州、泉州地区最为典型。

三角洲相——沉积环境属于海陆交替型，是河流运移过程中土颗粒在河口附近浅水环境中形成的沉积物。在河流和海洋复杂环境的交替作用下，黏土层与薄砂层交错沉积，时有透镜体夹层。三角洲相的沉积环境是河、海交替作用，受河流和潮汐的复杂作用影响，沉积体系包括三角洲平原、三角洲前缘和前三角洲。我国软弱土沉积相大多是三角洲相。河北海河冲积平原、山东黄泛平原和江苏苏北古黄河冲积平原均属于三角洲平原。三角洲相在上海和珠江三角洲比较典型。

　　我国沿江沿海地区软土分布厚度变化较大,最深超过 100 m[2]。

　　根据龚晓南院士《地基处理技术及发展展望》[3]中地基处理方法分类,我国现有软土地基处理技术主要包括置换、排水固结、加筋与复合地基、灌入固化物(化学加固)等(表 1-2)。桩基础一般适用于深厚(>30 m)软土地基,其也是高层建筑、桥梁工程等采用的主要基础形式。中华人民共和国成立以来,我国的地基处理技术主要经历了起步应用和发展创新两大阶段。20 世纪 50～60 年代是我国地基处理技术的起步应用阶段,由于那时国家经济比较落后,我国从苏联等国家引进了浅层处理、密实、排水预压等技术;20 世纪 80 年代以来是我国地基处理技术的发展创新阶段,我国结合自身经济及技术特点,因地制宜,在地基处理新方法、施工机械、施工工艺和材料等方面,发展了适合我国国情的地基处理技术,形成了具有中国特色的地基处理与加固技术体系,颁布了《复合地基技术规范》(GB/T 50783—2012)、《建筑地基处理技术规范》(JGJ 79—2012)等系列规范规程(表 1-3),在提高我国工程建设质量、保障工程运营安全方面发挥了重要作用。

表 1-2　我国主要地基处理技术及其分类 [3]

地基处理技术	主要方法
置换	换土垫层法、抛石挤淤置换法、砂石桩置换法、强夯置换法、石灰桩法、EPS 超轻质填料土法、泡沫轻质土法
排水固结	堆载预压法、超载预压法、真空预压法、真空-堆载预压法、降低地下水位法、劈裂真空法、电渗排水法、强夯联合真空法、药剂真空法
加筋与复合地基	加筋土垫层法、低强度刚性桩复合地基法、钢筋混凝土桩复合地基法、长短桩复合地基、桩网复合地基、树根桩法、劲芯桩复合地基
灌入固化物(化学加固)	深层搅拌法、高压喷射注浆法、渗入性灌浆法、高聚物注浆法、劈裂灌浆法、挤密灌浆法、整体搅拌法
振密、挤密	压实法,强夯法,振冲密实法,挤密砂石法,爆破挤密法,土桩,灰土桩法,夯实水泥土桩法,孔内夯扩法,振杆密实法
托换与纠倾	基础加宽法、桩式托换法、综合托换法、加载纠倾法、掏土纠倾法、顶升纠倾法、综合纠倾法
冷热处理	冻结法、烧结法

表 1-3　我国地基处理相关规范及其适用内容

规范名称	新编或修订时间	适用内容
《复合地基技术规范》(GB/T 50783—2012)	2012 年颁布	本规范适用于复合地基的设计、施工和质量检验。主要包括复合地基勘察要点,复合地基计算,各类复合地基设计、施工,监测与检测要点等
《吹填土地基处理技术规范》(GB/T 51064—2015)	2015 年颁布	本规范适用于吹填土地基处理的勘察、设计、施工和质量检验。主要包括吹填场地勘察、压实法、堆载预压法、真空预压法、强夯法、振动水冲法、固化法、电渗排水法等
《高填方地基技术规范》(GB 51254—2017)	2017 年颁布	本规范适用于填筑厚度大于 20 m 的建设场地或填筑地基形成中的勘测、设计、施工、质量检验与监测。主要包括工程测量和原场地勘察、原场地地基处理、填筑地基工程、边坡工程、排水工程、工程监测等

续表

规范名称	新编或修订时间	适用内容
《软土地基路基监控标准》（GB 51275—2017）	2017 年颁布	本标准适用于软土地基路基施工期和运营期的监控
《建筑地基处理技术规范》（JGJ 79—2012）	1991 年第一版 2002 年修订版 2012 年修订版	本规范主要适用于建筑地基处理，包括换填垫层、预压地基、压实地基、夯实地基、复合地基、注浆加固、微型桩加固、检验与监测等
《铁路工程地基处理技术规程》（TB 10106—2010）	2010 年颁布	本规程针对不同速度等级铁路及地基情况，规定了地基压缩层的计算厚度，明确了不同地基沉降的计算方法；纳入了应用于高速铁路无砟轨道路基地基处理的钢筋混凝土桩网、桩筏、桩板结构等新技术；纳入了岩溶、采空区注浆技术；明确了侵蚀性环境下地基处理工程的耐久性要求；明确了 14 种地基处理技术设计、施工、质量检验的要求
《公路软土地基路堤设计与施工技术细则》（JTG/T D31-02—2013）	1996 年第一版 2013 年修订版	本细则适用于各等级新建改（扩）建公路工程软土地基路堤的设计与施工。主要修订内容：①完善了对软土地基工程地质勘察的相关规定；②完善了软土鉴别指标，沉降、稳定设计计算方法及复合地基处理设计方法；③增加了土工泡沫塑料路堤、现浇泡沫轻质土路堤、真空预压、水泥粉煤灰碎石桩、刚性桩、爆炸挤淤、路堤地基隔离墙、强夯和强夯置换及吹填砂路堤设计和施工等内容

　　对于复合地基处理技术，搅拌桩法被广泛应用于我国高速公路工程中的软弱地基处理，以增加软土地基承载力、减小地基沉降和不均匀沉降、提高路堤稳定性。在实际路堤荷载作用下，由于基础刚度和搅拌桩刚度的显著差异，即桩体模量显著大于土体，地表桩间土的沉降往往大于桩体的沉降（桩土差异沉降），地表的差异沉降会通过路堤填土向上反射，当地表差异沉降大到一定程度时会对路面结构层和路堤稳定产生不利影响。为此，刘松玉教授提出了基于竖向刚度优化的变截面搅拌桩加固成层软弱地基方法，变截面搅拌桩加固成层软弱地基示意图如图 1-1 所示。该方法因地制宜，在性质差的软土层中采用大直径桩体（即高置换率），在性质相对较好的土层采用小直径桩体（即低置换率），有针对性地对成层软弱地基进行经济、有效的处理。

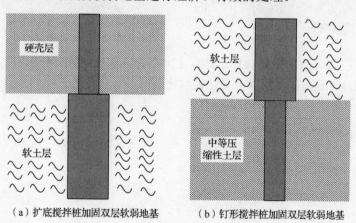

（a）扩底搅拌桩加固双层软弱地基　　　　（b）钉形搅拌桩加固双层软弱地基

图 1-1　变截面搅拌桩加固成层软弱地基示意图

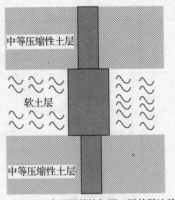

（c）"中"字形搅拌桩加固三层软弱地基

图 1-1（续）

1.2　传统固化剂加固机理与特点

　　化学加固技术指在土体中拌入水泥、石灰或其他固化材料，使土体和固化剂发生一系列化学反应，产生能胶结土颗粒的胶结物质，引起土体固有特性改变，使抗剪强度和水稳定性提高，压缩性和渗透性降低。化学加固技术主要包括深层搅拌法、高压喷射注浆法、渗入性灌浆法、劈裂灌浆法、挤密灌浆法等。该类技术是加固软弱土地基的主要方法，在各类土木工程建设中发挥了重要作用。

　　固化剂主要是无机固化材料，如石灰、水泥、飞灰或者其组合等。石灰是早期搅拌桩施工中应用最多的固化剂，但由于生石灰固化时间长、强度低、对环境污染较大，除个别国家使用外，现国内外广泛采用的是硅酸盐水泥固化剂[4-5]。国内外对水泥固化剂的加固机理和应用效果及改良方法等进行了大量研究，利用工业副产品或工业废料代替或部分代替水泥也是近几年的研究热点。

1.2.1　石灰加固机理

　　向土体中掺入石灰，使石灰与土体发生一系列化学或物理-化学反应，促使土体物理力学特性提高，石灰加固机理主要包括水化反应、离子交换反应、$Ca(OH)_2$ 结晶反应、碳化反应和火山灰反应[6]。

1.　水化反应

　　生石灰遇水发生水化反应，即

$$CaO+H_2O \longrightarrow Ca(OH)_2 \tag{1-1}$$
$$Ca(OH)_2 \longrightarrow Ca^{2+}+2OH^- \tag{1-2}$$

2.　离子交换反应

　　Ca^{2+} 活性比 Na^+ 和 K^+ 的活性低，易被吸附在土粒表面，置换土粒表面的 Na^+ 和 K^+，平衡部分负电荷，使电位降低、吸附层厚度和土粒间距变小、土粒间引力增加，产生的絮凝作用增加了初期稳定性，其离子交换反应见式（1-3），离子交换反应原理如图 1-2 所示。

$$土粒^{K^+(Na^+)}+Ca^{2+}\longrightarrow 土粒^{Ca^{2+}}+2K^+(Na^+) \tag{1-3}$$

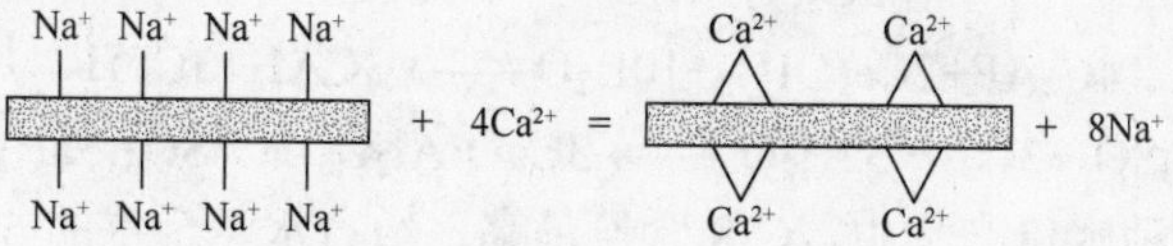

图 1-2　离子交换反应原理图

3. $Ca(OH)_2$ 结晶反应

石灰继续吸水形成含水晶格$[Ca(OH)_2·nH_2O]$，该晶体互相结合，与土粒结合形成共晶体，把土粒胶结成整体，使石灰土的水稳性提高[7]。

4. 碳化反应

游离的 $Ca(OH)_2$ 会吸收空气中的 CO_2，但数量有限。发生的碳化反应如下：

$$Ca(OH)_2+CO_2\longrightarrow CaCO_3\downarrow+H_2O \tag{1-4}$$

5. 火山灰反应

土粒中的活性 Si 和 Al 矿物在石灰碱激发作用下解离，发生火山灰反应，生成硅酸钙和铝酸钙等胶结物，但数量极少。

石灰具有以下缺点。

1）石灰石煅烧温度高（900～1000 ℃），每生产 1 t CaO，可消耗 1.8 t 石灰石、3185 MJ 能量，排放 CO_2 约 0.8 t[8]。

2）石灰固化土强度增长缓慢，影响施工进度。

3）固化土强度与石灰掺量在一定范围内成正比，若石灰掺量超出某一范围，强度反而降低。

4）石灰固化土的水稳性差，难以满足对强度要求高的工程[6]。

1.2.2　水泥固化机理

水泥熟料主要成分为硅酸三钙（C_3S）、硅酸二钙（C_2S）、铝酸三钙（C_3A）、铁铝酸四钙（C_4AF）（其中 C、S、A、F 分别为 CaO、SiO_2、Al_2O_3、Fe_3O_4 的简写）[9]。与石灰固化土相似，水泥与软土掺混后，水泥颗粒能在软土中发生水解和水化反应，生成氢氧化钙[$Ca(OH)_2$]、水化硅酸钙（CSH）、水化铝酸钙（CAH）和水化铁酸钙（CFH）等化合物。此外，还包括黏土颗粒与水泥水化物间的作用（如离子交换反应、火山灰反应）和碳化反应等过程，具体反应机理如下。

1. 水化反应

$$2C_3S+6H_2O \longrightarrow 3CSH+3Ca(OH)_2 \qquad (1\text{-}5)$$

$$2C_2S+4H_2O \longrightarrow 3CSH+Ca(OH)_2 \qquad (1\text{-}6)$$

$$3C_3A+6H_2O \longrightarrow 3CAH \qquad (1\text{-}7)$$

$$4C_4AF+2Ca(OH)_2+10H_2O \longrightarrow 3CAH+3CFH \qquad (1\text{-}8)$$

$$3CaSO_4+3C_3A+32H_2O \longrightarrow 3CaO \cdot Al_2O_3 \cdot 3CaSO_4 \cdot 32H_2O \qquad (1\text{-}9)$$

在生成的这几种水化产物中,C_3S 含量最高,约占水泥全重的 50%,对强度增长起决定性作用;C_2S 含量较高,约占水泥全重的 25%,主要产生后期强度;C_3A 约占水泥全重的 10%,其水化速度最快,可促进早凝;C_4AF 约占水泥全重的 10%,产生早期强度。此外,还含有少量 $CaSO_4$(约 3%),可与 C_3A 发生水化反应,生成具有膨胀势的针状结晶体水泥杆菌,大大降低了土体含水率,适量的水泥杆菌可填充土体孔隙,增加软土地基的固化效果,但过量的水泥杆菌则导致水泥土膨胀破坏[9]。

2. 离子交换反应

同石灰-土的离子交换相似,有些水化物继续硬化,形成水泥石骨架;有的水化物可与土体中具有一定活性的黏土颗粒发生反应。软土作为一种多相分布体系,可与水结合表现出胶体特性,如土中高含量 SiO_2 遇水后形成表面带有 Na^+ 或 K^+ 的硅酸胶体微粒或以 SiO_2 为骨架的板状(或针状)晶体,微粒或晶体表面的 Na^+ 和 K^+ 与水泥水化物中的 Ca^{2+} 进行当量吸附交换,使较小土颗粒变成较大的土团粒,从而使土体强度提高。

此外,水泥水化所产生的凝胶粒子的比表面积比水泥颗粒的比表面积大 1000 倍,较大的比表面积具有强烈的吸附活性,凝胶粒子与较大土团粒进一步结合,形成坚固联结的水泥土团粒结构,并封闭各土团间的空隙,从而也使水泥土强度提高。

3. 火山灰反应

随着水泥水化反应的进行,溶液中析出大量 Ca^{2+},当固化土中的 Ca^{2+} 含量超过离子交换所需的含量时,过量的 Ca^{2+} 可在碱性环境下与 SiO_2 或 Al_2O_3 发生反应,生成稳定且不溶于水的结晶化合物。这些化合物在潮湿空气中逐渐硬化,提高了水泥土强度,并且致密的结构阻止水分入侵,使水泥土具有足够的水稳定性。具体火山灰反应式如下:

$$SiO_2+xCa(OH)_2+(n\text{-}1)H_2O \longrightarrow xCaO \cdot SiO_2 \cdot nH_2O \qquad (1\text{-}10)$$

$$Al_2O_3+xCa(OH)_2+(n\text{-}1)H_2O \longrightarrow xCaO \cdot Al_2O_3 \cdot nH_2O \qquad (1\text{-}11)$$

4. 碳化反应

水泥水化物中游离的 $Ca(OH)_2$ 能吸收水和空气中的 CO_2,发生碳化反应,生成不溶于水的 $CaCO_3$。除游离 $Ca(OH)_2$ 外,其他水化物与 CO_2 继续发生碳化反应,使 $CaCO_3$ 生成量增加。反应式如下:

$$3CSH+CO_2 \longrightarrow CaCO_3\downarrow+2(CaO \cdot SiO_2 \cdot H_2O)+H_2O \qquad (1\text{-}12)$$

$$CaO \cdot SiO_2 \cdot H_2O + CO_2 \longrightarrow CaCO_3 \downarrow + SiO_2 + H_2O \tag{1-13}$$

生成的 $CaCO_3$ 降低了土的碱性和分散度,一定程度上增强了土体强度和抗渗性,但由于土中 CO_2 含量少、反应速度缓慢,故水泥固化过程中的碳化作用常被忽略。

Yousuf 等[10]用水泥和火山灰的混合材料来固化/稳定化重金属污染土,发现水泥水化放热过程中产生的负熔极大地影响了水化速率、微观结构和固化土形态,并通过凝胶或渗透模型 [图 1-3 (a)] 和结晶模型 [图 1-3 (b)] 解释了反应机理[11]。从凝胶模型可以看出,水泥颗粒水化后其表面形成了 CSH 凝胶膜,且膜两侧的渗透压差使水分子向内入渗,Ca^{2+} 和 SiO_4^{4-} 向外迁移;过量的 $Ca(OH)_2$ 积聚并沉淀在膜的流体一侧,而过量的 SiO_4^{4-} 积聚在膜的颗粒一侧,继续产生渗透压差。结晶模型假设:硅酸钙($CaSiO_3$)分解出的带电 SiO_4^{4-} 和 Ca^{2+} 在水泥颗粒表面浓缩成薄膜层,阻止了水泥和水的接触,阻碍水泥中 Ca^{2+} 和 SiO_4^{4-} 释放。初始水化后,$Ca(OH)_2$ 晶体的晶核增大并填充颗粒间的孔隙,CSH 颗粒在水中沉淀析出并富集成硅酸盐,形成的针状物相互连接并形成片状 CSH[11]。

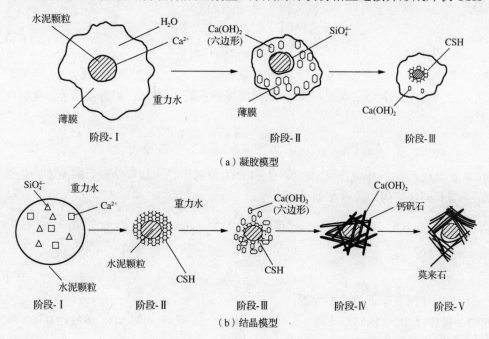

图 1-3 水泥水化机理模型[10]

王星华[12]用扫描电镜（SEM）方法研究了黏土-水泥浆液固化过程中中间产物及其微观结构的变化,提出了黏土-水泥浆液固化的两阶段固结模型（图 1-4）。第一阶段是水泥水化吸收大量自由水,生成不定形胶体,在黏土颗粒表面沉积;第二阶段是不稳定的水化产物逐步转变为稳定的晶体,晶体不断生长并相互穿插,填充了黏土颗粒间的孔隙,使晶体强度增长。第二阶段与图 1-3 (b) 所示的结晶模型较为相似。

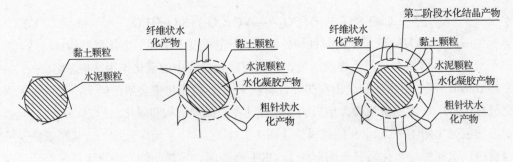

图 1-4　黏土-水泥浆液固化的两阶段固结模型图[12]

Jongpradist 等[13]研究了粉煤灰对水泥固化高含水率黏土无侧限抗压强度的影响，得知固化土强度和弹性模量随粉煤灰含量的增加而增加，当水泥含量大于或等于 10% 时，粉煤灰可作为火山灰材料来替代部分水泥。根据胶凝材料等效掺量定义，用混合比作有效因子，提出了一个经验方程；根据有效因子/Feret's 方程和 Abram 定律（1-15），提出了水泥-飞灰固化黏土的强度预测方程［式（1-14）］。

$$f_c' = K\left[\frac{1}{w/(c+\alpha F_w)} - a\right] \tag{1-14}$$

式中，f_c' 为压缩强度（MPa）；c 为水泥含量（%）；F_w 为飞灰含量（%）；w 为总含水率（%）；α 为效率因子；K 为依赖于水泥类型的系数（MPa）；a 为依赖于固化时间的常量。

$$q_u = \frac{A}{B^{(w/c)}} \tag{1-15}$$

式中，q_u 为无侧限抗压强度（MPa）；A 和 B 为依赖于黏土结构特征、黏土矿物组成、水泥类型和固化时间的经验常数。

$$q_u = \frac{A}{(w/c^*)^B}$$

其中

$$c^* = c + \alpha F_w \tag{1-16}$$

水泥固化剂存在下列主要问题。

1）每生产 1 t 水泥熟料，需 1.5 t 石灰石和黏土、耗能 5000 MJ，排放约 0.95 t CO_2，石灰石和黏土的煅烧温度较高（>1450 ℃）[8]。

2）水泥固化受土体类别的限制，且对塑性指数较高的黏土、有机土及盐渍土等的加固效果不佳。

3）水泥土干缩和温缩性大，易开裂。

4）水泥土强度增长缓慢，一般需要 28 d 才能达到设计强度。

全球水泥有望在 2050 年达到约 40 亿 t，其中年产量较多的是中国、印度、中东及北非（图 1-5）[14]。此外，区域调查结果显示：我国 CO_2 总排放量（对年排放量大于 0.1 Mt 的产业进行统计）约有 3890 Mt，其中发电厂的排放量占 72%，水泥业占 14%（图 1-6）。

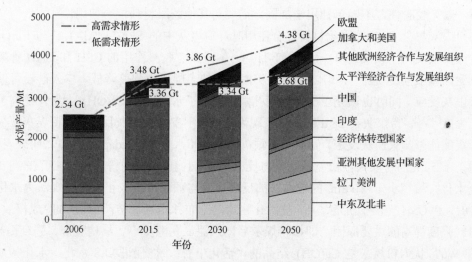

图 1-5 全球水泥产量

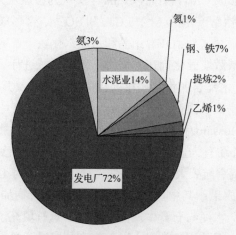

图 1-6 中国工业 CO_2 排放分布

水泥、石灰等固化材料的大量使用，是 CO_2 排放量增加和能源紧张的主要原因之一，也是制约我国经济和生态环境发展的瓶颈。我国《国家中长期科学和技术发展规划纲要》（2006—2020 年）明确要求："大力开发重污染行业清洁生产集成技术，强化废弃物减量化、资源化利用与安全处置，加强发展循环经济的共性技术研究。"因此，提高水泥资源利用率、使用高效低碳的替代燃料或原材料，不仅是水泥业的创新需要，也给土木工程师提出了革新传统地基处理方法、研发新型低碳固化材料的使命。

1.2.3 粉煤灰等工业废料类固化机理

工业废料包括粉煤灰、水泥窑灰、废石膏、火山灰和高炉矿渣等，其中粉煤灰是煤燃烧产生的细灰，是一种黏土类火山灰材料，按 CaO 含量可分为高钙粉煤灰和低钙粉煤灰。我国粉煤灰的主要成分为 40%～60% 的 SiO_2 和 20%～30% 的 Al_2O_3[15]。这些工业废料一般无胶凝性，不能单独用于加固，需要与其他胶凝材料混合使用。

粉煤灰与含 CaO 的固化材料混合使用时，粉煤灰中的 SiO_2 或 Al_2O_3 会与 $Ca(OH)_2$ 发生火山灰反应［式（1-10）和式（1-11）］，生成具有胶凝作用的 CSH 和 CAH 骨架，使水泥固化土强度增加[9]。但随着粉煤灰掺量增加，固化土强度降低。掺入硅粉可以促进火山灰反应，同时也填充了土颗粒间孔隙，降低了水灰比和 $Ca(OH)_2$ 含量，提高了固化土强度[16-17]。粉煤灰在 28 d 龄期前表现为惰性，不参与火山灰反应，但粉煤灰粒径和颗粒级配能影响火山灰反应，促使水泥颗粒的分散和水化。Chindaprasirt 等[18]研究表明：粒径小于 5μm 的粉煤灰颗粒能迅速参与反应；粒径小于 2 μm 的粉煤灰颗粒可在 28 d 内完全水化；粒径小于 10 μm 的粉煤灰的反应速率与颗粒数量成正比。粉煤灰为水化物 $Ca(OH)_2$ 和 CSH 提供了沉淀场所，使水化物均匀分布和相互联结；粉煤灰的"成核效应"是材料强度提高的主要原因，即掺粉煤灰后，水泥土孔隙变小、结构变密、强度提高。Li 和 Wu[19]认为粉煤灰是 $Ca(OH)_2$ 结晶的"活化中心"，能促进 C_3S 水化，水化初期有利于在粉煤灰颗粒表面形成 CSH。然而，Naik 等[20]认为粉煤灰延迟了 C_3S 的早期水化，在形成 CSH 时，粉煤灰溶解产生的 Al^{3+} 与 Ca^{2+} 和 SO_4^{2-} 结合形成钙矾石，降低了粉煤灰颗粒表面的 Ca^{2+} 浓度，延缓了 $Ca(OH)_2$ 结晶和水泥水化。

此外，国外学者对碱激发固化剂在土体固化改良领域进行了大量研究和应用[21-22]。Miller 和 Azad[23]研究了水泥窑灰作为土壤固化剂的可行性及其影响因素；Kolias 等[24]将高钙粉煤灰添加到水泥中以固化黏土；Goswami 和 Mahanta[25]用粉煤灰和熟石灰的混合物来固化残积红壤；Hossain 和 Mol[26]分析了不同固化剂掺量下水泥窑灰和火山灰固化黏土的工程性质；另外还有大量国外学者研究了 GGBS[27]和废石膏[28-30]在土体加固中的应用效果。我国北京航空航天大学的黄新教授课题组[31-33]对工业废渣固化软土进行了长期研究，取得了丰富成果；其中，用废石膏和水泥混合物加固软土时，水泥水化物 CSH 胶结了松散土颗粒，水泥与石膏生成的膨胀性钙矾石填充了孔隙，使水泥和石膏的固化效果优于单独使用水泥的固化效果。庄心善等[34]探讨了粉煤灰、炉渣等工业废料在岩土工程中的应用和作用机理；陈仁朋等[35]将石灰炉渣和水泥炉渣等工业废弃物用于路基加固，试验研究了石灰炉渣加固土的电学特性和强度特性的变化规律。方祥位等[36]提出了一种以高钙灰和脱硫石膏为主，以生石灰、水泥、熟石膏、硫酸铝及明矾石等成分为辅的 GT 型土壤固化剂，得出 GT 型固化改良土的击实效果、抗剪强度、压缩性和抗渗性明显优于石灰改良土。牛晨亮等[37]选择以煤矸石、电石渣和磷石膏等工业废渣为主的土体固化剂，用工业废渣提供的碱性和膨胀性物质来快速调节胶结性和膨胀性水化物的生成速率，固化土强度比普通水泥土强度要高数倍。Yi 等[38-39]研究了活性 MgO 激发下 GGBS 固化土的力学特性，并与石灰激发 GGBS 固化土和水泥固化土进行了对比，结果表明：MgO-GGBS 作为土体固化剂比石灰-GGBS 更有效，且 MgO 的最优掺量为 5%～20%，最优 MgO-GGBS 固化土对应的 28 d 强度达到相同固化剂下水泥固化土强度的 4 倍，其水化产物中除水滑石外，基本与水泥水化产物相似。这些固化材料及相应的研究对改善水泥固化效果、减少环境污染起到了积极的作用。

1.3　MgO 水泥

1.3.1　MgO 资源

1. MgO 资源概况

镁在地壳中的含量仅次于铝、铁、钙，达 2.1%～2.7%，主要来自海水、盐湖水、菱镁矿、水镁石、白云岩和橄榄石等。

全球已探明的菱镁矿资源量约为 130 亿 t，我国已探明储量为 34 亿 t，主要分布于河北、辽宁、安徽、山东等 9 省。我国水镁石资源主要分布在辽宁、陕西、吉林、河南、青海等地，总储量估计为 2500 万 t，而全球海水中的镁含量约为 $6×10^{16}$ t。水镁石的化学成分简单，分子式为 $Mg(OH)_2·xH_2O$，是一种层状结构的氢氧化物，属三方晶系，根据矿物的结晶状况可分为块状、球状及纤水状，在 400～500 ℃下分解成 MgO[40]。白云岩是以白云石[$CaMg(CO_3)_2$]为主要成分的碳酸盐岩，资源储量达 40 亿 t，约占镁资源总量的 95%，主要分布在辽宁营口大石桥、海城，内蒙古的桑干、福建的建瓯一带。按成因分为热液型和沉积型两种，原生沉积的白云岩在高盐度海湖中直接形成，但大多数是次生的，纯白云石由 $CaCO_3$ 和 $MgCO_3$ 组成，含 30.41% 的 CaO、21.86% 的 MgO 和 47.73% 的 CO_2，晶体结构为菱面体的三角晶系，颜色为灰白色，呈玻璃光泽，解离完全，莫氏硬度为 3～4，密度为 2.8～2.9 g/cm³，在冷稀酸中不起泡。根据白云石理化性质的差异，其可分为无定形的网状结构和六角菱形结构两类[41]。无定形网状结构的晶格能小、煅烧时耗能低，煅烧后仍保留白云石的结构特性；而六方菱形结构易破碎、磨损，反应性能较低。白云石中 $MgCO_3$ 和 $CaCO_3$ 的分解温度分别为 734～835 ℃ 和 904～1200 ℃，生成 CaO 及 MgO 混合物的强度低、活性高、孔隙率大、结构疏松、易水化。当白云石煅烧至 1500 ℃时，CaO 转化为 a-CaO，MgO 变为方镁石，有较强的耐水性和较高的耐火度（约 2300 ℃），且结构致密，对炉渣侵蚀具有较强抵抗力。此外，蛇纹石[$Mg_3Si_2O_5(OH)_4$，含 43% 的 MgO、44.1% 的 SiO_2 和 12.9% 的 H_2O]是由硅氧四面体和氢氧镁八面体复合而成的 1∶1 型层状硅酸盐矿物，是一种潜在的矿产资源，已探明储量达 15 亿 t 以上，98%的储量分布在青海、四川和山西等地。

盐湖中镁盐主要有 $MgCl_2$ 和 $MgSO_4$ 两种类型，大多分布于我国西藏北部和青海柴达木盆地，四大盐湖区中的镁盐储量约为 60.03 亿 t，居世界第一[42]。盐湖中的镁盐一般与钾盐伴生，常见的镁盐有水氯镁石（$MgCl_2·6H_2O$）、白钠镁矾（$Na_2SO_4·MgSO_4·4H_2O$）、泻利盐（$MgSO_4·7H_2O$）、钾盐镁矾（$KCl·MgSO_4·3H_2O$）和光卤石（$KCl·MgCl_2·6H_2O$）等，但因技术经济等限制，目前我国对盐湖资源的利用仅停留在从光卤石中提取钾资源。由于每提取 1 t KCl 会产生 8～11 t 的 $MgCl_2$，随着钾肥生产规模的扩大，大量的镁盐被再次排放至盐湖中，使盐湖成分发生变化，镁盐局部富集，造成"镁害"[43]。

MgO 的生产方法很多，因原料不同，生产工艺与方法也不相同，不发达国家多采用固体矿物原料生产纯度为 93%～95%的 MgO，发达国家多用海水、卤水或盐湖水生产 96%～99%的高纯 MgO，具体方法如表 1-4 所示。

表 1-4　MgO 的生产方法[44-47]

方法	原理及工艺
气相法	两种气相或一种气相和固体之间的反应，让镁蒸气和氧气剧烈反应，得到晶型不完整、活性较高的 MgO $2Mg(g)+O_2(g) \longrightarrow 2MgO$
煅烧法	水镁石：$Mg(OH)_2 \longrightarrow MgO+H_2O$
	菱镁矿：$MgCO_3 \longrightarrow MgO+CO_2\uparrow$　　（$\Delta H=-121kJ$）
	白云石： $n[Ca\cdot Mg(CO_3)_2] \longrightarrow (n-1)MgO+Mg(CO_3)\cdot nCaCO_3+(n-1)CO_2\uparrow$ (1000～1500K) $Mg(CO_3)\cdot nCaCO_3 \longrightarrow MgO+nCaO+(n+1)CO_2\uparrow$　　(1100～1200K)
碳化法	$MgCO_3\cdot CaCO_3 \longrightarrow MgO+CaO+2CO_2\uparrow$ $MgO+CaO+2H_2O \longrightarrow Mg(OH)_2+Ca(OH)_2$ $Mg(OH)_2+Ca(OH)_2+3CO_2 \longrightarrow Mg(HCO_3)_2+CaCO_3+H_2O$ $5Mg(HCO_3)_2+H_2O \longrightarrow 4MgCO_3\cdot Mg(OH)_2\cdot 5H_2O+6CO_2\uparrow$ $4MgCO_3+Mg(OH)_2\cdot 5H_2O \longrightarrow 5MgO+4CO_2\uparrow+6H_2O$
卤水-碳酸钠法	$5MgCl_2+5Na_2CO_3+6H_2O \longrightarrow 4MgCO_3\cdot Mg(OH)_2\cdot 5H_2O+10NaCl+6CO_2\uparrow$ $4MgCO_3\cdot Mg(OH)_2\cdot 5H_2O \longrightarrow 5MgO+4CO_2\uparrow+6H_2O$
卤水-碳铵法	$5MgCl_2+2NH_4HCO_3 \longrightarrow Mg(HCO_3)_2+NH_4Cl$ $Mg(HCO_3)_2+2H_2O \longrightarrow MgCO_3\cdot 3H_2O\downarrow+CO_2\uparrow$ $5[MgCO_3\cdot 3H_2O] \longrightarrow 4MgCO_3\cdot Mg(OH)_2\cdot 4H_2O+10H_2O+CO_2\uparrow$ $4MgCO_3\cdot Mg(OH)_2\cdot 4H_2O \longrightarrow 5MgO+5H_2O+CO_2\uparrow$
其他方法	铵浸法（如菱镁矿、水镁石和卤水-氨法等）、硫酸或盐酸的酸浸法和卤水-石灰法，制取精制 MgO

2. MgO 的分类

根据生产工艺、煅烧温度和用途的不同，MgO 可以分为如表 1-5 所示的种类。

表 1-5　MgO 的分类

品种	生产工艺	特性及用途
轻烧 MgO	在 700～1000 ℃下煅烧	特点：活性高、比表面积大、结晶度低； 用途：用于催化剂、橡胶和造纸业、肥料和饲料的供给、吸附剂、中和剂和水泥等[48-49]
重烧 MgO	在 1000～1400 ℃下煅烧	特点：活性较低、比表面积较小； 用途：被成功用于膨胀混凝土中，尤其是混凝土大坝[50]
死烧 MgO	在 1400～2000 ℃下煅烧	特点：活性低、比表面积小、结晶度高； 用途：用于耐火材料和磷酸镁水泥，对波特兰水泥不利
电熔 MgO	在 2800 ℃以上电解析晶体	特点：强度、耐磨性和化学稳定性优于死烧 MgO，极强的耐高、低温性（2500 ℃和-270 ℃）、耐腐蚀性、绝缘性及良好的导热性和光学性能[51]； 用途：用于电热电器、耐火材料、陶瓷材料

续表

品种	生产工艺	特性及用途
轻质 MgO	菱镁矿在700~900 ℃下煅烧，或以卤水 $MgCl_2 \cdot 6H_2O$ 为主制得	特点：白色粉末，有水化活性，堆积密度为0.2~0.3g/mL； 用途：制造陶瓷、搪瓷、耐火材料等，在油漆的制造中作为填充剂，在人造纤维、造纸、橡胶中作为催化剂
重质 MgO	轻烧 MgO 经水解、分离、干燥、煅烧	特点：堆积密度为0.5~0.7 g/mL； 用途：用作冶金用的耐火材料
活性 MgO	除低温煅烧外，还有白云石碳化法、卤水-氨法、卤水-碳酸铵法、气相法、沉淀法等	特点：白色无定形粉末，比表面积大、活性高、粒径小于 2 μm[52]； 用途：用作油漆、纸张等的填料，塑料和橡胶的填充剂，各种电子材料的辅助材料等
专业级 MgO	医药级、试剂级、电工级、硅钢级等	化学纯度较高

1.3.2　MgO 活性及其测定方法

MgO 活性是指 MgO 参与化学反应的能力，是衡量轻烧 MgO 品质的一项重要指标。MgO 活性不仅影响水化物种类、水化速度和稳定性，还影响镁水泥强度、水化热和变形等[53]。MgO 活性的差异主要源于其晶粒大小及结构性，其实质是由雏晶表面价键的不饱和性引起的，晶格的畸变和缺陷加剧了价键的不饱和性。MgO 活性的测试方法主要有定性评价和定量测定两大类。定性评价包括比表面积法（氮吸附法）、碘吸附法和热分析法等；定量测定包括水合法和柠檬酸反应法等。

1. 碘吸附法

碘吸附法是指每克 MgO 所吸收的碘值，根据碘吸附值大小可将 MgO 活性分为高活性、中活性和低活性，其对应的碘吸附值分别为小于 120~200 mg/g、80~120 mg/g 和小于 80 mg/g。具体测试过程为：先称取（2.000±0.001）g 的 MgO 粉末放入（100±2）mL 浓度为 0.1 mol/L 的四氯化碳碘溶液中，然后在恒温水浴振荡器上剧烈摇荡 30 min；待悬浮液静止沉降 5 min 后，用 $Na_2S_2O_3$ 标准溶液标定吸附前后溶液中碘的浓度差，然后利用下式计算吸碘值[54]：

$$吸碘值 = 2.5 \times 127C(V_1 - V_2) \tag{1-17}$$

式中，C 为 $Na_2S_2O_3$ 标准溶液的物质的量浓度（mol/L）；V_1、V_2 分别为滴定 20 mL 碘原液和接触 MgO 后的碘液所消耗的 $Na_2S_2O_3$ 标准液体积（mL）。

2. 热分析法

将 MgO 置于常温下水化，一段时间后在 100 ℃下干燥，对干燥后的粉末进行热分析。唐小丽和刘昌胜[55]根据镁盐的热重-微分热重（TG-DTG）曲线得出，碱式碳酸镁从 60 ℃开始分解，至 560 ℃完全分解，而 $Mg(OH)_2$ 从 300 ℃时才开始分解，至 420 ℃时完全分解（图 1-7）。孙世清和谢维章[56]对不同 MgO 进行水化，并用热分析法测 $Mg(OH)_2$ 含量，根据差热和热重分析曲线求出脱水反应时的各个参数，以计算动力学参数——活化能来评定 MgO 活性。

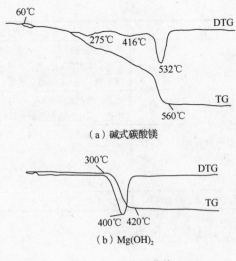

（a）碱式碳酸镁

（b）$Mg(OH)_2$

图 1-7　热分析曲线

3. 水合法

水合法标准有《镁质胶凝材料用原料》（JC/T 449—2008，JC 水合法）和《菱镁制品用轻烧氧化镁》（WB/T 1019—2002，WB 水合法）[57-58]。两种方法的计算式相似，以 WB 水合法为例，先称量约（2.0±0.0001）g 的轻烧 MgO，置于加有 20mL 蒸馏水的玻璃瓶中，在温度（20±2）℃和相对湿度（70±5）%的条件下静置 24 h，然后放入烘箱（100～110℃）中水化、预干，再升温至 150 ℃，并在此温度下烘干至恒重，然后在干燥器中冷却至室温，再称量水化后的试样质量。轻烧 MgO 中的活性 MgO 含量 w 按下式计算（精确至 0.01%）：

$$w = \frac{w_2 - w_1}{0.45 w_1} \times 100\% \tag{1-18}$$

式中，w_1 为轻烧镁粉试样的质量（g）；w_2 为轻烧镁粉试样水化后的质量（g）。

董金美等[57]用 WB 水合法和 JC 水合法测定轻烧 MgO 中的活性 MgO 含量，研究水化时间对活性 MgO 含量的影响，得出用 WB 水合法的测试精度比 JC 水合法高。

4. 柠檬酸反应法

行业标准《轻烧氧化镁化学活性测定方法》（YB/T 4019—2020）[59]明确指出了 MgO 活性的测试原理和步骤，柠檬酸消耗量是表示轻烧 MgO 反应活性的指标[60]。其反应原理为：活性 MgO 遇水易水化成弱沉淀物 $Mg(OH)_2$，$Mg(OH)_2$ 继续电离出 Mg^{2+} 和 OH，如下式：

$$MgO + H_2O \longrightarrow Mg(OH)_2 \tag{1-19}$$

$$Mg(OH)_2 \longleftrightarrow Mg^{2+} + 2OH^- \text{（可逆）} \tag{1-20}$$

在溶液中滴入一定量柠檬酸后，溶液中的 OH 被中和，可逆反应向右进行，根据颜色变化确定柠檬酸的消耗量，进而计算出活性 MgO 的质量。具体测试过程为：称取（13±0.0002）g 柠檬酸置于 400 mL 烧杯中［其中，柠檬酸物质的量浓度按式（1-21）计算配置］，先加 200 mL 水进行溶解，再加水稀释至 1000 mL；随后移取 20 mL 溶液于 250 mL 的锥形瓶中，接着加 3 滴含 1%乙醇的酚酞指示剂，最后用 NaOH 标准溶液滴定至微红色即为终点[61]。

$$C_{C_6H_8O_7 \cdot H_2O} = \frac{C_{NaOH} \times V_1}{V} \qquad (1\text{-}21)$$

其中，NaOH 标准溶液的物质的量浓度计算式如下：

$$C_{NaOH} = \frac{m}{\dfrac{204.2}{1000}V} \qquad (1\text{-}22)$$

式中，m 为 NaOH 的质量（g）；$C_{C_6H_8O_7 \cdot H_2O}$ 和 C_{NaOH} 分别为柠檬酸和 NaOH 标准溶液的物质的量浓度（mol/L）；V 和 V_1 分别为柠檬酸和 NaOH 标准溶液的体积（mL）；204.2 为苯二甲酸氢钾的摩尔质量（g/mol）。

钱海燕等[62]用柠檬酸反应法和水合法测试了 MgO 活性，研究了 MgO 活性与煅烧温度和水化时间之间的关系，结果表明：750 ℃下煅烧成的 MgO 活性最高。李维翰和尚红霞[63]提出了在 30 ℃下用柠檬酸对活性 MgO 进行选择性溶解，用乙二醇二乙醚二胺四乙酸（EGTA）掩蔽钙，用环己二胺四乙酸（CyDTA）测定轻烧 MgO 中的活性 MgO 含量。

1.3.3　MgO 水泥的特点

早在 2001 年和 2004 年，澳大利亚科学家 Harrison[64-65]将波特兰水泥（ordinary Portland cement，OPC）和活性 MgO 混合应用到多孔砌块中，并按其用途和 OPC/MgO 比发明了活性 MgO 水泥，证实了 MgO 水泥的可持续性。目前，MgO 水泥多为活性 MgO、OPC 和火山灰（或粉煤灰）的混合物。Harrison[66-68]绘制了 MgO 和 CO_2 的循环图（图 1-8），并从 CO_2 排放、能源消耗、化石资源消耗和工程性能等角度判定，基于碳化的活性 MgO 是一种环保、可持续发展的高效固化剂。此外，Harrison[69-70]发明了 Tec-水泥、Enviro-水泥和 Eco-水泥，其中 Tec-水泥中活性 MgO 的掺量低（5%～15%），能提高混凝土的可塑性、耐久性和可持续性；Enviro-水泥和 Eco-水泥中所含的活性 MgO 分别为 25%～75% 和 50%～75%，Enviro-水泥多用于污染土的固化/稳定化，Eco-水泥通过碳化来提高多孔材料的强度。

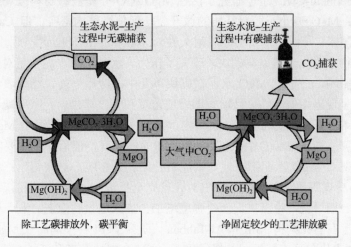

图 1-8　MgO 和 CO_2 的循环图

Harrison[71]还研究了 TecEco-混凝土在建筑废弃物削减和隔离中的应用，同时总结了 OPC 与 TecEco-水泥的水化产物和碳化产物形态、硬度和溶解度，如表 1-6 所示[64-65]。TecEco-水泥中 MgO 的水化使其摩尔体积增大，水化物 $Mg(OH)_2$ 可填充微孔隙，增大 TecEco-水泥的密度；$Mg(OH)_2$ 碳化后产生微膨胀，增大了表面密度，阻止了 CO_2 入渗和深层碳化。而对于 OPC，$Ca(OH)_2$ 经碳化后，易引起表面收缩开裂，进一步促使 $Ca(OH)_2$ 与 C_2S 和 C_3S 发生反应，生成 CSH。MgO 的水化减小了水胶凝比，增加了混凝土的密实度且提高了火山灰的反应效率，$Mg(OH)_2$ 和 CSH 在水中的平衡 pH 值分别为 10.52 和 10.52～11.2。TecEco-水泥中 MgO、OPC 和飞灰的颗粒直径分别为 6～10 μm、60～80 μm 和 10～100 μm，小粒径的 MgO 颗粒可作为 OPC 与飞灰间的润滑剂和孔隙的填充剂，使结构流变性提高。此外，较小半径的 Mg^{2+} 和较大表面电荷比的 Ca^{2+} 容易使极性水分子排成一行，分布在 Mg^{2+} 周围，是碳化产物不同于其他水化碳酸盐的主要原因。此外，Vandeperre 等[72]指出 OPC 水化和 MgO 水化是相互独立的，两者共同作用生成结晶性差的水化硅酸镁（如水蛇纹石），且试样强度和刚度与 OPC 掺量成正比。

表 1-6　OPC 与 TecEco-水泥的特性对比

特性	OPC		TecEco-水泥		
	$Ca(OH)_2$	$CaCO_3$	$Mg(OH)_2$	$MgCO_3$	$Mg(OH)_2 \cdot 4MgO \cdot 4CO_2 \cdot 4H_2O$
形态	块状或针状	块状或晶体状	块状、纤维状	纤维状	针尖状-针状-似晶体状
硬度	2.5	3	2.5～3.0	4.0	3.5
溶解度/%	0.02497	0.00013	0.00015	0.0013	0.0011

Iyengar 和 Al-Tabbaa[73]研究了活性 MgO 水泥和磷酸镁水泥对污染土固化/稳定化的影响，其中活性 MgO 水泥含大量飞灰和 OPC，磷酸镁水泥由正磷酸二氢钾盐或重磷酸盐和死烧 MgO 组成。结果表明：用两种水泥来处理氯酸锌和硝酸铅污染土均可使 pH 值降至 6.5～9.2，而用 OPC，固化后的污染土 pH 值大于 13；此外，28 d 固化土浸出液中的锌和铅浓度分别从初始浓度的 0.087 mg/L 和 1.96 mg/L 降至 0.01 mg/L 和 0.1 mg/L。Cwirzen 和 Habermehl-Cwirzen[74]研究了活性 MgO 对 OPC 基胶凝材料微观结构和耐久性的影响，得出：MgO 减小了胶凝基质的微开裂，促使微结构密实，但 $Ca(OH)_2$ 增加了基质的毛细孔隙率，降低了基质的冰冻耐久性。Liska 和 Al-Tabbaa[48]分别用 MgO、OPC 及两者的混合物来固化天然集料砌块，研究了压力、水灰比和水泥含量对砌块密度、孔隙率和强度的影响，评价了 MgO 水泥在砌块单元中的应用潜能，结果表明：胶凝材料在这些因素下呈现出相似特性，且增大压力使密度和强度增加、孔隙率减小。邓敏等[41]研究了水泥中 MgO 的膨胀机理，结果得出：水泥中 MgO 的膨胀源于 $Mg(OH)_2$ 的生长和发育，浆体膨胀源于 $Mg(OH)_2$ 的吸水膨胀和晶体发育，但后者是主要的。陈胡星[40]研究低钙粉煤灰对 MgO 水泥膨胀性与水泥石孔结构的影响，结果得出：粉煤灰抑制了 MgO 膨胀，当粉煤灰质量分数大于 20%时，可完全抵消 MgO 膨胀；粉煤灰使早期强度降低，但随着龄期增长，粉煤灰反而使强度增加，掺入适量粉煤灰有利于强度的长期发展，改善了水泥石的孔结构。Jin 和 Al-Tabbaa[53]研究了 14 种不同商业 MgO 的活性、结构性、pH 值、水化和形态特性，结果得出：合成 MgO 的纯度和活性越高，则 MgO 比

表面积越大，晶体尺寸、胶结率和 pH 值越小；具体地，MgO 活性随比表面积增大而增大，直至达到 $60 m^2/g$ 后才趋于稳定；胶结率与活性呈较好线性关系；水化程度随比表面积增加而线性增加；pH 值随 CaO 含量增加而增加。并根据结果将 MgO 分为 3 类：高活性 MgO（水化时间< 30 s，比表面积>$60 m^2/g$，胶凝比<1.5）、中活性 MgO（水化时间为 30～300 s，比表面积为 10～$60 m^2/g$，胶凝比为 1.5～3.5）和低活性 MgO（水化时间>300 s，比表面积<$10 m^2/g$，胶凝比>3.5）。

此外，Jin 等[75]将活性 MgO 作为矿渣的减缩剂，研究了活性 MgO 改性碱激发矿渣（AAS）浆体的强度和干缩特性。结果得出：MgO 活性和含量对 AAS 特性有显著影响，活性 MgO 减小了 AAS 的收缩，提高了其强度，且水化物组成随 MgO 活性和含量而变化。Jin 等[76]研究了 MgO 基胶结材料固化/稳定化现场土体应用 3 年后的强度特性、渗透性和淋滤特性，与 OPC 固化土、MgO 固化土和掺有 MgO+粉状粉煤灰（PFA）的 OPC 固化土进行对比，得出 MgO 对固化土强度的增长微乎其微，但对有机污染物和无机污染物的稳定有明显促进作用；MgO 代替 90%的矿渣粉（GGBS）可显著增加固化污染土 3 年后的强度（>3.5 MPa），减小其渗透性（<10^{-10} m/s）；对淋滤液 pH 值的影响顺序为：（MgO+GGBS）>MgO≈（OPC+MgO+PFA）≥OPC，pH 值的增加归因于难溶物 $Mg(OH)_2$ 和水滑石的存在。

1.4 碳 化 技 术

CO_2 的急剧增加引起了人类对全球变暖的担忧，人类势必要采取措施以减少 CO_2 排放或抑制 CO_2 浓度升高。目前，除了提高能量利用率和减少 CO_2 排放外，其他 CO_2 隔离法包括地质封存、海洋封存和矿物碳化[77]。地质封存是将 CO_2 以高压临界流（或压缩液）形式注入渗透率小的地下岩石储存层中，在储存层上有稳定的覆盖层，通过物理或化学作用来实现 CO_2 的永久封存，其封存场所主要为深盐沼池、不可开采的煤层、石油及天然气储层。物理作用指通过水动力捕获和介质表面吸附来封存 CO_2；化学作用指碳酸盐矿化和碳酸盐溶解，或通过置换将已存流体挤占和填充岩石的孔隙[78]。海洋封存需通过船舶或管道将 CO_2 输送至深海中的预定储存点，海洋封存可通过以下方案实施（图 1-9）：方案Ⅰ，将捕获的 CO_2 气体直接注入近岸浅海区（距海平面 200～400 m 深）；方案Ⅱ，将液相 CO_2 注入浅层海床下（距海平面小于 300 m）；方案Ⅲ，将液相 CO_2 注入深层海床下（300～500 m）；方案Ⅳ，在大于 300 m 的深海中注入液相 CO_2，形成 CO_2 湖；方案Ⅴ，在超深海底的隔离膜中处理 CO_2（>3000 m）；方案Ⅵ，从移动船上将液相 CO_2 注入海洋中（临界深 1000～2500 m）；方案Ⅶ，将液相 CO_2 注入超深海床下（>3000 m）。若海底有可溶性碱性物质，可与 CO_2 反应生成稳定碳酸盐，使 CO_2 长期储存，但 CO_2 在海水中较难溶解，会在海底形成 CO_2 液态湖，破坏海洋的生态平衡，并且受目前技术影响，海洋封存可能使 CO_2 逸出到大气中[79]。然而受技术和经济成本限制，采用地质封存和海洋封存等方法进行 CO_2 隔离和封存较难推广。

采用碳化技术，使 CO_2 成为新型固化剂材料是低碳绿色发展的崭新思路。

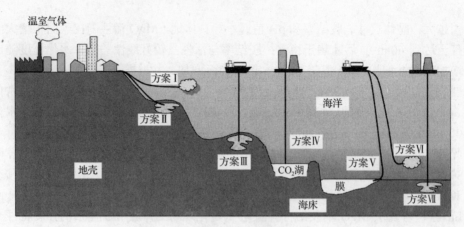

图 1-9　CO_2 海洋封存方式示意图[79]

1.4.1　矿物碳化

矿物碳化是指通过 CO_2 与富含 Ca/Mg 的矿物［如钙硅石 $CaSiO_3$、橄榄石 Mg_2SiO_4、蛇纹石 $Mg_3Si_2O_5(OH)_4$］或金属氧化物间的碳化反应，形成稳定碳酸盐的一种碳隔离方法[80]。矿物碳化受化学组成、碱性材料中矿物特征和 CO_2 吸收量等因素的影响。根据碳化快慢可分为自然碳化和加速碳化：自然碳化也称风化，是大气中 CO_2 与碱基材料间的碳化反应，天然碳化是长期缓慢的；加速碳化是一种新型碳化技术，多通过人为因素将高纯度 CO_2 注到碱性固体废弃物中，并在几分钟或几小时内完成碳化。

与其他 CO_2 封存技术相比，矿物碳化后，CO_2 最终以 Ca/Mg-碳酸盐的形式被固定，但矿物不能在常温常压下与 CO_2 直接反应，需在密封条件下进行。矿物碳化的碳化效率受 MgO 或 CaO 结构特征（如粒径、比表面积、Ca/Mg 试样的孔隙率和压力）的影响显著。式（1-23）～式（1-28）给出了矿物碳化的主要反应式，式（1-23）和式（1-24）是钙硅石和橄榄石直接与 CO_2 反应，或先将这些矿物转化为 $Mg(OH)_2$、MgO、$Ca(OH)_2$ 和 CaO，再与 CO_2 发生碳化反应［式（1-25）～式（1-28）］，CaO 和 $Ca(OH)_2$ 可在几分钟内完成碳化，反应效率显著增加，而 $Mg(OH)_2$ 的碳化在干燥条件下极其缓慢[80]。

$$CaSiO_3(s)+CO_2(g)+2H_2O(l) \longrightarrow CaCO_3(s)+H_4SiO_4(aq) \quad \Delta H = -75kJ/mol \quad (1\text{-}23)$$
$$2Mg_2SiO_4(s)+CO_2(g)+2H_2O(l) \longrightarrow Mg_3Si_2O_5(s)+MgCO_3(s) \quad \Delta H = -157kJ/mol \quad (1\text{-}24)$$
$$Mg(OH)_2(s)+CO_2(g) \longrightarrow MgCO_3(s)+H_2O(l/g) \quad \Delta H = -81kJ/mol \quad (1\text{-}25)$$
$$MgO(s)+CO_2(g) \longrightarrow MgCO_3(s) \quad \Delta H = -118kJ/mol \quad (1\text{-}26)$$
$$Ca(OH)_2(s)+CO_2(g) \longrightarrow CaCO_3(s)+H_2O(l/g) \quad \Delta H = -113kJ/mol \quad (1\text{-}27)$$
$$CaO(s)+CO_2(g) \longrightarrow CaCO_3(s) \quad \Delta H = -178kJ/mol \quad (1\text{-}28)$$

式中，s 为固相；g 为气相；l 为液相；aq 为水溶液。

Gerdemann 等[77]研究了橄榄石和蛇纹石两类矿物的碳化，通过增加颗粒比表面积、CO_2 活度、晶格破碎度和热激活去除结合水等方法来加速碳化；且温度影响了 CO_2 溶解和矿物分解率，得出橄榄石和蛇纹石的最优碳化温度分别为 185 ℃和 155 ℃。Power 等[81]研究了牛碳酸酐酶对 CO_2 吸收率及镁式碳酸盐沉淀的影响，研究得出：牛碳酸酐酶能使溶液快速处于平衡状态，CO_2 在 NaOH 和 $Mg(OH)_2$ 溶液中的吸收率分别为 600% 和 150%，CO_2 在镁式碳酸盐中的隔离率为 360%；随牛碳酸酐酶浓度的增加，CO_2 吸收率与隔离率呈非线性增加，并存在最优牛碳酸酐酶浓度，使碳隔离率达到最大。

矿物碳化率受矿物特性的影响，改变矿物表面活化能可在一定程度上加速矿物碳化率，Maroto-Valer 等[82]用空气和蒸汽进行物理活化，用酸、碱进行化学活化，根据原蛇纹石、活化蛇纹石和碳化物特征来确定矿物表面特性和碳化潜能。结果表明：通过物理和化学活化将原蛇纹石的比表面积从 8 m^2/g 增加到 330 m^2/g；化学活化法比物理活化法更有效，用 650 ℃蒸汽使比表面积增至 17 m^2/g，而用硫酸进行化学活化可使比表面积增至 330 m^2/g。在 155 ℃、126 atm（1 atm=1.01×10^5 Pa）压力下，蒸汽活化 1 h 后，蛇纹石碳化率为 60%，而蛇纹石的原碳化率仅为 7%，碳化产物为水化镁式碳酸盐。

Fricker 和 Park[83]研究了水分对 $Mg(OH)_2$ 碳化路径的影响，结果表明：在水蒸气存在时，$Mg(OH)_2$ 的气-固碳化程度明显提高，潮湿环境促进了 Mg-碳酸盐中间相和水相碳酸盐的形成，而干燥条件则限制了碳化程度；高温、高压或较长时间更有利于无水碳酸盐的形成，用 $Mg(OH)_2$ 来捕捉和储存 CO_2 具有较大潜力（图 1-10）。Zevenhoven 等[84]提供了一种传统的矿物碳化方案，在液化压力反应器内能优化 $Mg(OH)_2$ 的碳化效率，得出：在 500 ℃和 20~30 bar（1 bar=10^5 Pa）的 CO_2 环境下，粒径为 300 μm 的 $Mg(OH)_2$ 在 5min 内的转化率达到 50%，生成 $MgCO_3$；而在 540 ℃和 50 bar CO_2 条件下的转换率为 65%。Fagerlund 等[85]描述了硅酸镁矿物碳化的阶段性过程，CO_2 捕捉和储存涉及 $Mg(OH)_2$ 生成及在加压层流反应器中的碳化。从图 1-11 中可看出，高温、高压有利于碳化，随着温度升高，$Mg(OH)_2$ 含量减少，MgO 和 $MgCO_3$ 增加，且表面活化有利于加快碳化反应速率和提高效率。

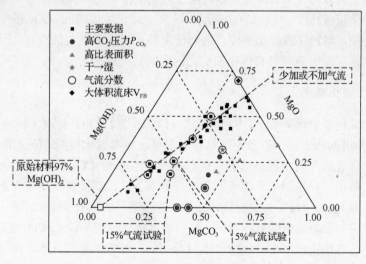

图 1-10　$Mg(OH)_2$ 碳化图[84]

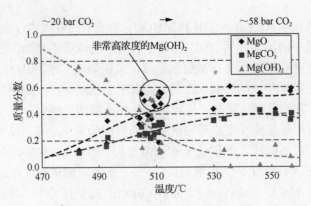

图 1-11　不同条件下反应物的对比[84]

1.4.2　碳化对混凝土的影响

混凝土碳化是指混凝土中的碱性物质与 CO_2 发生复杂的物理−化学反应，引起混凝土中化学成分变化和 pH 值减小[85-87]的过程。水泥熟料的主要成分为 C_3S、C_2S、CA 和 C_4A_3S 等，水化后分别生成 $Ca(OH)_2$、CSH、CAH、CASH 等，对应的 pH 值分别为 12.23、10.4、11.43、10.17，且混凝土的孔隙水通常为饱和 $Ca(OH)_2$ 溶液[88]。水泥水化导致混凝土收缩，产生了 CO_2 扩散通道，容易使混凝土中的水化物碳化，碳化深度逐渐增加；碳化生成的 $CaCO_3$ 降低了混凝土碱性，使 pH 值降低至 8.5，该碳化也称中性化过程。对于钢筋混凝土而言，当碳化深度大于混凝土保护层厚度时，钢筋表面的强碱钝化膜遭到破坏，在水和空气的共同作用下，混凝土的孔溶液中 H^+ 数量增加、钢筋腐蚀，进而减弱混凝土对钢筋的保护作用，降低钢筋混凝土结构的承载力和使用寿命；当 pH>11.5 时可阻止钢筋钝化膜破坏[89]。但对于素混凝土而言，碳化生成的 $CaCO_3$ 在一定程度上填充了混凝土孔隙，增加了混凝土密度，进而使混凝土强度和耐久性提高。因此，碳化对素混凝土和钢筋混凝土分别具有优化和劣化的影响。

1. 混凝土碳化机理

在多相物理化学原理基础上，苏联阿列克谢耶夫[90]总结出孔隙对 CO_2 扩散和混凝土碳化的影响，并根据 Fick 第一扩散定律推导出混凝土经典碳化模型。Houst 和 Wittmann[91]研究了孔结构和孔隙率对水泥砂浆碳化的影响及含水率对 CO_2 扩散的影响。柳俊哲[92]总结国内外文献得出：混凝土孔溶液的主要成分有 Na^+、K^+ 及保持电荷平衡的 OH^-，孔溶液中 Ca^{2+} 含量越少，Na^+、K^+ 浓度越大，pH 值越高；Ca^{2+} 浓度越大，pH 值越小。

CO_2 电离诱导混凝土中的 Ca^{2+} 溶解，然后通过碳化反应形成 $CaCO_3$ 沉淀，碳化过程放出大量的热，连续反应如图 1-12 所示。Lim 等[80]和冯甘霖[93]具体阐释了反应机理：①CO_2 扩散，结构内表面积越大，越有利于 CO_2 扩散；②CO_2 入渗；③CO_2 溶解，$CO_2(g) \longleftrightarrow CO_2(aq)$；④$CO_2$ 水化，$CO_2(aq) \longrightarrow H_2CO_3$，该过程比较缓慢；⑤$H_2CO_3$ 电离，$H_2CO_3 \longrightarrow H^+ + HCO_3^- \longrightarrow 2H^+ + CO_3^{2-}$，$H_2CO_3$ 电离可使 pH 值从 11 降至 8；⑥C_3S 和 C_2S 水化，该过程反应剧烈，放出大量的热，硅酸钙颗粒被松散的 CSH 覆盖，并很

快溶解释放出 Ca^{2+} 和 SiO_4^{4-}；⑦$CaCO_3$ 沉淀，$Ca^{2+}+CO_3^{2-} \longrightarrow CaCO_3$；⑧次级碳化，CSH 脱钙形成硅酸（SH）和 $CaCO_3$。通常，碳化是扩散控制的化学反应，在 CO_2 向内扩散的过程中，固体外表面最先碳化，且碳化区域越变越大，其碳化的概念模型如图 1-13[80]所示。

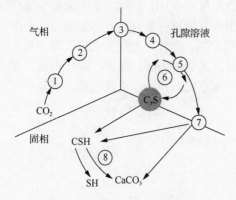

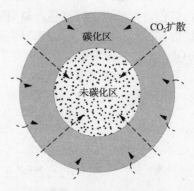

图 1-12　混凝土碳化机理图[80,93]　　　　　　　　图 1-13　碳化的概念模型[80]

2. 影响碳化的因素

混凝土碳化是 CO_2 向内扩散并溶于孔隙水，与水化物发生一系列物理-化学反应的过程。其碳化效果受 CO_2 扩散速度及 CO_2 与水化物反应速度的影响，进一步来讲，CO_2 扩散速度受混凝土密实性、CO_2 浓度、温度和湿度等因素影响；碳化反应速度受温度、水化物形态和孔溶液组成等因素影响[92]。Fernandez 等[94]总结得出：CO_2 扩散性和 CO_2 活度是影响碳化进程、碳化程度和碳化质量及污染物固化/稳定化的主要因素。具体影响因素如表 1-7 所示。

表 1-7　碳化的影响因素

	影响因素	主要结论
内因	水灰比	水灰比越大，混凝土内孔隙率越大，CO_2 越易扩散；碳化深度与水灰比近似成指数函数关系。Houst 和 Wittmann[91]研究得出：当水灰比从 0.4 增至 0.8 时，气体扩散系数将增长 10 倍以上
	水泥掺量	水泥掺量越大，混凝土越密实，碳化越慢；相同水灰比下，碳化深度与水泥掺量成倒指数关系[95]
	掺合料	掺合料（如粉煤灰和矿渣）的加入使混凝土的抗碳化能力降低，使孔隙填充、CO_2 扩散加快
	外加剂	减水剂可减小混凝土孔隙率，增加抗碳化能力；引气剂可抑制初期碳化并促进后期碳化
	骨料级配	粗骨料有利于 CO_2 扩散和加速碳化
外因	相对湿度	相对湿度较大时，含水率高、CO_2 扩散和碳化缓慢；相对湿度较低时，水率低、CO_2 扩散快，但水分不足使碳化减慢。蒋清野等[96]指出碳化速度与相对湿度成抛物线关系，相对湿度为 40%～60% 时，碳化较快并在相对湿度为 50% 时达到最大；建立了相对湿度与碳化的关系：$K_{RH_1}/K_{RH_2}=[(1-RH_1)/(1-RH_2)]^{1.1}$（$RH_1$ 和 RH_2 为两种相对湿度）。而徐道富[97]得出相对湿度和碳化速度呈反比关系
	温度	碳化速度与环境温度近似呈正比[97]，在 10～60℃内，温度越高，CO_2 扩散速率越快，碳化速度越快[98]。蒋清野等[96]给出温度对碳化的影响公式：$K_{T1}/K_{T2}=(T_1/T_2)^{1/4}$（$T_1$、$T_2$ 为绝对温度，单位为 K）
	应力	混凝土受拉，其内部细裂纹扩展，CO_2 容易扩散，碳化速度加快，混凝土受压，碳化速度变缓
	CO_2 浓度	根据 Fick 第一扩散定律，CO_2 浓度梯度越大，CO_2 越容易进入混凝土，碳化反应越快。同济大学刘亚芹[99]研究得出混凝土碳化深度与 CO_2 浓度呈近似平方根关系
	密实性	密实性越好，抗碳化能力越强

3. 混凝土碳化作用评价方法

柳俊哲[92]总结了混凝土碳化程度的测试方法，并通过模型图来阐释碳化过程（图 1-14）。Cahyadi[100]也指出：酚酞试液在 $CaCO_3$ 与 $Ca(OH)_2$ 共同存在的未完全碳化区显浅粉红色，局部也呈粉红色；说明混凝土是由表及里进行碳化的，CO_2 通过连通的毛细孔扩散到混凝土内部，在局部发生碳化生成 $CaCO_3$。此外，混凝土中只要有少量未碳化 $Ca(OH)_2$，酚酞指示剂就呈粉红色，无色范围为完全碳化区。通常，碳化程度用碳化深度进行表征，而碳化深度和碳化时间的平方根呈正比，不少学者从理论、试验和经验等方面对碳化模型的系数进行了预测推导。

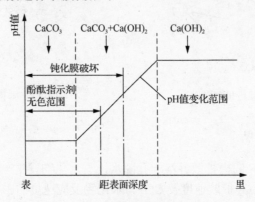

图 1-14　碳化过程模型图[92]

混凝土碳化作用具体评价方法如表 1-8 所示。

表 1-8　混凝土碳化作用具体评价方法[92]

测试方法	简述	特点
酚酞溶液喷洒	在劈裂面上喷洒1%酚酞溶液	快捷简单、成本低，通过pH值间接反映碳化程度，仅能定性判定pH值小于8.6，不能确定混凝土碳化原因，对试样有一定损伤
钻孔法	将钻孔粉末撒在涂刷有酚酞溶液的滤纸上，当滤纸呈粉红色时，钻孔粉末的深度即为钻孔深度	
热分析	利用热分析将样品从常温加热至1000 ℃，以测定水化物中的$Ca(OH)_2$和$CaCO_3$含量	评价完全和非完全碳化区的碳化程度，仅能评价$Ca(OH)_2$的碳化，不能评价CSH的碳化
X射线物相	对试样进行X射线衍射（X-ray diffraction，XRD），测衍射的晶面距和相对强度，与衍射图谱集卡匹配检索	只能评价水化产物的碳化程度和未完全碳化区的碳化程度
电子探针显微	利用EPMA测试装置测产物中的碳元素	反映碳元素分布和微区碳化情况，适用于小试样（$d<5$ cm）

Houst 和 Wittmann[101]用酚酞试液来评估混凝土的碳化深度，并根据碳酸盐分布计算了 CO_2 扩散系数，且计算值与测试结果在同一个数量级上。此外，讨论了水胶比、固化条件、水泥掺量、水泥类型、大气中 CO_2 浓度、含水率、温度、碱基含量、破坏区域和裂缝等因素对碳化速率的影响，用碳化动力学描述了给定含水率下 CO_2 进入多孔材料的弥散过程。说明溶解性 CO_2 的碳化过程比其弥散过程要快，根据 Fick 第一定律得出了碳化深

度 X_C 与碳化时间 t_1 的关系 [式 (1-29)]；最后提出了 65%相对湿度下的碳化性能 R_{C65} [式 (1-30)]。

$$X_C = \sqrt{\frac{2DC}{a}}\sqrt{t} = k\sqrt{t} \tag{1-29}$$

$$R_{C65} = \frac{2C_{accel}t}{X_C^2} = \frac{2C_{accel}}{k^2} \tag{1-30}$$

式中，t 为碳化的时间（a）；C_{accel} 为 CO_2 质量浓度（90×10^{-3} kg/m³）；k 为碳化系数（m/a$^{1/2}$）；D 为 CO_2 的扩散系数；C 为大气中 CO_2 的浓度（%）；a 为活性化合物的浓度（%）。

为研究混凝土的碳化深度，Hyvert 等[102]将标准养护后的圆柱样侧面进行密封，在轴向方向进行单向连续碳化，碳化过程中考虑了 CO_2 总量平衡（CO_2 为理想气体），假定方程为式 (1-31)。在给定碳化时间 dt 内，$0\sim X_C$ 之间的压力梯度是常数 P_{CO_2}/X_C，使单位体积（1m²×dX_C）的 $Ca(OH)_2$ 完全转化为方解石（图 1-15），进而推导出碳化深度 X_C [式 (1-32)]。

$$Q \cdot dX_C = \frac{D_{CO_2}}{RT}\frac{P_{CO_2}}{X_C}dt \tag{1-31}$$

$$X_C = \sqrt{\frac{2D_{CO_2}P_{CO_2}t}{QRT}} \tag{1-32}$$

式中，Q 为可碳化相的物质的量浓度（mol/L）；D_{CO_2} 为碳化区域内 CO_2 的扩散系数；P_{CO_2} 为混凝土表面 CO_2 压力（Pa）；t 为碳化时间（s）；R 为理想气体常数 [J/（mol·K）]；T 为温度（K）。

Atis[103]在碳化混凝土试块的新鲜表面上滴加 pH 指示剂（1%的酚酞溶液），未碳化的碱性区域呈紫红色变化，碳化部分的颜色未有变化。取垂直于立方体 3 个面的两个点进行碳化深度测试（图 1-16），所得的平均碳化深度 $\overline{X}_C$ 为

$$\overline{X}_C = \frac{A_1 + A_2 + B_1 + B_2 + C_1 + C_2}{6} \tag{1-33}$$

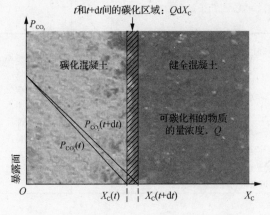

图 1-15 CO_2 压力剖面和碳化分界面[102]

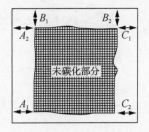

图 1-16 碳化混凝土的横切面[103]

Sulapha 等[104]将碳化后的试样劈开，在新鲜破裂面上喷洒 1%的酚酞试剂溶液，因未碳化部分的 pH 值高于 9.2，指示剂变为紫红色；碳化部分的 pH 值低于 9.2，指示剂溶液为无色。通过颜色变化范围与混凝土表面间的距离来测定混凝土的碳化深度，在距各面 20mm 处进行碳化深度测定并取平均值，同时总结出碳化深度 X_C 和碳化系数 k 间的关系为

$$X_C = k\sqrt{t} + p \tag{1-34}$$

式中，t 为碳化时间（d）；p 为常数。

4. 混凝土碳化模型

目前，碳化模型主要集中于混凝土的碳化深度预测，且大部分模型是基于碳化深度和碳化时间的函数关系而建立的，根据碳化深度的影响因素，混凝土碳化模型如表 1-9 所示。

表 1-9 混凝土碳化模型

模型		公式	文献	备注
理论模型	基于 Fick 第一扩散定律的碳化模型	$X_C = k\sqrt{t} = \sqrt{\dfrac{2D_C C_0}{m_0}}\sqrt{t}$ 式中，D_C 为 CO_2 的有效扩散系数；C_0 为 CO_2 的浓度；m_0 为单位体积混凝土的 CO_2 吸收量（mol/m^3）。 但实际很难计算 D_C 和 m_0	[90]	
	Papadakis 碳化理论模型	$X_C = \sqrt{\dfrac{2D_e^e\left\vert CO_2\right\vert^0}{\left\vert CH\right\vert^0 + 3\left\vert CSH\right\vert^0 + 3\left\vert C_3S\right\vert^0 + 2\left\vert C_2S\right\vert^0}}\sqrt{t}$ $X_C = \sqrt{\dfrac{2D_e^e\left(\left\vert CO_2\right\vert^0/100\right)}{0.33\cdot\left\vert CH\right\vert^0 + 0.214\left\vert CSH\right\vert^0}}\sqrt{t}$ 式中，$\left\vert CO_2\right\vert^0$ 为环境中 CO_2 的浓度；$\left\vert CH\right\vert^0$、$\left\vert CSH\right\vert^0$、$\left\vert C_3S\right\vert^0$ 和 $\left\vert C_2S\right\vert^0$ 为各物质的初始物质的量浓度［本表中的 CH 表示 $Ca(OH)_2$］；D_e^e 为扩散系数。 能区分各因素与碳化深度的关系，适用于普通硅酸盐水泥混凝土	[105]	
经验碳化模型	岸谷孝一模型	$\begin{cases} w/c>0.6, & X_C=k(w/c-0.25)\sqrt{\dfrac{t}{0.3\times(1.15+3w/c)}} \\ w/c\leqslant 0.6, & X_C=k(4.6w/c-1.76)\sqrt{t/7.2} \end{cases}$ 式中，w/c 为水灰比；k 为与水泥品种、骨料及外加剂有关的系数	[106]	这几个模型均基于水灰比，水灰比和碳化有密切关系，但不能全面反映碳化质量；工程中水灰比较难精确测得
	依田彰彦模型	$\begin{cases} C_0>0.03\%, & X_C=(100w/c-38.44)\sqrt{t}/\sqrt{148.8\alpha\beta\gamma} \\ C_0=0.1\%, & X_C=(100w/c-22.16)\sqrt{t}/\sqrt{258.1\alpha\beta\gamma} \end{cases}$ 式中，C_0 为环境中 CO_2 的浓度；α、β、γ 分别为混凝土品质系数、装饰层对碳化的延迟系数和环境条件系数	[87]、[107]	

续表

模型		公式	文献	备注
经验碳化模型	日本规程中的碳化模型	$X_C = \sqrt{\dfrac{(w/c-0.25)^2}{0.3(1.15+3.0w/c)^{t_0}}}\sqrt{t}$ 式中，t_0 为混凝土养护龄期	[87]、[107]	这几个模型均基于水灰比，水灰比和碳化有密切关系，但不能全面反映碳化质量；工程中水灰比较难精确测得
	鱼本健一碳化模型	$X_C = k_{CO_2} k_T k_w \sqrt{t}$ 式中，k_{CO_2} 为温度影响系数；$k_T = e^{8.748-256.3/T}$（T 为绝对温度）；k_w 为水灰比影响系数，$k_w = 2.94w/c - 1.012$ 或 $k_w = 2.39(w/c)^2 + 0.446w/c - 0.398$	[87]、[107]	
	山东建筑科学研究院模型	$X_C = \gamma_1 \gamma_2 \gamma_3 (12.1w/c - 3.2)\sqrt{t}$ 式中，γ_1 为水泥品种影响系数，普通水泥为 0.5～0.7，矿渣水泥为 1.1；γ_2 为粉煤灰影响系数；γ_3 为气象影响系数，中部地区取 1.0，南方潮湿区取 0.5～0.8，北方干燥区取 1.1～1.2	[108]	
	苏联碳化模型	$X_C = k\sqrt{0.639 f_{ce}/(f_{cu,28}+0.5Af_{ce})-0.245}\sqrt{t}$ 式中，$f_{cu,28}$ 为混凝土 28 d 立方体抗压强度；f_{ce} 为水泥强度；k、A 分别为与水泥、骨料品种及混凝土流动性有关的系数	[109]	基于抗压强度 $X_C = f(f_{cu}, \sqrt{t})$ 抗压强度可测，但抗压强度仅反映混凝土整体质量，而碳化与表层混凝土质量关系更紧密
	牛荻涛碳化模型	$X_C = k(24.48/\sqrt{f_{cu,k}} - 2.74)\sqrt{t}$ 式中，$f_{cu,k}$ 混凝土立方体抗压强度标准值；k 为环境与养护时间的修正系数	[109]	
	邸小坛碳化模型	$X_C = \alpha_1 \alpha_2 \alpha_3 (60/f_{cu} - 1.0)\sqrt{t}$ 式中，α_1、α_2、α_3 分别为与养护条件、水泥品种和环境条件相关的修正系数	[110]	
	德国 Smolczyk 模型	$X_C = 79.06(1/\sqrt{f_{cu,k}} - 1/\sqrt{f_g})\sqrt{t}$ 式中，f_g 为混凝土无碳化的极限强度，$f_g = 62.5$ MPa	[107]	
半理论半经验碳化模型	同济大学模型	$X_C = 839(1-RH)^{1.1}\sqrt{\dfrac{w/(\gamma_C c)-0.34}{\gamma_{HD}\gamma_C c}}C_0\sqrt{t}$ 式中，RH 为环境相对湿度，大于 55% 时适用；C_0 为环境中的 CO_2 浓度；γ_{HD} 为水泥水化程度修正系数（90 d 为 1.0，28 d 为 0.85）；γ_C 为水泥品种修正系数	[111]	理论和经验结合
随机碳化模型	黄士元模型	$\begin{cases} w/c > 0.6,\ X_C = 104.27 k k_c^{0.54} k_w^{0.47}\sqrt{t} \\ w/c \leqslant 0.6,\ X_C = 73.54 k_c^{0.83} \cdot k_w^{0.13}\sqrt{t} \end{cases}$ 式中，k、k_c、k_w 分别为水泥品种、水泥用量和水灰比的影响系数，$k_c = (-0.019c + 9.311) \times 10^{-3}$，$k_w = (9.844w/c - 2.982) \times 10^{-3}$	[112]	又称多系数碳化模型，考虑了混凝土的自身变异性和环境变异性
	龚洛书模型	$X_C = k_w k_c k_g k_{FA} k_b k_r a\sqrt{t}$ 式中，a 为碳化系数；k_w、k_c、k_g、k_{FA}、k_b、k_r 分别为水灰比、水泥用量、集料品种、粉煤灰、养护方法和水泥品种的影响系数	[113]	

　　胶凝材料的碳化是一个物理-化学反应控制的 CO_2 扩散过程，碳化反应如式（1-35），其中，g 表示气相，aq 表示水溶液，s 表示固相。

$$CO_2(g \to aq) + Ca(OH)_2(s \to aq) \longrightarrow CaCO_3(aq \to s) + H_2O \qquad (1\text{-}35)$$

　　在其整个寿命周期内，混凝土碳化可吸收水泥生产过程中排放 CO_2 的 7.6%～57%。Wan 等[114]通过 3D 扫描断层来表征水泥浆在不同碳化度下的 $CaCO_3$ 分布，通过热分析

法对比分析了 $CaCO_3$ 的平均数量，最后将碳化进程分为 CO_2 入渗和溶解、CO_3^{2-} 与 $Ca(OH)_2$ 中 Ca^{2+} 的碳化反应。Aguiar 和 Júnior[115]通过混凝土表面的处理来提高其抗碳化能力，在混凝土内形成隔离层来阻滞碳化反应，并描述了钢筋混凝土的碳化示意图（图 1-17）。

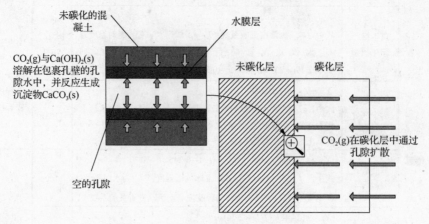

图 1-17　钢筋混凝土的碳化示意图[115]

　　Park[116]建立了扩散-反应碳化模型，用有限元法（finite element method，FEM）估算碳化深度，通过压差微分法研究并测定了 CO_2 在各表层的扩散系数和溶解系数，将试验数据用于模型计算，通过混凝土涂层的加速碳化来验证模型的正确性；不同材料的 CO_2 扩散系数大小为：聚氯乙烯<聚氨酯<环氧基树脂<有机玻璃。CO_2 通过涂层扩散-碳化模型可概述为：CO_2 接触涂层表面—溶解发生—CO_2 渗透涂层（图 1-18）。CO_2 一旦到达混凝土内部，便可与 $Ca(OH)_2$ 发生碳化反应生成 $CaCO_3$，使混凝土 pH 值降低、钢筋锈蚀。碳化模型的建立考虑了 CO_2 渗透和扩散及涂层退化的影响，碳化深度可用比色法（1%的酚酞试剂）和差示扫描量热法（differential scanning calorimetry，DSC）进行测定。涂层上的 CO_2 渗透系数和扩散系数是计算模型的初始条件和边界条件，渗透系数和扩散系数是借助气渗性装置和质谱仪并采用高真空差压法进行测试的。在稳定状态下，CO_2 渗透系数可通过曲线坡角（从一边到另一边的压力变化）获取［式（1-36）］，扩散系数可通过非稳态延迟时间获得［式（1-37）］。

$$P = \frac{273}{T} \cdot \frac{V}{A} \cdot l \cdot \frac{1}{P_1} \cdot \frac{1}{760} \frac{dP_2}{dt} \tag{1-36}$$

$$D = \frac{l^2}{6\theta} \tag{1-37}$$

式中，P 为涂层的渗透系数；T 为温度（K）；V 为低压边的体积（mL）；P_1、P_2 分别为涂层两侧的高压和低压(cmHg，1 cmHg=1333.2 Pa)；dP_2/dt 为气压曲线的坡角(cmHg/s)；D 为气体在涂层上的扩散系数（cm^2/s）；l 为涂层厚度（cm）；θ 为延迟时间（s）。

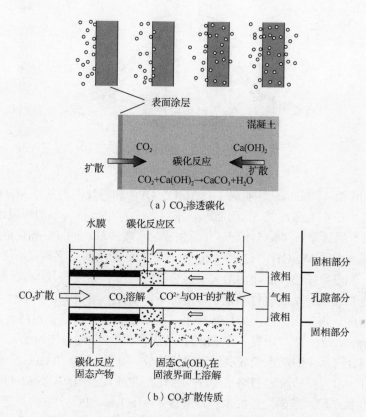

（a）CO_2渗透碳化

（b）CO_2扩散传质

图 1-18 CO_2 在混凝土中的渗透碳化和扩散示意图[116]

1.4.3 MgO 水泥的碳化效果及其机理

1. MgO 水泥的碳化效果

活性 MgO 水泥是一种低碳胶凝材料，活性 MgO、水化物 $Mg(OH)_2$ 和镁式碳酸盐存在一个可循环的转换关系（图 1-19），从 CO_2 排放、资源消耗和工程性能等角度来看，活性 MgO 水泥是一种环保、可持续发展的高效固化剂[117-120]。TecEco-Cem 采用菱镁矿（以碳酸镁为主，也称为碳镁石、菱镁石）煅烧产生活性 MgO，煅烧温度（<750 ℃）明显低于水泥熟料的煅烧温度（>1450 ℃）；Nova-Cem 中的活性 MgO 从硅酸镁中提取，提取过程不释放 CO_2。Vandeperre 和 Al-Tabbaa[121]用活性 MgO 替代水泥，在浓度为 5%～20%的 CO_2 中对混凝土进行加速碳化，碳化产物主要为三水碳镁石（又称三水菱镁石、三水碳酸镁、三水菱镁矿）、球碳镁石、水碳镁石（又称水菱镁石、水菱镁矿）和纤水碳镁石（又称水菱镁石）等镁式碳酸盐，具有相对较好的力学性能和微观结构。

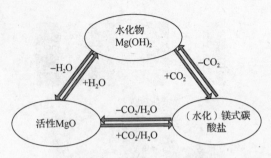

图 1-19　碳化活性 MgO 循环图

Vandeperre 和 Al-Tabbaa[121]明确了含 MgO、OPC 和粉煤灰的活性 MgO 水泥的加速碳化条件,指出在 CO_2 浓度为 5%和 20%、相对湿度为 65%和 98%的环境下,固化试样的强度和韧性有明显差别;MgO 水泥碳化后生成三水碳镁石,而 OPC 碳化后生成 $CaCO_3$,碳化过程中高密度的 $Mg(OH)_2$(2.37 g/cm^3)转化为低密度的三水碳镁石(1.85 g/cm^3),使体积膨胀、孔隙率减小;碳化后增大了混合物的强度和韧性,且 MgO 掺量越高,强度和韧性就越高。水泥基胶凝材料在中等湿度下,碳化程度最大,而活性 MgO 水泥碳化需要较大湿度,这是因为水泥碳化释放水,而水镁石碳化则需要消耗大量水和 CO_2。与此同时,Vandeperre 等[72]研究了含 MgO、粉煤灰和 OPC 混合物的水化和力学性质,结果得出:混合物水化的耗水量取决于混合物构成,每克 MgO 和 OPC 分别消耗 0.39~0.44 g 和 0.21 g 水,试验阶段忽略了粉煤灰水化;并通过 XRD 证实 MgO 和 OPC 的水化过程是相互独立的,结晶性差的水化硅酸镁是 MgO 和 OPC 产生的。随 MgO 掺量增加,均质胶结物的包裹能力降低,但 OPC、粉煤灰或死烧 MgO 却可获取较好包裹密度;相对于 OPC,MgO 水化产生更大的孔隙率和体积膨胀,且 MgO 掺量越高,水化后孔隙越多,相应的强度和刚度将越低。

Unluer 和 Al-Tabbaa[122]研究了 MgO 水泥砌块在不同条件下的碳化性能,条件范围为:水灰比为 0.6~0.9、CO_2 浓度为 5%~20%、养护时间为 1~7 d、相对湿度为 55%~98%和干湿循环频率 0~3 d。研究结果表明:含水率为 80%的 MgO 砌块在 20%CO_2 浓度环境下碳化 1 d,有少量纤水碳镁石和五水碳镁石生成,但五水碳镁石在 CO_2 环境下极不稳定,可转换为三水碳镁石等其他碳酸镁盐,且砌块中三水碳镁石的 XRD 峰值强度随 CO_2 浓度的增加而增加;当 CO_2 浓度为 20%、含水率为 70%时,碳化 3 d 后的 MgO 砌块中有与球碳镁石/水碳镁石同系列的异水碳镁石生成;此外,砌块强度并未随干湿循环次数发生显著变化,当相对湿度为 78%、干湿循环周期为 1 d 时,砌块的 CO_2 吸收潜力最大、强度最高,因此可通过指定频率的干湿循环来促进碳化砌块强度的发展。此外,Unluer 和 Al-Tabbaa[123]研究了 MgO 掺不同比例镁式碳酸盐后的碳化加固效果,发现当 MgO 与球碳镁石质量比为 1:1 时,产物以薄片状碱式碳酸镁为主;当 MgO 和球碳镁石质量比为 4:1 时,产物以棒状或棱柱状三水碳镁石为主;当全部为 MgO 时,产物是形状偏小的碱式碳酸镁,并且以三水碳镁石为主的砌块强度要远高于那些以碱式碳酸镁为主的砌块,这与产物的微观结构形貌、硬度和孔隙填充作用有关。

Mo 等[124]研究了煅烧条件(煅烧温度和时间)对 MgO 型膨胀剂膨胀特性的影响,

结果表明：膨胀剂的膨胀性受煅烧条件影响，高温和长时间煅烧产生的 MgO 膨胀剂，具有孔隙小、晶体尺寸大和比表面积小等特点，导致早期水化活度降低、膨胀性减弱，最后提出了 MgO 膨胀模型和水化活度计算式：

$$d = \frac{L_{Mg(OH)_2} \times 40/18}{c}$$

（1-38）

式中，d 为水化程度；$L_{Mg(OH)_2}$ 为 $Mg(OH)_2$ 的质量损失率（%）；c 为膨胀剂中 MgO 的含量（%）。

膨胀性物质被广泛用于补偿水泥材料干缩以阻止开裂，而传统钙矾石基膨胀剂的早期膨胀需要在潮湿条件下养护，在无充足水条件下对混凝土不起作用。Mo 等[125]研究了非潮湿条件下 MgO 型膨胀剂对混凝土收缩的补偿特性影响。结果表明：MgO 水化需较少的水，水化速率缓慢，在非潮湿条件下，低水灰比水泥或粉煤灰水泥的自收缩和长期热胀冷缩特性可通过 MgO 膨胀来进行有效补偿。MgO 水化成 $Mg(OH)_2$ 引起了水泥的自由膨胀，限制了水泥基质的局部膨胀，进而使混凝土产生膨胀应力和微膨胀。Mo 和 Panesar[126]研究了加速碳化对掺 0～40%活性 MgO 水泥微观结构的影响，活性 MgO 水泥碳化后，孔径和总孔隙体积减小，表面密度增加，相对于 OPC 具有更大的微观硬度，且生成的钙/镁基碳酸盐主要是方解石、霰石、镁方解石和三水碳镁石。Mo 和 Panesar[127]研究了由 OPC、GGBS 和活性 MgO 组成的胶凝混合物经碳化后的 CO_2 吸收量、碳化机理、微观结构和微硬度。结果得出：①碳化试样拥有比碳化前更致密的微观结构和更高的微硬度；②CO_2 吸收量随龄期（7～56 d）的增加而增加；③碳化 56 d 后，含 10%和 20%活性 MgO 的胶凝材料吸收相当的 CO_2 量，但含 40%活性 MgO 的胶凝材料吸收的 CO_2 量最小，微硬度最大，孔隙率最低。

朱静[128]对掺活性 MgO 的水泥净浆进行了碳化试验，结果显示：在低 CO_2 浓度条件下养护，碳化产物主要以 $CaMg(CO_3)_2$ 为主；当养护龄期增至 90 d 时，产物由片状结构发展为簇状结构；随 CO_2 浓度增加，片状产物含量增加，碳化产物包裹更密实，而当 CO_2 浓度升高至 80%时，碳化产物以棒状三水碳镁石晶体为主。MgO 掺量变化对碳化产物的物相并不产生显著影响，仅引起 CO_2 吸收量的增加。

此外，Liska 和 Al-Tabbaa[129]研究了 3 种不同条件（MgO 砌块自然条件下养护、MgO：OPC=1∶1 砌块自然条件下养护、MgO 砌块的碳化）下 MgO 基水泥多孔砌块的抗盐酸和硫酸镁溶液的侵蚀能力，砌块浸泡 12 个月后进行强度和微观测试，并与标准 OPC 砌块进行对比。结果表明：盐酸和硫酸镁溶液对砌块中 OPC 水化物均具有负面影响，且盐酸使强度降低 30%，负面作用更大；而自然条件下养护的 MgO 砌块具有较好的抗盐酸和硫酸镁侵蚀特性，强度几乎未发生变化，说明盐酸和硫酸镁并没有与水镁石发生破坏性反应；由于水化镁式碳酸盐的存在，MgO 碳化砌块比 OPC 砌块具有较强的抗盐酸和硫酸镁溶液侵蚀的能力，浸泡 12 个月后强度仍保持初始的 50%，且抗硫酸镁侵蚀能力要高于盐酸。

2. MgO 水泥的固化作用机理

MgO 是一种类似于生石灰的碱性氧化物，碳化对 MgO 水泥强度的贡献主要包括：活性 MgO 水化和碳化产物的强度和刚度，以及水化和碳化产物的填充作用。具体地，MgO 固化机理包括水化作用和碳化作用。

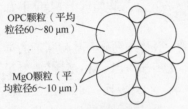

OPC颗粒（平均粒径60~80 μm）

MgO颗粒（平均粒径6~10 μm）

（a）颗粒填充和包裹

（b）水泥中Mg²⁺结构

图 1-20　材料中的 MgO 颗粒[118]

（1）水化作用

由于活性 MgO 的颗粒粒径（仅为 6~10 μm）远小于 OPC 和飞灰的颗粒粒径，小粒径的球状 MgO 颗粒可作为其他材料的润滑剂，减小了混合物的黏着性，填充了混合物孔隙，提高了结构密实性［图 1-20（a）］[118]。半径小的 Mg^{2+} 具有比 Ca^{2+} 多的表面电荷，易引起极性水分子重新排布，分布在 Mg^{2+} 周围，形成触变性-宾汉塑性体［图 1-20（b）］。高密度电荷 Mg^{2+} 解释了镁式碳酸盐不同于其他水化碳酸盐的原因，钙/镁化合物的碳化速率依赖于 Ca^{2+} 和 Mg^{2+} 的溶解性、CO_2 压力和渗透性[65,118]。

活性 MgO 比表面积大、活性高、结晶度低，遇水快速发生水化反应，而水化物 $Mg(OH)_2$ 的溶解度极低，水解成的 Mg^{2+} 和 OH^- 能很快达到饱和，形成絮状或纤维状的 $Mg(OH)_2$ 沉淀。Mg^{2+} 与颗粒中的阳离子（如 Na^+）发生交换反应形成团聚体，使强度略有提高。

$Mg(OH)_2$ 为层状结构，物理胶结能力弱，对强度贡献不大，但由于其表面多孔疏松，气体渗透性较好，有利于 CO_2 入渗和碳化。

此外，高活性 MgO 与水泥混合，MgO 水化能吸收等摩尔水，生成物体积较反应物体积有所增加，一定程度上填充了混凝土孔隙，干燥收缩后体积减小，补偿了 CSH 的后期收缩和膨胀[64]。当 OPC 中含有死烧 MgO 时，固体摩尔体积增大 2~3 倍，若考虑 $Mg(OH)_2·2H_2O$ 胶体的生成则为 3 倍，结构体在死烧 MgO 缓慢的水化膨胀过程中膨胀和开裂，使水泥水化物结构破坏[117]。MgO 的水化减小了水胶凝比，增大了密实性和火山灰反应率，提高了混凝土密实度；同时，$Mg(OH)_2$ 提高了 pH 值，有利于后期碳化，其中 $Mg(OH)_2$ 在水中平衡时的 pH 值低于 CSH 平衡时的 pH 值（10.52~11.2），MgO 与水形成的复合物胶体补偿了混凝土收缩。镁的水化物或碳酸盐对水更有亲和力，溶液中 Mg^{2+} 比 Ca^{2+} 更容易结合水，形成复合物 $[Mg(H_2O)]^{2+}$，也可羟化形成 $[H_3O]^+$ 或水化形成 $[Mg(OH)]^+$。MgO 水化先形成不稳定的 $[Mg(OH)_2·nH_2O]$，后重结晶形成稳定的 $Mg(OH)_2$。研究表明：亚稳态 $Mg(OH)_2$ 结晶时在其相邻包体间持有水分子单层，内部的包裹水在重结晶过程中脱离，形成了六角形晶片 $Mg(OH)_2$，升高温度使转换效率提高[65]。

（2）碳化作用

在充足的 CO_2 和适当湿度下，CO_2 容易渗入层状或絮状 $Mg(OH)_2$ 中，使 CO_2 与 Mg^{2+}

或 Mg(OH)$_2$ 发生碳酸化反应，生成一种或多种水化镁式碳酸盐。根据 XRD 图谱分析，可知这些碳化产物主要为碳镁石、三水碳镁石、球碳镁石、水碳镁石、五水碳镁石和纤水碳镁石等。

通过 SEM（scanning electron microscope，扫描电子显微镜）测试，可观察到常见镁式碳酸盐的典型结构形貌图（图 1-21），碳镁石[130]为多面体晶体，三水碳镁石[131]和纤水碳镁石[8]为棒状或棱柱状晶体，球碳镁石[132]和水碳镁石[133]为薄片积聚成的花朵状结构。碳化反应均为体积膨胀的化学反应，使 Mg(OH)$_2$ 产生不同的体积膨胀[118]。这些碳化物吸收大量水分，形成胶结能力强的网状结构，大大填充了试样孔隙，使固化土力学强度提高。

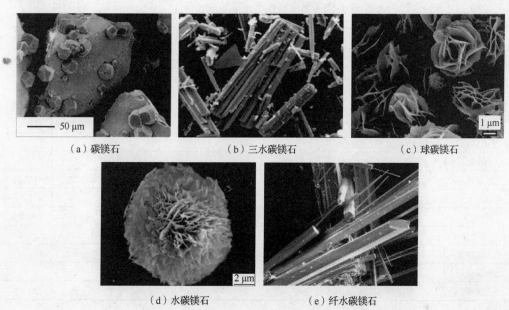

（a）碳镁石　　　　　　（b）三水碳镁石　　　　　　（c）球碳镁石

（d）水碳镁石　　　　　　（e）纤水碳镁石

图 1-21　常见镁式碳酸盐的典型结构形貌图

镁式碳酸盐主要以水化和未水化两种形式存在，未水化的无水碳酸盐主要以碳镁石形式存在，MgCO$_3$ 包括无定型和结晶型两种。水化镁式碳酸盐主要有轻质水化镁式碳酸盐（如水碳镁石）和重质水化镁式碳酸盐（如球碳镁石）两种形式，且轻质的体积比重质的大 2～2.5 倍[134]。MgCO$_3$ 和 Mg(OH)$_2$ 在 MgO-CO$_2$-H$_2$O 系统中最为稳定，水化镁式碳酸盐的形式取决于含水率、温度和 CO$_2$ 浓度，升高温度可转换为碳酸盐，不同的 H$_2$O/CO$_2$ 比形成不同化合物。具体地，五水碳镁石的碳稳定性比三水碳镁石的低，当温度高于 10 ℃时，可分解为三水碳镁石[135]；当温度达到 50 ℃以上时，三水碳镁石的水活度降低，易失水转化为水碳镁石[136]。Canterford 等[51]阐述了三水碳镁石与水碳镁石之间的转换 [式（1-39）]，当 x 为 5 和 6 时，分子式分别对应于球碳镁石和异水碳镁石；当温度为 126 ℃以上时，水碳镁石转换为菱镁矿；继续加热后，可最终分解成水和 CO$_2$。Sawada 等[137]研究得出：水碳镁石经 100～300 ℃下的脱水作用和 350～650 ℃下的脱碳作用产生了最终产物 MgO。总体而言，镁式碳酸盐的转换路径如图 1-22 所示。此外，

Harrison[71]对镁式碳酸盐的物理、化学性质进行了总结，如表 1-10 所示。

$$5(MgCO_3 \cdot 3H_2O) \longrightarrow Mg_5(CO_3)_4(OH)_2 \cdot xH_2O + CO_2 + (14-x)H_2O \qquad （1-39）$$

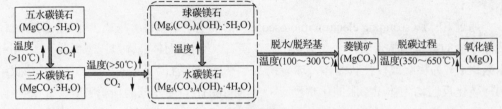

图 1-22　镁式碳酸盐的转换路径

表 1-10　基本镁式水合碳酸盐的特性[71]

矿物	化学式	硬度	密度/ (g/cm³)	溶解性/ (mol/L,冷)	水化反应 焓ΔH^0/ (kJ/mol)	水化反应 自由焓ΔG^0/ (kJ/mol)	ΔG_f^0/ (kJ/mol)
水镁石	$Mg(OH)_2$	2.5～3.0	2.9	0.00015			−835.3
纤水碳镁石	$Mg_2CO_3(OH)_2 \cdot 3H_2O$	2.5	2.02		−194.40	−49.80	−2568.6
水碳镁石	$Mg_5(CO_3)_4(OH)_2 \cdot 4H_2O$	3.5	2.16	0.0011	−318.12	−119.14	−5864.7
球碳镁石	$Mg_5(CO_3)_4(OH)_2 \cdot 5H_2O$		2.15				
异水碳镁石	$Mg_5(CO_3)_4(OH)_2 \cdot 2.5H_2O$		2.17				
三水碳镁石	$MgCO_3 \cdot 3(H_2O)$	2.5	1.85	0.0129	−175.59	−38.73	−1724.0
美白孔雀石	$Mg_2(CO_3)(OH)_2 \cdot 0.5(H_2O)$	3.0	2.51				
菱镁矿	$MgCO_3$	4.0	3.009	0.00126		−19.55	−1027.8
无定形菱镁矿	$MgCO_3 \cdot nH_2O$						
单水碳酸镁	$MgCO_3 \cdot H_2O$						
二水碳镁石	$MgCO_3 \cdot 2H_2O$		2.83				
五水碳镁石	$MgCO_3 \cdot 5H_2O$	2.5	1.73	0.0101			2199.0

第2章　碳化固化软弱土的强度特性

2.1　碳化固化方法

碳化固化技术原理：以活性 MgO 作为土体固化剂，将土体与活性 MgO 充分搅拌混合后，向其中充入 CO_2 气体对搅拌混合土进行碳化，通过 MgO-H_2O-CO_2 之间的快速反应达到快速降低土体含水率、减小土体孔隙率和提高土体强度的目的，同时吸收大量 CO_2 气体并将 CO_2 固化在土体中。

2.1.1　三轴碳化法

为模拟碳化搅拌桩的碳化过程，专门根据碳化技术原理设计了用于室内试验的三轴碳化装置（图 2-1），三轴碳化装置是在三轴渗透仪的基础上改装而成的，其外形、试样安装程序与三轴渗透仪相同[117,138-139]。三轴碳化装置中固化土试样的安装和碳化步骤[117]如下。

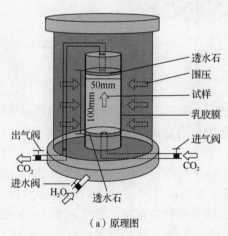

| 透水石 |
| 围压 |
| 试样 |
| 乳胶膜 |

出气阀　　　　进气阀

CO_2　　　　CO_2

进水阀　　　透水石

H_2O

（a）原理图　　　　　　　　　　　（b）实物图

图 2-1　三轴碳化装置[139]

第一步，先在试样底座铺设干燥透水石和滤纸，接着小心翼翼地放置刚脱模的 MgO 混合土试样，然后在试样外面套上乳胶膜、在试样顶部放置上底座，并在上下两端用橡胶圈密封，稳固在上下底座处，该过程与安装三轴渗透试样或三轴剪切试样的方法一样。但是由于试样未经养护，MgO 混合土试样强度很低，安装时容易被破坏，故试样安装需要非常小心，避免出现固化土试样掉块现象。

第二步，试样安装完毕后，将三轴室密封，并按照三轴渗透试验的操作方法，先通过围压管道系统向三轴室中注入围压水，然后施加 400 kPa 的围压或不低于后面渗透压的围压。同时，需检测第一步中试样安装后的密封性，如果有水渗出，则该次试验作废，需要重新进行。

第三步，打开连接三轴室底座的 CO_2 进气阀，通入 200 kPa 的 CO_2 气体，打开出气阀，并将出气管放入水瓶，以检测气体是否通入。如果有气泡产生，则保持出气阀打开 1 min 左右，以排出试样和管道系统中的空气；如果未有气泡，应检查阀门和管路。

第四步，关闭 CO_2 出气阀，维持预定的 CO_2 进气压力（200 kPa 为较佳进气压），对试样进行碳化，直到预定碳化时间。

第五步，关闭 CO_2 进气阀，打开 CO_2 出气阀，然后排出围压水，拆卸试样，将其表面水滴擦干，立即测量试样的质量、直径和高度，完成试样碳化。

三轴碳化装置通常包括 6 联排三轴室，一次碳化试验可进行 2 组，每组试验包括 3 个平行试样，如图 2-2 所示。

图 2-2　由三轴渗透仪改装的碳化系统

2.1.2　碳化箱碳化法

除了采用三轴碳化法以外，混凝土碳化养护箱（图 2-3）也是碳化方法的常用选择。与三轴碳化装置不同的是，混凝土碳化养护箱配备有温度、湿度和 CO_2 浓度的自动调节装置，但碳化养护箱中的气压仅为 1 atm，压力不可调，体积空间大，碳化少量试样时气体浪费严重。为对比三轴碳化法和混凝土碳化养护箱碳化效果的差异，选择 MgO 固化砂土为对比对象，其中，三轴碳化法开展了不同碳化时间及 50 kPa、100 kPa 和 200 kPa 的 CO_2 进气压力下的碳化试验；混凝土碳化养护箱开展了温度为（20±2）℃、相对湿度为（95±3）%的不同时间的碳化养护试验[117]。碳化试验后重点开展无侧限抗压强度试验，无侧限抗压强度的对比结果如图 2-4 所示。结果显示，CO_2 压力对碳化反应速率影响很大：在 50 kPa、100 kPa 和 200 kPa 的 CO_2 压力下，MgO 固化土强度分别在 3 h、1.5 h 和 0.75 h 达到了最高，碳化反应速率与 CO_2 压力大致成正比。而碳化养护箱中的固化土碳化速率则显著低于三轴室，48 h 才达到最大强度，这是因为碳化养护箱中 CO_2 浓度低（20%）、压力低（与大气压相等），CO_2 只能通过扩散方式从试样外向内进行入渗碳化。但是，不同方法下碳化固化土的最高强度基本相同，说明不同碳化方法主要影响碳化速率，即强度发展过程，但对碳化固化土的最终强度影响较小。

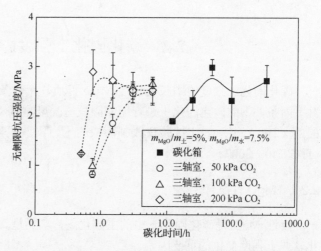

图 2-3　混凝土碳化养护箱　　　　图 2-4　不同碳化方法下碳化固化砂土试样的无侧限抗压强度

2.1.3　碳化桶碳化法

在单向通气和多向自由扩散差异不大的条件下，为加快碳化，设计简易碳化桶进行试样碳化，碳化装置如图 2-5 所示。碳化桶顶部有排气孔，底部有通气孔和排水孔，通气孔通过塑料管与 CO_2 高压罐连接，排水孔通过排水管与烧杯连接，碳化桶底部和顶部高压罐上有调压阀和压力表，以控制碳化进气压力[140]。碳化前，先将带螺钉的细铜管与圆形多孔的透水板（透水板中间有带螺纹的孔，透水板直径略小于模型桶直径）固定连接，接着在透水板上放置透水石和滤纸（直径约为 50 mm），然后在滤纸上面放置待碳化试样，碳化桶中每层放置多个试样（本尺寸下可每层放置 5 个试样，放置 2 层）。之后在模型桶的内底部放上环刀，以利于通气和排水（因碳化过程中有大量水汽产生），然后安放有机玻璃桶和顶盖进行螺栓固定。

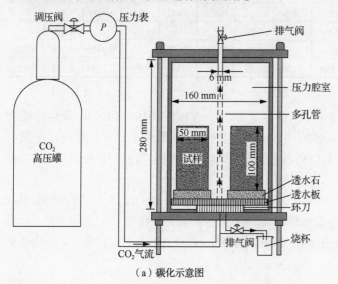

（a）碳化示意图　　　　　　　　　　（b）碳化实物图

图 2-5　简易碳化装置

2.2　碳化固化土强度影响因素

碳化固化土强度的增长受活性 MgO 性质、土体条件和碳化养护条件等因素影响，对不同条件下的碳化固化土进行无侧限抗压强度测试，采用南京宁曦土壤有限公司生产的由 CBR-2 型承载比试验仪改制而成的压力仪，试验方法依据《公路土工试验规程》（JTG E40—2007）[①]。

2.2.1　MgO 性质

活性 MgO 是碳化固化土中的主固化剂，其类型、活性指数和掺量等是影响碳化固化软弱土强度变化的重要因素。

1. MgO 类型

为研究 MgO 类型对碳化固化效果的影响，选用 3 种不同活性 MgO 对土体进行碳化固化处理，分别为 2 种轻烧 MgO［第一种 MgO 购自上海文华化工颜料有限公司（以下简称文华 MgO），是由河北邢台镁神化工有限公司生产的；第二种 MgO 购自辽宁省海城 MgO 厂（以下简称海城 MgO）］及 1 种同样来自海城的死烧 MgO（以下简称死烧 MgO），同时使用南京产海螺牌 32.5 复合硅酸盐水泥制备水泥土对比样。通过 X 射线荧光光谱全元素、半定量检测所得 3 种 MgO 及水泥的主要化学成分如表 2-1 所示。

表 2-1　所用 MgO 及水泥的主要化学成分

种类	化学成分含量/%											
	MgO	SO_3	CaO	SiO_2	Al_2O_3	Fe_2O_3	P_2O_5	Na_2O	MnO	SrO	K_2O	TiO_2
文华 MgO	95.50	1.170	1.05	1.02	0.24	0.18	0.028	0.023	0.021	0.0021	—	—
海城 MgO	81.30	0.100	2.46	5.58	0.42	0.22	—	—	0.010	—	0.010	—
死烧 MgO	93.60	0.042	2.03	2.98	0.39	0.59	0.230	—	0.056	0.0016	0.014	0.013
水泥	1.16	3.280	48.80	27.40	11.50	3.43	0.130	0.140	0.066	0.1000	1.310	0.480

（1）MgO 活性测试

参照行业标准《轻烧氧化镁化学活性测定方法》（YB/T 4019—2020），采用柠檬酸中和法，将轻烧 MgO 加入 200 mL、0.07 mol/L 的柠檬酸溶液中进行中和反应，根据中和溶液所需的时间来衡量轻烧 MgO 的活性，其结果以柠檬酸中和反应显色时间 ACC 表示。具体测试步骤如下。

1）配制 NaOH 标准溶液（浓度为 0.2 mol/L）：取 8 g 的 NaOH 溶于 100 mL 水中，待冷却至室温后移入 1000 mL 容量瓶中，稀释至刻度，摇晃至溶液均匀。用 400 mL 烧杯精确称取 3 份 0.817 g 的苯二甲酸氢钾（基准试剂，已在 105～110 ℃烘 2 h 并冷却至

---

① 中华人民共和国交通运输部已发布《公路土工试验规程》（JTG 3430—2020）作为公路工程行业标准，自 2021 年 1 月 1 日起实施。原《公路土工试验规程》（JTG E40—2007）同时废止。

室温），加入 200 mL 煮沸后冷却的蒸馏水，搅拌至溶解，然后向溶液中滴入 3 滴酚酞溶液，用配制的 NaOH 标准溶液滴定至溶液呈微红色。NaOH 标准溶液的浓度用物质的量浓度表示为 C_{NaOH}（mol/L），即

$$C_{NaOH} = \frac{m}{204.2 \times 10^{-3} V} \qquad (2\text{-}1)$$

式中，m 为所称取的苯二甲酸氢钾的质量（g）；V 为滴定苯二甲酸氢钾所消耗的 NaOH 标准溶液的体积（mL）；204.2 为苯二甲酸氢钾的摩尔质量（g/mol）。

2）配制柠檬酸标准溶液（浓度为 0.07 mol/L）：用烧杯称取 14.71 g 柠檬酸（精确至 0.001 g），加 200 mL 水搅拌溶解，移入 1000 mL 容量瓶中，加水稀释至相应刻度，摇晃均匀。然后用 400 mL 烧杯移取 3 份 50 mL 柠檬酸溶液，加入 150 mL 蒸馏水，向溶液中滴入 3 滴酚酞指示剂溶液，用 NaOH 标准溶液滴定至溶液呈微红色。柠檬酸标准溶液的浓度表示为 $C_{C_6H_8O_7 \cdot H_2O}$（mol/L），即

$$C_{C_6H_8O_7 \cdot H_2O} = \frac{C_{NaOH} V}{3 V_1} \qquad (2\text{-}2)$$

式中，V 为滴定试液所消耗 NaOH 标准溶液的体积（mL）；V_1 为移取的柠檬酸标准溶液体积（mL）。

3）MgO 活性的测试方法：称取 1.7 g（精确至 0.001 g）待测 MgO，将试料置于干燥的烧杯中，并将一枚磁力搅拌子放在烧杯中，然后将烧杯置于磁力搅拌器上（图 2-6），并立即加入 200 mL 的柠檬酸溶液（事先加两滴酚酞指示剂溶液），同时打开秒表、开启磁力搅拌器（500 r/s），待试液刚呈现红色时，停止秒表计数，用此过程所记录的时间表示轻烧 MgO 的活性。

图 2-6　柠檬酸中和法测 MgO 活性

（2）活性 MgO 含量测试

参照行业标准《轻烧氧化镁化学活性测定方法》（YB/T 4019—2020），采用水合法测试活性 MgO 含量。具体步骤如下。

1）称取 2.00 g 待测 MgO，精确到 0.001 g。

2）将试料置于玻璃称量瓶中，加入 20 mL 蒸馏水，盖上盖子并稍留缝隙，在温度为（20±2）℃、相对湿度为（70±5）%条件下静置 24 h。

3）将静置 24 h 后的试料放入 100~110 ℃烘箱中水化至近干，然后升温加热至 (150±5)℃烘干至恒重，后置于干燥器中冷却至室温，进行称量。

4）MgO 中活性 MgO 的含量用质量分数 c_A 计，按式（2-3）进行计算。

$$c_A = \frac{40(m_2 - m_1)}{18m_1} \times 100\% \tag{2-3}$$

式中，m_1、m_2 分别为水化前后的 MgO 干重（g）；18、40 分别为 H_2O 和 MgO 的摩尔质量（g/mol）。

（3）比表面积测试

MgO 的比表面积测试采用氮吸附原理法（BET 法），测试采用的仪器为东南大学化工学院分析中心 ASAP2020 型吸附分析仪（图 2-7）。

图 2-7　ASAP2020 型吸附分析仪

MgO 主要根据 MgO 活性指标进行分类，MgO 活性指标有两种：一种指标反映 MgO 水化的快慢程度，用 MgO 中和柠檬酸溶液所用的时间表示；另一种指标反映可参与水化的 MgO 含量，用水化 24 h 后发生反应的 MgO 的质量占原试料质量的质量分数表示。MgO 活性指标与其比表面积和孔径密切相关，3 种 MgO 的活性测试结果如表 2-2 所示。

表 2-2　3 种 MgO 的活性测试结果

MgO 种类	柠檬酸中和（ACC）时间	活性 MgO 含量/%	比表面积/(m²/g)	平均孔径/nm	活性评价
文华 MgO	28 s	63.22	51.58	11.59	高
海城 MgO	163 s	38.00	7.22	49.57	中
死烧 MgO	大于 1 h	3.11	2.76	34.53	低

结合表 2-1 和表 2-2 可以看出，虽然文华 MgO 与死烧 MgO 中 MgO 的含量几乎相同，但是活性 MgO 含量却相差甚远。MgO 活性与其比表面积有关，比表面积越大，水化速度也就越快，活性含量越高。文华 MgO 与海城 MgO 水化速率很快，死烧 MgO 水化十分缓慢。文华 MgO 中活性 MgO 含量约为海城 MgO 的 1.66 倍，而死烧 MgO 中活性 MgO 含量为三者中最低，仅为 3.11%。

（4）试验土样

本部分选用武汉软土和徐州粉土作为加固对象。武汉软土为淤泥质粉质黏土，取自湖北省武汉青山八大家花园 43 街改造工程的基坑开挖场地，取土深度为地表以下 3.5～4.5 m，土体外观呈灰褐色；徐州粉土为饱和粉土，取自徐明高速公路徐州段工地，取土深度为地表以下 4～5 m，土体外观呈黄褐色[138]。两种土样主要物理指标如表 2-3 所示，通过 X 射线荧光光谱全元素、半定量检测所得的主要化学成分如表 2-4 所示。

表 2-3　试验土样主要物理指标

土样	土质类别	天然密度/(g/cm^3)	天然干密度/(g/cm^3)	天然含水率/%	土粒相对密度	天然孔隙比 e_0	塑限 w_P/%	液限 w_L/%	pH 值
武汉软土	淤泥质粉质黏土	1.88	1.41	33.3	2.75	0.950	22.5	37.2	8.30
徐州粉土	饱和粉土	1.96	1.55	26.7	2.70	0.745	23.9	33.8	8.78

表 2-4　试验土样主要化学成分含量　　　　　　　　　　　　　　　单位：%

土样	主要化学成分含量									
	SiO_2	Al_2O_3	Fe_2O_3	CaO	K_2O	MgO	TiO_2	Na_2O	P_2O_5	SO_3
武汉软土	62.2	17.6	5.91	4.40	3.12	2.60	1.04	0.48	0.21	0.13
徐州粉土	62.5	11.9	3.30	5.57	2.23	2.18	0.61	1.28	0.18	0.04

图 2-8 为马尔文激光粒度分析仪测试的两种土体土壤颗粒级配曲线，从图中可以看出，武汉软土与徐州粉土相比，前者土壤颗粒粒径较小，且分布较均匀；后者颗粒粒径较大，分布较为集中。

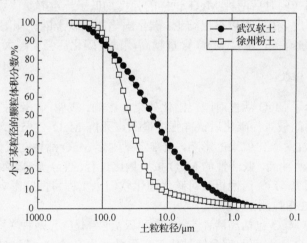

图 2-8　试验土样的颗粒分析结果

（5）无侧限抗压强度结果

图 2-9 为 3 种不同活性的 MgO 碳化固化武汉软土试样的无侧限抗压强度曲线图[141]。图中横坐标为碳化时间，纵坐标为无侧限抗压强度（q_u），3 条曲线分别对应 3 种 MgO 试样，2 条水平直线分别为同配比水泥固化武汉软土对比试样标准养护 7 d、28 d 后的无侧限抗压强度值。

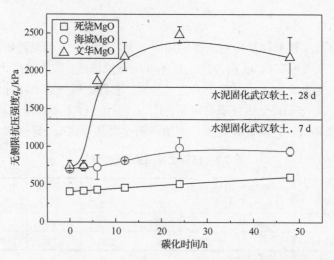

图 2-9　不同活性的 MgO 碳化固化武汉软土试样的无侧限抗压强度曲线图

从图 2-9 中可以看出，不同活性的 MgO 碳化固化武汉软土的无侧限抗压强度有着明显的差别。活性最高的文华 MgO 碳化固化武汉软土的强度增长最快，且在碳化 6 h 后的强度达到了标准养护 28 d 的水泥固化武汉软土对比样强度；碳化 24 h 试样强度达到最大值，是标准养护 28 d 水泥固化武汉软土对比样强度的 1.39 倍；当碳化时间达到 24 h 后，试样强度随着碳化时间的增长略有降低。海城 MgO 碳化固化武汉软土的强度也随碳化时间的增长而增长，碳化 24 h 后强度达到最高值，之后也随着碳化时间略有降低。死烧 MgO 试样的强度随着碳化时间增长十分缓慢，碳化 48 h 后强度只有 500 kPa 且未达到稳定状态。同时后两种 MgO 试样的强度均低于标准养护 7 d 的水泥固化武汉软土对比试样的强度。由此可以得出结论：碳化固化武汉软土的无侧限抗压强度与 MgO 中的活性 MgO 含量有关，活性 MgO 含量越高，试样碳化后强度越大。

2. MgO 活性指数

上一部分展示了 MgO 活性对碳化固化效果的影响，表明：高活性 MgO 固化试样完成碳化所需要的时间最短，碳化后试样强度最高，死烧 MgO 效果最差，但仅从定性角度分析了 MgO 活性对碳化效果的影响，很难定量确定 MgO 活性对碳化试样的影响。为此，本部分将选用两种高、低活性的 MgO 按质量比进行混合，形成多组不同活性 MgO，然后从定量角度研究 MgO 活性指数对碳化固化软弱土工程特性的影响。

（1）MgO 活性指数测试

本部分所用的 MgO 包括高活性 MgO-H 和低活性 MgO-L 两种（图 2-10，可扫二维码观看彩图），MgO-H 为河北邢台镁神化工有限公司生产的白色轻烧粉，而 MgO-L 为辽宁海城某化工厂工业煅烧的重质 MgO 粉，颜色泛红[140]。两种 MgO 材料的物理性质及活性指标如表 2-5 所示。MgO 相对密度测试也采用比重瓶法，测试溶剂为无水煤油，以避免 MgO 水化，两种 MgO 材料的颗粒级配采用马尔文 2000 激光粒度仪测定，测试中所用溶剂为无水酒精并滴加 2 滴分散剂（1%的六偏磷酸钠溶液），颗粒分析曲线如图 2-11 所示。根据行业标准《轻烧氧化镁化学活性测定方法》（YB/T 4019—2020），通过柠檬酸反应法、水合法和比表面积测试法等进行水化时间、活性含量、比表面积和平均孔径等活性参数测定，测试结果如表 2-5 所示。

（a）高活性 MgO-H　　　　　　（b）低活性 MgO-L

图 2-10　试验所用 MgO

表 2-5　两种 MgO 的物理性质及活性指标

MgO 材料	来源地	相对密度	不同粒径颗粒分布/%			水化时间/s	活性含量/%	比表面积/(m²/g)	平均孔径/nm
			<5 μm	5～75 μm	>75 μm				
MgO-H	邢台	1.65	95.9	4.0	0.1	28	85.9	51.58	11.6
MgO-L	海城	2.25	73.5	26.5	0.0	163	66.4	7.22	49.6

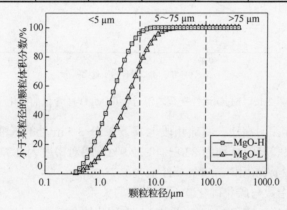

图 2-11　两种 MgO 的颗粒分析曲线

　　MgO-H 和 MgO-L 的化学成分及含量也通过 X 射线荧光光谱仪测得，测试结果如表 2-6 所示。明显地，MgO-H 中的 MgO 含量要高于 MgO-L 中的 MgO 含量，采用 X 射线荧光光谱仪测得的 MgO 含量比水合法测得的含量要高，说明 MgO 在 24 h 内并未完全水化。

表 2-6　两种 MgO 的化学成分及含量

材料	化学成分含量/%											
	MgO	Al₂O₃	CaO	SiO₂	Fe₂O₃	Na₂O	K₂O	TiO₂	SO₃	P₂O₅	MnO₂	其他
MgO-H	91.80	1.43	1.26	3.91	0.30	—	0.04	0.13	0.40	0.31	0.02	0.38
MgO-L	84.30	0.42	2.46	5.58	0.22	—	0.01	—	0.10	—	0.01	5.87

　　柠檬酸反应法测得 MgO-H 和 MgO-L 的水化时间分别为 28 s、163 s。水合法测得 MgO-H 和 MgO-L 的活性指数分别为 85.9% 和 66.4%。MgO 的比表面积和平均孔径采用

氮吸附法（BET）测定，测得 MgO-H 和 MgO-L 的比表面积分别为 51.58 m^2/g 和 7.22 m^2/g，平均孔径分别为 11.6 nm 和 49.6 nm。

将两种 MgO 按不同质量比（1∶0、3∶1、1∶1、1∶3 和 0∶1）进行混合，得到 MgO 混合物 H0L100、H25L75、H50L50、H75L25 和 H1000，即 MgO-H 与总 MgO 混合物质量比（m_H/m_T）为 0、0.25、0.5、0.75 和 1.0。取相同质量的 5 种混合物进行活性指数（含量）测试，活性指数按式（2-3）进行计算，计算后的活性指数分别为 66.4%、69.7%、77.6%、82.3%和 85.9%。图 2-12 显示了 MgO 活性指数随混合物中 MgO-H 掺量的变化结果，从图中可以看出，MgO 活性指数随 MgO-H 与总 MgO 混合物质量比 m_H/m_T 的增加而增加。

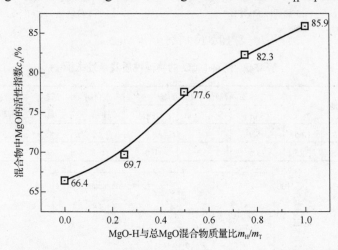

图 2-12　MgO 活性指数随混合物中 MgO-H 含量的变化

试验用土为江苏徐明高速公路徐州段地表下 2.5～3.5 m 处的低液限粉土，其天然含水率为 26.1%，液限和塑限分别为 33.8%和 22.9%，相对密度为 2.71，最大干密度和最佳含水率分别为 1.72 g/cm^3 和 14.3%，pH 值为 8.78。

（2）MgO 活性指数与碳化固化软弱土强度的关系

图 2-13 描述了 MgO-H 和 MgO-L 两种 MgO 碳化固化软弱土试样的无侧限抗压强度随碳化时间的变化关系[142]，并且对相同掺量下水泥固化土 28 d 时的强度进行了对比。由图 2-13 可知，随着碳化时间增加，MgO 碳化固化软弱土试样的无侧限抗压强度也逐渐增加；相同掺量下，MgO-H 碳化固化软弱土试样的无侧限抗压强度明显高于 MgO-L 碳化固化软弱土试样的强度，即高活性 MgO 碳化固化软弱土试样对应的强度较高，这与文献[141]关于 MgO 碳化黏土的结论基本一致。

此外，MgO 固化土碳化 3.0 h 后，当 MgO-H 掺量为 15%和 20%时，对应的无侧限抗压强度明显高于相同掺量下水泥固化土 28 d 时的抗压强度，当 MgO-H 掺量为 10%时，对应的碳化固化试样强度略高于相同掺量下水泥固化土 28 d 时的抗压强度；而 MgO-L 碳化固化软弱土试样的无侧限抗压强度要低于相同掺量下水泥固化土 28 d 时的抗压强度。究其原因是：MgO-H 的颗粒粒径小、比表面积大、活性含量高，可在短时间内快速完成水化和大部分碳化，生成较多的碳化产物，不仅使土颗粒胶结，而且也填充了试样孔隙，增加了碳化固化软弱土强度；而 MgO-L 的活性含量低、比表面积小，水化反应相对缓慢，产生的有效胶结产物相对较少，加之 MgO-L 中杂质的存在，使颗粒间的胶结受到抑制，诱发了裂缝产生，减弱了强度发展。

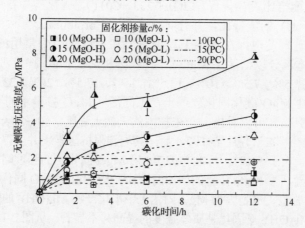

图 2-13　两种 MgO 碳化固化软弱土试样的无侧限抗压强度随碳化时间的变化

　　进一步地，为揭示 MgO 活性指数对碳化固化软弱土强度的影响，将 MgO-H 和 MgO-L 两种 MgO 按照不同质量比配成 5 组不同活性指数的 MgO，选择在不同似水灰比（即初始含水率与 MgO 掺量的比值 w_0/c）0.8、1.0、1.5、2.0 和 2.5 的条件下，研究 MgO 碳化固化软弱土强度随 MgO 活性指数的变化规律[143]。图 2-14 为碳化固化软弱土试样的无侧限抗压强度随 MgO 活性指数的变化结果。从图 2-14 可以看出，在相同似水灰比下，MgO 碳化固化软弱土强度随着 MgO 活性指数的增加而平缓增加，尤其是在似水灰比为 1.0 和 0.8 时，强度增长更为显著，最高强度达 12 MPa 以上，强度的变化正是由固化土体中能有效水化的 MgO 或有效碳化的 Mg(OH)$_2$ 的量所决定的，MgO 活性指数越高，碳化后产生的有效胶结物越多，越能促进强度的提高。此外，似水灰比越小，碳化固化软弱土强度越高，似水灰比是 MgO 掺量和初始含水率共同作用的结果；MgO 掺量对强度的影响更大，掺量越高，碳化固化软弱土强度越高；在似水灰比分别为 2.5、2.0、1.5、1.0 和 0.8 时，对应的 MgO 掺量分别为 10%、15%、20%、20% 和 25%，因此低似水灰比条件下的 MgO 碳化固化软弱土强度比高似水灰比条件下的碳化固化软弱土强度要显著提高。

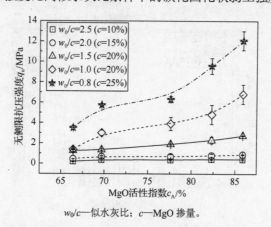

w_0/c—似水灰比；　c—MgO 掺量。

图 2-14　碳化固化软弱土试样的无侧限抗压强度随 MgO 活性指数的变化

3. MgO 掺量

按照《水泥土配合比设计规程》（JGJ/T 233—2011），固化剂掺量是固化剂质量与被加固土（换算为干土）的质量比，并且 CDIT[144]、Horpibulsuk 等[145-146]、Du 等[147-149] 和 Liu 等[150]学者研究发现：在水泥土理论研究和工程应用中常用的水泥掺量范围为 5%～30%。因此，本部分以低活性 MgO-L 为例，分析活性 MgO 掺量对强度变化的影响，活性 MgO 掺量选择 5%、7.5%、10%、12.5%、15%、17.5%、20%、22.5%、25% 和 30%。

图 2-15 为活性 MgO 碳化固化软弱土在不同活性 MgO 掺量下的无侧限抗压强度测试结果。从图 2-15（a）可以看出，与未加固的天然土强度（30～80 kPa）相比，掺量为 5% 的 MgO 固化土在标准环境下养护 7 d 后，其无侧限抗压强度并未得到显著提高，而只有当活性 MgO 掺量大于 5% 时，标准养护 7 d 后 MgO 固化土的强度略高于未固化天然土的强度，并且强度随活性 MgO 掺量的增加而增加。未碳化的 MgO 固化土强度远低于相同掺量的水泥固化土强度，这是因为 MgO 固化土中水化产物 $Mg(OH)_2$ 的胶结能力较弱，且文献[119]已表明 $Mg(OH)_2$ 对固化基质体强度的提高并不显著。从图 2-15（b）、（c）中还可发现，MgO 固化土在 CO_2 环境下进行碳化，除活性 MgO 掺量为 5% 的碳化固化软弱土强度较碳化前无显著变化外；当活性 MgO 掺量大于 5% 时，MgO 碳化固化软弱土试样的强度发生明显提高，并且在相同碳化时间下，MgO 碳化固化软弱土强度随活性 MgO 掺量的增加而增加；当活性 MgO 掺量为 30% 时，最大强度可达 5.0 MPa 以上，远远高于未固化的天然土强度或未碳化的 MgO 固化土强度。

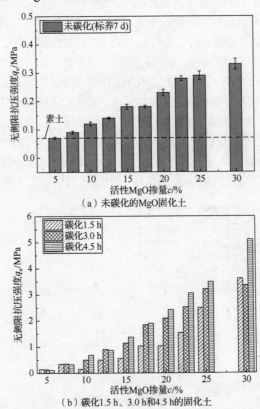

（a）未碳化的MgO固化土

（b）碳化1.5 h、3.0 h和4.5 h的固化土

图 2-15　MgO 碳化固化软弱土无侧限抗压强度随活性 MgO 掺量的变化

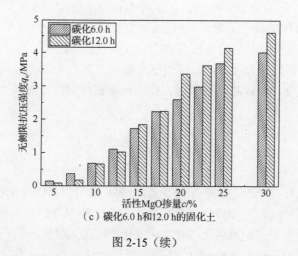

（c）碳化 6.0 h 和 12.0 h 的固化土

图 2-15（续）

为深入分析强度随时间的增长情况，定义 q_r 为试样的强度增长率：

$$q_r = \frac{q_{u2} - q_{u1}}{q_{u1}} \tag{2-4}$$

式中，q_{u1} 为相邻两个碳化时间中前一个碳化时间对应的 q_u（MPa）；q_{u2} 为相邻两个碳化时间中后一个碳化时间对应的 q_u（MPa）。

图 2-16 给出了 4 个碳化时间（q_{u2} 对应的碳化时间）3.0 h、4.5 h、6.0 h 和 12.0 h 下所对应强度增长率的变化情况。从图 2-16 可看出，在碳化前 3.0 h，掺量大于 7.5%的活性 MgO 碳化固化软弱土强度增长率最为明显；当掺量为 10%～30%时，强度增长率随活性 MgO 掺量的增加而降低。对于其他掺量和碳化时间，MgO 碳化固化软弱土强度增长率较小，甚至为负值，这也进一步验证了前面的分析。

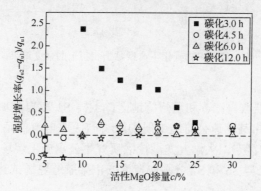

图 2-16　无侧限抗压强度增长率随活性 MgO 掺量的变化

上述结果产生的原因可能是：①试验粉土的黏粒含量极低，颗粒之间联结较为松散、孔隙未得到有效填充，导致未经碳化的 MgO 固化粉土的试样强度很低；②MgO 的水化物 Mg(OH)$_2$ 具有较弱的胶结能力和较强的膨胀性[119,151]，在掺量为 5%时，低掺量活性 MgO 固化试样内的含水率偏高，将抑制 CO$_2$ 气体的入渗和碳化，MgO 碳化产物的胶结

力不足以克服 CO_2 压力下的膨胀力，使试样内孔隙率增加、强度降低；③在较低活性 MgO 掺量和较长碳化时间下，MgO 固化土试样在碳化过程中产生裂缝，破坏了试样颗粒间的胶结；④碳化反应产生的含结晶水的镁式碳酸盐（如三水碳镁石、球碳镁石/水碳镁石）具有较高的强度和硬度，同时可胶结土颗粒并填充土体内的颗粒间孔隙，使试样更加密实、孔隙变小、土颗粒联结紧密，使碳化后试样强度提高[117,119]。

2.2.2　土体的影响

1.　土体类型

根据易耀林[117]、李晨[138]和曹菁菁[152]的研究，仅可得出砂性土和粉土较容易碳化，且碳化后土体强度较高，三轴碳化下典型黏土和粉土的强度结果如图 2-17 所示。粉土碳化加固效果远远优于淤泥质黏土，但未从定量角度深入研究天然土土性对碳化加固效果的影响。此外，Mitchell 和 Soga[153]曾明确指出土体液塑限是影响土性的关键指标，因此本节选取 7 种不同地区土体，从天然土液限（w_L）角度研究土性对碳化效果的影响。

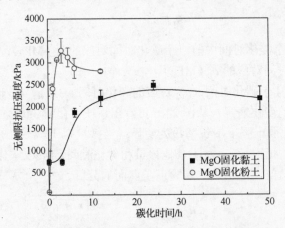

图 2-17　三轴碳化下典型黏土和粉土的强度结果

（1）试验用土

试验所用土样主要取自江苏和温州等地区，土样 S1 取自盐城市某高速公路施工现场，土样 S2 取自宿迁市某高速公路施工现场，土样 S3 取自南京河西地区长江河漫滩处，土样 S4 取自南京江宁区东南大学九龙湖校区研究生公寓施工现场，土样 S5 取自海启高速公路某施工现场，土样 S6 和 S7 分别取自淮安市某航道现场试验段和温州市某航道现场试验段。

经风晒、粉碎及过筛后的现场土如图 2-18 所示，可扫二维码观看彩图。从图 2-18 中可以看出，土样 S5、S6 和 S7 的颜色深暗。采用液塑限联合测定法进行土样的液塑限测试，根据所得液塑限结果绘制土体塑性图（图 2-19）。从图 2-19 中得出，土样 S1 和 S2 对应的液性指数在 A 线下方及 B 线左侧，且塑性指数小于 10，因此 S1 和 S2 为低液限粉土；而 S3 和 S4 对应的液性指数在 A 线上方，分别属于低液限粉质黏土和低液黏土；相似地，S5 为淤泥质粉质黏土；S6 和 S7 均属于淤泥质黏土。根据《公路土工试验规程》（JTG E40—2007）进行土体基本物理指标测定，土体的颗粒粒径级配采用马尔文 2000 激光粒度分析仪，颗粒分析测试所用溶剂为蒸馏水，并滴加 1 滴或 2 滴分散剂（1%的六偏磷酸钠溶液），并按黏粒、粉粒和砂粒的界限粒径分别为小于 5 μm、5～75 μm 和大于 75 μm 对土体粒径进行划分，试验土样的颗粒分布曲线如图 2-20 所示。相对密度测试采用比重瓶法，所用溶剂也为蒸馏水；pH 测试采用日本堀场 Horiba pH/Cond Meter D-54 pH 计（土、水质量比 1∶1）。试验土样的物理化学指标如表 2-7 所示。

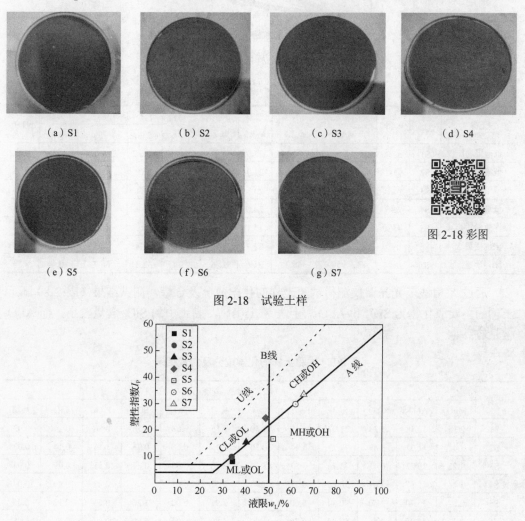

（a）S1　　　　（b）S2　　　　（c）S3　　　　（d）S4

（e）S5　　　　（f）S6　　　　（g）S7

图 2-18 彩图

图 2-18　试验土样

CH—高液限黏土；CL—低液限粉质黏土；OL—低液限黏土；MH—淤泥质粉质黏土；

ML—低液限粉土；OH—淤泥质黏土。

图 2-19　试验土的塑性图

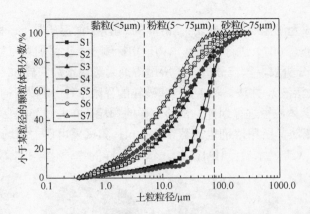

图 2-20　试验土样的颗粒分布曲线

表 2-7　试验土样的物理化学指标

土类	土样编号	来源地	天然含水率 w_n/%	液限 w_L/%	塑限 w_p/%	塑性指数 I_p	相对密度 G_s	不同粒径颗粒分布/%			pH 值
								<5 μm	5～75 μm	>75 μm	
低液限粉土	S1	盐城	26.1	34.1	25.9	8.2	2.68	6.2	46.8	47.0	8.02
低液限粉土	S2	宿迁	25.0	33.8	23.9	9.9	2.71	5.0	65.0	30.0	8.07
低液限粉质黏土	S3	南京	29.2～31.0	40.0	25.5	14.5	2.72	17.4	69.4	13.2	7.85
低液限黏土	S4	南京	33.6	48.6	24.0	24.6	2.72	22.9	61.3	15.8	8.13
淤泥质粉质黏土	S5	海安	39.0～42.4	51.9	35.1	16.8	2.72	18.5	76.4	5.1	7.59
淤泥质黏土	S6	淮安	48.8	61.6	31.7	29.9	2.73	32.8	58.3	8.9	8.07
淤泥质黏土	S7	温州	47.3～50.0	65.2	31.6	33.6	2.74	32.4	66.7	0.9	8.14

通过 X 射线荧光光谱仪测得试验土样的化学成分及含量，测试结果（表 2-8）显示土体的主要氧化物为 SiO_2 和 Al_2O_3，且与粉土相比，黏土中的 SiO_2 含量较小，而 Al_2O_3 含量较高。

表 2-8　试验土样的化学成分及含量结果

土样	化学成分含量/%											
	MgO	Al_2O_3	CaO	SiO_2	Fe_2O_3	Na_2O	K_2O	TiO_2	SO_3	P_2O_5	MnO_2	其他
S1	2.15	10.58	5.33	71.97	4.45	1.50	2.15	0.68	0.16	0.86	0.14	0.02
S2	1.44	11.02	6.63	72.13	3.94	0.30	2.35	0.68	0.21	1.15	0.14	0.03
S3	1.22	10.22	6.41	71.76	3.57	3.10	2.16	0.65	0.27	0.51	0.09	0.04
S4	1.43	15.27	1.01	70.00	6.51	1.43	2.67	0.91	—	0.27	0.16	0.04
S5	2.02	13.70	2.60	70.34	5.60	—	2.91	0.90	1.26	0.51	0.12	0.05
S6	3.12	18.48	2.86	57.82	9.78	—	3.89	0.94	0.90	0.47	0.26	1.48
S7	3.01	19.11	4.18	56.95	9.52	0.90	3.75	0.91	0.53	0.08	0.19	0.87

（2）固化剂

试验所用 MgO 为河北邢台镁神化工有限公司的轻烧 MgO，其性质与前述部分的 MgO-H 相同。所用 CO_2 气体购于南京三桥特种气体有限公司。

（3）强度试验结果

由于土体液限和塑性指数是表征土性的重要指标，本部分从天然土液限和塑性指数两个方面来探讨 MgO 碳化固化软弱土无侧限抗压强度的变化。图 2-21（a）、（b）分别展示了 MgO 碳化固化软弱土无侧限抗压强度随天然土液限和塑性指数的变化关系[154]，从图 2-21（a）可以观察到，MgO 碳化固化软弱土的无侧限抗压强度大体上随着对应天然土液限的增加而降低；初始含水率与液限比 w_0/w_L 越大，无侧限抗压强度越低。然而从图 2-21（b）中可以发现，MgO 碳化固化淤泥质粉质黏土 S5 的无侧限抗压强度却非常低，基本接近于淤泥质黏土 S6 和 S7 的强度；除此之外，MgO 碳化固化软弱土的无侧限抗压强度随着塑性指数的增加呈显著递减趋势。塑性指数是指土体处于可塑状态下含水率范围的大小，也反映了土体结合水能力的大小，塑性指数越高，土体比表面积越大、土颗粒越细，且黏土矿物的含量可能越高。

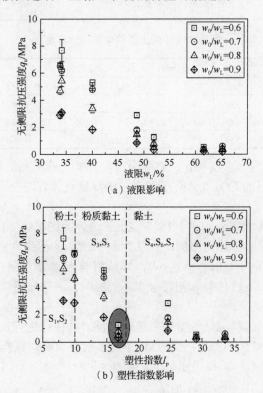

(a) 液限影响

(b) 塑性指数影响

图 2-21　天然土土性对 MgO 碳化固化软弱土无侧限抗压强度的影响

2. 初始含水率

Horpibulsuk 等[145]和 Lorenzo 等[155]均认为初始含水率是影响水泥或 MgO 等固化土工程特性的影响因素之一，具体指含水率可影响水泥等固化剂的水化反应和固化土的孔隙率，也影响固化土试样的制取和压实效果。含水率过低将阻碍水泥或 MgO 的水化及离子扩散；而含水率过高将增加土体孔隙率，使强度大大降低[48]；相关研究表明，水泥固化土无侧限抗压强度与似水灰比存在一定关系[156]。此外，含水率还影响 MgO 固化土的通气碳化效率，因此研究含水率或似水灰比对碳化效果的影响至关重要。

（1）试验材料

试验用土以宿迁粉土、南京粉质黏土和海安粉质黏土 3 种土作为加固对象，来研究不同初始含水率对碳化固化效果的影响。试验土样的主要物理指标和化学成分分别如表 2-9 和表 2-10 所示。

表 2-9　试验土样的主要物理指标

土样来源	土类	含水率/%	相对密度	pH 值	塑限/%	液限/%	黏粒分布(<0.005 mm)/%	粉粒分布(0.005~0.075 mm)/%	砂粒分布(>0.075 mm)/%
宿迁	粉土	25.0	2.71	8.07	23.9	33.8	4.6	60.3	35.1
南京	长江漫滩相粉质黏土	29.1~31.0	2.72	7.85	25.5	40.0	11.6	74.9	13.5
海安	淤泥质粉质黏土	39.0~42.4	2.72	7.59	31.6	47.9	17.8	77.2	5.0

表 2-10　不同土类的化学成分含量

土样	化学成分含量/%											
	SiO_2	Al_2O_3	Fe_2O_3	CaO	K_2O	MgO	TiO_2	Na_2O	P_2O_5	SO_3	MnO_2	其他
宿迁粉土	72.13	11.02	3.94	6.63	2.35	1.44	0.68	0.3	1.15	0.21	0.14	0.01
南京粉质黏土	65.10	13.80	6.60	6.65	2.76	1.97	0.90	1.0	0.87	0.24	0.11	—
海安粉质黏土	70.34	13.70	5.60	2.60	2.91	2.02	0.90	—	0.51	1.26	0.12	0.04

试验所用的 MgO 为邢台镁神化工有限公司生产的工业用高活性 MgO，外观呈白色，极细粉末状。试验所用的 CO_2 气体购于南京三桥特种气体有限公司。

（2）试验方案

本部分选择初始含水率为 10%、15%、20%、25% 和 30%，由于 3 种试验土样的土性不同，土颗粒对水的吸附能力不同，故取含水率/液限的值为 0.5~0.9，即含水率分别为 $0.5w_L$、$0.6w_L$、$0.7w_L$、$0.8w_L$ 和 $0.9w_L$，即所取含水率是水质量与干土质量的比值（$m_水/m_{干土}$）。综合活性 MgO 掺量和初始含水率的影响，本部分还从似水灰比角度进行了更进一步的分析。

为保证顺利制样、试样成功脱模和后续碳化反应的快速进行，制样过程中控制单个试样的质量为 360~365 g，试验中活性 MgO 的掺量为 20%，试样的初始含水率分别为 $0.5w_L$、$0.6w_L$、$0.7w_L$、$0.8w_L$ 和 $0.9w_L$。土体的碳化时间为 0 h、1.5 h、3 h、4.5 h、6 h 和 12 h。试样的具体配比如表 2-11 所示。

表 2-11　试样制备配比（初始含水率影响）

编号	土类	活性 MgO 掺量/%	初始土体含水率/液限(w_0/w_L)	碳化时间/h
S	宿迁粉土		0.5、0.6、0.7、0.9	3、6、12
N	南京粉质黏土	20	0.5、0.6、0.7、0.8、0.9	1.5、3、4.5、6、12
H	海安粉质黏土		0.5、0.6、0.7、0.8、0.9	1.5、3、4.5、6、12

（3）强度试验结果

从图 2-22 中可以看出，相同碳化时间下随着含水率的增加，碳化固化软弱土的强度不断减小，含水率为 $0.5w_L$ 的试样碳化后强度是含水率为 $0.9w_L$ 的试样碳化后强度的

2～4 倍。并且含水率在 $0.5w_L$～$0.7w_L$ 时，强度降低幅度较大，含水率在 $0.7w_L$～$0.9w_L$ 时强度降低幅度变缓。在相同含水率和碳化时间下，南京粉质黏土的强度要大于海安粉质黏土的强度。

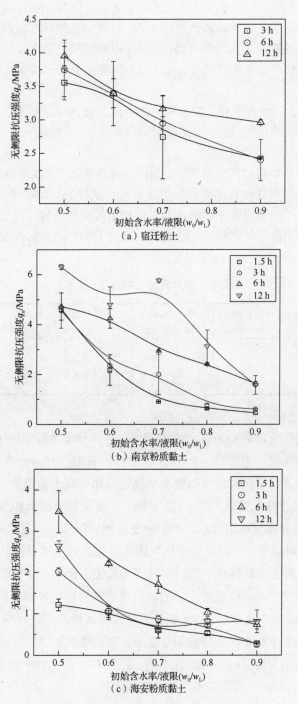

图 2-22　不同含水率对土体碳化后强度的影响

3. 土体压实度

土体压实度是反应土体密实程度的物理指标，一般情况下土体的密度越大，强度也越高，密度对固化土强度的影响要大于含水率的影响。但对 MgO 碳化固化软弱土而言，土体的密实度与土体的孔隙率和渗透性相关，会影响 CO_2 气体在试样中的扩散。在 MgO 固化土中需要一定的孔隙率来确保 CO_2 在土体中的扩散，从而保证碳化反应的顺利进行。因此，研究土体初始密度（压实度）对 MgO 固化土碳化加固效果是必要的。

（1）试验材料

试验用土同"2.初始含水率"中所用土样一致，即为宿迁粉土、南京粉质黏土和海安粉质黏土，土样的物理化学性质也与前面相同。

（2）试验方案

为了研究不同土体初始密度对 MgO 加固土体碳化固化效果的影响，试验中通过控制试样体积不变、改变试样初始质量的方法来改变试样的初始密度。其中，活性 MgO 的掺量为 20%，试样的初始含水率选定为土体初始液限的 7/10（与土体天然含水率较为接近，并且方便采用静压法制样）。土体的碳化时间为 3 h、6 h 和 12 h。具体试样配比如表 2-12 所示。

表 2-12　试样配比（初始密度影响）

编号	土类	活性 MgO 掺量/%	平均初始质量/g(误差<1 g)	平均初始密度/(g/cm³)	初始土体含水率/液限(w_0/w_L)/%	碳化时间/h
S	宿迁粉土	20	340、350、360、370、380	1.727、1.762、1.801、1.834、1.862	0.7	3、6、12
N	南京粉质黏土					
H	海安粉质黏土					

（3）强度试验结果

土体的初始密度会影响 CO_2 在土体中的运移速率和土体的碳化速率，从而对碳化固化软弱土的强度变化有一定影响。从图 2-23 中可以看出，对同一种土体而言，MgO 碳化固化软弱土的强度随着初始密度的增加呈现先增加后减小的趋势。宿迁粉土在初始密度为 1.834 g/cm³ 时强度取得最大值 5.552 MPa。而南京粉质黏土和海安粉质黏土在初始密度为 1.801 g/cm³ 时强度达到峰值，当初始密度继续增加时强度略有减小[152]。

从图 2-23 中可以看出，宿迁粉土试样碳化固化后强度增长幅度明显大于南京粉质黏土，而海安粉质黏土试样碳化固化后的强度增长幅度最小。这与试样的土颗粒组成和内部孔隙孔径有一定关系。宿迁粉土中的砂粒含量和粉粒含量相对南京粉质黏土较多，内部孔隙孔径较大，故碳化速率较快，碳化后产物对试样孔隙进行填充，强度增长较多。而由于海安粉质黏土中的粉粒和砂粒相对较少，碳化速率较慢，故碳化后土样强度相对较小。上述结果是由于土体的颗粒组成不同，导致 CO_2 在土体中的运移速率有所差异，使 MgO 碳化固化软弱土的碳化速率和碳化效果不同。

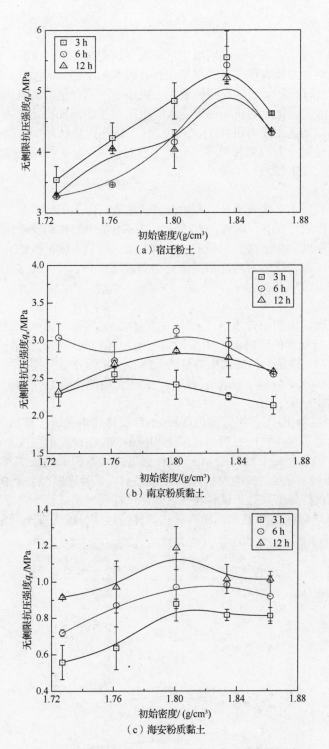

（a）宿迁粉土

（b）南京粉质黏土

（c）海安粉质黏土

图 2-23　不同初始密度对碳化固化软弱土强度的影响

4. 土体有机质

已有研究和工程实践表明：利用固化材料加固疏浚淤泥和软土时，有机质对其加固效果存在很大影响，主要表现在有机质使土具有较大的水容量和塑性、较强的膨胀性和低渗透性[157]。刘叔灼等[158]通过在两种淤泥土中掺杂不同含量的有机质，进行了大量的室内试验，发现水泥固化土的抗压强度随着有机质含量的增加而迅速降低。因此水泥固化技术并不能很好地适用于有机质土。活性 MgO 碳化固化法是一种低碳搅拌处理软土的创新技术，但是对于有机质种类和有机质掺量对活性 MgO 固化土物理和强度特性的影响，前人的研究尚未涉及。

（1）试验材料

土壤中的有机质主要为富里酸、胡敏酸、胡敏素，由于胡敏素是一种不稳定的中间过渡产物，较难提取与保存，因此，本试验主要采用富里酸和胡敏酸作为主要的有机质外掺物，选定富里酸和胡敏酸作为研究对象，粉土、活性 MgO 和 CO_2 气体作为主要试验材料。试验粉土取自江苏省宿迁市某高速公路施工现场，位于地表下 2.5～3.5 m 处，属于古黄河沉积土。

（2）试验方案

在试验室内调配出初始含水率（$m_水/m_干土$）为 25% 的拟加固土。拟加固土调配完毕后，进行搅拌，在搅拌的同时向土中缓慢均匀地加入预先称量好的活性 MgO（或硅酸盐水泥）等固化剂，掺量为拟加固土总量的 15%。有机质掺量分别按照拟加固土质量的 0、0.5%、1.0%、2.0%、4.0%、8.0% 进行添加，待混合物搅拌均匀后采用静压法进行制样。

（3）强度试验结果

由图 2-24 可以看出：①在掺入有机质后 MgO 试样和水泥试样在相同条件下养护 7 d 后，水泥固化含富里酸试样的强度明显低于相应的 MgO 试样的强度，而水泥固化含胡敏酸试样的强度则明显高于相应的 MgO 试样强度；②养护试样在掺入富里酸后，水泥试样的强度降低十分明显，在掺入 0.5% 富里酸之后，试验强度接近于 0，基本上已经丧失强度；③碳化试样与常规养护试样相比，碳化试样强度明显高于常规养护条件下水泥固化样和 MgO 试样；④富里酸和胡敏酸碳化试样整体均呈现先减小后略有增加的趋势。

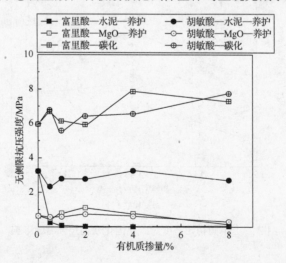

图 2-24　不同有机质掺量和养护条件对碳化试样无侧限抗压强度的影响

2.2.3　碳化养护条件影响

1. 碳化时间

易耀林[117]和李晨[138]探索性研究表明：砂性或粉性土碳化 3 h 即可完成强度的主要增长，而淤泥质软土碳化强度增长相对缓慢，需要 24 h 以上才可完成强度的主要增长。但前期研究是采用改装的三轴渗透装置进行碳化试验，试样在较大围压下进行碳化且气体在土体中的入渗具有明显的单向性，使该装置能加速 MgO 固化试样的碳化并在一定程度上限制了试样的膨胀开裂。由于本研究所用碳化装置与前期研究不同，所以本研究选择 12 h 为临界碳化时间，碳化时间分别为 1.5 h、3.0 h、4.5 h、6.0 h 和 12.0 h。

图 2-25 描述了 MgO 碳化固化软弱土无侧限抗压强度随碳化时间的变化关系。从图 2-25 中可以看出，当活性 MgO 掺量为 5.0% 和 7.5% 时，MgO 碳化固化软弱土强度随碳化时间持续并无发生显著变化，甚至强度随碳化时间而降低；当活性 MgO 掺量为 10.0%～17.5% 时，MgO 碳化固化软弱土强度随碳化时间增加而呈先快速增加后减小趋势，基本在 6.0～12.0 h 之间达到最大强度，甚至在碳化 12.0 h 时出现减小，不同活性 MgO 掺量下的 MgO 固化土存在一个临界碳化时间——约 6.0 h；当活性 MgO 掺量大于 17.5% 时，MgO 碳化固化软弱土的强度随碳化时间的增加而增大，在碳化前 6.0 h 增长较快，在碳化 6.0～12.0 h 逐渐达到稳定。MgO 固化粉土碳化 3.0 h 后，无侧限抗压强度均可达到相同掺量下水泥固化土 7 d 的抗压强度，同时也远高于《建筑地基处理技术规范》（JGJ 79—2012）[159]所规定的地基处理的最低强度（180 kPa）。

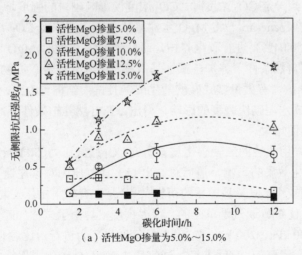

（a）活性MgO掺量为5.0%～15.0%

图 2-25　MgO 碳化固化软弱土无侧限抗压强度随碳化时间的变化关系

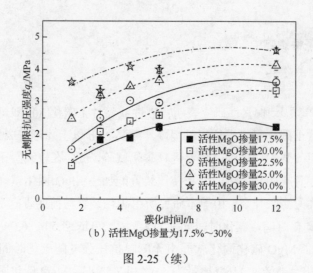

（b）活性MgO掺量为17.5%～30%

图 2-25（续）

2. CO_2 通气压力

Vandeperre 和 Al-Tabbaa[121]研究了湿度（65%和98%）和 CO_2 浓度（5%和20%）对 MgO 砌块力学性能的影响，得出：相对湿度和 CO_2 浓度影响了 MgO 砌块的强度和模量，高湿度下 MgO 砌块的强度和模量较大；CO_2 浓度仅影响砌块强度和模量的发展速度并不改变最终值，浓度越高，发展速度越快。同样，Unluer 和 Al-Tabbaa[122]研究了 CO_2 浓度（0～20%）和相对湿度（55%～98%）对 MgO 水泥多孔砌块物理力学特性的影响，结果发现：MgO 水泥砌块养护的最优相对湿度为 78%；碳化砌块的密度随着 CO_2 浓度的升高而增加，当砌块在 10%和 20%两种 CO_2 浓度下经历 7 d 碳化后，砌块的碳化效果基本相同。说明达到一定 CO_2 浓度时，CO_2 浓度仅影响砌块的强度增长速度而不改变最终结果。莫立武和 Kpanesar[160]将 MgO 水泥浆体分别在高浓度 CO_2（99.9%）和自然条件下（CO_2 浓度为 0.04%）进行碳化养护，研究了 CO_2 浓度对 MgO 水泥微观结构的影响，结果发现：在自然条件下养护，试样基本没发生碳化反应，产物主要为 $Mg(OH)_2$；在高 CO_2 浓度下养护，有大量镁式碳酸盐生成，且试样结构更为致密。Liska 等[49]研究了养护温度对 MgO 水泥砌块强度的影响，得出：在自然养护条件下，MgO 水泥砌块强度随养护温度升高而增大。

易耀林[117,119]采用改装的三轴碳化装置研究 CO_2 通气压力（50 kPa、100 kPa、200 kPa）对 MgO 固化土碳化效果的影响，最后总结出 CO_2 通气压力对碳化速率起正促进作用，对最终强度的影响较小。但是易耀林的研究[117,119]是在有较大围压（大于 CO_2 通气压力）的条件下进行的，且 CO_2 通气是单向的，很大程度上约束了试样的膨胀开裂。为此本部分选择 50 kPa、100 kPa、200 kPa 和 300 kPa 等通气压力进行对比碳化试验。

图 2-26 描述了不同碳化时间下 CO_2 通气压力对 MgO 碳化固化软弱土无侧限抗压强度的影响，从图 2-26 中可以观察出：相同 CO_2 通气压力下，碳化时间越长，MgO 碳化固化软弱土的无侧限抗压强度越高；在相同碳化时间内，MgO-L 碳化固化软弱土的强度随着 CO_2 通气压力呈先快速增加后趋于稳定或减小，基本在 CO_2 通气压力为 200 kPa 处达到最大；在碳化时间小于 6.0 h 和 CO_2 通气压力为 100 kPa 时，MgO-L 碳化固化软

弱土的强度远小于通气压力大于 200 kPa 时的强度；而当碳化时间大于 12.0 h 时，低 CO_2 压力下的碳化固化软弱土强度并无明显低于其他 CO_2 压力下的碳化固化软弱土强度。这说明 CO_2 通气压力仅影响 CO_2 气体在固化土中的入渗和运移速率，在碳化时间足够长时，也可以使 MgO 碳化固化软弱土达到相对较高的强度。但是当 CO_2 通气压力增至 400 kPa 且碳化时间延长至 24.0 h 时，MgO 碳化固化软弱土的强度反而出现显著降低，这说明长期的高气压作用将削弱碳化固化软弱土试样的强度，这与前面描述的试样表观裂缝是相一致的。此外，当 CO_2 通气压力从 50 kPa 增长至 300 kPa 时，MgO-H 碳化固化软弱土试样的强度也是先快速增长后趋于稳定，在 CO_2 通气压力为 200 kPa 时达到最大，同时 MgO-H 碳化固化软弱土的强度也高于相同 CO_2 通气压力和碳化时间下 MgO-L 碳化固化软弱土的强度。从而说明，在实际工程应用中，除了合理选择 MgO 活性和碳化时间外，还需控制 CO_2 通气压力，CO_2 压力至少为 200 kPa 时才能提高 MgO 碳化固化软弱土的碳化加固效率。

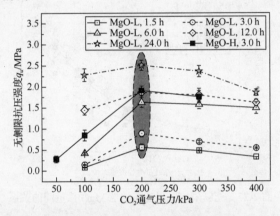

图 2-26　CO_2 通气压力对 MgO 碳化固化软弱土无侧限抗压强度的影响

2.3　强度增长预测方法

建立合理精度的 MgO 碳化固化软弱土强度预测模型，对于 MgO 碳化固化法在地基/路基加固工程中的应用和实际工程中混合比的初步设计、碳化参数优化和经济效益分析，以及路基/地基碳化加固工程的设计与评价起着至关重要的作用。因此有必要探寻不同因素影响下 MgO 碳化固化软弱土的强度预测方法。

2.3.1　基于 MgO 掺量和碳化时间的强度预测方法

1. 直接法

图 2-27 描述了不同碳化龄期内，碳化固化软弱土的无侧限抗压强度随活性 MgO 掺量的变化。从图 2-27 中可以看出，相同碳化时间下活性 MgO 掺量对无侧限抗压强度有显著影响，无侧限抗压强度随活性 MgO 掺量的增加而增加；在有限的碳化时间范围内，

碳化时间总体上与无侧限抗压强度成正相关。在 CO_2 环境下，活性 MgO 掺量与碳化时间或多或少地促进了 MgO 碳化固化软弱土的强度增长。为清晰描述强度与活性 MgO 掺量间的关系，将活性 MgO 掺量以对数形式展示在 x 轴上，可以发现：在相同碳化龄期内，无侧限抗压强度与活性 MgO 掺量间的关系可通过最小二乘法用三次函数或幂函数进行拟合归一。图 2-27 显示，试样无侧限抗压强度并不一定随活性 MgO 掺量或碳化时间的增加而增加，可能存在一个最优活性 MgO 掺量（在 25%附近）和临界碳化时间（6.0～12.0 h），使试样强度最高。考虑到应用的方便性，研究中不推荐用三次函数进行强度预测。根据图 2-27，强度与活性 MgO 掺量的幂函数拟合式见式（2-5），指定碳化时间下的具体拟合方程如表 2-13 所示。

$$q_u = ac^{1.6} \tag{2-5}$$

式中，a 为与碳化时间相关的量纲为 1 的常数；c 为活性 MgO 掺量（%）。

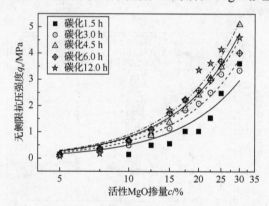

图 2-27　无侧限抗压强度与活性 MgO 掺量间的关系

表 2-13　不同碳化时间下 MgO 碳化固化软弱土的强度拟合方程

碳化时间/h	拟合方程	相关系数R^2
1.5	$q_u = 0.0129c^{1.6}$	0.888
3.0	$q_u = 0.0164c^{1.6}$	0.962
4.5	$q_u = 0.0207c^{1.6}$	0.985
6.0	$q_u = 0.0198c^{1.6}$	0.963
12.0	$q_u = 0.0129c^{1.6}$	0.949

在定量分析碳化固化软弱土影响因素的研究中，Wang 等[161]指出强度比 $q_{u,c_2}/q_{u,c_1}$ 与固化材料的掺量比 c_2/c_1 存在较好的线性关系，且碳化固化软弱土强度比 $q_{u,c_2}/q_{u,c_1}$ 随养护龄期的增长而增长；Du 等[162]为预测水泥固化 Zn 污染土的强度，也提出了一个经验方程，具体表示为

$$q_{u,c_2}/q_{u,c_1} = (c_2/c_1)^{\ln(6.3+24.6[Zn])} \quad (R^2 = 0.82) \tag{2-6}$$

式中，[Zn]为污染土中 Zn 离子浓度（取值范围为 0～2.0%）；c_1、c_2 为水泥掺量（%），且 $c_2 > c_1$；q_{u,c_1}、q_{u,c_2} 分别为水泥掺量 c_1 和 c_2 下对应的固化 Zn 污染土强度（MPa）。

此外，Horpibulsuk 等[163]也在对水泥固化黏土工程特性的研究过程中，提出了固化

土强度比在指定固化龄期内与不同似水灰比间的关系，具体表示为

$$\frac{q_{(w_0/c),D}}{q_{(w_0/c),28}} = \left[\frac{(w_0/c)_{28}}{(w_0/c)_D}\right]^{1.27} \times (0.099 + 0.281 \times \ln D) \tag{2-7}$$

式中，$q_{(w_0/c),28}$ 为似水灰比为 $(w_0/c)_{28}$ 时水泥固化盐质黏土 28 d 时的强度；$q_{(w_0/c),D}$ 为似水灰比为 $(w_0/c)_D$ 时水泥固化盐质黏土 D 天时的强度。

上述 3 个学者[161-163]的研究均是以指定固化龄期或固化剂掺量为基准，通过强度比、固化剂掺量比或固化时间比建立预测方程。为此，本节借鉴这一思想，先以研究中的最小碳化时间 1.5 h 为基准，用碳化时间（t）与最小碳化时间（1.5 h）比（$t/t_{1.5}$）作为新的量纲为 1 的参数，进而寻求与碳化时间相关的量纲为 1 的常数 a 的表达式。根据表 2-13 中不同碳化时间下对应的具体常数 a，分别以 $t/t_{1.5}$ 和常数 a 为 X 和 Y 轴建立函数关系，如图 2-28 所示，图中常数 a 和 $t/t_{1.5}$ 的关系可以很好地用式（2-8）进行拟合：

$$a = 0.0128 + 0.0054 \times \ln(t/t_{1.5}) \quad (R^2=0.895) \tag{2-8}$$

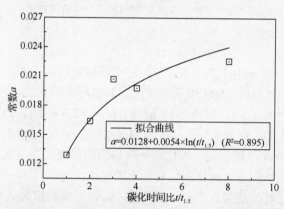

图 2-28　常数 a 与碳化时间比（$t/t_{1.5}$）的关系

将式（2-8）代入式（2-5）中，可以得到基于活性 MgO 掺量和碳化时间的 MgO 碳化固化软弱土的强度预测模型：

$$q_u = [0.0128 + 0.0054 \times \ln(t/t_{1.5})]c^{1.6} \tag{2-9}$$

很明显地，从预测函数式（2-9）中可以观察到，相同碳化时间下，MgO 碳化固化软弱土的无侧限抗压强度随活性 MgO 掺量的增加而增加。但从图 2-25 和图 2-27 中注意到，MgO 碳化固化软弱土的强度并非随活性 MgO 掺量和碳化时间的增加而持续增加，其实测值与预测值之间存有一定差异。为了验证强度预测模型［式（2-9）］的有效性，将试验实测结果与预测方程计算出的预测值进行对比，对比结果如图 2-29 所示，图中阴影部分代表了无侧限抗压强度实测值与预测值间的估计误差大小。从图 2-29 中可以发现，当强度实测值小于 1.5 MPa 时，强度预测值要略高于强度实测值；当强度实测值超过 1.5 MPa 时，强度预测值将会偏小。总体而言，强度预测值较接近于强度实测值，并且两者的误差限小于 8.7%，这表明了强度预测模型的高精确性。因此，强度预测模型有望为岩土工程设计和计算提供基本参数，未来的研究将设置更多的碳化时间段来修

正该预测模型，并通过理论和微观结构分析来进一步解释碳化固化软弱土强度变化的原因。

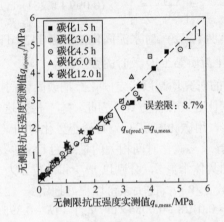

图 2-29　无侧限抗压强度预测值与实测值对比

2. 间接法

借鉴已有文献[161]～[163]的研究方法，将不同碳化时间下 MgO 碳化固化软弱土的强度比（$q_{u,c_2}/q_{u,c_1}$）与活性 MgO 掺量比（c_2/c_1）进行关联对比，图 2-30（a）～（e）分别描述了碳化时间为 1.5 h、3.0 h、4.5 h、6.0 h 和 12.0 h 条件下碳化固化软弱土的强度比随活性 MgO 掺量比的变化关系，活性 MgO 掺量 c_1 为 5%～25%，活性 MgO 掺量 c_2 大于 c_1。从图 2-30 中可以发现，碳化固化软弱土的强度比随活性 MgO 掺量比的增加而增加，且相同碳化时间下，碳化固化软弱土的强度比与活性 MgO 掺量比之间的相关关系可用幂函数进行较好地拟合［式（2-10）］，拟合方程和相关系数如表 2-14 所示。

$$q_{u,c_2}/q_{u,c_1} = a(c_2/c_1)^b \qquad (2\text{-}10)$$

式中，a、b 为量纲为 1 的常数。

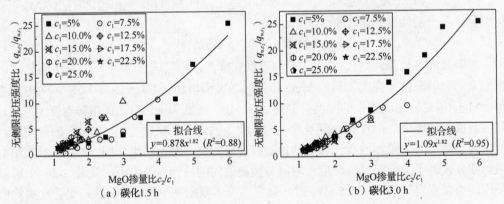

图 2-30　MgO 碳化固化软弱土的强度比（$q_{u,c_2}/q_{u,c_1}$）随 MgO 掺量比（c_2/c_1）的变化关系

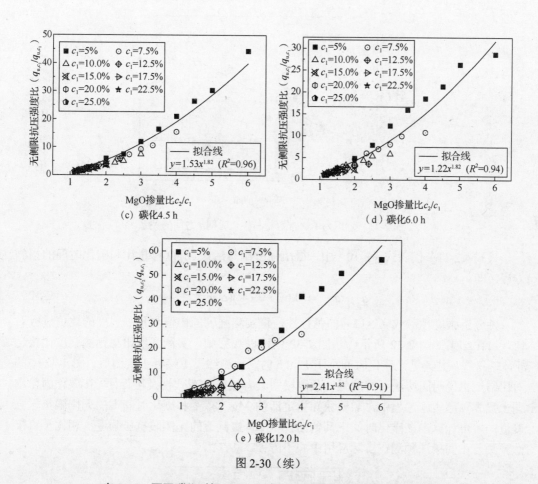

图 2-30（续）

表 2-14　不同碳化时间下 MgO 碳化固化软弱土的强度比拟合方程

碳化时间/h	拟合方程	相关系数 R^2
1.5	$q_{u,c_2}/q_{u,c_1} = 0.878(c_2/c_1)^{1.82}$	0.88
3.0	$q_{u,c_2}/q_{u,c_1} = 1.09(c_2/c_1)^{1.82}$	0.95
4.5	$q_{u,c_2}/q_{u,c_1} = 1.53(c_2/c_1)^{1.82}$	0.96
6.0	$q_{u,c_2}/q_{u,c_1} = 1.22(c_2/c_1)^{1.82}$	0.94
12.0	$q_{u,c_2}/q_{u,c_1} = 2.41(c_2/c_1)^{1.82}$	0.91

　　5 个不同碳化时间下，拟合方程的幂指数 b 均为 1.82，从表 2-14 中可以发现，除碳化 4.5 h 条件下拟合系数 a 有偏离拟合线外，其他拟合方程系数大体上随碳化时间的增加而增加。为分析拟合方程的系数随碳化时间的变化，建立了量纲为 1 的常数 a 与碳化时间 t 之间的关系，如图 2-31 所示，可以发现量纲为 1 的常数 a 与碳化时间 t 之间可以用线性函数进行拟合，拟合式如下：

$$a = 0.67 + 0.14t \quad (R^2 = 0.89) \tag{2-11}$$

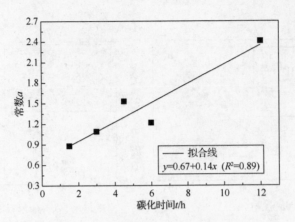

图 2-31　量纲为 1 的常数 a 与碳化时间 t 之间的关系

　　将式（2-11）代入式（2-10）中，得出强度比与活性 MgO 掺量比和碳化时间的预测方程，即

$$q_{u,c_2}/q_{u,c_1} = (0.67 + 0.14t)(c_2/c_1)^{1.82} \qquad (2\text{-}12)$$

　　为分析强度预测式（2-12）的可行性，将实测强度的比值与预测强度的比值进行对比，对比结果如图 2-32 所示。从图 2-32 中可以观察到，实测强度比与预测强度比接近于 45° 斜线，尤其是当碳化时间小于 12.0 h 时，预测结果更接近于实测值；图 2-32 中的对比结果也说明间接法所得的强度预测模型具有较好的有效性及可行性。在碳化固化软弱土强度预测实施过程中，需要获知指定活性 MgO 掺量和碳化时间下的无侧限抗压强度值，才可计算出该碳化时间下其他活性 MgO 掺量下的无侧限抗压强度；相比于直接法预测，该间接法预测在实际应用中并不方便。

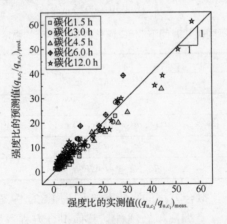

图 2-32　强度比的预测值与实测值对比

　　值得注意的是：基于活性 MgO 掺量和碳化时间的两个强度预测模型具有很大的局限性，提出的模型仅适用于低液限粉土，且初始含水率为 25% 左右，碳化过程中 CO_2 通气压力为 200 kPa。而对于其他初始含水率下或其他类型的土体而言，将会在后续的强度预测分析中进行讨论。

2.3.2 基于似水灰比和碳化时间的强度预测

在水泥土强度预测研究中，大多数方法是根据设计强度的控制特征参数来确定的，影响水泥土强度的因素有含水率、水泥掺量和固化龄期，这些参数包括在 Abram 定律中的似水灰比[146-147]和水泥土固化后孔隙率与水泥掺量比。似水灰比（w_0/c）已作为一个非常有用的参数被广泛用于水泥固化土强度和压缩特性的评价，这个参数能很容易解释含水率和水泥掺量对水泥固化土强度的联合影响。Abram 定律是用一个指数方程来描述固化土强度随水灰比的变化，方程如式（2-13）所示。

$$q_u = A/B^{(w_0/c)} \qquad (2-13)$$

式中，A 和 B 为依赖于黏土结构特征、黏土矿物组成、水泥类型和固化时间的经验常数。

Horpibulsuk 等[145]和 Lorenzo[164]用 Abram 定律预测了水泥固化黏土的无侧限抗压强度，且研究中指出，当水灰比大于 5 时，水泥土强度的预测值与实测结果较为一致；然而对于较低的水灰比（小于等于 5），预测强度是低于实际结果的。一般而言，为使强度预测方程适用于所有的水灰比，需要将数学方程式（2-13）进行修正，为此，提出了修正后的强度预测模型：

$$q_u = A(w_0/c)^B \qquad (2-14)$$

Horpibulsuk 等[145]研究了水泥固化 Ariake 黏土的强度特性，并根据修正的 Abram 定律式（2-14）提出了水泥固化土 7 d 和 28 d 的强度预测模型［式（2-15）和式（2-16）］；Lorenzo[164]研究了水泥固化 Bangkok 黏土的强度特性，用修正的 Abram 定律提出了水泥固化土 7 d 和 28 d 的强度预测模型［式（2-17）和式（2-18）］；Jongpradist 等[13]研究了水泥或水泥-飞灰固化 Bangkok 黏土的强度特性，用修正的 Abram 定律提出了固化土 7 d 和 28 d 的强度预测模型［式（2-19）和式（2-20）］。

1）水泥固化 Ariake 黏土 7 d：

$$q_{u, 7d} = 36.34(w_0/c)^{-1.79} \quad (R^2=0.94) \qquad (2-15)$$

2）水泥固化 Ariake 黏土 28 d：

$$q_{u, 28d} = 83.88(w_0/c)^{-1.92} \quad (R^2=0.90) \qquad (2-16)$$

3）水泥固化 Bangkok 黏土 7 d：

$$q_{u, 7d} = 15.86(w_0/c)^{-1.81} \quad (R^2=0.92) \qquad (2-17)$$

4）水泥固化 Bangkok 黏土 28 d：

$$q_{u, 28d} = 26.97(w_0/c)^{-1.77} \quad (R^2=0.90) \qquad (2-18)$$

5）水泥/水泥-飞灰固化 Bangkok 黏土 7 d：

$$q_{u, 7d} = 3.12(w_0/c)^{-1.40} \quad (R^2=0.93) \qquad (2-19)$$

6）水泥/水泥-飞灰固化 Bangkok 黏土 28 d：

$$q_{u, 28d} = 4.25(w_0/c)^{-1.27} \quad (R^2=0.95) \qquad (2-20)$$

式中，w_0 为黏土中的初始含水率（%）；c 为水泥等胶结材料的含量（%）。

MgO 碳化固化软弱土强度除了受活性 MgO 掺量和碳化时间的影响外，初始含水率对碳化固化软弱土强度也有一定影响。为兼顾初始含水率对强度的影响，本节也借用修正的 Abram 定律，以似水灰比和碳化时间作为自变量来对 MgO 碳化固化软弱土强度进行预测分析。图 2-33 显示了 MgO 碳化固化软弱土无侧限抗压强度（q_u）与似水灰比（w_0/c）的相关关系，图中的无侧限抗压强度主要取自活性 MgO 掺量、初始含水率和碳化时间影响下的测试结果。从图 2-33 中可以注意到：在指定碳化时间下，无侧限抗压强度随似水灰比的增加而降低，并且碳化固化软弱土强度结果与水泥或水泥-飞灰固化 Bangkok 黏土 7 d 的强度预测函数式接近。

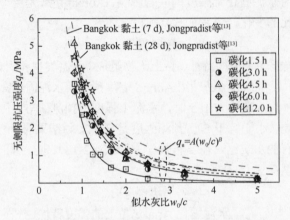

图 2-33　无侧限抗压强度与似水灰比的关系

将不同碳化时间影响下 MgO 碳化固化软弱土的无侧限抗压强度与似水灰比进行关联拟合，并且将各碳化时间下的拟合函数的拟合参数 A、B 及相关系数 R^2 列举在表 2-15 中，参数 A、B 与碳化时间或其他参数有关。

表 2-15　不同碳化时间下拟合参数 A、B 及相关系数 R^2

碳化时间 t/h	A	B	R^2
1.5	2.26	-2.60	0.976
3.0	2.81	-1.51	0.960
4.5	3.61	-1.89	0.998
6.0	3.37	-1.42	0.968
12.0	3.89	-1.53	0.944

从表 2-15 中可以观察到拟合参数 A、B 基本随碳化时间的增加而增加，图 2-34 显示了拟合参数 A、B 与碳化时间 t 的关系，拟合参数 A、B 与碳化时间 t 的关系如式（2-21）和式（2-22）所示：

$$A = 0.8\ln t + 2 \quad (R^2 = 0.90) \tag{2-21}$$

$$B = 0.5\ln t - 2.5 \quad (R^2 = 0.57) \tag{2-22}$$

将式（2-21）和式（2-22）代入式（2-14）中，可得

$$q_u = (0.8\ln t + 2) \times (w_0/c)^{0.5\ln t - 2.5} \quad (R^2 = 0.95) \tag{2-23}$$

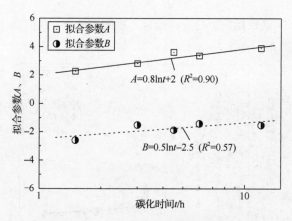

图 2-34　拟合参数 A、B 与碳化时间 t 的关系

为验证预测式（2-23）的可行性和有效性，先将活性 MgO 掺量、初始含水率和碳化时间的具体数值代入式（2-23）中，得出 MgO 碳化固化软弱土的强度预测值（$q_{u,\text{pred.}}$），然后将强度预测值与强度实测值（$q_{u,\text{mea.}}$）进行对比，对比结果如图 2-35 所示。从图 2-35 中可以注意到：强度预测值和实测值拟合关系的相关系数为 0.95，说明了预测值和实测值具有很好的匹配度；在碳化时间和似水灰比已知时，用模型式（2-23）来进行 MgO 碳化固化软弱土的强度预测是比较适用和有效的。在复杂多样的实际工程应用中，当碳化加固地基土的最小设计强度已知时，可以通过该预测模型来快速确定最优似水灰比和最佳碳化时间。

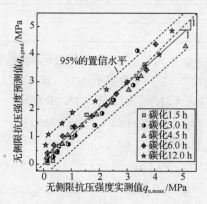

图 2-35　无侧限抗压强度预测值与实测值对比

2.3.3　基于 MgO 活性指数和似水灰比的强度预测

为定量分析并预测碳化固化软弱土强度随 MgO 活性指数的变化，建立了 MgO 活性指数影响下无侧限抗压强度与似水灰比间的相关关系，如图 2-36 所示。从图 2-36 中可以看出，相同 MgO 活性指数下，MgO 碳化固化软弱土强度随似水灰比的增加而降低；MgO 活性指数越高，碳化固化软弱土强度越高，并且碳化固化软弱土的无侧限抗压强度随似水灰比的变化速率逐渐减小。根据文献[151]，无侧限抗压强度随似水灰比的变化可以用修正的 Abram 定律［式（2-14）］进行拟合，这也与水泥固化 Bangkok 黏土的强度特性相似[163,165]。在修正的 Abram 定律中，A、B 是与 MgO 活性指数相关的量纲为 1

的常数；在不同 MgO 活性指数影响下，拟合方程的常数 A、B 的具体数值及其相关系数如表 2-16 所示。

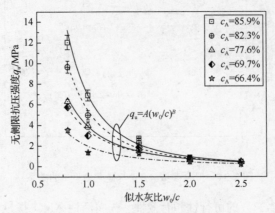

图 2-36　不同 MgO 活性指数下 MgO 碳化固化软弱土强度与似水灰比间的关系

表 2-16　不同 MgO 活性指数下拟合参数 A、B 及相关系数 R^2

活性指数 c_A/%	A	B	R^2
85.9	6.84	−2.88	0.98
82.3	5.44	−2.75	0.98
77.6	3.90	−2.41	0.98
69.7	3.50	−2.22	0.97
66.4	1.98	−2.22	0.91

拟合常数 A、B 随 MgO 活性指数 c_A 的变化可以用线性函数进行拟合，其相关关系如图 2-37 所示，拟合方程如式（2-24）和式（2-25）所示。

$$A = 21.8c_A - 12.5 \qquad (R^2 = 0.88) \qquad (2\text{-}24)$$

$$B = -3.6c_A + 0.25 \qquad (R^2 = 0.91) \qquad (2\text{-}25)$$

将式（2-24）和式（2-25）代入式（2-14）中，得

$$q_u = (21.8c_A - 12.5) \times (w_0/c)^{-3.6c_A + 0.25} \qquad (R^2 = 0.95) \qquad (2\text{-}26)$$

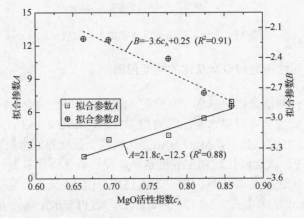

图 2-37　拟合参数 A、B 与 MgO 活性指数间的关系

为检验强度预测方程式（2-26）的有效性，图 2-38 对比显示了 MgO 活性指数影响下 MgO 碳化固化软弱土强度预测值（$q_{u,\,pred.}$）与强度实测值（$q_{u,\,meas.}$）间的关系。从图 2-38 中可以观察到，MgO 碳化固化软弱土的强度预测值与强度实测值是具有高度一致性的。为进一步验证模型［式（2-26）］的可行性，将 Yi 等和刘松玉等已有文献[119]、[141]的试验条件和相关参数代入所提出的预测模型［式（2-26）］中，计算出相应的预测值；最后将预测值与文献实测值进行对比，对比结果也展示在图 2-38 中。将本节的研究结果与已有文献的研究结果进行关联对比，可以发现当 MgO 活性指数和似水灰比已知时，强度预测值几乎是 0.7～1.2 倍的强度试验值，碳化固化软弱土的强度预测值和实测值的拟合直线（$q_{u,\,pred.}=-0.16+0.98q_{u,\,meas.}$）与 45° 斜线极其接近，并且相关系数为 0.95，进一步表明了预测模型的高精度。但是该模型的提出前提是：MgO 固化土的碳化时间为 12.0 h，固化土基本达到完全碳化；活性 MgO 掺量为 20%；CO_2 通气压力为 200 kPa。在 MgO 碳化固化软弱土的工程实践中，也可以考虑不同活性 MgO 的价格和最低强度去确定所需的最优 MgO 活性指数和似水灰比，也可同时调整活性 MgO 掺量和 MgO 活性指数。

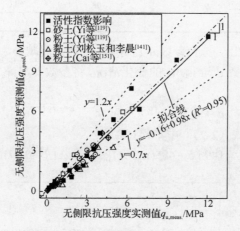

图 2-38　MgO 活性指数影响下无侧限抗压强度预测值与实测值的对比

2.3.4　基于天然土液限的强度预测

图 2-39 给出了 MgO 碳化固化软弱土无侧限抗压强度与天然土液限的关系，从图 2-39 中可以观察到：在指定初始含水率与天然土液限比（w_0/w_L）下，碳化固化软弱土无侧限抗压强度随天然土液限的增加而减小，且 w_0/w_L 越大，相应的强度值越低。碳化固化软弱土无侧限抗压强度与天然土液限的关系可以通过指数函数［式（2-27）］进行拟合，不同 w_0/w_L 条件下拟合式的具体参数值和相关系数如表 2-17 所示。

$$q_u = ae^{bw_L} \qquad\qquad (2-27)$$

式中，a、b 为量纲为 1 的拟合参数。

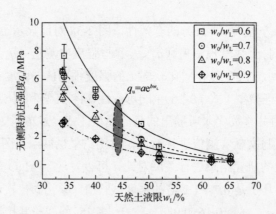

图 2-39　MgO 碳化固化软弱土无侧限抗压强度与天然土液限的关系

表 2-17　天然土液限影响下拟合参数 a、b 及相关系数 R^2

初始含水率与天然土液限之比 w_0/w_L	a	b	R^2
0.6	213	−0.09	0.97
0.7	143	−0.09	0.90
0.8	108	−0.09	0.97
0.9	63	−0.09	0.96

　　从表 2-17 中可以看出，拟合参数 a 随着 w_0/w_L 增大而减小，拟合参数 b 为具体数值 −0.09。图 2-40 描述了参数 a 与 w_0/w_L 的变化情况，将参数 a 与 w_0/w_L 进行线性拟合归一，可得

$$a = 495.5 - 485(w_0/w_L) \quad (R^2=0.97) \tag{2-28}$$

　　将式（2-28）代入式（2-27）中，得

$$q_u = [495.5 - 485(w_0/w_L)]e^{-0.09w_L} \quad (R^2=0.97) \tag{2-29}$$

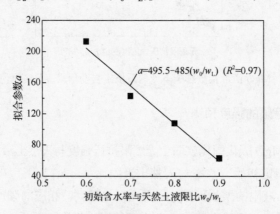

图 2-40　拟合参数 a 与 w_0/w_L 的相关关系

　　为验证提出方程的准确性，将几种天然土的液限与不同的 w_0/w_L 代入式（2-29）中，得到天然土液限和 w_0/w_L 影响下的预测值。图 2-41 显示了天然土液限影响下 MgO 碳化固化软弱土强度预测值（$q_{u,\,pred.}$）与强度实测值（$q_{u,\,meas.}$）间的对比，从图 2-41 中可以

观察到 MgO 碳化固化软弱土的预测强度与其强度实测值间具有高度一致性（相关系数为 0.97），这说明当天然土液限和初始含水率已知时，该模型是可用和有效的。但是该模型的前提是：MgO 固化土的碳化时间为 12.0 h，固化土基本达到完全碳化；所用 MgO 为 MgO-H，CO_2 通气压力为 200 kPa。从天然土液限对 MgO 碳化固化软弱土强度的影响规律来看，MgO 碳化固化法更适合于粉土、粉质黏土等粗颗粒、大孔隙土体的加固；而对于黏粒含量高的土体而言，需要改进 CO_2 气体的通气方式或结合传统水泥固化法使用。

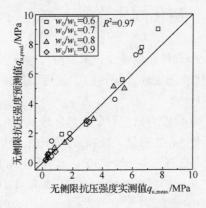

图 2-41　天然土液限影响下 MgO 碳化固化软弱土无侧限抗压强度预测值与实测值的对比

第3章 碳化固化软弱土的物理与力学特性

3.1 碳化固化软弱土物理特性

为研究碳化前后固化土物理性质的变化，本部分以强度因素为条件，分别研究不同初始条件下，MgO 碳化固化软弱土在碳化过程中温度、质量、体积、含水率和密度等物理特性的变化规律。

为此，本部分仍以上一章数据为研究对象，具体地从似水灰比角度来进一步研究两个因素（即初始含水率和活性 MgO 掺量）对 MgO 固化土碳化加固效果的影响，即当初始含水率为 25%时，活性 MgO 掺量为 5%～30%；当活性 MgO 掺量为 20%时，初始含水率为 15%～30%。从而，对应的似水灰比为 0.83、1.0、1.11、1.25、1.43、1.67、2.0、2.5、3.33 和 5.0，对比前期的研究[119,166]，这些似水灰比数值覆盖了较宽的范围。参数 V/C 是活性 MgO 相对密度、活性 MgO 掺量、孔隙率、密度和未碳化的活性 MgO 固化土的初始含水率等参数的函数，且函数可表达为

$$\frac{V}{C} = \frac{nV_{\text{total}}}{\frac{cm_s}{\rho_{\text{MgO}}}} = \frac{n\dfrac{m_s(1+c+w_0)}{\rho_0}}{\dfrac{cm_s}{\rho_{\text{MgO}}}} = \frac{n\dfrac{m_s(1+c+w_0)}{\rho_0}}{\dfrac{cm_s}{G_{s,\text{MgO}}\rho_{\text{wl}}}} = \frac{n(1+c+w_0)G_{s,\text{MgO}}\rho_{\text{wl}}}{c\rho_0} \tag{3-1}$$

$$\frac{V}{C} = nG_{s,\text{MgO}}\frac{\rho_{\text{wl}}}{\rho_0}(1+1/c+w_0/c) \tag{3-2}$$

式中，V 为土体中的孔隙体积，包括水和空气（cm^3）；C 为固化土中活性 MgO 的体积（cm^3）；V_{total} 为土的体积（cm^3）；n 为土的孔隙率（%）；c 为活性 MgO 掺量（%，以干土质量为基础）；m_s 为干土质量（g）；ρ_{MgO} 为活性 MgO 的密度（g/cm^3）；ρ_0 为土体的密度（g/cm^3）；ρ_{wl} 为水在 4 ℃下的密度（g/cm^3）；w_0 为土的初始含水率（%，以干土质量为基础）；$G_{s,\text{MgO}}$ 为活性 MgO 的相对密度。

对于未碳化的活性 MgO 固化土，可以根据式（3-2）来计算参数 V/C 的值。图 3-1 描述了孔隙体积与 MgO 体积之比（V/C）和似水灰比（w_0/c）的关系，从图 3-1 中可以发现参数 V/C 随似水灰比（w_0/c）的增加呈线性增加（相关系数 R^2 为 0.999）。因此，参数 V/C 也能够像似水灰比一样用于活性 MgO 碳化固化软弱土工程特性的评价，但是，需要知道固化土的孔隙率、活性 MgO 的相对密度、液态水（4 ℃时）的密度、未碳化土试样的密度和似水灰比才能确定参数 V/C，此外，似水灰比也可以作为一个有用的参数来简单方便地评价活性 MgO 固化土的物理和强度等工程特性。

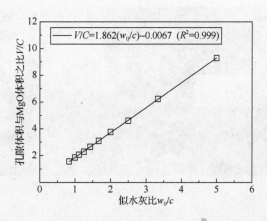

图 3-1　孔隙体积与 MgO 体积之比和似水灰比的关系

3.1.1　温度变化

　　活性 MgO 固化土在碳化过程中涉及水化和碳化反应，化学反应中产生新的化合物并伴随有放热现象；温度变化直接反映了 MgO 固化土的水化和碳化反应程度，有必要监测碳化过程中的温度变化。为此，采用 PT100 热电阻式温度传感器插入自制的碳化模型桶内，温度探针直接插入 MgO 固化土样内，温度传感器连接 dataTaker 数据采集仪，采集仪与计算机进行连接，采集温度的变化。碳化过程的温度监测装置如图 3-2 所示，图 3-2（a）为示意图，图 3-2（b）为实物图。

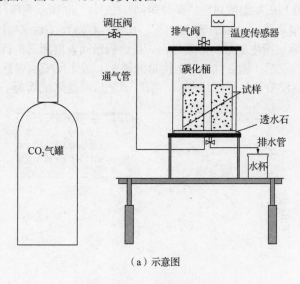

（a）示意图

图 3-2　碳化过程的温度监测装置

（b）实物图

图 3-2（续）

1. 活性 MgO 掺量和碳化时间的影响

图 3-3 显示了活性 MgO 掺量和碳化时间影响下碳化固化软弱土的温度变化情况，其中图 3-3（a）中活性 MgO 掺量为 5%～15%，图 3-3（b）中活性 MgO 掺量为 17.5%～30%。图 3-3（a）、（b）显示，碳化过程中，随着碳化时间的持续，监测温度先快速增加后缓慢减小；5.0%活性 MgO 掺量的 MgO 固化土当碳化约 2.5 h 时，碳化试样的温度最高达 39 ℃；15%活性 MgO 掺量的 MgO 固化土在碳化 1.0 h 内，最高温度达 54 ℃；相似地，17.5%活性 MgO 掺量的 MgO 固化土在碳化约 1.3 h 时最高温度约为 60 ℃，而当活性 MgO 掺量为 30.0%时，MgO 固化土碳化不足 1 h 的最高温度便达到 76 ℃以上；当活性 MgO 掺量高于 22.5%时，碳化产生的最高温度相差不大。图 3-4 显示了活性 MgO 掺量影响下碳化固化软弱土最高温度和最高温度对应的碳化时间，图 3-4（a）所示为碳化产生的最高温度，图 3-4（b）所示为最高温度对应的碳化时间。从图 3-4（a）、（b）中可以看出，随着活性 MgO 掺量的增加，碳化产生的最高温度越高，且达到最高温度所需的碳化时间越短。从监测的温度结果中可以说明：随活性 MgO 掺量的增加，碳化反应越剧烈；由于碳化反应在密闭桶内进行，温度没有与外界进行交换，所以碳化后温度降低缓慢。

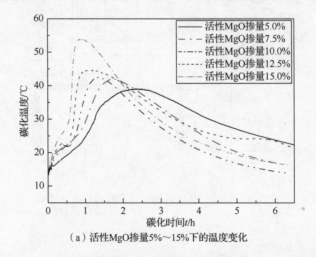

（a）活性MgO掺量5%～15%下的温度变化

图 3-3　活性 MgO 掺量和碳化时间影响下碳化固化软弱土的温度变化

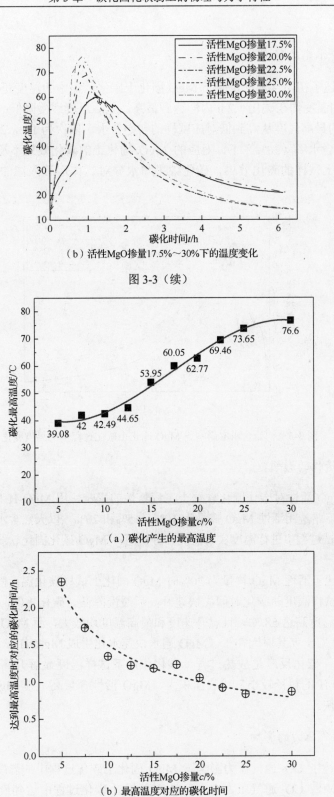

（b）活性MgO掺量17.5%～30%下的温度变化

图 3-3（续）

（a）碳化产生的最高温度

（b）最高温度对应的碳化时间

图 3-4 活性 MgO 掺量影响下碳化固化软弱土产生的最高温度和最高温度对应的碳化时间

2. 初始含水率的影响

图 3-5 描述了初始含水率影响下 MgO 固化土碳化过程中的温度变化。图 3-5 中显示 MgO 固化土的温度均在碳化 1.2 h 内即达到最高，之后温度缓慢降低；对于 4 种初始含水率下，碳化的最高温度从高到低对应试样的初始含水率依次为 15%、20%、25% 和 30%，说明在高初始含水率（30%）下，对应的 MgO 固化土的碳化效果不及其他初始含水率下 MgO 固化土试样的碳化效果，碳化效果与水分对气体运移入渗的阻滞效应有较大影响。

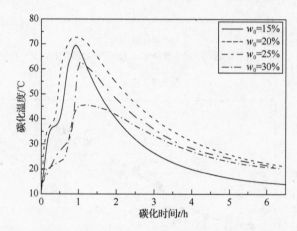

图 3-5　初始含水率影响下 MgO 固化土碳化过程中的温度变化

3. MgO 活性的影响

为研究 MgO 活性对碳化固化软弱土工程特性的影响，用 MgO-H 和 MgO-L 对粉土进行碳化固化，常选用活性 MgO 掺量为 10%、15% 和 20%，以天然含水率为初始含水率（约 25%）。测试过程中进行温度实时监测，分析两种 MgO 碳化固化软弱土样的表观特征和密度变化。

图 3-6 描述了活性 MgO 掺量为 20% 时 MgO 固化土试样碳化温度随时间的变化，由图 3-6 可知，试样温度随碳化时间先快速升高后缓慢降低。碳化 1.0 h 左右，MgO-H 碳化固化试样的温度高达 58 ℃，且温升速度和最高温度均较大，而 MgO-L 固化试样的最高温度仅为 50 ℃。究其原因在于，MgO 遇水快速水化生成 $Mg(OH)_2$，$Mg(OH)_2$ 遇 CO_2 发生碳化反应。碳化反应是放热过程，碳化作用下试样温度显著升高；此外，相比于 MgO-L，MgO-H 的粒径较小、比表面积大、MgO 活性含量高，使 MgO 固化土的水化和碳化速度较快。

4. CO_2 通气压力的影响

图 3-7 描述了 CO_2 通气压力影响下 MgO 固化土碳化过程中的温度变化。从图 3-7 中可以发现，随着 CO_2 通气压力增大，MgO 固化土碳化过程中达到最高温度所需的时间逐渐减小，且在最高温度之后，温度的衰减速率也依次加快；当通气压力小于 200 kPa

时，随着 CO_2 通气压力的增加，碳化产生的最高温度逐渐增加；在 CO_2 通气压力为 200 kPa 时达到最高；而当 CO_2 通气压力继续增至 300 kPa 时，碳化产生的温度反而降低。温度结果表明：在 200 kPa 或者 200～300 kPa 时，MgO 固化土的碳化反应最为剧烈，CO_2 通气压力过大或过小都影响 MgO 固化土的碳化效果。

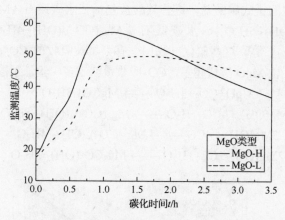

图 3-6　试样温度随碳化时间的变化

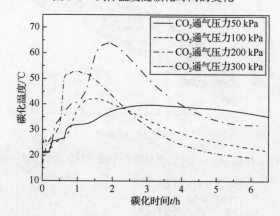

图 3-7　CO_2 通气压力影响下 MgO 固化土碳化过程中的温度变化

3.1.2　质量变化

1. 活性 MgO 掺量和碳化时间的影响

图 3-8 和图 3-9 分别描述了 MgO 碳化固化软弱土质量增长率随活性 MgO 掺量和碳化时间的变化。从图 3-8 中可以看出，碳化后 MgO 固化土的质量有了显著增加，质量增加率在 1%～9% 之间，并且质量增长率随活性 MgO 掺量的增加而增加，几乎接近线性增加。此外，从图 3-9 中碳化时间对质量增长率的影响可以观察到，碳化时间的持续增长对 MgO 固化土试样的质量增加也具有一定的促进作用，碳化时间越长，质量增加率越高，但碳化 6 h 和碳化 12 h 的质量增长率相差不大，说明 MgO 固化土的 CO_2 吸收量在碳化 6 h 时已基本稳定。MgO 固化土质量增长的原因主要归结为以下两点。

1）当活性 MgO 添加在待固化土体中时，活性 MgO 极易与土体中的水发生水化反应，生成水化产物 $Mg(OH)_2$，即

$$MgO+H_2O \longrightarrow Mg(OH)_2 \tag{3-3}$$

2）当 $Mg(OH)_2$ 遇到 CO_2 气体时，能够快速与 CO_2 发生一系列化学反应［式（3-4）～式（3-7）］形成稳定的镁式碳酸盐，这些碳酸盐包括三水碳镁石（$MgCO_3 \cdot 3H_2O$）、球碳镁石［$Mg_5(CO_3)_4(OH)_2 \cdot 5H_2O$］、水碳镁石［$Mg_5(CO_3)_4(OH)_2 \cdot 4H_2O$］和纤水碳镁石［$Mg_2CO_3(OH)_2 \cdot 3H_2O$］等。这些碳化产物中含有大量被吸收的 CO_2，使得 MgO 固化土的质量显著提高；活性 MgO 掺量越多，CO_2 吸收量就越多，验证了图 3-8 所描述的结果。

$$MgO+CO_2+3H_2O \longrightarrow MgCO_3 \cdot 3H_2O \tag{3-4}$$

$$5Mg(OH)_2+4CO_2+H_2O \longrightarrow Mg_5(CO_3)_4(OH)_2 \cdot 5H_2O \tag{3-5}$$

$$5Mg(OH)_2+4CO_2 \longrightarrow Mg_5(CO_3)_4(OH)_2 \cdot 4H_2O \tag{3-6}$$

$$2Mg(OH)_2+CO_2+H_2O \longrightarrow Mg_2CO_3(OH)_2 \cdot 3H_2O \tag{3-7}$$

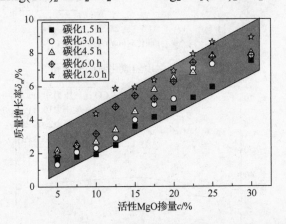

图 3-8　碳化 MgO 固化土质量增长率随活性 MgO 掺量的变化

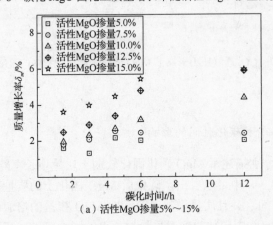

（a）活性 MgO 掺量 5%～15%

图 3-9　MgO 碳化固化软弱土质量增长率随碳化时间的变化

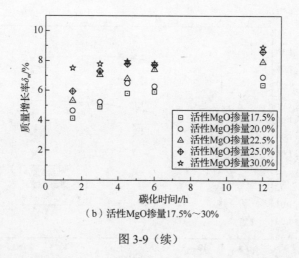

（b）活性MgO掺量17.5%～30%

图 3-9（续）

2. 初始含水率的影响

图 3-10 描述了不同碳化时间下 MgO 固化土质量增长率随初始含水率的变化。从图 3-10 中可以观察到：MgO 固化土的质量增长率随初始含水率的增加而微量增加，随碳化时间的持续增加而增加。产生上述结果的原因是：①碳化时间越长，碳化效果越充分，吸收的 CO_2 就越多；②碳化固化过程中不仅有 CO_2 参与，而且也有适量的水参与，当初始含水率较小时，固化试样中的 MgO 可能并未完全水化，而未水化的 MgO 又很难参与碳化反应，所以碳化过程中吸收的 CO_2 相对较少，即低含水率下的质量增长率不及较高含水率下的质量增长率。

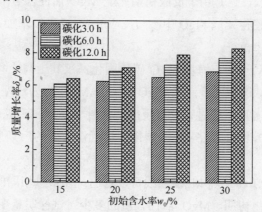

图 3-10　不同碳化时间下 MgO 固化土质量增长率随初始含水率的变化

3. MgO 活性的影响

（1）MgO 类型

图 3-11 为 3 种不同活性的 MgO 碳化固化武汉软土试样的质量比曲线图，图中横坐标为通气碳化时间，纵坐标为试样质量比，3 条曲线分别对应 3 种 MgO 试样。

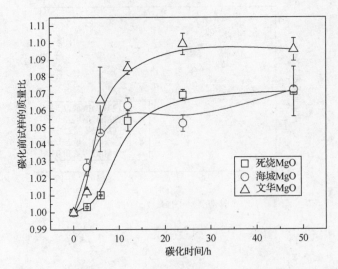

图 3-11　不同活性的 MgO 碳化固化武汉软土试样的质量比曲线图

由图 3-11 可以看出以下几点。

1）随着碳化时间的增长，3 种 MgO 碳化固化武汉软土试样的质量均不断增大，且增长速率在 12 h 前非常快，12 h 后增长速率变慢，20 h 后除海城 MgO 碳化固化武汉软土试样的质量缓慢增长外，文华、死烧 MgO 碳化固化武汉软土试样质量大体保持稳定。

2）死烧 MgO 碳化固化武汉软土初期质量比与另外两种 MgO 碳化固化武汉软土相比较低，后期逐渐增长，这是由于反应初期死烧 MgO 活性含量十分有限，因此质量比低，后期 CO_2 的存在使得死烧 MgO 中参与反应的 MgO 不断增加，试样质量有所提高。该结论与体积变化规律相符。

3）反应初期（小于 6 h）海城 MgO 碳化固化武汉软土与文华 MgO 碳化固化武汉软土质量比大体相同，这是由于海城 MgO 与文华 MgO 均为活性 MgO，初期碳化反应发展大体相当，但随着反应的进行，可反应的活性 MgO 逐渐被消耗；海城 MgO 的活性含量小于文华 MgO，因此文华 MgO 碳化固化武汉软土的后期质量比高于海城 MgO 碳化固化武汉软土。

4）对比海城 MgO 和死烧 MgO 曲线可以看出：在掺量相同的情况下，当 MgO 活性含量较低时，在碳化初期，MgO 活性含量的多少对试样质量变化的影响较大。对比海城 MgO 与文华 MgO 曲线可以看出，当 MgO 活性含量较高时，在碳化初期，MgO 活性含量的多少对试样质量变化几乎没有影响。

图 3-12 为文华 MgO 碳化固化武汉软土和徐州粉土试样的质量比曲线图，图中横坐标为通气碳化时间，纵坐标为试样质量比，每幅图中 3 条曲线分别对应 3 种活性 MgO 掺量的试样。对于武汉软土试样，通气碳化时间最长为 48 h；对于徐州粉土试样，通气碳化时间最长为 12 h。

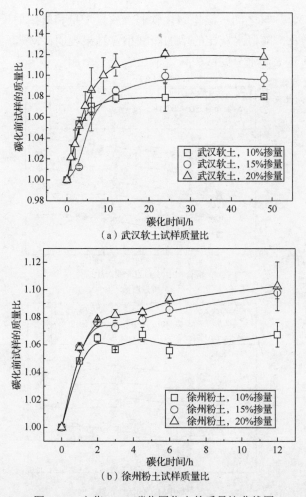

（a）武汉软土试样质量比

（b）徐州粉土试样质量比

图 3-12　文华 MgO 碳化固化土的质量比曲线图

由图 3-12 可以看出以下两点。

1）两种土体的试样质量均随着碳化时间的增长呈现先增大后减缓并趋于稳定的趋势，不同的是徐州粉土试样的质量增长速率明显快于武汉软土试样，该结论与体积变化规律相符。

2）由两种土体的试样质量比还可以发现，在碳化初期活性 MgO 掺量的多少对试样质量变化影响不大，而后期试样质量随着活性 MgO 掺量的增大而增大，与体积变化规律相符。这是由于同一种活性 MgO 掺量越高，吸收的 CO_2 越多，因此质量增长越大。

综上所述，碳化后试样质量均会增加，所用 MgO 活性含量越高、活性 MgO 掺量越大，质量增长越多。武汉软土质量比最高达 1.12，徐州粉土质量比最高达 1.10。

（2）MgO 活性指数

图 3-13（a）、（b）描述了 MgO 碳化固化软弱土的质量增量和质量增加率随混合物中 MgO 活性指数的变化。从图 3-13（a）、（b）中可以看出，碳化 12.0 h 后，当活性 MgO 掺量为 10%～25% 时，MgO 碳化固化软弱土样的质量增量分布在 12 g 和 24 g 之间，质

量增长率分布在 3% 和 7% 之间；碳化固化软弱土质量增量和质量增长率随 MgO 活性指数的增长而平缓增长，随似水灰比的增加而减小。结果表明：MgO 固化土试样碳化过程中吸收的 CO_2 质量大于水分的散失量，故引起质量增加。

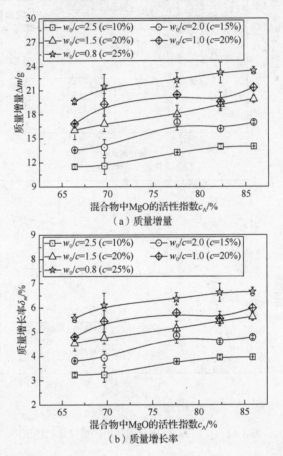

（a）质量增量

（b）质量增长率

图 3-13　MgO 碳化固化软弱土的质量增量和质量增长率随混合物中 MgO 活性指数的变化

4. 土性的影响

图 3-14 描述了天然土液限（w_L）对 7 种活性 MgO 碳化固化软弱土质量变化的影响，从图 3-14 中可以看出，MgO 固化土经过 12.0 h 碳化后，w_0/w_L 为 0.6～0.9 时，其质量增量均在 13 g 和 26 g 之间，计算出的质量增长率基本在 4% 和 7% 之间，且质量增量和增加率均随初始含水率的增加而略减小，7 种 MgO 碳化固化软弱土的质量增量和质量增长率差异不大。其原因为：碳化过程中除吸收 CO_2 外，水化反应和碳化反应过程放出大量热，温度升高引起土中水分蒸发；且气体运移促使水汽交换，使水分进一步散失，即碳化过程中既有 CO_2 吸收又有水分损失。对于低初始含水率（$0.6w_L$）的 MgO 固化土，固化粉土和固化粉质黏土中的 MgO 水化程度不及黏土和淤泥质黏土中的 MgO 水化程度，粉土和粉质黏土中 CO_2 吸收量和水的损失量均相对较低；与此相反，黏土和淤泥质黏土中 CO_2 吸收量和水的损失量相对较高。

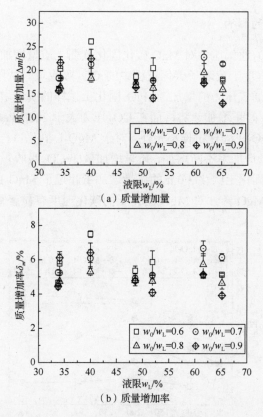

（a）质量增加量

（b）质量增加率

图 3-14　天然土液限对碳化固化软弱土质量变化的影响

5. 有机质的影响

图 3-15 显示了养护或碳化前后不同有机质或相同有机质不同掺量的质量比，从图 3-15 中可以看出：①在经过养护后，试样质量因失水而有所减少；碳化试样，虽然也有少量失水，但由于吸收了大量的 CO_2，因而质量有所增加。②碳化试样（尤其是含富里酸试样）的质量随有机质掺量的增加呈现先增加后减小的趋势。

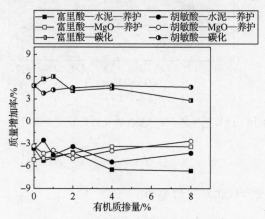

图 3-15　含有机质土碳化前后的质量增加率

6. CO_2通气压力的影响

图 3-16 描述了 CO_2 通气压力对 MgO 碳化固化软弱土质量增加量和质量增加率的影响，质量增加量一定程度上反映了碳化过程中的 CO_2 吸收量。从图 3-16 可以发现，在相同条件下，随 CO_2 通气压力的增加，MgO 固化土试样的质量增加量或质量增加率在 CO_2 压力小于 200 kPa 时呈增加趋势，而在 CO_2 压力大于 200 kPa 时则趋于稳定甚至出现减小，尤其对于 MgO-H 固化试样；此外，对于 MgO-L 固化试样，随着碳化时间的增加，质量增加量或质量增加率不断增加，质量增加量即 CO_2 吸收量和碳化过程中水分的散失量之差。MgO-H 固化土碳化 3.0 h 的质量增加量超过了 MgO-L 固化土碳化 6.0 h 的质量增加量，这说明 MgO 活性对 MgO 固化土的碳化速度有显著影响，与前面 MgO 活性的研究结论一致。

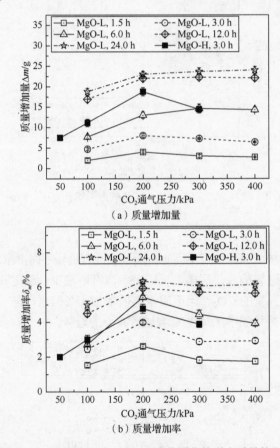

图 3-16　CO_2 通气压力对 MgO 碳化固化软弱土质量的影响

3.1.3　体积变化

1. 活性 MgO 掺量和碳化时间的影响

图 3-17 和图 3-18 分别描述了 MgO 固化土试样的体积增长率随活性 MgO 掺量和碳

化时间的变化情况。从图 3-17 中可以看出，MgO 固化土试样被 CO_2 碳化后，体积发生明显增加，增长率为 2%～8.5%；体积增长率随活性 MgO 掺量增加而减小，大致呈线性减小趋势，恰恰与质量增长率相反。体积增长率随碳化时间略有增加，在碳化 6 h 后基本达到稳定。正是由于碳化过程中试样体积的增加，才引起试样的逐渐开裂。试样体积增加的原因有以下两点。

1）根据 PDF 卡片可知，MgO 和 $Mg(OH)_2$ 的密度分别为 3.58 g/cm^3、2.36 g/cm^3，而三水碳镁石、球碳镁石、水碳镁石、五水碳镁石和纤水碳镁石的密度分别为 1.85 g/cm^3（PDF #70-1433）、2.02 g/cm^3（PDF #23-1218）、2.25 g/cm^3（PDF #70-0361）、1.69 g/cm^3（PDF #80-1641）和 2.02 g/cm^3（PDF #06-0484），即碳化后质量的增加和密度的减小共同引起了碳化产物的体积膨胀，使 MgO 固化土试样的体积增长。

2）在高压环境下，较高的 CO_2 压力将促使试样中微裂缝的发育，尤其对于活性 MgO 掺量低的固化土试样，气压作用也将加剧试样开裂。

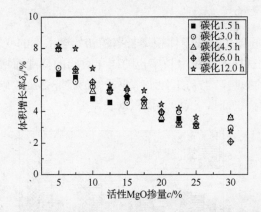

图 3-17　MgO 固化土试样的体积增长率随活性 MgO 掺量的变化

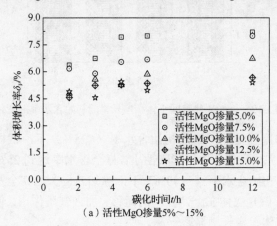

（a）活性 MgO 掺量 5%～15%

图 3-18　MgO 固化土试样的体积增长率随碳化时间的变化

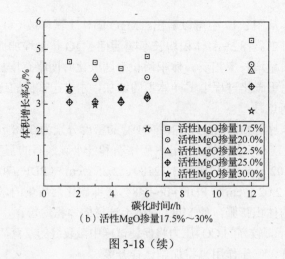

（b）活性MgO掺量17.5%～30%

图 3-18（续）

2. 初始含水率的影响

图 3-19 描述了不同碳化时间下体积增长率随初始含水率的变化，从图 3-19 中可以观察到，MgO 固化土试样的体积增长率也随碳化时间的持续而增加；且初始含水率对体积增长率也有一定的影响，当初始含水率小于 30%时，MgO 碳化试样的体积增长率较小，而初始含水率为 30%时，试样的体积增长率要较大。

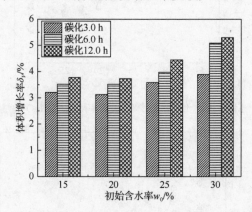

图 3-19　不同碳化时间下体积增长率随初始含水率的变化

产生上述结果的原因是：①在低初始含水率（<25%）下，试样的孔隙较大，气体通透性好，可较好地完成碳化，体积膨胀性小；直至含水率达到 25%时，固化土中 MgO 可充分水化。②在高初始含水率（～30%）下，纵然 MgO 已完全水化，但较高的含水率在一定程度上阻碍 CO_2 气体在土试样中的运移，加之气压作用，使试样体积增长率比较低初始含水率下的体积增长率显著提高。

3. MgO 活性的影响

（1）MgO 类型

图 3-20 为 3 种不同活性的 MgO 碳化固化武汉软土试样的体积比曲线图。从图 3-20

中可以看出以下几点。

1）海城 MgO 和文华 MgO 碳化固化武汉软土试样的体积变化大体相同，都随着碳化时间不断增加。与碳化前相比，试样的体积比随着碳化时间不断增加，在碳化时间达到 24 h 后两种试样的体积比趋于稳定。死烧 MgO 试样的体积比呈现先略有减小（体积比<1.0），再不断增加的趋势。这是由于死烧 MgO 的活性含量低，在碳化初期碳化度有限，且通气碳化过程中施加了围压，使试样受到压缩，体积略微减小。随着碳化过程的发展，试样碳化度提高，体积变大。这也表明：虽然死烧 MgO 活性测试结果显示其活性 MgO 含量仅为 3%，但在实际碳化过程中，CO_2 的加入使得死烧 MgO 中可发生反应的 MgO 有所增加。

2）对比文华 MgO 和死烧 MgO 曲线可以发现：当 MgO 中活性含量较低时，在碳化初期活性含量的多少对体积变化有所影响。而由几乎相同的文华 MgO 与海城 MgO 曲线可以得出结论：随着 MgO 中活性含量的增加，其碳化初期对体积变化的影响减小。

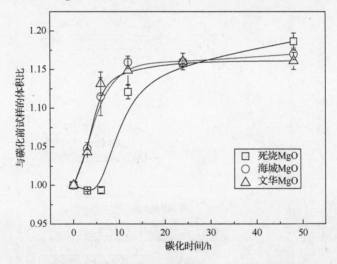

图 3-20　不同活性的 MgO 碳化固化武汉软土试样的体积比曲线图

图 3-21（a）、（b）分别为文华 MgO 碳化固化武汉软土和徐州粉土试样的体积比曲线图。武汉软土试样通气碳化时间最长为 48 h，徐州粉土试样通气碳化时间最长为 12 h。由图 3-21 可知以下几点。

1）与碳化前相比，武汉软土试样随着碳化时间的增长，体积比均呈先变大后稳定的趋势，而徐州粉土试样的体积比随着碳化时间的增长呈现出先增大后减小最终趋于稳定的趋势。这是因为碳化前期随着碳化反应的进行，生成的产物对试样孔隙进行填充并使得试样体积增大；随着碳化时间的增长，碳化反应逐渐减弱并趋向稳定，此时武汉软土试样体积不再增大，趋于稳定。而徐州粉土试样由于试样自身孔隙的孔径较大，当碳化反应减弱时，存在未被完全填充的孔隙，因此在围压的作用下试样体积略有减小。

2）武汉软土试样的体积变化稳定时间明显大于徐州粉土试样，前者通气碳化 24 h 趋于稳定，后者只需 12 h。徐州粉土透气性大于武汉软土，因此 CO_2 能够更快地进入徐州粉土试样的各个孔隙中，使得碳化反应更为快速地进行，而武汉软土试样由于透气性小，使 CO_2 由试样底部逐渐向上部渗透，导致试样体积膨胀由下部向上部发展。

3）武汉软土试样体积比远大于徐州粉土试样。这是由于武汉软土与徐州粉土相比，前者土体颗粒较小，后者颗粒较大，因此前者试样中的孔隙多为小孔径孔隙，在碳化过程中生成的碳化产物具有一定的体积，当产物体积大于孔隙体积时，会使试样产生膨胀。而徐州粉土试样中孔隙孔径相对较大，因此产物填充孔隙后试样膨胀十分有限。

4）由两种土体的试样均可以发现，活性 MgO 的掺量在碳化初期对试样体积比影响不大，而后期试样体积随着活性 MgO 掺量的增加而增大。

综上所述，碳化后试样体积会发生膨胀，膨胀程度与加固对象有关：武汉软土试样体积膨胀明显，膨胀最高可达 16.7%；徐州粉土试样体积膨胀相对较低，最高仅为 3.8%。

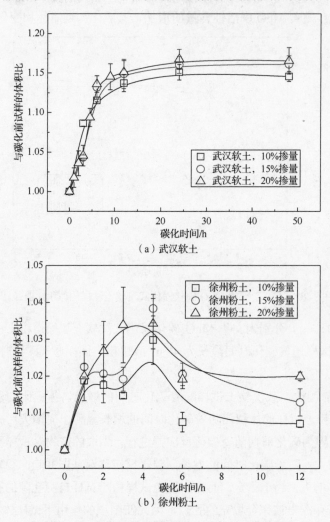

（a）武汉软土

（b）徐州粉土

图 3-21　文华 MgO 碳化固化土的体积比曲线图

（2）MgO 活性指数（碳化 12 h）

图 3-22（a）、（b）描绘了 MgO 碳化固化软弱土的体积增加量和体积增长率随 MgO 活性指数的变化。从图 3-22（a）、（b）中可以看出，MgO 固化土试样经 12 h 碳化后，其体积增加量分布在 3.0 cm³ 和 11.0 cm³ 之间，体积增长率分布在 1.5% 和 5.5% 之间。此外，体积增加量和体积增长率均随 MgO 活性指数的增加而减小，在 MgO 活性指数小于 70% 时，体积增加量和体积增长率减小较快；而当 MgO 活性指数大于 70% 时，减小较平缓，且体积增加量和体积增长率随似水灰比的增加而显著增加。其原因为：MgO 的水化反应和 Mg(OH)₂ 的碳化反应均是膨胀性反应过程，MgO 中 CaO 等杂质的存在也在一定程度上促使了试样中微裂缝的发育和发展，尤其对于 MgO 活性指数低时更为显著。

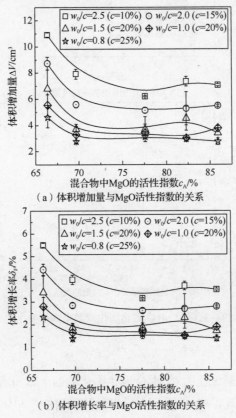

（a）体积增加量与 MgO 活性指数的关系

（b）体积增长率与 MgO 活性指数的关系

图 3-22　MgO 碳化固化软弱土体积增加量和体积增长率随 MgO 活性指数的变化

4. 土性的影响

根据碳化前后试样平均直径和高度的变化结果，计算出活性 MgO 碳化固化软弱土试样的体积增加量和体积增长率，图 3-23 描述了液限对 MgO 碳化固化软弱土体积变化的影响。从图 3-23 中可以看出，MgO 碳化固化软弱土试样的体积增加量从 0 cm³ 到 41 cm³，体积增长率从 0% 到 17%，且体积增加量和体积增长率随着液限的增加而增加，体积的增长主要源于试样的膨胀。此外，初始含水率对碳化土试样体积的影响没有明显规律，这可能是由于试验设计的初始含水率是以土体液限为基础的，但这并不能确定该土样所对应的最优含水率，关于土体碳化的最佳初始含水率将在后续研究中进行进一步探讨。

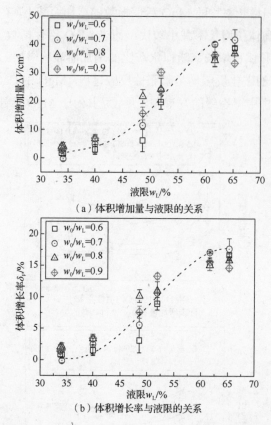

（a）体积增加量与液限的关系

（b）体积增长率与液限的关系

图 3-23　液限对 MgO 碳化固化软弱土体积变化的影响

5. CO_2 通气压力的影响

图 3-24 描述了 CO_2 通气压力对 MgO 碳化固化软弱土体积增加量和体积增长率的影响。从图 3-24 中可以发现，MgO 固化土试样的体积增加量和体积增长率随 CO_2 通气压力的增加而平缓增加，当 CO_2 通气压力大于 300 kPa 时，体积增幅变大；相同条件下，碳化时间越长，MgO 固化土试样的体积增加量和体积增长率越大。体积的增加反映了碳化过程中试样的膨胀，主要归结为膨胀性碳化产物的生成，但当土颗粒之间的联结力小于气压的劈裂作用时，试样中还会诱发微裂隙的产生。此外，相同活性 MgO 掺量和碳化时间下，MgO-H 固化土试样的体积增加量或增长率要小于 MgO-L 固化土试样的体积增长，与前面 MgO 活性影响结果相一致。

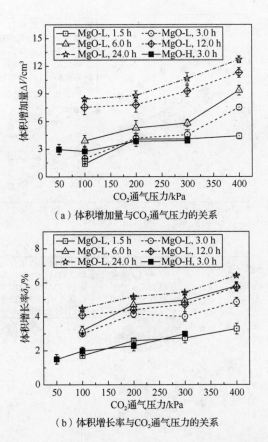

（a）体积增加量与 CO_2 通气压力的关系

（b）体积增长率与 CO_2 通气压力的关系

图 3-24　CO_2 通气压力对 MgO 碳化固化软弱土体积的影响

3.1.4　含水率变化

1. 活性 MgO 掺量和碳化时间的影响

图 3-25（a）、（b）分别给出了活性 MgO 碳化固化软弱土的含水率随活性 MgO 掺量和碳化时间的变化结果。从图 3-25 中可以看出，含水率随活性 MgO 掺量的增加而逐渐减小，MgO 固化土的含水率明显低于初始含水率 25%，碳化后的含水率明显低于碳化前的含水率；除个别碳化土样之外，碳化固化软弱土含水率在碳化前 6 h 随碳化时间减小，而在碳化 6 h 后含水率基本趋于稳定。含水率减小的原因可解释为：碳化过程中 MgO 固化土在吸收 CO_2 的同时也吸收大量的水分生成带结晶水的碳化产物。此外，碳化过程中模型桶内壁存有大量水珠且试样和桶壁温度明显升高，这是因为水化反应和碳化反应均是放热反应，引起温度升高；在高温和气压作用下，引起了水汽迁移和蒸发；当碳化结束后，温度逐渐降低，水汽将开始凝结为水珠，使活性 MgO 碳化固化软弱土的含水率显著减小。

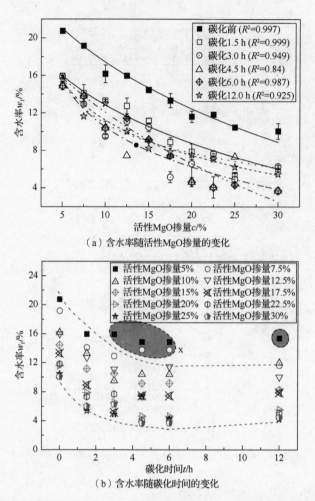

（a）含水率随活性MgO掺量的变化

（b）含水率随碳化时间的变化

图 3-25　MgO 碳化固化软弱土含水率随活性 MgO 掺量和碳化时间的变化

2. 初始含水率的影响

图 3-26 是不同初始含水率影响下 3 种土试样（宿迁粉土、南京粉质黏土和海安粉质黏土）碳化后的试样平均含水率。从图 3-26 中可以看出 3 种土的试样含水率变化规律大体相同。试样的初始含水率越大，试样碳化后的平均含水率越大。试样碳化前的含水率低于试样初始含水率，并且碳化时间越长，试样含水率越低。从图 3-26 中可以看出宿迁粉土试样碳化前 3 h 含水率降低幅度相对较大，而海安粉质黏土试样初始含水率较低时，含水率变化随时间比较均匀，而初始含水率较高时碳化时间 6～12 h，试样含水率变化幅度较大。其原因在于：①土体中的活性 MgO 因水化反应而消耗大量的水，使碳化前 MgO 固化土的含水率低于初始含水率，并且 MgO 固化土的含水率在计算时是以混合干料为基础计算的，而土体初始含水率是以干土为基础计算的；②碳化作用也吸收水形成水化碳酸镁盐或结晶体[38]，使碳化后的含水率显著降低；③MgO 水化和碳化反应是放热反应，释放出的热量使试样中的水分变成水蒸气排出，从而使含水率降低；④宿迁粉土的通气效果相对较好，碳化反应速率相对较快，碳化前 3 h 试样碳化程度比

较高，反应吸收的水分相对较多，这与第 2 章中试样强度的变化规律相一致。

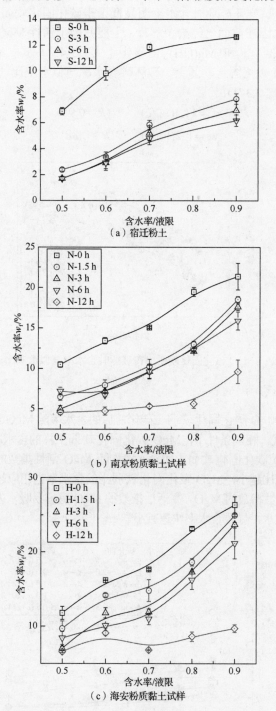

图 3-26　MgO 固化土含水率与含水率/液限的关系

图 3-27 描述了活性 MgO 碳化固化软弱土在被破坏时的含水率随似水灰比（w_0/c）

的变化。从图 3-27 中可发现：碳化固化软弱土的含水率随似水灰比（w_0/c）的增加而增加，碳化固化软弱土试样在破坏时含水率明显低于未碳化固化软弱土试样在破坏时含水率。含水率的变化原因在前面已经给予解释，主要归因于活性 MgO-水-粉土系统中活性 MgO 的水化［式（3-3）］和 Mg(OH)$_2$ 的碳化［式（3-4）～式（3-7）］。对于未碳化的 MgO 固化土和 MgO 碳化固化软弱土，破坏时含水率与似水灰比（w_0/c）的关系可分别表达为式（3-8）和式（3-9）：

$$w_f = 11.1(w_0/c)^{0.43} \quad (R^2=0.95) \tag{3-8}$$

$$w_f = 6.2(w_0/c)^{0.6} \quad (R^2=0.88) \tag{3-9}$$

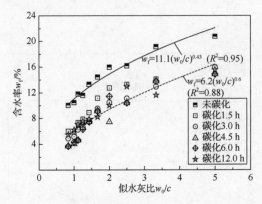

图 3-27　MgO 碳化固化软弱土在破坏时含水率与似水灰比的关系

3. MgO 活性的影响

图 3-28 显示了 MgO 碳化固化软弱土碳化前后的含水率随 MgO 活性指数的变化规律，从图 3-28 中可以发现，相同条件下，MgO 碳化固化软弱土样的含水率较碳化前显著降低；不论碳化与否，MgO 碳化固化软弱土的含水率均随 MgO 活性指数的增加而平缓减小；此外还观察到，似水灰比越小，MgO 碳化固化软弱土的含水率也相应越小。产生该结果的原因在于：相比于低活性指数的 MgO，高活性指数的 MgO 更容易吸水发生水化反应，接下来的碳化反应继续消耗水，导致含水率快速减小。

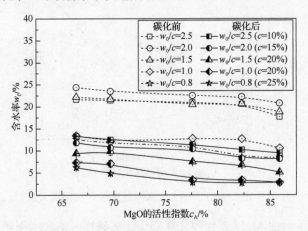

图 3-28　MgO 碳化固化软弱土碳化前后的含水率随 MgO 活性指数的变化

4. 土性的影响

图 3-29 显示了 7 种不同土体碳化前后 MgO 固化土的含水率、碳化土含水率减小量和含水率减小率。从图 3-29（a）、（b）中可明显发现，碳化土含水率较碳化前显著减小；MgO 固化土碳化前后的含水率随液限的增加而增加，且初始含水率越高，对应碳化后 MgO 固化土含水率就越高；此外还发现，MgO 固化土碳化前后的含水率与液限间的关系均可用幂函数进行较好地拟合，如式（3-10），这与前面所研究的 MgO 固化土碳化前后含水率随似水灰比的变化关系是相一致的；不同条件下，拟合式的相关参数如表 3-1 所示，显示了很好的相关性。为进一步分析 MgO 固化土碳化前后含水率的减小情况，图 3-29（c）、（d）展示了 MgO 碳化土的含水率减小量和含水率减小率。图 3-29 中显示 MgO 碳化土含水率减小量在 8% 和 20% 之间，液限和初始含水率越高，含水率减小量越多，这是由 MgO 固化土水化反应和碳化过程中的水汽交换和蒸发所引起的，液限越高，水汽蒸发和交换作用越剧烈；但含水率减小率的结果却显示：液限越低，含水率的减小率越低，含水率的减小率最高超过 80%，这是由液限大小决定的，同时说明低液限土体具有相对较好的碳化效率。

$$w_{\mathrm{f}} = a w_{\mathrm{L}}^{b} \tag{3-10}$$

式中，a 和 b 为量纲为 1 的常数。

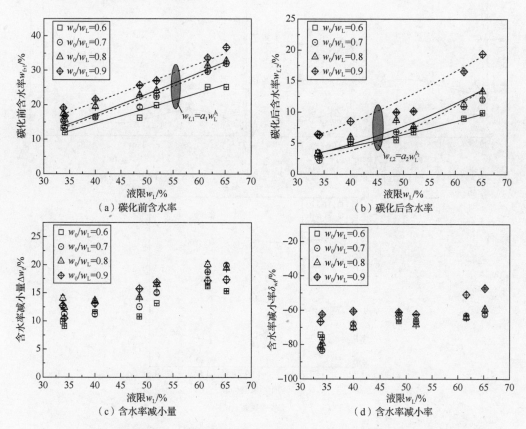

图 3-29　天然土液限对 MgO 固化土的含水率、碳化土含水率减小量和含水率减小率的影响

表 3-1　MgO 固化土碳化前后含水率与液限关系拟合式的相关参数

初始含水率 w_0	碳化前拟合式：$w_{f1}=a_1 w_L^{b_1}$			碳化后拟合式：$w_{f2}=a_2 w_L^{b_2}$		
	a_1	b_1	R_1^2	a_2	b_2	R_2^2
$0.6\,w_L$	0.19	1.18	0.98	0.013	1.59	0.99
$0.7\,w_L$	0.13	1.32	0.98	2.5E-4	2.61	0.85
$0.8\,w_L$	0.14	1.30	0.96	0.002	2.14	0.97
$0.9\,w_L$	0.39	1.08	0.97	0.016	1.69	0.98

5. 压实度的影响

从图 3-30 中可以看出，土体的种类不同，试样碳化反应过程有所差异，试样碳化后的含水率变化规律不同。具体结果如下。

1）相同碳化时间下宿迁粉土试样碳化后含水率随着初始密度的增加呈现先增加后减小的趋势，而南京粉质黏土试样和海安粉质黏土试样碳化后含水率随着初始密度的变化相对不大，大体随初始密度增加而呈现先略有降低后逐渐增加的趋势。

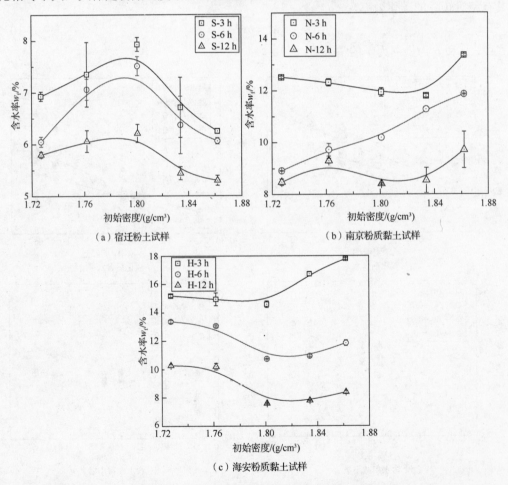

（a）宿迁粉土试样　　　　　　　　　（b）南京粉质黏土试样

（c）海安粉质黏土试样

图 3-30　不同土样中初始密度与含水率的关系

2）不同土体中含水率变化情况跟试样中孔隙率的大小和通气效果有关。宿迁粉土试样中黏土颗粒相对较少，通气效果比较好，因此当初始密度较小时碳化反应进行得比较顺利，从而碳化过程中吸收的水分较多，试样中含水率降低。当试样初始密度增大，试样中孔隙率减小，碳化程度较低，从而吸收的水分减小，含水率相对较高，当试样初始密度增大到一定程度时，试样内部出现裂缝，形成了排水通道，导致含水率又相对较低。而对南京粉质黏土和海安粉质黏土而言，气体不易在试样中运移，随着试样初始密度的增加，试样中碳化反应过程变慢，从而相同时间吸收的水分相对较小，含水率相对较高。

3）随着碳化时间的增加，试样中的含水率逐渐减小，这跟 MgO 水化和碳化反应吸收水分生成含结晶水的产物有关。另外，MgO 水化和碳化过程是一个放热过程[141]，在碳化作用下试样温度显著升高，试样反应过程中放出的热量也会使试样中的水分变成水蒸气排出。因此，可以在碳化筒内壁底部看到有小水珠产生。

6. CO_2 通气压力的影响

图 3-31 描述了 CO_2 通气压力影响下 MgO 固化土破坏时含水率的变化情况。MgO-L 固化土碳化前的含水率为 15.9%，MgO-H 固化土碳化前的含水率为 12.7%，但经过碳化后，MgO 固化土的含水率均出现不同程度的减小。相同碳化时间下，在 CO_2 通气压力为 200 kPa 时，MgO 固化土的含水率相对较低；在相同 CO_2 压力下，碳化时间越长，MgO-L 固化土的含水率越低，且 MgO-H 固化土碳化 3.0 h 后的含水率要明显低于 MgO-L 固化土碳化 6.0 h 后的含水率。其原因可能如下。

1）MgO 固化试样的碳化是一个由表及里的过程，在低 CO_2 通气压力下，CO_2 向试样内的扩散速度较为缓慢，使得试样内部的碳化不充分，使含水率损失较少，尤其是试样内部。

2）在高 CO_2 通气压力（>200 kPa）下，试样表面碳化较为迅速，形成一层较密的碳化层，阻碍了气体向内入渗，影响试样内部碳化，使含水率相对其他 CO_2 压力下较高。

3）在高 CO_2 压力下，试样局部会出现明显裂纹，影响碳化的均匀程度。

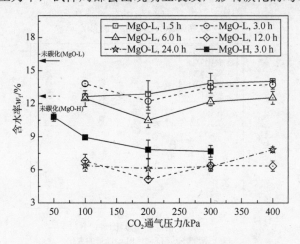

图 3-31　CO_2 通气压力对 MgO 固化土含水率的影响

3.1.5 密度变化

1. 活性 MgO 掺量和碳化时间的影响

前面结果已表明，碳化后 MgO 固化试样的质量和体积均比碳化前有显著增加，很难对 MgO 固化土碳化前后的效果进行对比评价，因此，通过固化土密度变化的分析来评价碳化固化效果就显得较为重要。图 3-32（a）、（b）分别显示了 MgO 固化土碳化前后的密度和密度增长率随活性 MgO 掺量的变化，其中密度增长率大于 0%表示密度增加，密度增长率小于 0%表示密度减小。从图 3-32（a）中可以看出，碳化前 MgO 固化土的密度基本保持在 1.84 g/cm³ 左右。碳化后，MgO 固化土的密度出现明显的增大或减小，在活性 MgO 掺量为 12.5%～20%且碳化时间小于 3 h 或者活性 MgO 掺量小于 12.5%的条件下，碳化后的试样密度减小；而在其他条件下，碳化后的活性 MgO 固化土密度增加。图 3-32（c）描述了 MgO 固化土密度增长率随碳化时间的变化关系，进一步地可以看出，在碳化前 6 h，密度增长率随碳化时间呈略微增长趋势；但在碳化 6 h 后，密度增长率基本平稳甚至出现减小。其原因是：活性 MgO 掺量越高，产生的碳化产物越多，就越有足够的胶结能力来抵抗气压引起的开裂，同时碳化产物也可填充试样孔隙，使碳化土密度增加。

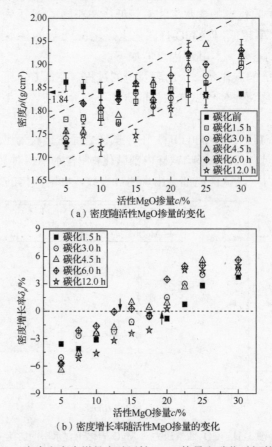

（a）密度随活性 MgO 掺量的变化

（b）密度增长率随活性 MgO 掺量的变化

图 3-32　密度和密度增长率随活性 MgO 掺量和碳化时间的变化

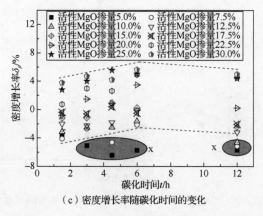

（c）密度增长率随碳化时间的变化

图 3-32（续）

2. 初始含水率的影响

　　根据 MgO 固化土质量、体积和含水率的变化情况，可以推算出 MgO 固化土试样的密度和干密度。图 3-33 和图 3-34 分别描述了 MgO 固化粉土试样的密度和干密度随初始含水率的变化结果。从图 3-33 中可以看出，MgO 固化粉土的密度随初始含水率的增加而增加，碳化前后密度变化并不显著，尤其对于初始含水率小于 25% 和碳化时间为 3.0 h 的碳化试样；碳化 6.0 h 和 12.0 h 的密度要高于其他条件下的密度。同样地，干密度随初始含水率的变化结果显示出：未碳化的干密度几乎分布在 1.6～1.64 g/cm³，而碳化后的干密度有了明显增加，主要分布在 1.66～1.78 g/cm³，这表明碳化作用对土体固化具有显著的促进作用，并且初始含水率为 15% 和 20% 的试样显示出：碳化时间越长，碳化产物的体积膨胀和干密度的增加越大，但当初始含水率由 25% 增加至 30% 时，干密度反而随碳化时间的延长而减小。其原因是：初始含水率为 15% 和 20% 的固化土试样，较大的孔隙率使试样通气性较好，同时碳化时间越长，碳化越充分，碳化产物对孔隙的填充作用越显著。但是当初始含水率增加到 25% 或 30% 时，试样中多余的水分将阻碍气体运移，并且会引起试样体积膨胀，进而使干密度减小。

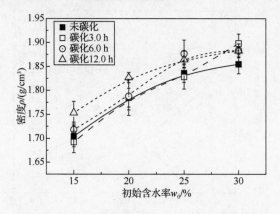

图 3-33　MgO 固化粉土密度与初始含水率的关系

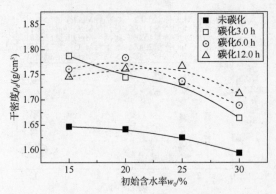

图 3-34　MgO 固化粉土干密度与初始含水率的关系

此外，图 3-35 描述了碳化粉质黏土试样的干密度随含水率/液限的变化。从图 3-34 和图 3-35 中可以看出，初始含水率对宿迁粉土-MgO 试样的碳化固化效果影响相对较小。相同碳化时间下不同初始含水率的粉土试样碳化后的干密度较为接近，而初始含水率对南京粉质黏土和海安粉质黏土试样的碳化固化效果影响较大，随着试样初始含水率的增加，相同碳化时间下试样的干密度逐渐减小。

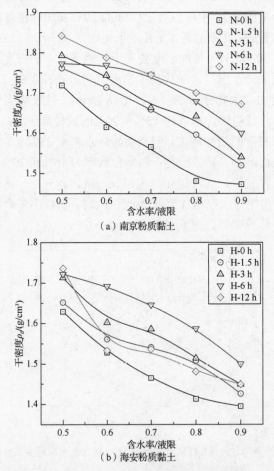

（a）南京粉质黏土

（b）海安粉质黏土

图 3-35　碳化粉质黏土试样的干密度随含水率/液限的变化

产生上述结论的原因有：①因粉土的通气碳化效果最好，碳化反应程度最高，从而使得试样中的干密度最大，而海安粉质黏土试样的通气碳化效果较差，从而碳化后试样的干密度小于南京粉质黏土试样碳化后的干密度。②因粉土试样的通气效果较好，水在试样中虽然会占据一部分孔隙，但对气体的运移影响并不太大，因此试样中碳化反应进行相对顺利，从而试样中干密度随含水率的变化幅度不大；而南京粉质黏土和海安粉质黏土试样的通气碳化效果相对较差，并且试样的含水率分布在击实曲线偏湿的那部分（图 3-36），单位土体中水的体积随着含水率的增加而不断增加，水是不可压缩的，因此，在相同的压实作用下试样的干密度随着含水率的增加而减小。而对碳化的土体试样而言，土体中的含水率越高，土体的饱和度越高，试样中允许气体运移的空间越小，从而试样的碳化程度越小，吸收的气体质量和可转换为结晶水的水分越少，导致试样碳化后的干密度越小。

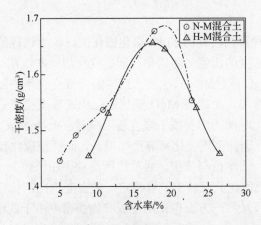

N—南京；H—海安；M—MgO。

图 3-36　MgO 混合土的击实曲线

图 3-37 描述了 MgO 碳化固化土的密度随似水灰比（w_0/c）的变化，从图 3-37 中可以注意到：对于未碳化的 MgO 固化土而言，其密度基本在 1.84 g/cm³；而对于 MgO 碳化固化土而言，其密度基本处在 1.70～1.95 g/cm³；当似水灰比（w_0/c）小于 1.67 且碳化时间大于 3.0 h 时，碳化土的密度大于未碳化土的密度。这是因为碳化过程中，MgO 碳化固化土试样所吸收的 CO_2 质量大于所失去的水质量[151,167]。密度和似水灰比的关系可用幂函数来表达，用最小二乘法对该幂函数关系进行拟合，该回归式为

$$\rho = 1.88(w_0/c)^{-0.05} \quad (R^2=0.77) \tag{3-11}$$

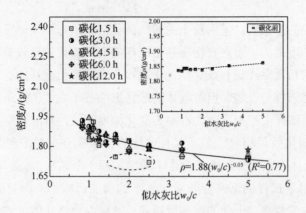

图 3-37　MgO 碳化固化土的密度与似水灰比的关系

3. MgO 活性的影响

（1）MgO 类型

1）图 3-38 为 3 种不同活性的 MgO 碳化固化武汉软土试样的密度变化率（即试样碳化后的密度与初始密度的比值）随碳化时间的变化规律曲线图。由图 3-38 可以看出：

① 文华、海城 MgO 碳化固化武汉软土试样的密度变化率均随着碳化时间的增长呈现出先减小后稳定的趋势，而死烧 MgO 碳化固化土密度变化率则在前期有小幅增长，随后迅速减小且随碳化时间的增长减小幅度逐渐减缓。死烧 MgO 试样在碳化初期由于围压的作用受到压缩，因此密度变化率有小幅增长，而后期碳化反应的发展使得试样膨胀，密度变化率减小，该结论与体积、质量比所得规律相一致。

② 3 种 MgO 碳化固化武汉软土试样稳定后的密度均比碳化前有所减小，这是由于试样体积发生了膨胀，从另一方面也说明生成产物的密度小于武汉软土的密度。

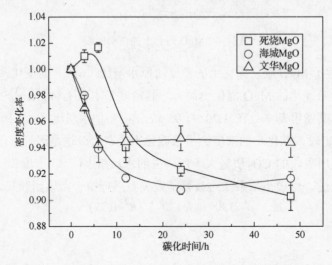

图 3-38　不同活性的 MgO 碳化固化武汉软土试样的密度变化率随碳化时间的变化规律

③ 从 3 种 MgO 碳化后期的密度可以发现，活性最高的文华 MgO 碳化固化土的密度最大，反之活性最低的死烧 MgO 碳化固化土密度最小。这是由于 3 种 MgO 碳化固化土均发生体积膨胀且碳化后期体积变化率相当，但高活性 MgO 试样生成的产物较多，能更好地填充孔隙，而低活性 MgO 试样由于有限的碳化反应，使试样孔隙变大，缺少足够产物对孔隙填充，因此密度较小。

2）图 3-39 为文华 MgO 碳化固化武汉软土和徐州粉土试样的密度变化率与碳化时间曲线图。对于武汉软土试样，通气碳化时间最长为 48 h；对于徐州粉土试样，通气碳化时间最长为 12 h。从图 3-39 中可以看出：

① 两种不同的土体经过碳化固化以后密度变化率大不相同，武汉软土试样经碳化固化后密度和原样相比有所减小，而徐州粉土试样经碳化固化后密度有所增加。这是由于武汉软土试样经碳化后生成的产物使得试样体积产生明显膨胀，而徐州粉土试样的碳化产物对孔隙进行填充，试样体积变化不大，因此前者密度减小，而后者密度增加。

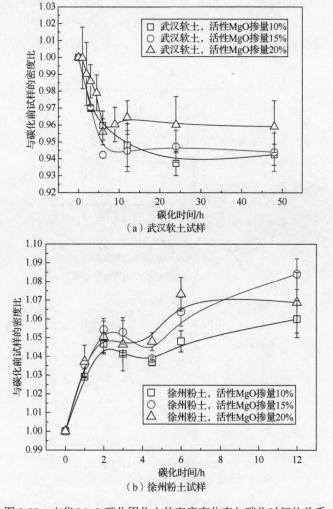

（a）武汉软土试样

（b）徐州粉土试样

图 3-39　文华 MgO 碳化固化土的密度变化率与碳化时间的关系

② 两种土体试样经碳化固化达到稳定后，除徐州粉土试样个别试样外，试样密度总体上随着活性 MgO 掺量的增加而增大。

综上所述，碳化后试样密度变化与加固对象有关：武汉软土试样碳化后密度较碳化前有所减小，徐州粉土试样碳化后密度较碳化前有所增加。

（2）MgO 活性指数的影响

根据前述的 MgO 碳化固化土质量和体积的变化结果，可计算分析出碳化固化土密度的变化，图 3-40（a）、（b）分别描述了 MgO 固化土碳化前后的密度和碳化后的密度增长率随 MgO 活性指数的变化。从图 3-40（a）可以观察到，碳化前 MgO 固化土试样的密度基本维持在 $1.76 \sim 1.80 \ \mathrm{g/cm^3}$，且似水灰比越大，试样的密度相对越大，越有利于试样的压实；似水灰比较小时，颗粒间摩擦力大，不利于土样压实。然而碳化 12.0 h 之后，MgO 固化土试样的密度较碳化前有显著提高，密度随 MgO 活性指数的增加而增加，但 MgO-L 固化土碳化后的密度基本未发生变化，甚至在似水灰比为 2.5 时出现减小。此外，与未碳化土相反的是：似水灰比越大，碳化固化土试样的密度越小；似水灰比越小，碳化固化土试样的密度越大。结果表明：高似水灰比试样的高含水率和高密实性有碍于气体的运移和碳化，而低似水灰比试样因有较大的初始孔隙而有利于气体运移和碳化。

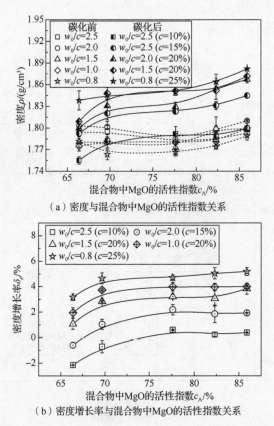

（a）密度与混合物中 MgO 的活性指数关系

（b）密度增长率与混合物中 MgO 的活性指数关系

图 3-40　MgO 固化土碳化前后的密度和碳化后的密度增长率随 MgO 活性指数的变化

　　更进一步地，MgO 固化土试样的密度增长率随 MgO 活性指数的增加而增加，随似水灰比的增加而减小，但是对于较低的 MgO 活性指数和较高的似水灰比（如当 c_A=66.4%时，w_0/c=2.0、2.5；当 c_A=69.7%时，w_0/c=2.5），MgO 固化土试样的密度增长率为负值，即出现了明显减小。密度减小的原因可能为：该条件下试样的碳化度较低，CO_2 的吸收量偏低，加之试样的弱胶结能力也加剧了试样的膨胀；此外，根据 Uuluer 和 Al-Tabbaa[123] 的研究结论，生成的碳化产物均比 $Mg(OH)_2$ 有明显的体积膨胀，如三水碳镁石的体积膨胀了 2.34 倍。

　　4. 土性的影响

　　根据 MgO 碳化固化软弱土试样的质量和体积结果计算出试样的密度变化，图 3-41 显示了天然土液限对 MgO 碳化固化软弱土密度变化的影响。从图 3-41 中可以看出，MgO 碳化固化软弱土密度随液限的增加而减小，且初始含水率越大，碳化固化软弱土密度增加量和密度增加率越小；此外，碳化粉土和粉质黏土（S1、S2 和 S3）的密度较碳化前密度有显著增加，但碳化黏土、淤泥质粉质黏土和淤泥质黏土（S4、S5、S6 和 S7）的密度却较未碳化的 MgO 固化土密度有所减小，这主要与碳化固化软弱土试样体积的变化密切相关。

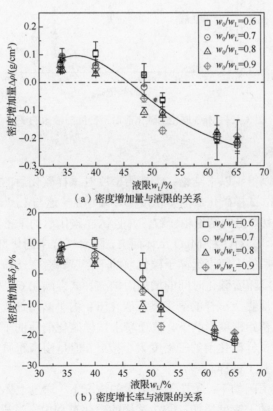

（a）密度增加量与液限的关系

（b）密度增加率与液限的关系

图 3-41　天然土液限对 MgO 碳化固化软弱土密度变化的影响

根据 MgO 固化土碳化前后密度和含水率的变化,分析了 MgO 固化土碳化前后的干密度变化,图 3-42 描述了 MgO 固化土碳化前后的干密度随天然土液限的变化。从图 3-42 中可以发现,MgO 固化土碳化前后的干密度均随液限的增加而减小,且初始含水率越高,对应的干密度越小;碳化后干密度远高于碳化前干密度,且土体液限越小,碳化前后的干密度差值越大。研究结果表明:碳化作用对 MgO 固化土干密度的提高具有明显的推动作用,且土体液限越小,碳化效果越好。干密度明显递减的原因可归因于以下两点。

1)本节中 MgO 固化土试样的制备均是以 MgO-水-土混合物的质量为初始控制因素,液限或初始含水率越高,MgO 固化土中的固体成分（MgO、土颗粒）越少,引起 MgO 固化土碳化前干密度随液限增加而降低;

2)碳化过程中,高液限 MgO 固化土产生明显的膨胀和裂缝,促使高液限 MgO 碳化固化土干密度快速减小。

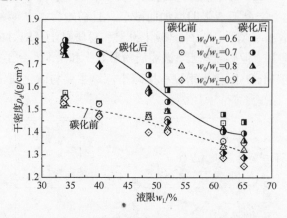

图 3-42　MgO 固化土碳化前后干密度随液限的变化

5. 压实度的影响

从图 3-43 中可以得到以下结论:①初始密度对试样碳化后的干密度有一定影响。随着初始密度的增加,试样碳化后的干密度都逐渐增加,这与 Liska 和 Al-Tabbaa[36]在对 MgO 混凝土的研究中得出的结论相一致,并且试样碳化后的干密度随初始密度的增加其增长幅度有所减小。②对 3 种 MgO 土体而言,随着试样中固化剂 MgO 水化和碳化反应的发生,试样碳化后的干密度远高于碳化前的干密度。对宿迁粉土和南京粉质黏土试样而言,试样的干密度随着碳化时间的增加而增加,试样碳化 6 h 和碳化 12 h 的干密度较为接近,而海安粉质黏土试样的干密度在碳化 6 h 内不断增加,碳化 6～12 h 试样干密度增加变缓。③在初始密度影响下,宿迁粉土试样碳化前后的干密度最大,南京粉质黏土和海安粉质黏土试样碳化前的干密度大小接近,但是南京粉质黏土试样碳化后的干密度要大于海安粉质黏土试样。

产生上述结论的原因如下:①在不挤出水的情况下,通过土体压实将土体中的空气排出,从而使得试样的干密度增加;②在试样的碳化过程中,试样中的 MgO 将会通过吸收水和 CO_2 来发生水化反应和碳化反应,试样中除了会吸收 CO_2 使得试样质量增加外,还有一部分水将会转换为产物中的结晶水,使试样含水率降低,因此,试样碳化后的干密度远大于碳化前的干密度。

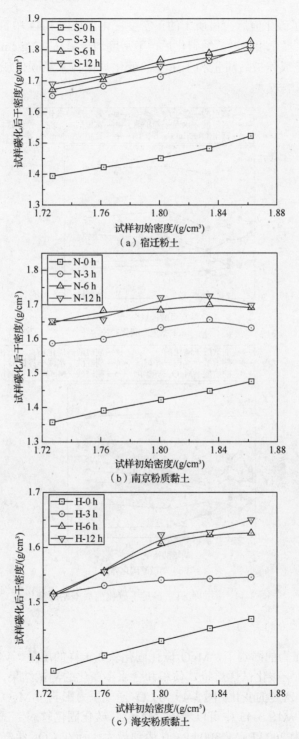

（a）宿迁粉土

（b）南京粉质黏土

（c）海安粉质黏土

图 3-43　初始密度与 MgO 固化土试样碳化后干密度的变化规律

6. 有机质的影响

图 3-44 显示了碳化前后有机质土的干密度变化，从图 3-44 中可以看出，干密度变化规律与质量变化规律相接近；经碳化后，干密度均会提高 0.2 g/cm³，其中碳化试样提升幅度较大；碳化或养护后质量和干密度的变化规律与未经碳化或养护试样的变化相似，受试样制作影响较大。

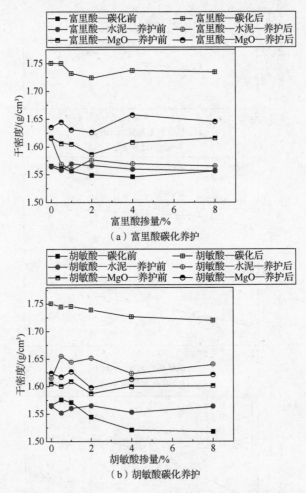

图 3-44　不同有机质掺量下碳化前后干密度变化

7. CO₂ 通气压力的影响

在 CO₂ 通气压力的影响下，MgO 碳化固化软弱土样的质量、体积和含水率较碳化前有显著变化，基于碳化试样质量、体积和含水率变化的测试结果，可以分析出 MgO 碳化固化软弱土干密度的变化，图 3-45 为 CO₂ 通气压力影响下 MgO 碳化固化软弱土干密度的变化结果。从图 3-45 中可以看出，MgO-L 碳化固化软弱土试样的干密度增加量在 CO₂ 通气压力为 200 kPa 或 300 kPa 时达到最大，而在 CO₂ 通气压力为 100 kPa 或 400 kPa 时相对较小；MgO-H 碳化固化软弱土试样的干密度增加量随着 CO₂ 通气压力的增大呈先增大后减小趋势，在 CO_2 通气压力为 200 kPa 时达到最大。此外，在相同活性 MgO 掺量和 CO_2 通气压力下，MgO 碳化固化软弱土试样的干密度增加量和干密度增长率随碳化时间的增加而增长，尤其碳化 3.0～6.0 h 是干密度增加量增加最多的时间段。干密度的增加主要归因于 MgO 固化土吸收 CO_2 生成镁式碳酸盐、碳化产物对孔隙的填充作用及 MgO 固化土试样中含水率减小等因素。

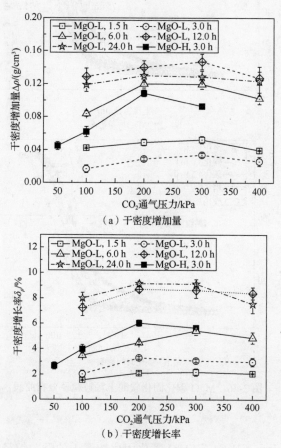

（a）干密度增加量

（b）干密度增长率

图 3-45 CO_2 通气压力对 MgO 固化土干密度的影响

3.1.6 颗粒粒径分布

1. 活性 MgO 掺量和碳化时间的影响

图 3-46（a）、（b）分别为活性 MgO 掺量和碳化时间影响下的 MgO 碳化固化软弱土的颗粒粒径分布曲线。结合 MgO-L 粉末和天然粉土的颗粒粒径分布，可知在低活性 MgO 掺量（5%）和低碳化时间（1.5 h）下，碳化土均有较高的黏粒（<2 μm）含量，与天然土较为接近，但随着活性 MgO 掺量的增加，黏粒含量逐渐减少，相应的砂粒含量和粉粒含量增多；同样地，随着碳化时间的持续，MgO 碳化固化软弱土中的黏粒也逐渐减少，粉粒含量和砂粒含量增多。细粒含量的降低是由于碳化过程中 MgO 碳化产物产生胶结、联结作用及土体和固化剂间阳离子交换。

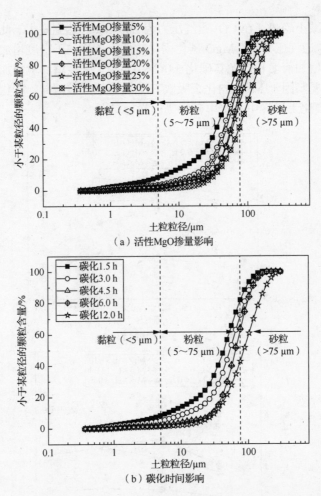

图 3-46　MgO 碳化固化软弱土颗粒粒径分布曲线

2. 初始含水率的影响

　　图 3-47 为初始含水率影响下 MgO 碳化固化软弱土的颗粒粒径分布曲线，从图中可以看出，初始含水率对碳化土的颗粒粒径分布有一定影响，当初始含水率为 20% 时，MgO 碳化固化软弱土的黏粒含量最少、砂粒含量最多；当初始含水率为 30% 时，MgO 碳化固化软弱土的黏粒含量最多、砂粒含量最少，与天然土的颗粒分布较为接近。总之，黏粒含量的减少和砂粒含量的增多说明碳化效果较好，而较高的含水率抑制了 MgO 固化土的碳化胶结。

　　图 3-48 给出了不同初始含水率下 MgO 碳化固化粉质黏土粒径分布结果，从图 3-48（b）、（d）中可以看出 3 种土体碳化前后的黏粒、粉粒和砂粒含量的变化，发现土体初始含水率的变化对 MgO 碳化固化软弱土颗粒组分含量的影响并没有明显的规律，除个别试样（初始含水率为 $0.7w_L$）外，碳化后的试样都呈现黏粒含量变化不大，粉粒含量显著增加，砂粒含量明显减小的特征。

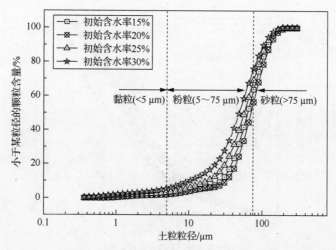

图 3-47　初始含水率对 MgO 碳化固化软弱土颗粒粒径分布的影响

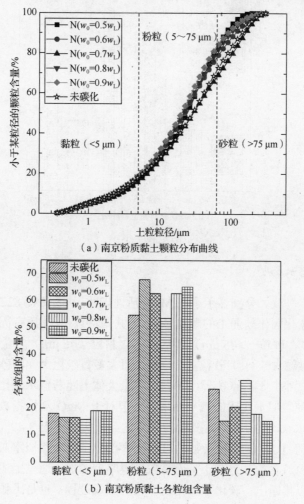

（a）南京粉质黏土颗粒分布曲线

（b）南京粉质黏土各粒组含量

图 3-48　不同初始含水率下 MgO 碳化固化粉质黏土粒径分布

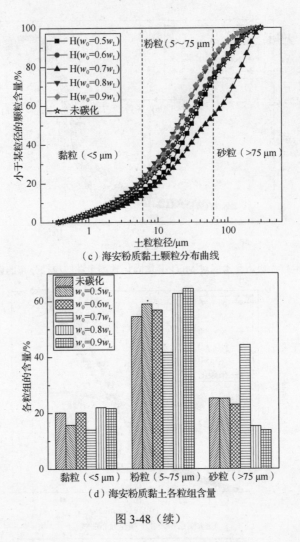

（c）海安粉质黏土颗粒分布曲线

（d）海安粉质黏土各粒组含量

图 3-48（续）

3. MgO 活性的影响

图 3-49（a）～（e）分别显示了在 MgO 活性指数为 85.9%、82.3%、77.6%、69.7% 和 66.4% 条件下碳化固化软弱土的颗粒含量。其共同特点是：①所有固化土样的粉粒（5～75 μm）含量最多，砂粒（>75 μm）含量次之，黏粒（<5 μm）含量最少；②天然土的粉粒占 66.6%、黏粒占 5.4%、砂粒占 28.0%，而大多数碳化土样的砂粒和黏粒均有所增加，粉粒却明显减小。不同点在于：①黏粒含量大体上随着似水灰比的减小而降低，而砂粒含量大体上随着似水灰比的减小而增加；但对于 MgO 活性指数较高的碳化固化软弱土而言，当似水灰比为 1.0 时，其砂粒含量达到最大值［图 3-49（a）、（b）］；②当似水灰比相同时，随着 MgO 活性指数的减小，大部分试样（除似水灰比 1.0 外）的砂粒含量明显增多、粉粒含量显著减小，而黏粒含量略有增加。通过上述碳化固化软弱土颗粒含量分析，可以推断出：碳化不单是新产物的形成过程，也是土颗粒不断胶结和团粒化的过程，在这个过程中细颗粒不断变大。水灰比越低，越有利于通气碳化，胶结效果

将越好；MgO 活性指数越大，相同掺量下 MgO 可产生越多的胶结产物，可促进颗粒间的胶结。而碳化后黏粒含量略微增加的原因可能是：颗粒分析试验执行前，人为破碎土颗粒时造成土颗粒的过度磨碎，但并未影响碳化后粗颗粒含量的增加。

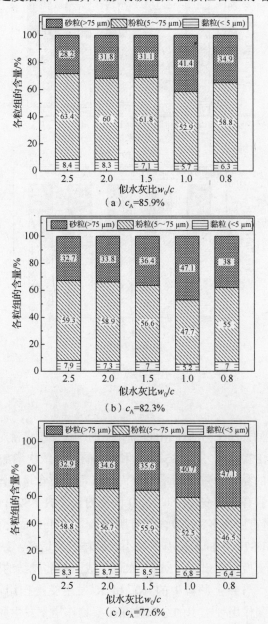

图 3-49　不同 MgO 活性指数下碳化固化软弱土的颗粒含量

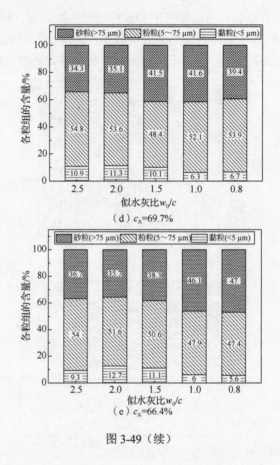

图 3-49（续）

4. 土性的影响

图 3-50 为 7 种不同天然土与活性 MgO 固化土的颗粒体积含量对比结果。据图 3-50（a）可发现，天然土 S1、S2、S3、S4、S5、S6 和 S7 的液限依次增加，显然地，随天然土液限增加，天然土中的黏粒含量逐渐增加，而砂（粗）粒含量逐渐减小；MgO 固化土较天然土的土颗粒含量有一定变化，即 MgO 固化粉土（S1、S2）、粉质黏土（S3）和黏土（S4）中的黏含量有所增多、砂粒含量有所减小，而 MgO 固化淤泥质粉质黏土（S5）和淤泥质黏土（S6 和 S7）中的粉粒有所减小、砂粒有所增多。黏粒和砂粒含量变化主要由固化土中阳离子交换反应引起，MgO 水化生成一种弱胶结的微沉淀物 $Mg(OH)_2$，$Mg(OH)_2$ 分解的 Mg^{2+} 与黏土颗粒中的 Na^+ 和 K^+ 发生交换作用，通过阳离子交换、$Mg(OH)_2$ 的胶凝和絮凝作用使土中的细颗粒在胶凝物作用下发生联结和团聚，使粒径增加。因此，MgO 固化土 S5、S6 和 S7 的粉粒含量减小、砂粒含量增大，但是 S1~S4 中的黏粒有限，发生交换团聚作用较弱，致使 $Mg(OH)_2$ 充当了细粒，增大了黏粒含量。

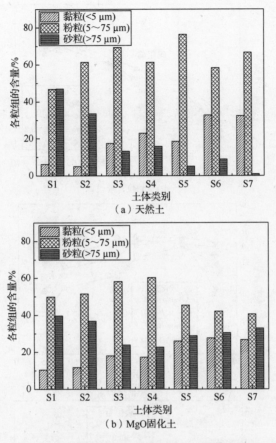

图 3-50　天然土与 MgO 固化土的颗粒含量

　　图 3-51（a）～（c）分别给出了 MgO 固化土碳化前后的黏粒、粉粒和砂粒含量与液限变化的关系，MgO 碳化固化软弱土的颗粒含量较未碳化的 MgO 固化土有明显变化，即碳化后黏粒和粉粒含量降低、砂粒含量增多；初始含水率对颗粒粒径分布的影响是：初始含水率越低，最终黏粒和粉粒越少，相应的砂粒越多。究其原因为：碳化作用形成的镁式碳酸盐具有一定的胶结作用，将 MgO 固化土中的颗粒进一步联结，使颗粒粒径变大；初始含水率高时影响 MgO 固化土的碳化，一定程度上抑制了胶结性碳化产物的生成和颗粒的胶结。但是 MgO 碳化固化粉土（S1 和 S2）中的粉粒含量却比碳化前有了显著增加，这可能是由于粉土碳化胶结作用较好，使得 MgO 碳化固化粉土在遭受破碎时，引起砂粒含量降低、粉粒含量增加。这一推测需要在后续研究中进行验证。

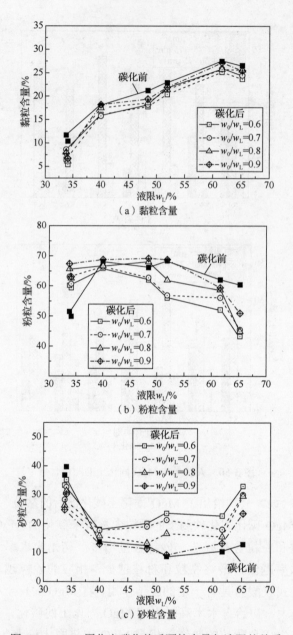

图 3-51　MgO 固化土碳化前后颗粒含量与液限的关系

5. 压实度的影响

图 3-52 是不同土体在不同初始密度下 MgO 碳化固化软弱土粒径分布曲线。其中用于颗粒分析试验的试样颗粒均取自试样无侧限抗压强度试验后的破碎土块。从图 3-52 中可以看出，与未碳化的 MgO 混合土相比，碳化土中土颗粒各组分的含量发生变化。对宿迁粉土而言，试样初始密度较小时［初始密度 1（1.732 g/cm³）、初始密度 2（1.783 g/cm³）、初始密度 3（1.834 g/cm³）］，碳化后的土体中黏粒含量和粉粒含量相对

碳化前减小，砂粒含量增多。以初始密度 2 的试样为例，碳化后土体中的黏粒含量减小 5.51%，粉粒含量减小 1.85%，而砂粒含量增加 4.42%。初始密度较大时［初始密度 4（1.885 g/cm³）和初始密度 5（1.936 g/cm³）］，碳化后的土体中粉粒含量增多，砂粒含量略有减小，初始密度 4 条件下的试样尤为明显。对南京粉质黏土试样而言，初始密度对碳化固化软弱土的颗粒粒径含量影响不大。从图 3-52 中可以看出，各初始密度影响下试样的粒径含量曲线大致相同。试样碳化后，黏粒含量和砂粒含量减小，粉粒含量明显增多。海安粉质黏土的颗粒变化与南京粉质黏土略有不同，试样碳化后黏粒含量明显减小，砂粒含量显著增加，尤其以初始密度 3 条件下的试样最为明显。而该密度下的试样的无侧限抗压强度最高，总体而言，碳化加固土体相对未加固土体发生了团粒化作用，砂粒含量显著增加，土体中的颗粒粒径含量变化可以体现土体中发生的碳化反应过程。

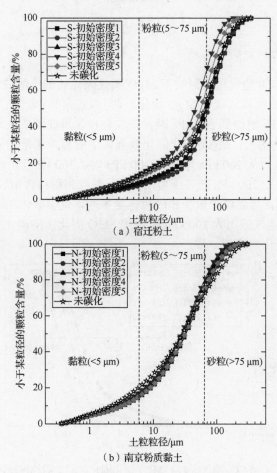

（a）宿迁粉土

（b）南京粉质黏土

图 3-52　不同土体在不同初始密度下 MgO 碳化固化软弱土粒径分布曲线

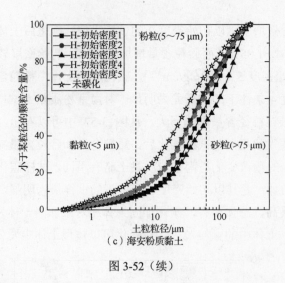

（c）海安粉质黏土

图 3-52（续）

6. CO_2 通气压力的影响

图 3-53 为不同 CO_2 通气压力影响下 MgO 碳化固化软弱土颗粒粒径含量曲线。对比天然土 S2 颗粒含量曲线和未碳化 MgO 固化土，可以观察到：碳化后土体黏粒含量减小；CO_2 通气压力从 50 kPa 增加到 200 kPa 时，颗粒粒径含量曲线依次向右下方凸出，表明随着 CO_2 通气压力的增大，MgO 碳化固化软弱土中的黏粒含量和砂粒含量分别减小和增大；当 CO_2 通气压力从 200 kPa 增加到 300 kPa 时，300 kPa 通气压力下 MgO 碳化固化软弱土的黏粒含量较 200 kPa 通气压力下的高，黏粒和粉粒含量较少，砂粒含量较多。前一部分已经分析到，当黏粒含量少和砂粒含量多时，说明碳化加固效果较好，因此可以间接反映出，CO_2 通气压力为 200 kPa 时对应 MgO 固化土的碳化效果最佳，与前面分析的质量和干密度变化规律相一致。

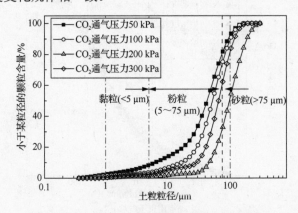

图 3-53　不同 CO_2 通气压力下 MgO 碳化固化软弱土颗粒粒径含量曲线

3.2　碳化固化软弱土电学特性

本部分研究不同条件下 MgO 碳化固化软弱土的电阻率特性，分析活性 MgO 掺量、初始含水率、碳化时间、似水灰比、MgO 活性指数和天然土土性等因素对电阻率的影响；讨论电阻率与基本物理指标的关系；建立电阻率的预测模型，为 MgO 碳化固化软弱土在实际工程中的应用提供评价依据。

3.2.1　电阻率测试方法

1. 表观电阻率测试

土体电阻率测试方法根据电极数量主要分为四电极法和二电极法两类。

（1）四电极法测试方法及原理

四电极法是目前现场测试和室内常规试验中最常用的测试方法，其典型方法是直接通电流的 Wenner 法，四电极法的电阻率测试示意图如图 3-54 所示，外部电极通入电流 I，诱导电极间产生电势，测量内部电极间的电压 V，其中相邻电极间的距离为 a，则半空间体内的电阻率 ρ 为

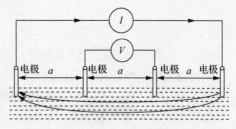

图 3-54　四电极法电阻率测试示意图

$$\rho = 2\pi a \frac{V}{I} \tag{3-12}$$

不少学者根据四电极法原理研制了相关测试装置，如 Campanella 和 Weemees[168]研制了四电极的电阻率测试探头［图 3-55（a）］，Abu-Hassanein 等[169]研制了圆柱形的压实土体电阻率测试装置［图 3-55（b）］，Singh 等[170]采用了长方体土体电阻率测试装置［图 3-55（c）］。

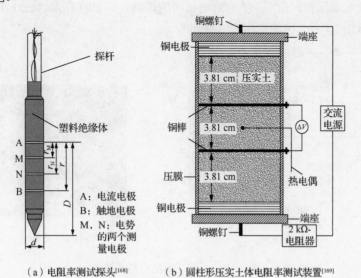

（a）电阻率测试探头[168]　　　（b）圆柱形压实土体电阻率测试装置[169]

图 3-55　四电极法电阻率测试装置

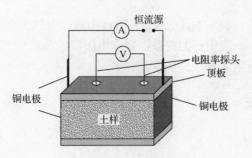

（c）长方体土体电阻率测试装置[170]

图 3-55（续）

（2）二电极法测试方法及原理

根据土的电学模型，通过调节低频交流的电桥平衡测得土体电阻。低频交流电阻率测试如图 3-56 所示，图 3-56（a）为低频交流的电桥原理图，图 3-56（b）为低频交流电阻率仪的实物图，该装置（ESEU-1）由东南大学岩土工程研究所研制，电阻率仪的量程为 $0.1\sim1.1\times10^5\ \Omega$，可采用交流电或直流电，电源电动势低于 16 V，交流电频率为 50 Hz，铜电极片为边长 100 mm 的正方形，厚度为 2 mm。通过该装置获取土体电阻，进而可知土体电阻率，相应的计算式为

$$R_x = R\frac{R_1}{R_2} \tag{3-13}$$

$$\rho = \frac{RA}{H} = \frac{\pi RD^2}{4H} \tag{3-14}$$

式中，R_x 为土体电阻（Ω）；R 为平衡可调电阻（Ω）；R_1、R_2 为可变的标准电阻（Ω）；A 为试样的横截面面积（m^2）；H 为两电极间的距离，即试样高度（m）；D 为试样横截面的直径（m）；ρ 为土样的电阻率（$\Omega\cdot m$）。

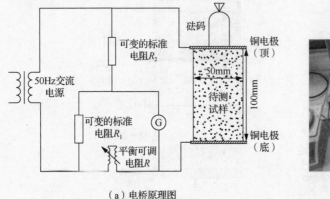

（a）电桥原理图　　　　　　　　　　　　（b）电阻率仪

图 3-56　低频交流电阻率测试

二相电极法电阻率测试如图 3-57 所示，图 3-57（a）为二相电极法的原理图，图 3-57（b）为二相电极法的电阻率仪实物图，其为我国台湾 GWINSTEK 公司生产的

LCR-817 型电阻率仪，也采用两相交流电，量程为 0.0001~99999 Ω，频率范围为 100~2000 Hz，铜电极片是直径为 55 mm 的圆形，厚度为 2 mm。电阻率计算式为

$$\rho = \frac{\Delta U}{I}\frac{A}{H} = R\frac{A}{H} = \frac{\pi R D^2}{4H} \tag{3-15}$$

式中，ΔU 为待测土样两端的电压；I 为经过试样的电流。

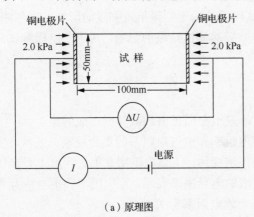

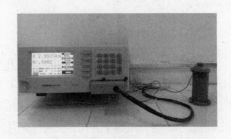

（a）原理图　　　　　　　　　　　　　　　　（b）电阻率仪实物图

图 3-57　二相电极法电阻率测试

由于四电极法电阻测试需要在待测试样中安插探针或铜棒，这将不可避免地扰动待测土样，且四电极法电阻率测试主要用于压缩、三轴等土工试验，待测土样具有硬度小、便于铜棒安插的特点。但是本研究中所用的待测试样为活性 MgO 固化土碳化前后的试样，碳化试样具有较大的硬度和强度，同时电阻率测试后也需要对碳化试样进行无侧限抗压强度测试，金属探针或铜棒很难插入碳化土样中。因此，四电极法电阻率测试不适合用于大强度、大硬度的碳化固化软弱土体，采用低频交流或二相电极法进行电阻率测试将是一个较好的选择[140]。

（3）电阻率测试方法

为准确反映 MgO 固化土碳化前后电阻率随物理特性的变化规律，针对碳化试样和未碳化试样进行电阻率测试。在试样尺寸、质量测量和电阻率测量上需选择合理顺序：①对于未碳化的 MgO 固化土试样，需先将养护好的试样两端面削平，然后进行电阻率测试，最后进行尺寸和质量测量；②对于碳化后试样，先进行质量和尺寸测量，然后将试样放在密封整理箱内养护 24 h 以上，以使试样内外温度与外界温度恒定，最后进行试样的电阻率测量。

由于温度对土体电阻率有影响[171]，为减小影响需将密封箱放置在恒温养护室内。Campbell 等[172]、Keller 等[173]与 Abu-Hassanein 等[169]均研究了温度对电阻率的影响，分别得出温度和电阻率的关系式为

$$\rho_T = \frac{\rho_{18}}{1 + \alpha(T - 18)} \tag{3-16}$$

$$\rho_T = \frac{\rho_{25}}{1 + \beta(T - 25)} \tag{3-17}$$

式中，T 为实测温度（℃）；ρ_T、ρ_{18} 和 ρ_{25} 分别为 T ℃、18 ℃和 25 ℃时对应的土体电阻率（$\Omega\cdot m$）；α 和 β 为经验系数，分别取 0.025 ℃$^{-1}$ 和 0.02 ℃$^{-1}$。

因此所有试样在进行电阻率测试时，均需将温度控制在相同的范围内，即（20±2）℃。

在电阻率测试过程中，为避免因铜电极片和待测土样间接触不良而影响电阻率的测试结果，电阻率测试时需在试样两端的铜电极片上施加相同的压力（2~5 kPa）以确保试样和铜电极片接触良好，该压力较小，对试样后续的无侧限抗压强度的影响可以忽略。同时，测试中为避免土体极化和双电层松弛效应对测试结果的影响，对于二电极测试宜选用 2000 Hz 高频率。

2. 孔隙液电导率测试

土体是由土颗粒骨架、孔隙水和孔隙气等三组分通过串联或并联形成的集合体[153]，因此，土体电阻率是土颗粒电阻率、孔隙液电阻率和空气电阻率的集合反映。通常，空气和干土颗粒的导电性很差，可近似地被认作绝缘体，土体电阻率在很大程度上受土体孔隙液的影响，液体材料的导电性常用孔隙液的电导率来表示，而电阻率和电导率互为倒数，因此研究孔隙液电导率对分析和验证土体电阻率至关重要。

由于 MgO 固化土碳化前后的含水率极低，很难从土样中获取孔隙液，因此电导率测试采用土工常用方法，即从无侧限抗压试验后的破碎土样中取样，过 2 mm 筛，按照水-土质量比 1∶1 称取 20 g 土样和 20 g 蒸馏水（因规范中规定的 10 g 土和 10 mL 蒸馏水不能没及电极），搅拌 30 min 后静置 2 h，作为土体电导率测试的孔隙液[141]。电导率电极为美国热电公司生产，电导率测试的待测溶液和联合测定仪如图 3-58 所示。将电极插入待测溶液的上清液中，按下读数键，待读数稳定后记下电导率，每个试样测试 3 次，取其平均值。

（a）待测溶液　　　　　　　　　（b）联合测定仪

图 3-58　电导率测试的待测溶液及联合测定仪

3.2.2　电阻率变化规律

电阻率的测试采用了低频交流和二电极两种不同电阻率测试仪。相同试样采用两种不同电阻率仪进行测试，其测试结果会存在一定差异，但本节仅分析相同条件下或相同电阻率仪测试下的电阻率变化规律，并未对两种仪器测试的具体差异进行比较。活性

MgO 掺量、初始含水率、似水灰比、碳化时间影响下的 MgO 固化土试样采用低频交流电阻率仪进行测试（图 3-56）；对于 MgO 活性指数、土性和 CO_2 通气压力影响下的 MgO 固化土试样采用二电极电阻率仪进行测试（图 3-57）。

1. 活性 MgO 掺量和碳化时间的影响

图 3-59 描述了不同活性 MgO 掺量下 MgO 固化土碳化前后的电阻率结果，从图 3-59 中可以发现：①MgO 固化土的电阻率随着活性 MgO 掺量的增加而增加，未经碳化的 MgO 固化土的电阻率较低，电阻率分布在 75～150 $\Omega \cdot m$ 之间；碳化后电阻率明显增加，电阻率分布在 80～300 $\Omega \cdot m$ 之间。②碳化时间越长，电阻率增长越快。③电阻率和活性 MgO 掺量间的关系可以用线性函数进行较好地拟合，拟合式如式（3-18）所示，拟合参数及相关系数如表 3-2 所示。

$$\rho = A + Bc \tag{3-18}$$

式中，ρ 为 MgO 固化土的电阻率（$\Omega \cdot m$）；c 为活性 MgO 掺量（%）；A、B 为常量（$\Omega \cdot m$）。

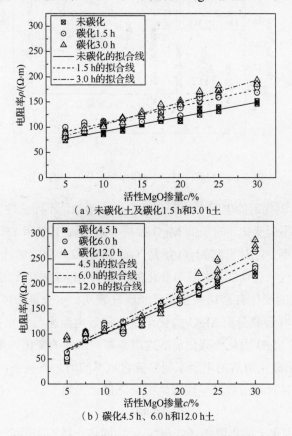

（a）未碳化土及碳化1.5 h和3.0 h土

（b）碳化4.5 h、6.0 h和12.0 h土

图 3-59　MgO 固化土电阻率随活性 MgO 掺量的变化

从表 3-2 中可明显看出，MgO 固化土的电阻率与活性 MgO 掺量的线性函数斜率 B 在未碳化时为最小，随着碳化时间增加，斜率 B 逐渐增加；对于碳化的 MgO 固化土而

言，线性函数的截距 A 随碳化时间逐渐减小。为进一步说明电阻率随碳化时间和活性
MgO 掺量的变化，选择了几种不同活性 MgO 掺量（即 5%、10%、15%、20%、25% 和
30%）下的电阻率与碳化时间进行关联对比，MgO 碳化土的电阻率随碳化时间的变化结
果如图 3-60 所示。

表 3-2　MgO 固化土电阻率随活性 MgO 掺量变化的拟合式中的参数及相关系数

碳化时间/h	拟合参数		相关系数	碳化时间/h	拟合参数		相关系数
	A	B	R^2		A	B	R^2
未碳化	62.6	2.9	0.96	4.5	36.6	6.4	0.97
1.5	74.7	3.3	0.94	6.0	28.1	7.3	0.94
3.0	60.3	4.4	0.97	12.0	31.2	7.7	0.93

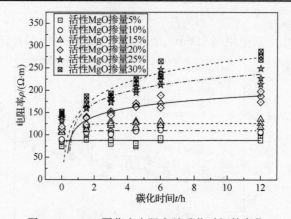

图 3-60　MgO 固化土电阻率随碳化时间的变化

图 3-60 显示：碳化后的电阻率较碳化前有较大增加，不同活性 MgO 掺量下的电阻
率随碳化时间也有不同变化，对于低 MgO 掺量（如 5%、10% 和 15%）的固化土，电阻
率随碳化时间基本不变；对于高 MgO 掺量（如 20%、25% 和 30%）的固化土，电阻率
随碳化时间持续有较明显增加。电阻率变化的原因与 MgO 固化土的含水率、孔隙率和
饱和度等物理特性的变化有密切关系，已经研究表明，水分是土体中电流移动的主要
媒介[140,173-174]，故有必要分析 MgO 固化土碳化前后电阻率与含水率间的关系。

图 3-61 给出了 MgO 固化土碳化前后电阻率随含水率的变化关系，从图 3-61 中可以
发现，MgO 固化土碳化前后的电阻率随对应含水率的增大而减小，并且电阻率与含水
率间的关系可以用幂指数函数进行较好地拟合，拟合式为

$$\rho = aw^b \tag{3-19}$$

式中，ρ 为 MgO 固化土的电阻率（Ω·m）；w 为固化土体的实际含水率（%）；a、b 为
量纲为 1 的系数。

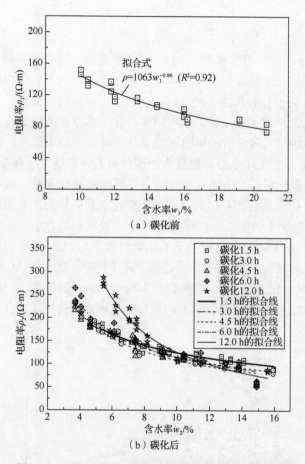

（a）碳化前

（b）碳化后

图 3-61　MgO 固化土碳化前后电阻率随含水率的变化

电阻率与 MgO 固化土含水率拟合式中的拟合参数和相关系数如表 3-3 所示，对于 MgO 固化土碳化后的电阻率变化情况，发现随着碳化时间的增加，系数 a 逐渐增加，而幂指数 b 则逐渐减小，说明碳化时间加快了电阻率的衰减速率。电阻率随含水率的变化原因将在后面 "3.似水灰比的影响" 部分进行解释。

表 3-3　电阻率与 MgO 固化土含水率拟合式中的拟合参数及相关系数

碳化时间/h	拟合参数		相关系数
	a	b	R^2
未碳化	1063	−0.86	0.92
1.5	439	−0.55	0.94
3.0	550	−0.68	0.95
4.5	568	−0.72	0.94
6.0	643	−0.75	0.93
12.0	2441	−1.29	0.95

2. 初始含水率的影响

图 3-62 给出了不同初始含水率下 MgO 固化土电阻率与含水率间的关系，并分别从碳化前、碳化后和混合土角度拟合了电阻率与含水率间的关系，值得注意的是：含水率测试在试样被破坏后进行。从图 3-62（a）、（b）中可以看出，初始含水率越低，电阻率越高；电阻率随含水率增加而递减，且电阻率与含水率存在较好的幂函数关系（相关系数分别为 0.96 和 0.93）。碳化后的电阻率明显高于碳化前的电阻率，碳化后的电阻率随含水率的递减速度（指数为-0.55）明显大于碳化前的递减速度（指数为-1.22）。此外，由于 MgO 固化土碳化前后的电阻率与含水率呈幂函数递减关系，故将碳化前后的电阻率进行统一拟合，拟合系数和幂指数分别处于碳化前和碳化后的系数和幂指数之间。对比活性 MgO 掺量影响下的电阻率结果（图 3-59），发现初始含水率影响下的电阻率明显偏高，其原因在于：活性 MgO 掺量影响下的初始含水率为 25%，碳化前的含水率为 10%～21%，碳化后的含水率为 4%～16%；而初始含水率影响下的活性 MgO 掺量为 20%，碳化前含水率为 6.5%～12.5%，碳化后的含水率为 1.2%～8.2%；活性 MgO 掺量影响下的含水率范围明显大于初始含水率影响下的含水率范围，也验证了"含水率越低，电阻率越高"这一结论。

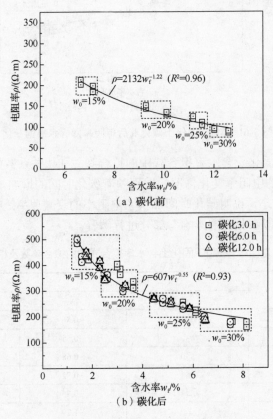

图 3-62　电阻率与含水率的关系

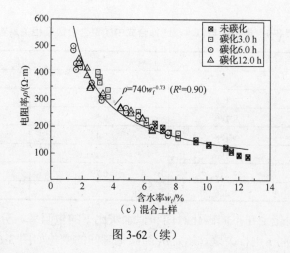

（c）混合土样

图 3-62（续）

3. 似水灰比的影响

前面两部分介绍了活性 MgO 掺量和初始含水率对 MgO 固化土碳化前后的电阻率影响规律，且两个因素对电阻率的影响较大。为此，结合活性 MgO 掺量和初始含水率，采用似水灰比（w_0/c）这一概念来讨论电阻率的变化规律，本节中似水灰比主要由活性 MgO 掺量换算而来。

（1）电阻率与似水灰比的关系

图 3-63 描述了 MgO 固化土碳化前后的电阻率与似水灰比的关系，从图 3-63 中可以发现：电阻率随似水灰比的增加而减小，当 $w_0/c<2.5$ 时，电阻率随碳化时间增加而明显增加。电阻率与似水灰比的关系可以用幂函数进行很好地拟合，拟合关系式如式（3-20）所示，不同碳化时间下的拟合参数及相关系数如表 3-4 所示。从表 3-4 可以看出，随着 MgO 固化土从未碳化到碳化时间的逐渐增加，拟合函数的系数 A_1 和幂指数 B_1 大体上均呈增加趋势，这与电阻率和实际含水率的变化规律基本一致。

$$\rho = A_1(w_0/c)^{-B_1} \tag{3-20}$$

式中，ρ 为 MgO 固化土的电阻率（$\Omega\cdot m$）；w_0/c 为固化土的似水灰比；A_1、B_1 为量纲为 1 系数。

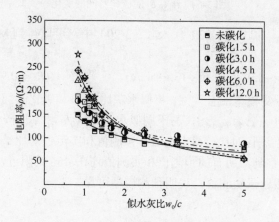

图 3-63　MgO 固化土电阻率与似水灰比的关系

表 3-4　电阻率与似水灰比拟合式中的拟合参数及相关系数

碳化时间/h	拟合参数		相关系数
	A_1	B_1	R_1^2
未碳化	134	0.40	0.94
1.5	170	0.51	0.96
3.0	158	0.40	0.94
4.5	196	0.70	0.98
6.0	210	0.79	0.96
12.0	226	0.84	0.93

为预测 MgO 固化土在不同碳化时间和似水灰比下的电阻率，分别将量纲为 1 的参数 A_1、B_1 与碳化时间 t 进行关联，A_1、B_1 随碳化时间的变化如图 3-64 所示，且 A_1、B_1 与碳化时间 t 的关系可用最小二乘法进行二次函数拟合，拟合式分别为

$$A_1 = -0.07t^2 + 1.6t + 13.6 \quad (R^2 = 0.91) \tag{3-21}$$

$$B_1 = -0.003t^2 + 0.08t + 0.4 \quad (R^2 = 0.80) \tag{3-22}$$

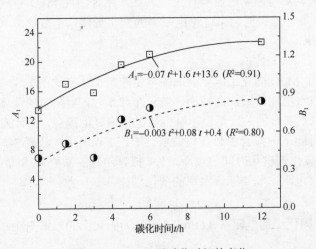

图 3-64　A_1、B_1 随碳化时间的变化

如果将式（3-21）和式（3-22）代入式（3-20）中，可以得到 MgO 固化土电阻率的预测模型 [式（3-23）]。

$$\rho = (-0.07t^2 + 1.6t + 13.6)(w_0/c)^{0.003t^2 - 0.08t - 0.4} \quad (R^2 = 0.93) \tag{3-23}$$

为验证电阻率预测模型的有效性，将似水灰比 w_0/c 和碳化时间 t 代入式（3-23）中，获取电阻率的预测值（记为 $\rho_{\text{pred.}}$），与不同似水灰比 w_0/c 和不同碳化时间 t 下的电阻率实测值（记为 $\rho_{\text{meas.}}$）进行对比，得出电阻率预测值和实测值对比结果，如图 3-65 所示。从图 3-65 中可以观察到，所有的预测值和实测值均在 45° 线附近，且能达到 95% 的置信水平内，预测值接近于实测值，说明预测模型可靠。

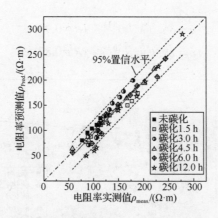

图 3-65　电阻率预测值与实测值的对比

（2）电阻率与孔隙率和饱和度的关系

对未碳化的 MgO 固化土和碳化的 MgO 固化土的相对密度进行了测试，相对密度测试结果如表 3-5 所示。从表 3-5 中可以看出，掺入活性 MgO 后，MgO 固化土的相对密度均较天然土的相对密度（根据表 2-7 可知，天然土的相对密度为 2.717）有所降低，且随着似水灰比的增加而增加，即活性 MgO 掺量越高，相对密度越小。经不同时间碳化后，大部分 MgO 碳化土的相对密度较未碳化的 MgO 固化土减小（尤其在似水灰比大于 1.25 时），且随着碳化时间的延长，碳化固化土的相对密度逐渐减小。从表 3-5 中还可以看出，碳化 6.0 h 后土体的相对密度最小，说明 MgO 固化土样已基本碳化。

表 3-5　MgO 固化土碳化前后的相对密度

碳化时间/h	似水灰比(w_0/c)									
	0.83	1.00	1.11	1.25	1.43	1.67	2.00	2.50	3.33	5.00
未碳化	2.529	2.562	2.579	2.596	2.614	2.631	2.649	2.667	2.685	2.704
1.5	2.505	2.457	2.556	2.483	2.525	2.501	2.571	2.589	2.605	2.654
3.0	2.518	2.501	2.486	2.494	2.526	2.531	2.544	2.582	2.602	2.634
4.5	2.582	2.551	2.562	2.577	2.574	2.582	2.613	2.622	2.631	2.676
6.0	2.532	2.526	2.574	2.549	2.593	2.541	2.616	2.600	2.640	2.671
12.0	2.563	2.600	2.579	2.606	2.539	2.598	2.624	2.649	2.659	2.695

根据已测的含水率、密度和相对密度，计算活性 MgO 固化土的孔隙率和饱和度。图 3-66 描述了活性 MgO 固化土碳化前后的孔隙率随似水灰比（w_0/c）的变化关系，从图 3-66 中可观察到：当似水灰比 $w_0/c<3.33$ 时，相比于未碳化的 MgO 固化土，MgO 碳化土的孔隙率明显低；当似水灰比 $w_0/c=5.0$ 时，MgO 固化土碳化前后的孔隙率基本上一样。MgO 固化土试样的孔隙率随似水灰比的增大而增加，碳化土孔隙率的增长速率略高于未碳化土孔隙率的增长速率，并且 MgO 固化土孔隙率（n）随似水灰比（w_0/c）的变化关系可通过最小二乘法用幂函数进行归一化拟合。碳化前后拟合方程可分别表达为式（3-24）和式（3-25）。

碳化前：　　　　　　　　$n = 35.7(w_0/c)^{0.13}$　$(R^2 = 0.94)$　　　　　　　（3-24）

碳化后：　　　　　　　　$n = 29.9(w_0/c)^{0.25}$　$(R^2 = 0.87)$　　　　　　　（3-25）

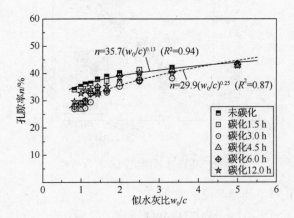

图 3-66　孔隙率与似水灰比的关系

图 3-67 描述了 MgO 固化土碳化前后的饱和度随似水灰比（w_0/c）的变化。从图 3-67 中可观察到：不论碳化与否，MgO 固化土的饱和度均随似水灰比的增加而增加，且碳化土试样的饱和度明显比未碳化土的低，这主要归因于：MgO 水化和 $Mg(OH)_2$ 碳化过程中均消耗了孔隙水，使孔隙水的体积随着似水灰比的减小而减小。此外，MgO 固化土饱和度随似水灰比的变化也可根据最小二乘法用幂函数进行归一化拟合，碳化前后的拟合关系式分别表示如下。

碳化前：　　　　　　　　$S_r = 57.4(w_0/c)^{0.29}$　$(R^2 = 0.97)$　　　　　　　（3-26）

碳化后：　　　　　　　　$S_r = 37.3(w_0/c)^{0.36}$　$(R^2 = 0.74)$　　　　　　　（3-27）

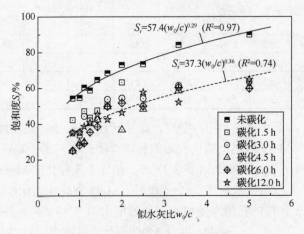

图 3-67　饱和度与似水灰比的关系

文献[151]、[174]、[175]表明，孔隙率和饱和度也是影响土体电阻率的重要因素，根据基本物理指标计算出固化土体的孔隙率和饱和度，然后将孔隙率和饱和度分别与电阻率进行关联。图 3-68 和图 3-69 分别描述了电阻率随孔隙率和饱和度的变化关系，从两图中可以看出，孔隙率和饱和度的增加，均可使土体电阻率减小；从孔隙率角度发现，碳化时间越长，电阻率随孔隙率的变化速度越快；从饱和度角度来看，仅发现碳化前的饱和度较高，电阻率随碳化前饱和度的变化速率较为缓慢，而随碳化后饱和度的变化速率相对较快。

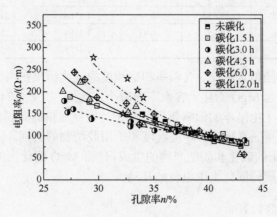

图 3-68　电阻率与孔隙率的关系

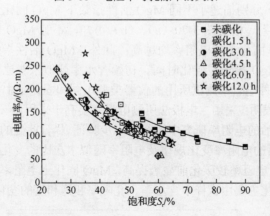

图 3-69　电阻率与饱和度的关系

此外，还发现 MgO 固化土的电阻率与孔隙率和饱和度的关系均可用幂函数拟合，电阻率与孔隙率和饱和度的关系分别为

$$\rho = A_2 n^{-B_2} \tag{3-28}$$

$$\rho = A_3 S_r^{-B_3} \tag{3-29}$$

式中，A_2、B_2 和 A_3、B_3 为量纲为 1 的系数。

拟合参数和相关系数如表 3-6 所示，从表 3-6 中可以看出，拟合参数 A_2、B_2 和 A_3、B_3 大体上随着碳化时间的增加而增加，且随碳化时间的增加，电阻率随孔隙率和饱和度的变化速率也增加。

表 3-6 电阻率与孔隙率和饱和度拟合式中的拟合参数及相关系数

碳化时间/h	$\rho = A_2 n^{-B_2}$			$\rho = A_3 S_r^{-B_3}$		
	A_2	B_2	R_2^2	A_3	B_3	R_3^2
未碳化	1.69E6	2.65	0.95	1.51E4	1.17	0.89
1.5	5.03E4	1.68	0.97	1.31E4	1.18	0.67
3.0	1.12E4	1.28	0.92	4853	0.94	0.88
4.5	6.96E5	2.43	0.86	1.17E4	1.21	0.80
6.0	2.37E6	2.75	0.93	1.41E4	1.25	0.92
12.0	1.14E7	3.15	0.82	1.43E5	1.81	0.85

上述关于电阻率随似水灰比、孔隙率和饱和度的变化结果归因于这一事实，即似水灰比的减小，必然引起 MgO 固化土含水率的减小。此外，文献[174]、[176]、[177]一致表明：含水率对固化土电阻率的影响要远远高于其他物理指标对固化土电阻率的影响，其他物理指标包括密度、孔隙率、环境温度和所用胶结物的类别。同时，含水率的减小也有利于 MgO 固化土的碳化和胶结产物的生成，使得 MgO 固化土的孔隙率和饱和度明显降低，进而影响或阻碍固化土中电流的移动。

4. MgO 活性指数的影响

图 3-70（a）、（b）分别描述了不同 MgO 活性指数下 MgO 固化土碳化前后的电阻率随似水灰比的变化关系。根据图 3-70（a）、（b）可知，不管 MgO 固化土体碳化与否，MgO 活性指数越高，固化土的电阻率均越高；此外，MgO 活性指数影响下的固化土电阻率明显高于活性 MgO 掺量、碳化时间、初始含水率或似水灰比影响下的电阻率，这一结果主要归因于两种电阻率测试所用的仪器类型不同和固化土中活性 MgO 掺量的差异；这一显著差异也表明：采用二电极法所测电阻率要高于采用低频交流所测电阻率，当然这一结论需要在今后的电阻率研究中进行进一步验证。尽管此处的电阻率比前面所述电阻率要高，但碳化前后的电阻率变化规律及电阻率随似水灰比的变化规律与前述研究是一致的[151,176]，即碳化后电阻率较碳化前显著提高，MgO 固化土电阻率随似水灰比的增加而减小，其电阻率的变化主要由试样中含水率、孔隙率和饱和度的变化共同决定。

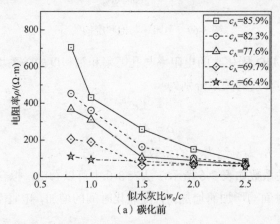

（a）碳化前

图 3-70 不同 MgO 活性指数下 MgO 固化土碳化前后的电阻率变化

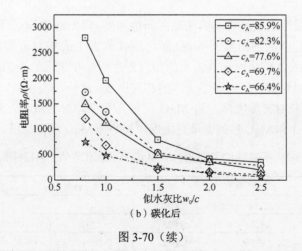

（b）碳化后

图 3-70（续）

图 3-71 描述了不同 MgO 活性指数下 MgO 固化土碳化前后的电阻率随含水率的变化。从图 3-71 可以看出，在指定的 MgO 活性指数下，电阻率随着含水率的增加而逐渐减小，对于未碳化的 MgO 固化土试样而言，MgO 活性指数越高，电阻率也越高；对于碳化后的 MgO 固化土试样而言，电阻率同样随含水率增加而减小，且电阻率与含水率的关系可以用幂函数进行拟合，拟合式如下：

$$\rho = 12\,884w^{-7.75} \quad (R^2 = 0.87) \quad\quad\quad (3\text{-}30)$$

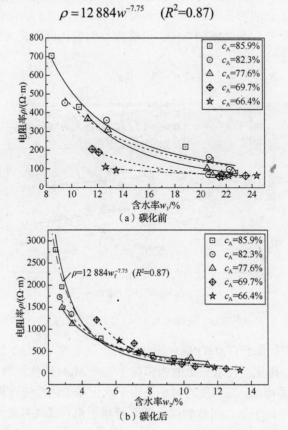

（a）碳化前

（b）碳化后

图 3-71　不同 MgO 活性指数下 MgO 固化土碳化前后的电阻率随含水率的变化

为计算 MgO 活性指数影响下的孔隙率和饱和度，需先测试 MgO 碳化固化软弱土的相对密度，不同 MgO 活性指数下 MgO 碳化固化软弱土的相对密度如表 3-7 所示。从表 3-7 可以看出，MgO 碳化固化软弱土的相对密度明显小于天然土的相对密度，主要是由于两种 MgO 的相对密度均远小于土体的相对密度。此外，相同似水灰比条件下，MgO 碳化固化软弱土的相对密度大体上随 MgO 活性指数的增加而减小，随似水灰比的增加而增加，这与 MgO-H 和 MgO-L 的含量变化规律和两种 MgO 的自身相对密度是相符合的。

表 3-7　不同 MgO 活性指数下 MgO 碳化固化软弱土的相对密度

MgO 活性指数 c_A	似水灰比 w_0/c				
	2.5	2.0	1.5	1.0	0.8
85.9	2.624	2.603	2.512	2.510	2.469
82.3	2.633	2.619	2.516	2.495	2.485
77.6	2.630	2.622	2.534	2.531	2.492
69.7	2.640	2.625	2.548	2.559	2.533
66.4	2.658	2.643	2.561	2.565	2.548

图 3-72 显示了 MgO 碳化固化软弱土的孔隙率随 MgO 活性指数的变化结果，从图 3-72 中可观察到，碳化固化软弱土的孔隙率随 MgO 活性指数的增加而呈线性减小，并且似水灰比越小，相应的孔隙率越小。孔隙率的减小归因于碳化过程中碳化产物对土体孔隙的不同程度填充。孔隙率随 MgO 活性指数的变化可用式（3-31）来表达，且相应的拟合参数值如表 3-8 所示。

$$n = A_1 + B_1 c_A \tag{3-31}$$

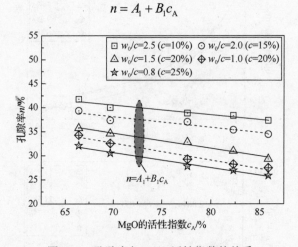

图 3-72　孔隙率与 MgO 活性指数的关系

相似地，图 3-73 描述了 MgO 碳化固化软弱土饱和度与 MgO 活性指数的关系，从图 3-73 中可以发现，碳化固化软弱土的饱和度也随着 MgO 活性指数的增加而线性减小，随似水灰比的增加而增加。饱和度的减小是由于水化和碳化反应过程中引起孔隙水体积的减小。饱和度与 MgO 活性指数的线性关系可以用拟合式（3-32）来表达，其拟合参数值如表 3-8 所示。

$$S_r = A_2 + B_2 c_A \tag{3-32}$$

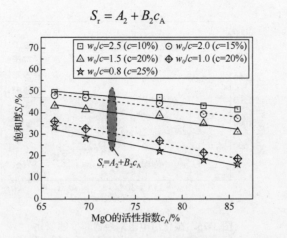

图 3-73　饱和度与 MgO 活性指数的关系

表 3-8　孔隙率和饱和度与 MgO 活性指数的相关函数中的参数值

MgO 活性指数 c_A	$n = A_1 + B_1 c_A$			$S_r = A_2 + B_2 c_A$		
	A_1	B_1	R^2	A_2	B_2	R^2
85.9	54.5	−0.20	0.92	76.6	−0.40	0.90
82.3	53.4	−0.22	0.88	85.7	−0.56	0.93
77.6	56.8	−0.32	0.98	82.5	−0.58	0.93
69.7	57.3	−0.35	0.97	94.7	−0.88	0.99
66.4	52.3	−0.31	0.98	89.5	−0.86	0.97

　　由于未对 MgO 固化土碳化前的相对密度进行测试，因此只能计算出 MgO 固化土碳化后的孔隙率和饱和度。图 3-74 和图 3-75 分别展现了 MgO 固化土碳化后的电阻率随孔隙率和饱和度的变化，从两个图中可以观察到：碳化土电阻率随孔隙率或饱和度的增加而减小，并且电阻率与孔隙率或饱和度的关系也可用幂函数进行拟合，拟合式分别为

$$\rho = 2.66 \times 10^{14} n^{-7.75} \quad (R^2 = 0.93) \tag{3-33}$$

$$\rho = 1.62 \times 10^6 S_r^{-2.27} \quad (R^2 = 0.93) \tag{3-34}$$

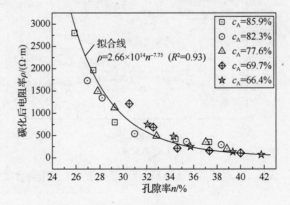

图 3-74　碳化后电阻率随孔隙率的变化

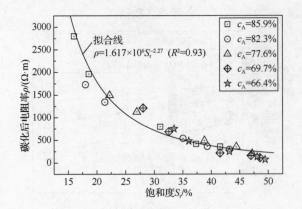

图 3-75　碳化后电阻率随饱和度的变化

5. 土性的影响

图 3-76（a）、（b）分别给出了天然土土性影响下 MgO 固化土碳化前后电阻率随天然土液限的变化情况。从图 3-76（a）可以看出，不同土性下未碳化的 MgO 固化土电阻率随天然土液限 w_L 变化不甚明显，4 种 w_0/w_L 情况下，电阻率随液限 w_L 有微增趋势；初始含水率与液限的比值 w_0/w_L 越大，电阻率越低，这与前面所述初始含水率的影响基本一致。但 MgO 固化土经碳化后，电阻率均较碳化前有明显提高，碳化后电阻率随土体液限 w_L 和初始含水率与液限的比值 w_0/w_L 的增大而减小，且碳化土电阻率与液限间的关系可以用线性函数进行较好地拟合［图 3-76（b）］，拟合方程如式（3-35）所示，拟合参数和相关系数如表 3-9 所示。大体上，随 w_0/w_L 增大，拟合线的截距减小而斜率增加，当 w_0/w_L=0.7 时，截距最大，斜率最小。

$$\rho = a_1 + b_1 w_L \tag{3-35}$$

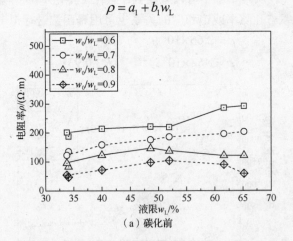

（a）碳化前

图 3-76　天然土土性影响下 MgO 固化土碳化前后电阻率随液限的变化

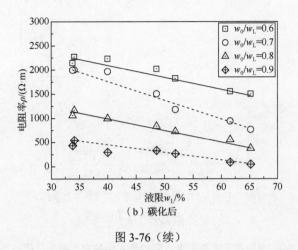

（b）碳化后

图 3-76（续）

　图 3-77（a）、（b）分别描述了 MgO 固化土电阻率与含水率的关系及 MgO 碳化固化软弱土电阻率与含水率的关系。从图 3-77（a）可以看出，碳化前的 MgO 固化土在含水率高于 13% 时，电阻率基本上低于 500 Ω·m；但碳化后，MgO 固化土含水率明显减小，大部分低于 13%，对应的电阻率显著增加，在较小的含水率范围内，电阻率成倍增加。

　　为进一步描述碳化固化软弱土电阻率的变化，图 3-77（b）展示了碳化固化软弱土电阻率与破坏时含水率的关系，得出：碳化固化软弱土电阻率随含水率的增加而显著减小，并且碳化固化软弱土电阻率与破坏时含水率的关系也可用线性函数进行较好地拟合，拟合方程如式（3-36）所示，拟合参数和相关系数如表 3-9 所示。拟合线的截距随 w_0/w_L 的增大而减小，而拟合线的斜率却逐渐增加。

$$\rho = a_2 + b_2 w_f \tag{3-36}$$

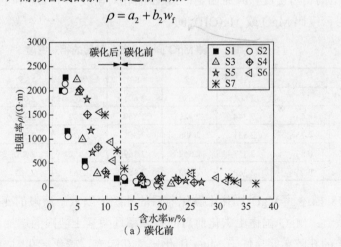

（a）碳化前

图 3-77　MgO 固化土电阻率与含水率及碳化固化软弱土电阻率与含水率间的关系

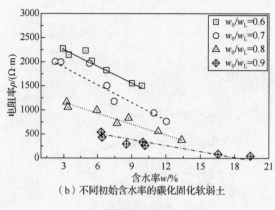

（b）不同初始含水率的碳化固化软弱土

图 3-77（续）

表 3-9　电阻率与液限和含水率拟合式中的拟合参数及相关系数

初始含水率与液限的比值 w_0/w_L	$\rho = a_1 + b_1 w_L$			$\rho = a_2 + b_2 w_r$		
	a_1	b_1	R_1^2	a_2	b_2	R_2^2
0.6	3092	−24.9	0.97	2600	−115.7	0.98
0.7	3312	−38.8	0.97	2248	−121.3	0.94
0.8	1955	−24.1	0.98	1384	−75.2	0.99
0.9	1080	−15.7	0.99	760	−41.4	0.85

　　表 3-10 给出了 7 种 MgO 固化土碳化前后的相对密度。相对密度结果表明，MgO 固化土的相对密度均小于素土的相对密度，而 MgO 碳化固化软弱土的相对密度又小于 MgO 固化土的相对密度。其原因是：MgO 的相对密度小于土颗粒的相对密度，且碳化产物的相对密度比 MgO 或 Mg(OH)$_2$ 的小。

表 3-10　7 种 MgO 固化土碳化前后的相对密度

MgO 固化土		S1	S2	S3	S4	S5	S6	S7
碳化前		2.661	2.682	2.691	2.67	2.648	2.682	2.650
碳化后	0.6 w_L	2.344	2.341	2.347	2.302	2.346	2.318	2.344
	0.7 w_L	2.331	2.355	2.351	2.325	2.373	2.332	2.364
	0.8 w_L	2.357	2.369	2.369	2.352	2.370	2.342	2.398
	0.9 w_L	2.369	2.382	2.351	2.363	2.392	2.374	2.414

　　图 3-78 描述了 MgO 固化土碳化前后的孔隙率随素土液限的变化结果，从图 3-78 中可以观察到：MgO 固化土碳化前后的孔隙率均随素土液限的增加而增加，MgO 碳化固化软弱土的孔隙率明显低于 MgO 固化土的孔隙率；碳化后孔隙率变化趋势线的斜率要高于碳化前的趋势线斜率，这说明碳化对 MgO 固化土孔隙率的影响程度随液限的增加而减弱；此外，初始含水率对 MgO 固化土也有些许的影响，初始含水率越高，MgO 固化土的孔隙率也越高。MgO 碳化固化软弱土孔隙率的减小归因于碳化产物对孔隙的填充。

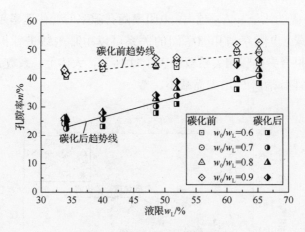

图 3-78　孔隙率随液限的变化

相似地，图 3-79 描述了 MgO 固化土碳化前后的饱和度随素土液限的变化，从图 3-79 中可以发现，MgO 固化土饱和度随土体液限的增加而增加，碳化后 MgO 固化土饱和度较碳化前明显降低；初始含水率对 MgO 固化土饱和度也有较大影响，即初始含水率越高，MgO 固化土的饱和度越高，这与饱和度的定义是相一致的，尤其是碳化前的 MgO 固化土。MgO 固化土饱和度变化的原因是：①碳化后，土试样中的孔隙被碳化产物所填充，水汽交换和热蒸发引起土样中水分的散失，即孔隙中的水减小使饱和度降低；②水分损失的不均衡性，使饱和度随初始含水率的变化并不及碳化前的饱和度随含水率的变化。

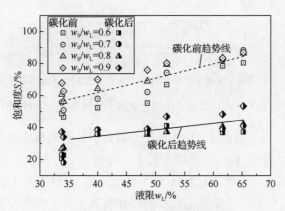

图 3-79　饱和度随液限的变化

图 3-80（a）、（b）分别描述了 MgO 固化土孔隙率及 MgO 碳化固化软弱土孔隙率对电阻率的影响。图 3-80（a）显示出：碳化前，MgO 固化土的孔隙率较高（大于 41%），而含水率最低；碳化后，碳化固化软弱土孔隙率显著减小，电阻率成倍增加，使差异显著的电阻率分布在较小的孔隙率范围内。为此，图 3-80（b）详细介绍了碳化固化软弱土电阻率和孔隙率间的关系，可以发现，碳化固化软弱土电阻率随孔隙率的减小而增大，

且初始含水率与液限的比值 w_0/w_L 越大，电阻率随孔隙率的变化速率越缓慢；相同 w_0/w_L
下，碳化固化软弱土电阻率与孔隙率间的关系可以用幂函数进行拟合，拟合方程如
式（3-37）所示，拟合参数和相关系数如表 3-11 所示，大体上，系数 a_3 随 w_0/w_L 的增大
而增大，幂指数 b_3 随 w_0/w_L 的增大而减小。

$$\rho = a_3 n^{b_3} \tag{3-37}$$

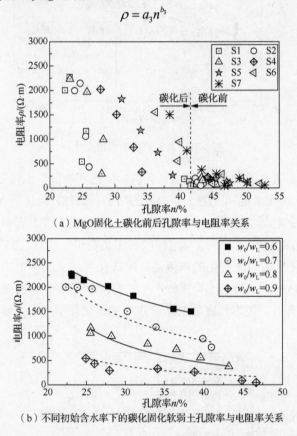

（a）MgO固化土碳化前后孔隙率与电阻率关系

（b）不同初始含水率下的碳化固化软弱土孔隙率与电阻率关系

图 3-80　MgO 固化土及碳化固化软弱土孔隙率与电阻率间的关系

　　类似地，图 3-81（a）给出了 MgO 固化土碳化前后的饱和度对电阻率的影响，碳化
前，较大范围的饱和度（>48%）电阻率较小；而碳化后，较大尺度范围的电阻率分布
在较小的饱和度范围内。为此，图 3-81（b）也给出了 MgO 固化土碳化后的电阻率与对
应饱和度间的关系，电阻率也是随饱和度的增加而减小；电阻率与饱和度间的关系也可
用幂函数进行拟合，拟合方程如式（3-38）所示，拟合参数和相关系数如表 3-11 所示，
相似地，系数 a_4 随 w_0/w_L 的增大而增大，幂指数 b_4 随 w_0/w_L 的增大而减小。

$$\rho = a_4 S_r^{b_4} \tag{3-38}$$

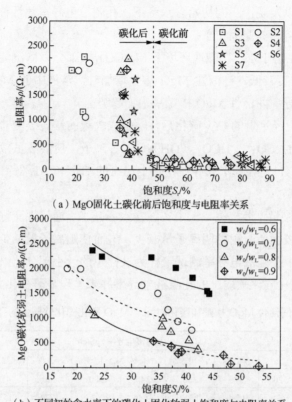

（a）MgO固化土碳化前后饱和度与电阻率关系

（b）不同初始含水率下的碳化土固化软弱土饱和度与电阻率关系

图 3-81　MgO 固化土及碳化土饱和度与电阻率间的关系

表 3-11　电阻率与孔隙率和饱和度拟合式中的拟合参数及相关系数

初始含水率与液限的比值 w_0/w_L	$\rho = a_3 n^{b_3}$			$\rho = a_4 S_r^{b_4}$		
	a_3	b_3	R_3^2	a_4	b_4	R_4^2
0.6	4E4	−0.90	0.98	2.26E4	−0.70	0.64
0.7	1.77E5	−1.43	0.93	4.2E4	−1.04	0.84
0.8	9.38E5	−2.07	0.97	2.39E5	−1.72	0.92
0.9	2.16E5	−1.86	0.92	8.74E6	−2.75	0.91

3.2.3　孔隙液电导率变化规律

1. 活性 MgO 掺量和碳化时间的影响

不同活性 MgO 掺量和碳化时间影响下，MgO 碳化固化软弱土的孔隙液电导率结果如表 3-12 所示。随着活性 MgO 掺量的增加，未碳化的 MgO 固化土的孔隙液电导率大体上呈微增长趋势，电导率在 330～430 μS/cm。MgO 固化土一经碳化，孔隙液电导率显著提高，可达到 1400 μS/cm 以上，且活性 MgO 掺量和碳化时间对孔隙液电导率的影响无显著规律，主要在 1400～2150 μS/cm 间波动，尤其是碳化时间影响。从活性 MgO

掺量的变化角度可以发现，相同初始含水率下，孔隙液电导率随活性 MgO 掺量的增加呈先增加后减小趋势。其原因在于：

1）MgO 固化土溶于水，在碱性环境下 $Mg(OH)_2$ 大部分以微沉淀形式呈现，使溶液中的 Mg^{2+} 等离子浓度较低，当活性 MgO 掺量增加时，溶液中的 Mg^{2+} 等离子浓度有所提高，故孔隙液电导率随活性 MgO 掺量呈增加趋势。

2）MgO 固化土经足量的 CO_2 碳化后，除生成大量的镁式碳酸盐等胶结物外，土颗粒表面吸附有大量的 CO_3^{2-}、HCO_3^-、OH 和 H^+ 等离子，使溶液呈微酸性环境，且未碳化的 $Mg(OH)_2$ 大部分以 Mg^{2+} 形式存在，加上已有的 Ca^{2+} 和 Al^{3+} 等离子，使固化土的孔隙液电导率显著提高。

3）活性 MgO 掺量不断提高，土中实际含水率减小、通气性变好，使固化土的碳化程度提高、土颗粒表面所吸附的阴离子量减少，进而使阳离子量减少，孔隙液电导率有所降低。此外，由于孔隙液电导率测试土样为试样中的一小部分，很难确保碳化的完整性，因此，MgO 碳化固化软弱土的孔隙液电导率并未呈现显著变化。

表 3-12　不同活性 MgO 掺量和碳化时间下 MgO 碳化固化软弱土的孔隙液电导率

碳化时间/h	孔隙液电导率/($\mu S/cm$)									
	$c=5\%$	$c=7.5\%$	$c=10\%$	$c=12.5\%$	$c=15\%$	$c=17.5\%$	$c=20\%$	$c=22.5\%$	$c=25\%$	$c=30\%$
未碳化	330	320	370	360	340	380	390	410	420	430
1.5	1650	1670	1580	1700	1640	1620	1770	1530	1540	1460
3.0	1640	1680	1770	1810	1820	1610	1590	1560	1500	1400
4.5	1650	1760	1650	1650	1700	1500	1520	1510	1550	1440
6.0	1660	1670	1630	1640	1710	1680	1620	1630	1540	1540
12.0	1690	1700	1720	1740	1810	1890	1670	2150	1440	1580

注：c 为活性 MgO 掺量。

2. 初始含水率的影响

初始含水率对孔隙液电导率的影响结果如图 3-82 所示。初始含水率从 15%增加到 30%，孔隙液电导率呈现先减小后增加的趋势，并且碳化时间越长，孔隙液电导率越低。其原因是：

1）在相同的活性 MgO 掺量下，当初始含水率为 15%时，MgO 固化土中存在相对较多的未水化和未碳化的 MgO，在配成的土样溶液中，未水化的 MgO 在有 CO_3^{2-}、HCO_3^-、OH^- 和 H^+ 等存在的条件下可继续水化为 Mg^{2+}，使孔隙液电导率提高。

2）当初始含水率为 30%时，较高的含水率抑制了 MgO 固化土的碳化，使固化土样中存在较多的 $Mg(OH)_2$，且在微酸性环境下进一步水解为 Mg^{2+}，使孔隙液电导率相对提高。

3）在初始含水率为 20%和 25%时，或当碳化时间持续增加时，MgO 固化土的碳化效果较好，使待测样中的 MgO 或 $Mg(OH)_2$ 被大量消耗，故孔隙液的电导率降低。

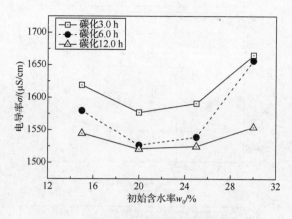

图 3-82　孔隙液电导率随初始含水率的变化

3. MgO 活性指数的影响

图 3-83（a）、（b）分别为 MgO 固化土碳化前后孔隙液电导率随 MgO 活性指数的变化。从图 3-83（a）中可以看出，MgO 固化土在碳化前，孔隙液电导率分布在 $0.68\sim$ 0.87 mS/cm 之间，而碳化之后，孔隙液电导率显著提高，主要分布在 $0.88\sim1.22$ mS/cm 之间，这与前面研究的电导率变化是相一致的。从图 3-83（a）中还可以看出，孔隙液电导率随 MgO 活性指数的增加呈微增长趋势；似水灰比 w_0/c 越低，孔隙液电导率越高。其原因是：①相同活性 MgO 掺量下，MgO 活性越高，水化产生的 $Mg(OH)_2$ 和水解产生的 Mg^{2+} 越多，使孔隙液电导率随 MgO 活性指数的增加而增加；②似水灰比是由活性 MgO 掺量和初始含水率共同决定的，当似水灰比 w_0/c 从 2.5 减小至 0.8 时，即对应的活性 MgO 掺量从 10% 增加至 25% 时，MgO 固化土水解产生的 Mg^{2+} 数量相应增加，因此似水灰比 w_0/c 减小时，孔隙液电导率增加。

MgO 固化土经碳化后，孔隙液电导率随 MgO 活性指数的变化结果如图 3-83（b）所示。从图 3-83（b）中可以看出，随 MgO 活性指数的增加，孔隙液电导率逐渐增加，并且似水灰比 w_0/c 不同，孔隙液电导率的增加程度也不同。似水灰比 w_0/c 越高，孔隙液电导率增长速度越快。其原因是：当似水灰比 w_0/c 较高（如 2.5）时，较高的含水率会抑制 MgO 固化土的碳化，使试样中未碳化的 $Mg(OH)_2$ 含量或酸性环境下水解的 Mg^{2+} 含量较多，故随着 MgO 活性指数的增加，孔隙液电导率增长速度较快；当似水灰比 w_0/c 降低时，MgO 固化土的碳化效果逐渐改善，使碳化土样中的 $Mg(OH)_2$ 减少，水解生成的 Mg^{2+} 也相应减少，所以孔隙液电导率随 MgO 活性指数的增长相对缓慢。

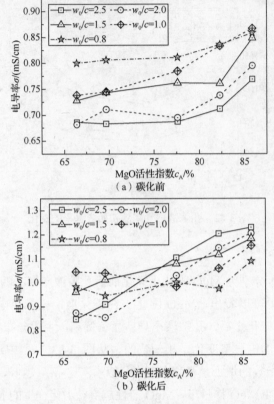

图 3-83　MgO 活性指数对孔隙液电导率的影响

4. 土性的影响

天然土土性影响下，MgO 固化土孔隙液电导率与液限的关系如图 3-84 所示。首先，7 种素土的孔隙液电导率随天然土液限呈显著差异，粉土和淤泥质黏土的孔隙液电导率较小，而粉质黏土的孔隙液电导率有所增加，黏土的孔隙液电导率最大。土体孔隙液电导率与其化学组成有关，粉质黏土和黏土中的金属阳离子（如 Al^{3+}、Ca^{2+}、Fe^{3+} 和 Mg^{2+}）含量相对较高，而粉土中的 SiO_2 含量高、淤泥质黏土的有机质含量可能较高（但本节中并未对有机质进行测量），使其孔隙液电导率较低。当在土体中掺入相同量的活性 MgO 时，MgO 固化土的孔隙液电导率有一定程度增加，且电导率随天然土液限的变化规律与素土电导率的变化规律一致。

其原因在于：MgO 固化土水化产生的 $Mg(OH)_2$ 可部分水解成 Mg^{2+}，增加了孔隙液中金属阳离子的浓度，使孔隙液电导率增加。当 MgO 固化土经过碳化后，土颗粒除了被碳化产物胶结外，颗粒表面还吸附有大量的 CO_2、CO_3^{2-} 和 HCO_3^-，配制成的微酸性孔隙液使未碳化的 $Mg(OH)_2$ 进一步水解成 Mg^{2+}，故促使了碳化土孔隙液电导率的进一步提高。此外，随着天然土液限的增加，土体中的黏粒含量也相应增加，土颗粒的吸附能力增加，即吸附的 CO_2、CO_3^{2-} 和 HCO_3^- 的量增加，促使水解的阳离子浓度快速增加，且随初始含水率（或 w_0/w_L）增加，碳化程度变弱，使孔隙液电导率有所增加。

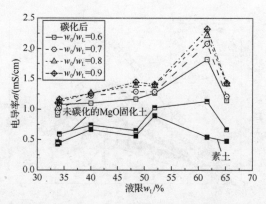

图 3-84　MgO 固化土孔隙液电导率与液限的关系

3.3　碳化固化软弱土基本力学特性

3.3.1　应力-应变曲线

1. 活性 MgO 掺量和碳化时间的影响

图 3-85～图 3-88 分别描述了活性 MgO 掺量影响下 MgO 固化土碳化 1.5 h、3.0 h、6.0 h 和 12.0 h 后的应力-应变曲线，由于天然粉土和未碳化的 MgO 固化土强度较低，本节并未给出天然土的应力-应变曲线。这几个图均展示出，MgO 碳化固化软弱土的轴向应力随着轴向应变的增加而增加；当达到破坏应变时，应力达到最大；在破坏应变之后，应力随轴向应变增加而减小。此外，相同碳化时间下，当活性 MgO 掺量从 5% 增加至 30% 时，对应的应力峰值明显地从 0.15 MPa 增加至 4 MPa 以上，且应力的增长速率也逐渐增大；应力峰值处的破坏应变也随活性 MgO 掺量的增加而减小，当活性 MgO 掺量小于 15% 时，破坏后的应力-应变曲线变化较为平缓；当活性 MgO 掺量为 25% 和 30% 时，MgO 碳化固化软弱土的应力则随应变出现急剧减小。结果表明：活性 MgO 掺量显著影响了碳化固化软弱土的胶结程度，活性 MgO 掺量越高，生成的胶结产物越多，越有利于应力峰值的提高[167]。

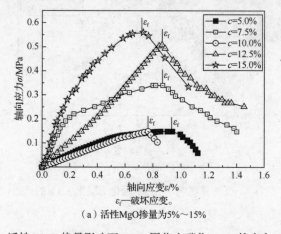

（a）活性 MgO 掺量为 5%～15%

图 3-85　活性 MgO 掺量影响下 MgO 固化土碳化 1.5 h 的应力-应变曲线

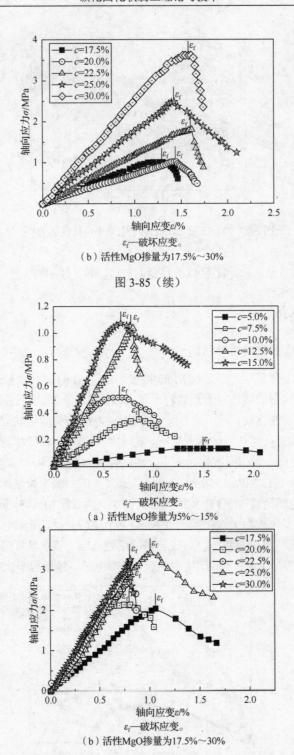

ε_f—破坏应变。

（b）活性MgO掺量为17.5%～30%

图 3-85（续）

ε_f—破坏应变。

（a）活性MgO掺量为5%～15%

ε_f—破坏应变。

（b）活性MgO掺量为17.5%～30%

图 3-86　活性 MgO 掺量影响下 MgO 固化土碳化 3.0 h 的应力-应变曲线

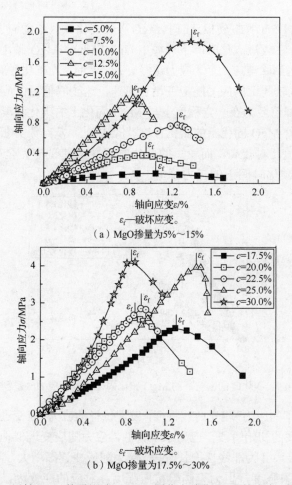

（a）MgO 掺量为5%～15%

ε_f—破坏应变。

（b）MgO 掺量为17.5%～30%

ε_f—破坏应变。

图 3-87　活性 MgO 掺量影响下 MgO 固化土碳化 6.0 h 的应力-应变曲线

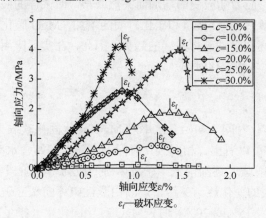

图 3-88　活性 MgO 掺量影响下 MgO 固化土碳化 12.0 h 的应力-应变曲线

ε_f—破坏应变。

相似地，图 3-89 给出了碳化时间影响下活性 MgO 掺量为 20%的 MgO 碳化固化软弱土的应力-应变曲线。从图 3-89 中可以看出，轴向应力同样随轴向应变的增加而增加；在相同活性 MgO 掺量下，MgO 碳化固化软弱土试样的峰值应力随着碳化时间的增加而增加，当碳化时间从 1.5 h 增加至 12.0 h 时，MgO 碳化固化软弱土的应力峰值也从 1.0 MPa 增长到近 4.0 MPa。在较短碳化时间下（如 1.5 h、4.5 h），MgO 碳化固化软弱土的应力随应变增长缓慢，达到峰值应力后，应力缓慢衰减；然而，当碳化时间较长（大于 6.0 h）时，MgO 碳化固化软弱土的应力随应变增长迅速，达到峰值后，应力陡然降低。由于碳化固化软弱土的峰值应力在一定程度上与 MgO 固化土的碳化程度密切相关，而碳化时间又极大地影响着 MgO 固化土的碳化程度[167]，因此，从结果分析可以得出：较长碳化时间下的应力峰值相对较高，而较短的碳化时间并未使试样完全碳化，致使试样的峰值应力不及较长碳化时间下的应力峰值。

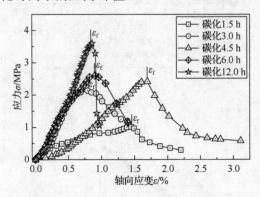

图 3-89 碳化时间影响下的 MgO 碳化固化软弱土应力-应变曲线

总结两种情况下的应力-应变曲线特征，发现试样的应力-应变过程大体分为 3 个阶段：①阶段 I 为加载的初始阶段，应力水平较低，应力随应变近似地呈线性增长，基本符合胡克定律；②阶段 II 为非线性增长阶段，应力随应变逐渐增大，当应力达到峰值时，其峰值为试样的极限强度，也为无侧限抗压强度，对应的应变为破坏应变 ε_f；③阶段 III 为曲线的下降阶段，应力随应变的增加而突然减小，即试样的破坏阶段。根据上述破坏特征可以得出：随活性 MgO 掺量和碳化时间的增加，MgO 碳化固化软弱土的破坏特征表现出由弹塑性破坏向脆性破坏发展的趋势。因此，在实际应用中，需根据工程需要优先控制活性 MgO 掺量和碳化时间。

2. 初始含水率的影响

图 3-90 为 3 个碳化时间下初始含水率对 MgO 碳化固化软弱土应力-应变曲线的影响结果。从图 3-90 中可以看出，相同碳化时间下，随着初始含水率的增加，MgO 碳化固化软弱土试样的极限强度逐渐降低，在破坏前的应力增长阶段和峰值后的应力破坏阶段，应力-应变曲线的变化逐渐变缓，逐渐由脆性破坏向塑性破坏发展。当初始含水率低于天然含水率（为 15% 或 20%）时，MgO 碳化固化土（掺量为 20%）试样达到极限强度后，迅速表现为脆性破坏，且碳化时间越长，脆性破坏越明显；当初始含水率接近或高于天然含水率（为 25% 或 30%）时，应力增长相对缓慢，在峰值后当应力下降到一定水平时，应力随应变变化不大，即塑性特征最为显著，并表现出明显的残余强度。此外，碳化时间越长，峰值后应力的递减速率也越大。

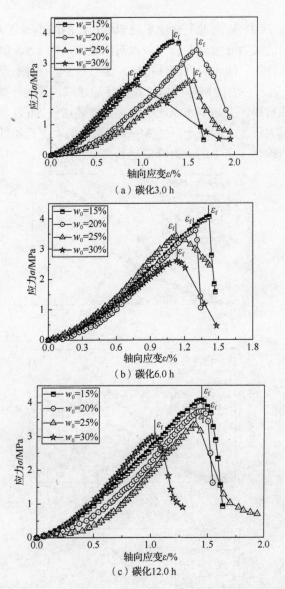

图 3-90　初始含水率影响下 MgO 碳化固化软弱土应力-应变曲线

　　产生上述结果的原因：在相同活性 MgO 掺量和碳化时间下，初始含水率极大地影响了 CO_2 气体在 MgO 固化土中的运移效率和固化土的碳化效果，含水率越低，颗粒间的孔隙越大，CO_2 气体的迁移速率越高，越有利于固化土的碳化加固；反之，高初始含水率虽促使了颗粒团聚但抑制了 CO_2 气体向固化土内部的入渗和迁移，使得碳化土的应力峰值有所降低。

　　3. 似水灰比和 MgO 活性指数的影响

　　图 3-91 和图 3-92 分别为似水灰比和 MgO 活性指数影响下的 MgO 碳化固化软弱土应力-应变曲线，相似地应力随应变的增加呈先增加后减小趋势。图 3-91 显示，在相

同 MgO 活性指数下，应力-应变的变化速率随似水灰比的减小而逐渐增加，似水灰比越低，碳化固化软弱土的应力峰值越高；当似水灰比较低，为 1.5、1.0 和 0.8 时，应力随应变的变化几乎是线性的，即表现为脆性材料，这与水泥固化土极为相似；当似水灰比较高，为 2.0 或 2.5 时，应力的破坏前增长和破坏后递减均较为平缓，尤其存在明显残余破坏，表现为弹性材料。上述似水灰比的影响是前述活性 MgO 掺量和初始含水率共同影响的结果，但很大程度上取决于活性 MgO 掺量，似水灰比越低，越有利于 CO_2 气体的入渗和固化土的碳化，产生的应力峰值也越高[151,167]。

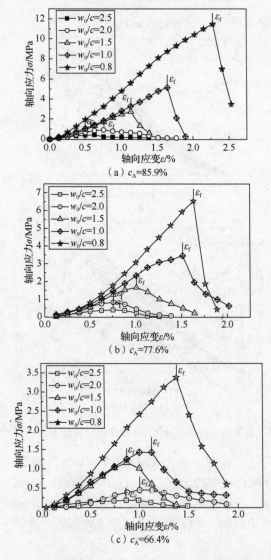

图 3-91　似水灰比影响下的 MgO 碳化固化软弱土应力-应变曲线

　　图 3-92 显示出，相同似水灰比条件下，MgO 碳化固化软弱土试样的应力随轴向应变先增加后减小，应力的变化速率随 MgO 活性指数的增加而变大，活性指数越高，碳

化固化软弱土的峰值应力越高，即在 MgO 活性指数增长过程中 MgO 碳化固化软弱土表现出由弹性向脆性的发展趋势，尤其在似水灰比较低时更为显著。MgO 活性指数不但影响 MgO 的水化速率，而且也影响参与水化反应的活性 MgO 有效含量；MgO 活性指数越高，相同时间下参与水化反应和碳化反应的活性 MgO 含量越多，碳化后产生的碳化胶结物越多，越有利于 MgO 碳化固化软弱土峰值应力的提高。

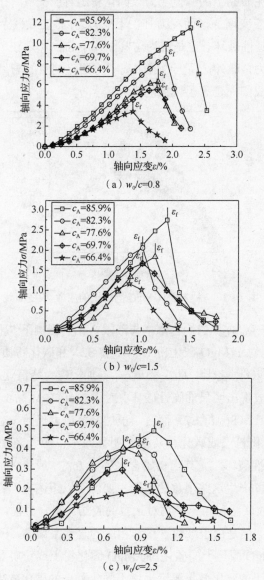

图 3-92　MgO 活性指数影响下的碳化固化软弱土应力-应变曲线

4. 土性的影响

图 3-93 为粉土、粉质黏土、黏土、淤泥质粉质黏土和淤泥质黏土等 7 种 MgO 固化

土自然养护 7 d 后 MgO 固化土的应力-应变曲线。由于天然粉土的极限应力较低（30～80 kPa），本书并未给出天然土的应力-应变关系。从图 3-93 中发现，MgO 固化粉土的峰值应力和破坏应变相对较低，应力随应变的增长速度较为缓慢，峰值后应力随应变呈突变型降低，这是由固化粉土中土颗粒间胶结较弱导致的；MgO 固化粉质黏土、黏土、淤泥质粉质黏土和淤泥质黏土的峰值应力较固化粉土有所提高。在峰值应力附近，应力发展有明显延滞（即应变增加，而应力几乎不变），并有明显残余强度，之后应力随应变缓慢降低，呈现为延性破坏。这是因为这些土体中黏粒含量较高、自身的胶结能力远远超过粉土的胶结能力，此外，黏土中的阳离子与固化剂中的阳离子可发生阳离子交换反应，使土颗粒絮凝成团，延迟了试样的破坏。

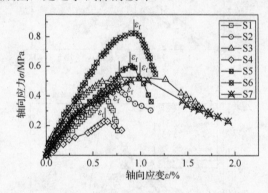

图 3-93　7 种未碳化 MgO 固化土的应力-应变曲线

图 3-94 描述了在 w_0/w_L（初始含水率与液限之比）影响下 7 种 MgO 碳化固化软弱土的应力-应变曲线。对于 MgO 碳化粉土（S1 和 S2）和碳化粉质黏土（S3），应力峰值远远高于未碳化的 MgO 固化土，且随着 w_0/w_L 增加，应力峰值逐渐减小，在应力-应变曲线的下降阶段，均表现出明显的脆性破坏。对于 MgO 碳化黏土（S4）、淤泥质粉质黏土（S5）和淤泥质黏土（S6 和 S7）而言，虽然峰值应力仍随 w_0/w_L 的增加而降低，但对应的峰值应力较碳化粉土或碳化粉质黏土明显减小，应力随轴向应变的发展逐渐平缓，表现出明显的弹性破坏，尤其当初始含水率为 $0.8w_L$ 或 $0.9w_L$ 时，碳化固化软弱土的弹性特征更为显著。产生这些现象的原因主要源于以下两方面：一方面，土体本身与 MgO 水化物间的颗粒联结和碳化产物对土粒的胶结；另一方面，黏土或淤泥质黏土纵然有较高的胶结能力，但是由于细粒含量和相应的含水率偏高，极大地阻碍了 CO_2 气体在土体中的运移和 MgO 固化土的碳化，而 MgO 固化粉土或粉质黏土有相对良好的气体运移通道，固化粉质土的碳化效果要远远优于固化黏土的碳化效果，致使碳化粉质土的应力峰值高于碳化黏土的应力峰值。

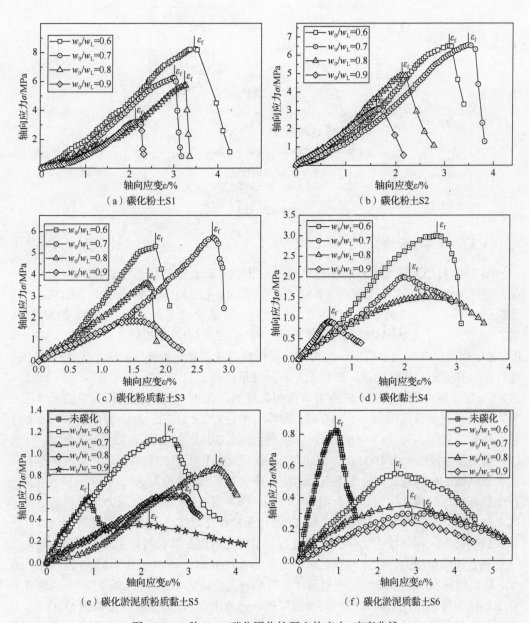

（a）碳化粉土S1　　　　　　　　（b）碳化粉土S2

（c）碳化粉质黏土S3　　　　　　（d）碳化黏土S4

（e）碳化淤泥质粉质黏土S5　　　（f）碳化淤泥质黏土S6

图 3-94　7 种 MgO 碳化固化软弱土的应力-应变曲线

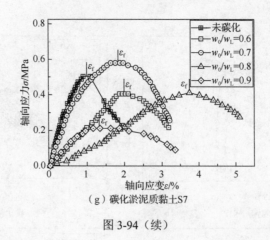

（g）碳化淤泥质黏土S7

图 3-94（续）

5. CO_2 通气压力的影响

图 3-95 为 CO_2 通气压力影响下 MgO 碳化固化软弱土的应力-应变曲线，其中图（a）～（d）分别为 MgO-L 固化土碳化 3.0 h、6.0 h、12.0 h 和 24.0 h，图（e）为 MgO-H 固化土碳化 3.0 h。从图 3-95（a）、（b）中可以发现，在碳化时间为 3.0 h 和 6.0 h 的情况下，当 CO_2 通气压力为 100 kPa 时，MgO-L 碳化固化土的应力峰值极低，分别在 0.1 MPa 和 0.4 MPa 附近，在应力峰值后，应力随应变缓慢递减，呈现为弹性破坏，说明在低 CO_2 通气压力和较短碳化时间下，固化土的碳化效果极差。但当 CO_2 通气压力大于 200 kPa 时，MgO-L 碳化固化软弱土的应力峰值明显增加，且 3 个 CO_2 通气压力下的峰值应力差别不大，表明通气压力大于 200 kPa 时即可满足 CO_2 气体在 MgO 固化土中入渗和迁移的需要。从图 3-95（c）、（d）中可以观察到，当碳化时间增加至 12.0 h 以上时，即使 CO_2 通气压力较低，为 100 kPa，也可使 MgO 碳化固化土的应力峰值达到较高水平，与大于 200 kPa 的 CO_2 通气压力下产生的应力峰值相当，这说明 MgO 固化土试样在 12.0 h 以上已基本达到碳化稳定。结合图 3-95（a）、（b）说明，CO_2 通气压力主要影响了气体在土体中的运移速率和碳化速率，MgO 固化土的碳化是 CO_2 气体由试样表面向试样内部扩散和弥散，同时发生化学反应的过程，当碳化时间足够长时，也可使 MgO 固化土达到相近的峰值应力。但是当碳化时间延长为 24.0 h 时，基本完成了 MgO 固化土的碳化，峰值后的应力随应变呈突变型破坏；当 CO_2 通气压力增至 400 kPa 时，MgO 碳化固化土的应力峰值出现明显降低，其原因可能是：所用 MgO 为低活性指数的 MgO-L，且在高气压条件下连续通气 24.0 h，气体压力破坏了 MgO 固化土中碳化产物的胶结和联结，使试样内部产生裂缝，削减了碳化土试样的峰值应力[167]。

对比 MgO-L 碳化固化土 [图 3-95（a）]，从图 3-95（e）中可以发现，在相同 MgO 掺量、碳化时间和 CO_2 通气压力下，MgO-H 碳化固化土的应力峰值均较 MgO-L 碳化固化土的应力峰值高；即便 CO_2 通气压力为 50 kPa 时，MgO-H 碳化土的最小应力峰值也高于 MgO-L 碳化土在 100 kPa 通气压力下的应力峰值，并且碳化固化土的峰值应力随着 CO_2 通气压力的增加而增加。结果进一步表明：MgO 固化土的碳化效果除了受碳化时间的影响外，CO_2 通气压力和 MgO 活性指数也是影响碳化固化土峰值应力的重要因素。

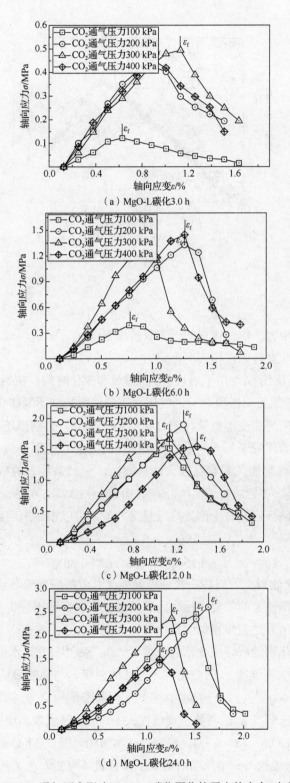

（a）MgO-L碳化3.0 h

（b）MgO-L碳化6.0 h

（c）MgO-L碳化12.0 h

（d）MgO-L碳化24.0 h

图 3-95　CO_2 通气压力影响下 MgO 碳化固化软弱土的应力-应变曲线

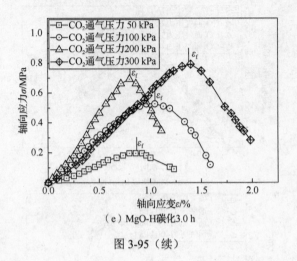

（e）MgO-H碳化3.0 h

图 3-95（续）

3.3.2 破坏应变

常以最大轴向应力来作为试样的无侧限抗压强度 q_u，即 $q_u = \sigma_{max}$，并且以最大轴向应力所对应的竖向应变作为破坏应变，记为 ε_f。

表 3-13～表 3-18 分别给出了活性 MgO 掺量和碳化时间、初始含水率、MgO 活性指数和似水灰比、天然土土性和 CO_2 通气压力等条件影响下不同碳化固化软弱土的无侧限抗压强度、破坏应变和变形模量。图 3-96（a）～（e）分别描述了不同条件下 MgO 碳化固化软弱土的破坏应变与无侧限抗压强度间的关系。从图 3-96 中可以看出，破坏应变与无侧限抗压强度的关系存在较大的离散性，5 种条件下的破坏应变范围分别是 0.8%～1.9%、0.85%～1.7%、0.75%～2.66%、0.5%～3.3%和 0.35%～1.5%，但在 MgO 活性指数影响下，破坏应变与无侧限抗压强度的关系可以很好地用线性函数进行拟合，拟合式为

$$\varepsilon_f = 0.154q_u + 0.785 \quad (R^2 = 0.88)$$

MgO 碳化固化软弱土的破坏应变是极限强度对应的应变值，也是衡量碳化固化软弱土变形（脆性或塑性）的重要指标。为了通过破坏应变范围评价 MgO 碳化固化软弱土的可适用性，本节通过搜集相似固化土（如水泥固化土）文献，来对比 MgO 碳化固化软弱土与水泥固化土的破坏应变范围的差异。Du 等[162]研究了水泥固化锌污染土的破坏应变 ε_f 随无侧限抗压强度 q_u 的变化，并且破坏应变 ε_f 与无侧限抗压强度 q_u 的变化关系用幂函数 [$\varepsilon_f = 1.06q_u^{-0.62} \quad (R^2 = 0.84)$] 来表示；朱伟等[178]发现水泥固化沉积土的破坏应变 ε_f 与无侧限抗压强度 q_u 的对数呈现线性关系，且随强度增加而增加，对应的相关关系为 $\varepsilon_f = 0.41 \times \ln q_u + 3.06 \quad (R^2 = 0.93)$。然而，在本节中，发现 MgO 碳化固化软弱土的破坏应变范围较大，很难找出一个恰当的函数来拟合破坏应变 ε_f 与无侧限抗压强度 q_u 之间的关系。

表 3-13　活性 MgO 掺量和碳化时间影响下碳化固化软弱土的破坏应变和变形模量

碳化时间/h	c=5.0%		c=7.5%		c=10.0%		c=12.5%		c=15.0%		c=17.5%		c=20.0%		c=22.5%		c=25.0%		c=30.0%	
	ε_f/%	E_{50}/%	ε_f/%	E_{50}/%	ε_f/%	E_{50}/%	ε_f/%	E_{50}/%	ε_f/%	E_{50}/%	ε_f/%	E_{50}/%	ε_f/%	E_{50}/%	ε_f/%	E_{50}/%	ε_f/%	E_{50}/%	ε_f/%	E_{50}/%
1.5	1.15	17.94	0.82	66.12	0.77	23.51	1.29	22.69	0.73	116.53	1.81	41.54	1.45	99.82	1.71	129.56	1.84	167.34	1.61	249.01
3.0	1.98	10.50	0.86	50.80	0.73	100.00	1.03	65.27	0.71	179.78	1.09	129.64	0.81	317.15	0.92	188.21	1.01	316.80	1.65	141.49
4.5	1.14	15.11	1.76	16.52	1.81	51.69	1.38	36.63	1.31	47.56	1.11	159.53	1.66	106.05	1.44	197.56	1.87	98.42	2.13	105.44
6.0	1.21	16.84	1.03	46.35	1.25	64.83	0.83	136.87	1.41	109.94	1.26	159.19	0.91	342.81	1.15	170.29	1.45	222.81	1.09	133.59
12	1.87	7.42	1.52	17.40	1.16	96.77	1.58	38.84	0.67	262.21	1.34	126.93	0.88	359.84	1.23	158.09	1.08	303.78	1.72	148.97

注：c 为活性 MgO 掺量；ε_f 为破坏应变；E_{50} 为变形模量。

表 3-14　初始含水率影响下 MgO 碳化固化软弱土的破坏应变和变形模量

初始含水率 w_0/%	破坏应变 ε_f/%						变形模量 E_{50}/MPa					
	碳化 3 h		碳化 6 h		碳化 12 h		碳化 3 h		碳化 6 h		碳化 12 h	
	A 试样	B 试样	A 试样	B 试样	A 试样	B 试样	A 试样	B 试样	A 试样	B 试样	A 试样	B 试样
15	1.32	1.18	1.36	1.41	1.45	1.71	467	439	451	444	467	321
20	1.59	1.24	1.02	1.22	1.46	1.58	286	382	377	329	347	200
25	1.55	1.26	1.13	1.17	1.29	1.39	195	223	409	434	363	374
30	0.85	1.49	0.94	1.13	1.05	1.03	456	237	394	446	382	446

表 3-15 MgO 活性指数和似水灰比影响下碳化固化软弱土的破坏应变和变形模量

| 似水灰比 | 破坏应变 ε_f/% | | | | | | | | | | 变形模量 E_{50}/MPa | | | | | | | | | |
| w_0/c | c_A=85.9% | | c_A=82.3% | | c_A=77.6% | | c_A=69.7% | | c_A=66.4% | | c_A=85.9% | | c_A=82.3% | | c_A=77.6% | | c_A=69.7% | | c_A=66.4% | |
	A 试样	B 试样	A 试样	B 试样	A 试样	B 试样	A 试样	B 试样	A 试样	B 试样	A 试样	B 试样	A 试样	B 试样	A 试样	B 试样	A 试样	B 试样	A 试样	B 试样
2.5	0.76	1.01	0.75	0.88	0.76	0.88	0.75	0.87	0.99	0.74	63.1	41.2	62.6	54.7	59.2	54.8	43.2	60.7	29.6	43.3
2.0	0.89	0.76	0.88	0.76	0.76	0.76	0.83	0.89	1.13	0.75	88.5	114.4	82.6	126.5	114.2	142.5	78.8	67.7	23.4	82.7
1.5	1.27	1.14	1.01	1.37	1.01	0.76	1.01	1.14	0.88	1.13	146.7	154.4	180.9	139.4	112.3	205.2	158.4	93.5	98.1	53.1
1.0	2.15	1.90	1.52	1.39	1.39	1.51	1.26	1.51	1.26	1.01	249.2	160.0	233.3	317.4	239.1	139.4	163.4	151.4	94.3	130.9
0.8	2.66	1.77	1.52	2.03	1.90	1.64	1.76	1.76	1.38	1.37	345.5	227.9	357.5	382.2	141.5	277.4	266.0	248.0	203.5	217.0

注：c_A 为活性指数。

表 3-16 天然土土性影响下 MgO 固化土碳化前的破坏应变和变形模量

| 土类 | 破坏应变 ε_f/% | | 变形模量 E_{50}/MPa | |
	w_0=0.6w_L	w_0=0.7w_L	w_0=0.6w_L	w_0=0.7w_L
S1	0.13	0.63	153.5	62.0
S2	0.77	0.30	67.7	50.3
S3	1.49	0.78	81.1	99.8
S4	0.90	0.36	79.5	132.8
S5	0.61	0.40	38.8	64.8
S6	0.17	0.93	166.9	115.6
S7	0.90	0.22	73.3	175.0

注：w_0 为初始含水率。

表 3-17　天然土土性影响下 MgO 碳化固化软弱土的破坏应变和变形模量

| 土类 | 破坏应变 ε_f/% | | | | | | | | 变形模量 E_{50}/MPa | | | | | | | |
| | c_A=0.6w_L | | c_A=0.7w_L | | c_A=0.8w_L | | c_A=0.9w_L | | c_A=0.6w_L | | c_A=0.7w_L | | c_A=0.8w_L | | c_A=0.9w_L | |
	A 试样	B 试样	A 试样	B 试样	A 试样	B 试样	A 试样	B 试样	A 试样	B 试样	A 试样	B 试样	A 试样	B 试样	A 试样	B 试样
S1	1.95	2.48	2.79	3.10	2.21	3.02	2.12	2.22	220.9	224.5	198.0	100.9	97.9	133.7	93.0	104.3
S2	2.32	2.61	2.70	3.01	2.25	2.56	1.73	1.62	216.8	189.3	136.2	171.3	139.8	125.9	139.8	190.3
S3	2.28	2.07	2.72	2.70	1.50	1.69	1.45	1.96	176.8	189.4	133.2	176.7	199.2	205.4	137.5	77.1
S4	1.71	2.56	1.97	3.00	1.75	2.40	0.92	1.22	113.4	139.3	92.9	91.6	89.4	85.2	165.9	34.9
S5	2.60	1.56	2.74	1.81	2.30	2.54	2.24	2.02	59.1	60.4	25.3	42.4	18.6	21.0	13.2	24.9
S6	2.46	2.36	2.32	2.63	2.39	2.77	1.72	2.29	26.8	26.1	22.3	13.4	12.8	18.4	22.5	13.0
S7	1.79	1.93	2.26	1.63	1.94	2.70	0.85	0.63	22.1	19.7	40.1	49.2	34.0	11.1	44.3	53.8

表 3-18　CO₂ 通气压力影响下 MgO 碳化固化软弱土的破坏应变和变形模量

| CO_2通气压力/kPa | 破坏应变 ε_f/% | | | | | 变形模量 E_{50}/MPa | | | | |
	t=1.5	t=3.0	t=6.0	t=12.0	t=24.0	t=1.5	t=3.0	t=6.0	t=12.0	t=24.0
100	0.50	0.38	0.63	1.01	1.26	24.3	60.6	62.5	301.5	344.5
	0.50	0.37	0.63	1.51	1.38	30.3	24.1	67.6	345.8	354.7
200	0.89	1.04	1.35	1.36	1.28	68.5	146.0	289.0	268.0	307.0
	0.84	1.12	1.44	1.26	1.01	77.2	158.0	324.0	254.0	296.0
300	0.88	0.63	0.75	1.00	1.13	95.6	157.3	345.0	332.0	419.0
	0.75	0.38	0.75	1.13	0.88	51.6	99.0	222.0	336.0	369.0
400	0.38	0.76	1.13	1.04	1.04	16.0	106.7	235.0	251.0	317.0
	0.50	0.51	1.14	1.26	0.88	24.2	95.0	256.0	247.0	221.0

注：t 为碳化时间。

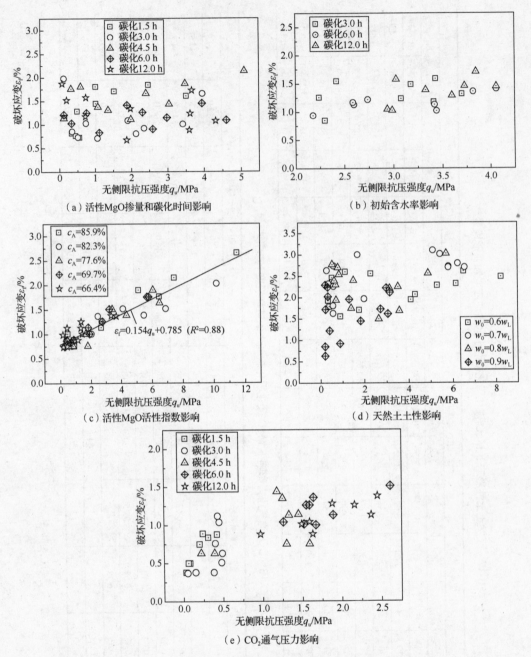

图 3-96　不同碳化土的破坏应变与无侧限抗压强度的关系

相似地，Terashi 等[179]研究了水泥/石灰固化 Kawasaki 黏土和 Kurihama 黏土的基本特性，Du 等[162]研究了水泥固化锌污染土的应力-应变关系和强度特征，均得出固化黏土的破坏应变分布在 1%～2%之间；汤怡新等[180]指出水泥固化黏土的破坏应变分布在 0.5%～3.0%之间，且集中在 1%～2.5%。董金梅等[181]研究了聚苯乙烯轻质混凝土（含水率 60%，水泥掺量 10%～25%）的压缩变形特性，得出破坏应变范围为 1.5%～5%；范晓秋等[182]通过水泥砂浆固化土（水泥掺量 10%，水灰比 0.5，砂掺量 0%、15%、45% 和 75%）物理力学特性的研究，得出小于 14 d 和大于 28 d 龄期的破坏应变范围分别为 2.1%～3.6% 和 2.0%～3.1%；陈蕾[183-184]研究了水泥固化重金属（Pb、Zn、Cd、Cu 等）污染土和水泥土的工程特性，得出其破坏应变范围为 0.5%～3.0%，但集中在 1.0%～2.5%。对比文献可以发现，本节的 MgO 碳化固化软弱土的破坏应变范围与上述学者研究的水泥固化土的破坏应变结果较为接近，从破坏应变的角度说明了碳化固化软弱土在路基或软土加固工程中是可适用的。

3.3.3　变形模量

变形模量 E_{50} 反映了材料抵抗弹塑性变形的能力，常用于材料弹塑性问题和变形特性的分析。变形模量 E_{50} 是 50% 的峰值应力所对应的割线模量，也称变形系数。对于弹塑性材料，变形模量不是定值。由于 MgO 碳化固化软弱土似水泥土材料为非线性变形，变形模量并不是常数，通常用 E_{50} 来表征材料的变形特性。根据无侧限抗压试验的结果，变形模量 E_{50}（MPa）用式（3-39）[4]来进行计算：

$$E_{50} = \frac{2\sigma_{1/2}}{\varepsilon_{\mathrm{f}}} \tag{3-39}$$

式中，$\sigma_{1/2}$ 是破坏应变达到一半时所对应的轴向应力（MPa）；ε_{f} 为破坏应变（%）。

变形模量是分析路基或固化土抵抗弹塑性变形的一个重要参数，是无侧限条件下轴向压应力与轴向压缩应变的比值，根据表 3-13～表 3-18 所列出的不同 MgO 碳化固化软弱土试样的无侧限抗压强度、破坏应变和变形模量结果，图 3-97（a）～（e）分别描绘了碳化时间、初始含水率、MgO 活性指数、天然土土性及 CO_2 通气压力影响下 MgO 碳化固化软弱土的变形模量与无侧限抗压强度间的关系。从图 3-97 中可以看出，MgO 碳化固化软弱土的变形模量大体上随无侧限抗压强度的增加而增加，且基本分布在三角区域内。此外，活性 MgO 掺量和碳化时间影响下变形模量与无侧限抗压强度间的相关关系为 $E_{50}=(30～200)q_{\mathrm{u}}$［图 3-97（a）］；初始含水率影响下变形模量与无侧限抗压强度间的相关关系为 $E_{50}=(60～200)q_{\mathrm{u}}$［图 3-97（b）］；MgO 活性指数影响下的变形模量与无侧限抗压强度间的相关关系为 $E_{50}=(35～150)q_{\mathrm{u}}$［图 3-97（c）］；天然土土性影响下的变形模量与无侧限抗压强度间的相关关系为 $E_{50}=(20～200)q_{\mathrm{u}}$［图 3-97（d）］；$CO_2$ 通气压力影响下的变形模量与无侧限抗压强度间的相关关系为 $E_{50}=(130～250)q_{\mathrm{u}}$［图 3-97（e）］。此外，图 3-97（b）也显现了水泥固化锌污染土和水泥、石灰与粉煤灰固化海洋沉积土的无侧限抗压强度和变形模量间的相关关系，表明了 MgO 碳化固化软弱土的变形特性与水泥土的变形特性相似。综上得出，几种不同条件下，MgO 碳化固化软弱土的变形模量与无侧限抗压强度间的关系可合并为 $E_{50}=(20～250)q_{\mathrm{u}}$。

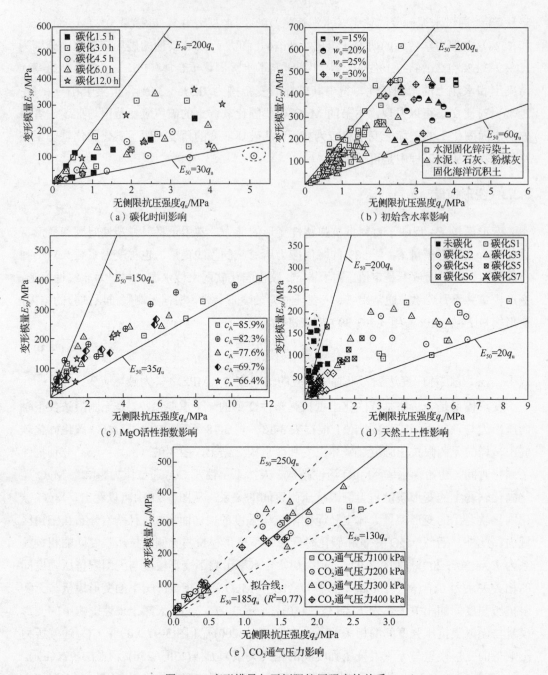

图 3-97　变形模量与无侧限抗压强度的关系

　　根据变形特性的分析结果来讨论 MgO 碳化固化软弱土在工程上的可用性，本节搜集水泥等常规固化材料固化土的变形特征。表 3-19 给出了不同固化土变形模量与相应无侧限抗压强度间的相关关系，在这些研究成果中，Jongpradist 等[13]、Wang 等[161]、朱伟等[178]及陈蕾等[183-184]分别研究了水泥固化高含水率黏土、水泥-石灰-飞灰固化沉积土、水泥固化沉积土及水泥固化重金属污染土的变形模量与无侧限抗压强度间的关系，得出变形模量与无侧限抗压强度均呈现较好的线性关系，且拟合直线的斜率分布在 57～167 之间。此外，Du 等[162]研究了水泥掺量为 12%～18%的水泥固化铅污染土的变形特性，得出变形模量与无侧限抗压强度的关系为 $E_{50}=(18～53)q_u$；Du 等[148]研究了水泥固化锌污染高岭土的变形模量为 $E_{50}=(75～250)q_u$；汤怡新等[180]研究了水泥固化土的工程特性，指出水泥固化土的变形模量和无侧限抗压强度的关系为 $E_{50}=(100～200)q_u$；Futaki 等[185]在建筑地基水泥土桩的强度设计中，提出水泥固化土的变形模量为$(100～250)q_u$；王朝东和陈静曦[186]根据实际工程中水泥土强度的应力-应变关系，反算出水泥固化土的变形模量为$(141～196)q_u$；Horpibulsuk 等[146]研究的水泥固化轻质土的变形模量为 $E_{50}=(100～220)q_u$；Lorenzo 和 Bergado[187]研究出水泥固化 Bangkok 黏土的变形模量为 $E_{50}=(115～150)q_u$；Zhang 等[188]研究了水泥固化掺偏高岭土的海相黏土的工程特性，指出其变形模量为 $E_{50}=(120～238)q_u$。

表 3-19　不同固化土的变形模量 E_{50} 与无侧限抗压强度 q_u 间的关系对比

材料	关系	相关系数（R^2）
水泥固化土	$E_{50}=(100～200)q_u$	
水泥固化的铅污染土（12%～18%）	$E_{50}=(18～53)q_u$	
水泥固化的铅污染土（5%～10%）	$E_{50}=57.2q_u+0.47$	0.918
水泥固化沉积土	$E_{50}=167.3q_u$	0.94
水泥-石灰-飞灰固化的沉积土	$E_{50}=119.9q_u$	0.801
水泥固化的高含水率黏土（5%～40%）	$E_{50}=93q_u(7\ d)$	0.931(7 d)
	$E_{50}=88q_u(28\ d)$	0.786(28 d)
水泥（5%～35%）和飞灰（5%～30%）固化的高含水率黏土	$E_{50}=129q_u(7\ d)$	0.813(7 d)
	$E_{50}=96q_u(28\ d)$	0.927(28 d)

而在公路地基处理中，刘松玉等[9]建议固化土的变形模量为 $126q_u$；《建筑地基处理技术规范》（JGJ 79—2012）[159]规定水泥土的变形模量建议取$(100～120)q_u$；徐志钧和曹铭葆[189]对日本 3 种不同土质的变形模量和无侧限抗压强度的关系进行总结，结果发现不论何种类型土和固化材料，固化土的变形模量大体为$(50～200)q_u$，并建议设计中取 $150q_u$ 较为合适。综上所述，MgO 碳化固化软弱土的变形模量$(20～250)q_u$ 基本与水泥等固化土的变形模量相当，因此，从无侧限抗压强度、破坏应变和变形模量等方面的分析可知，MgO 碳化固化软弱土适用于地基处理。

3.4　渗　透　特　性

碳化试样的渗透性测试采用由南京土壤仪器加工厂生产的三轴柔性壁渗透测试装置，渗透测试装置如图 3-98 所示。渗透测试前，采用抽气饱和装置对碳化试样进行快速饱和，其中饱和装置由两个串联的饱和缸和真空泵组成。其主要步骤如下：

1）在叠式饱和器下夹板的正中依次放置透水板、滤纸和试样，再套上多个环刀，然后在试样顶部依次放滤纸和透水板，盖好饱和器上夹板并拧紧拉杆上端螺母。

2）将装有试样的饱和器放入第一真空缸内，在真空缸的密封圈和玻璃盖上均匀涂抹凡士林，盖紧饱和缸盖子；将第一真空缸与第二真空缸连通，第二真空缸与真空泵连通，以避免水汽倒吸进真空泵；启动真空泵，当真空表读数稳定在-1 atm 并抽气 1 h，略微打开另一管阀，使水缓缓注入真空缸。

3）待水淹没饱和器后关掉阀门，停止进水。抽气 8 h 后，关闭真空泵和真空阀，静置 24 h 可使饱和度达 95%以上。

4）量测饱和样直径和高度，在渗透仪腔室的垫座上由下至上放置透水石、滤纸和饱和样；然后在试样顶部放置滤纸和透水石，借助套筒将乳胶膜套在土样上，并用橡皮圈将乳胶膜与两底座箍紧；最后在玻璃桶两端部涂抹凡士林，装好后向压力室中注水。

5）打开围压阀，将围压缓慢加至 300 kPa，检查各压力腔室及管路的密闭性，若有漏水，应关掉围压，重新装样或调整；若无漏水，可打开渗透压力阀至 200 kPa，在每个排水管端部连接有广口瓶，待单位时间内流出的水的质量几乎恒定时，记录时间和时间段内水的质量。

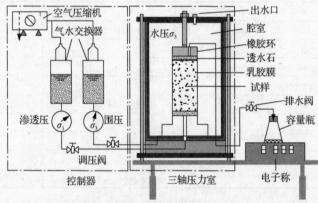

（a）原理图

（b）实物图

图 3-98　三轴柔性壁渗透测试装置

根据测试结果，按照下式计算试样的渗透系数：

$$k = \frac{qL}{AH}$$

(3-40)

式中，k 为试样的渗透系数（cm/s）；q 为单位时间内渗滤出水的体积（cm³/s）；L 为试样的高度（cm）；H 为等效的水力梯度高度（cm）；A 为试样的横截面面积（cm²）。

3.4.1　固化剂掺量的影响

图 3-99 描述了 MgO 碳化固化软弱土渗透系数随活性 MgO 掺量的变化规律，并对比给出了相同掺量下水泥固化土的渗透系数。从图 3-99 中可以观察到，所有 MgO 碳化固化软弱土的渗透系数均随活性 MgO 掺量的增加而降低，这与水泥固化土 28 d 的渗透系数随水泥掺量的变化规律是相一致的；当固化剂掺量从 10%增加到 25%时，碳化固化粉土渗透系数减小，减小范围达一个数量级以上，但对碳化固化粉质黏土的渗透系数而言，减小范围却不超过一个数量级；MgO 碳化固化软弱土的渗透系数随活性 MgO 掺量的递减速率要大于水泥土渗透系数随水泥掺量的递减速率。相同固化剂掺量下，MgO 碳化固化软弱土的渗透系数与水泥固化土的渗透系数基本在同一数量级上，且水泥固化土的渗透系数要略低于 MgO 碳化固化软弱土的渗透系数。

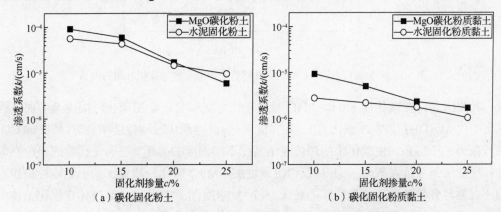

图 3-99　碳化固化软弱土渗透系数与固化剂掺量的关系

对比图 3-99（a）和（b）还可以发现，相同固化剂掺量下，MgO 碳化粉质黏土的渗透系数显著低于 MgO 碳化粉土的渗透系数，水泥固化粉质黏土的渗透系数也明显低于水泥固化粉土的渗透系数，且对于粉土和粉质黏土而言，MgO 碳化粉土和水泥固化粉土的渗透系数分别比相同条件下 MgO 碳化粉质黏土和水泥固化粉质黏土的渗透系数要高近一个数量级。

其原因是：①MgO 固化土碳化后产生的碳化产物和水泥固化土产生的水化产物胶结了土颗粒并填充了土颗粒间的孔隙，且固化剂掺量越高，孔隙填充得越多、孔隙连通性越差，使碳化固化土的渗透系数随固化剂掺量增加而降低；②粉土颗粒比粉质黏土颗粒大，且粉质黏土中的细黏粒含量高，对土颗粒的胶结和孔隙的填充具有一定的促进作用，使碳化固化粉土的渗透系数高于碳化固化粉质黏土的渗透系数；③侯永峰和龚晓南[190]的研究中指出，水泥固化土存在一个临界的水泥掺量值 10%，当水泥掺量大于临界值时，水泥固化土会存在惰性区，在固化剂掺量影响下，水泥固化土的渗透系数减少率变化较为缓慢。

3.4.2　碳化时间的影响

图 3-100 描述了 MgO 碳化粉土和碳化粉质黏土的渗透系数随碳化时间的变化关系。从图 3-100 中可以看出，MgO 碳化粉土的渗透系数随碳化时间的增加呈先减小后增加趋势，且渗透系数在碳化 6.0 h 时达到最小；而 MgO 碳化粉质黏土的渗透系数却随碳化时间的增长而轻微增长。

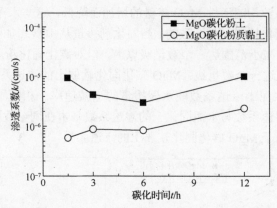

图 3-100　MgO 碳化粉土和碳化粉质黏土渗透系数与碳化时间的关系

其原因是：在碳化前 6.0 h，MgO 碳化粉土中的碳化产物随碳化时间逐渐增加，固化土中的 $Mg(OH)_2$ 基本在碳化 6.0 h 后完成碳化，但当碳化时间持续增加时，较高的 CO_2 通气压力（200 kPa）使碳化土的颗粒胶结遭受不同程度的破坏，进而使孔隙的连通性增加，因此渗透系数在碳化 6.0 h 后反而出现增加。MgO 碳化粉质黏土的土颗粒粒径相对较小、黏粒含量较高，使颗粒间的黏聚力较大、初始孔隙较小，CO_2 气体在固化土体中的入渗和迁移较为困难；当碳化时间增加时，颗粒自身的黏结和碳化产物的胶结也逐渐遭受破坏，引起其渗透系数增加。

3.4.3　初始含水率的影响

图 3-101 描述了碳化固化软弱土的渗透系数随初始含水率的变化关系。从图 3-101 中可以看出，碳化粉土和碳化粉质黏土的渗透系数分别维持在 10^{-5} cm/s 级和 10^{-6} cm/s 级，且随初始含水率的增加出现不同结果。MgO 碳化粉土的渗透系数在初始含水率为 25%时相对最小，其原因是：

1）初始含水率过低，不能确保固化土体中的 MgO 完全水化，纵然碳化固化软弱土有较高的强度，但碳化固化软弱土中的碳化产物较少、孔隙较多。

2）当初始含水率过高时，纵然可以使固化土中的 MgO 达到较高的水化程度，但过多的水分将在一定程度上阻滞 CO_2 气体在土体中的运移和入渗；$Mg(OH)_2$ 微溶于水且会被黏粒包裹，阻碍了与 CO_2 的反应，影响了固化土中碳化产物的生成。此外，朱崇辉[191]

在水泥土渗透性的研究中提出：渗透过程中，水的渗流需要克服固化土样中土颗粒表面薄膜水的阻碍，对于粉质黏土，当含水率增加时，土颗粒表面薄膜水变厚，也在一定程度上阻碍水流的渗透，进而导致渗透系数的降低。

　　3）只有当初始含水率较为适当时，才能使碳化固化软弱土中碳化产物最多、孔隙最少，即渗透系数最小。而水泥固化粉土由于水泥掺量超过了 10%，其渗透系数要略高于碳化固化软弱土的渗透系数；同时初始含水率越高，水泥水化越充分、生成的水化胶结物越多、孔隙填充率越高，渗透系数越低。

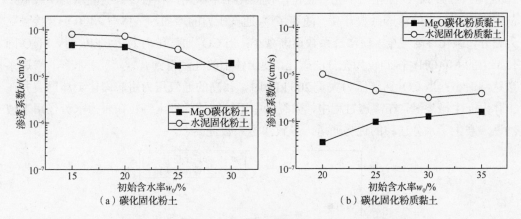

图 3-101　碳化固化软弱土渗透系数与初始含水率间的关系

　　从图 3-101（b）中可以看出，水泥固化粉质黏土的渗透系数变化规律与水泥固化粉土的相似，也是随着初始含水率的增加而降低，在初始含水率为 30% 或大于 30% 时，渗透系数达到最小或趋于稳定，原因是初始含水率小于 30% 时，水泥土中的水泥颗粒并无完全水化。然而，与 MgO 碳化粉土不同的是：MgO 碳化粉质黏土的渗透系数随着初始含水率的增加而增加，其原因除了粉质黏土自身的高黏粒含量外，初始含水率的增加也促进了粉质黏土颗粒的团聚和土体孔隙的减小，逐渐减弱 CO_2 气体的入渗并引起 MgO 固化土碳化程度的弱化，进而使渗透系数随初始含水率的增加而增加。

　　对于 MgO 碳化固化软弱土的渗透特性，易耀林[117]开展了 MgO 固化粉土的气体渗透系数测试，研究发现：天然土和 MgO 固化土碳化前的气体渗透系数均随着初始含水率的增加而降低；MgO 的掺入引起了土体含水率的减小，使得 MgO 固化土碳化前的气体渗透系数大于天然土的气体渗透系数，促进了碳化程度的提高；MgO 固化土碳化后的气体渗透系数随土体初始含水率的增加呈现不同的变化，且存在一个临界的初始含水率（约 25%），使得初始含水率小于 25% 时，碳化土的气体渗透系数小于固化土碳化前的气体渗透系数，而当初始含水率大于 25% 时，碳化土的气体渗透系数反而增加。图 3-101（a）所描述的碳化土渗透系数随初始含水率的变化规律与易耀林[117]所研究的气体渗透系数规律是一致的。

3.4.4　CO_2 通气压力的影响

图 3-102 显示了 MgO 碳化固化软弱土的渗透系数随 CO_2 通气压力的变化关系。从图 3-102 中可以看出，相同 CO_2 通气压力下，MgO 碳化粉土的渗透系数比碳化粉质黏土的渗透系数要高；渗透系数随着 CO_2 通气压力的增加呈先减小后增加趋势，且渗透系数在 CO_2 通气压力为 200 kPa 时达到最小。其原因可能是：CO_2 通气压力过低（小于 200 kPa）导致 MgO 固化土不完全碳化，使固化土中碳化产物较少、孔隙填充率较低，从而导致碳化土的渗透系数升高；随着 CO_2 通气压力的增加，气体与 $Mg(OH)_2$ 接触更为充分，碳化逐渐完全，使渗透系数逐渐减小；当 CO_2 通气压力为 200 kPa 时，MgO 固化土中的 $Mg(OH)_2$ 得到较为充分的碳化，使土体中的孔隙得到有效填充和胶结，渗透系数达到最小；当 CO_2 通气压力大于 200 kPa 时，较高的通气压力引起固化土体劈裂并在土体内产生微裂缝，在渗透过程中，微裂缝中无胶结性的细土颗粒在压力水流作用下被冲刷，产生了水分迁移的优势通道，导致渗透系数提高。

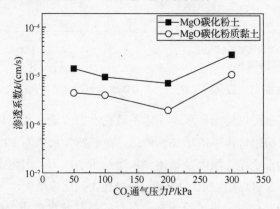

图 3-102　碳化固化软弱土渗透系数与 CO_2 通气压力的变化关系

3.4.5　似水灰比的影响

为了更详细地分析 MgO 碳化固化软弱土的渗透特性，开展了不同似水灰比和碳化时间下的碳化固化软弱土渗透试验，其中似水灰比为 0.83~5.0，碳化时间为 3.0~12.0 h，所用 MgO 为低活性 MgO-L。图 3-103（a）~（c）给出了 3 个碳化时间 3.0 h、6.0 h 和 12.0 h 下，不同似水灰比的活性 MgO 碳化固化软弱土渗透系数随渗透的持续时间的变化，值得注意的是：图 3-103 中的渗透持续时间是从渗流水稳定排出时开始记录的。从图 3-103 可以看出，碳化试样渗透系数的变化曲线在前 20 h 内稍微有所波动，曲线的起始和终止存在一定浮动；20 h 之后，渗透系数曲线基本稳定，并且活性 MgO 碳化固化粉土的渗透系数基本处在 $2×10^{-4}$ cm/s 和 $1×10^{-6}$ cm/s 之间。

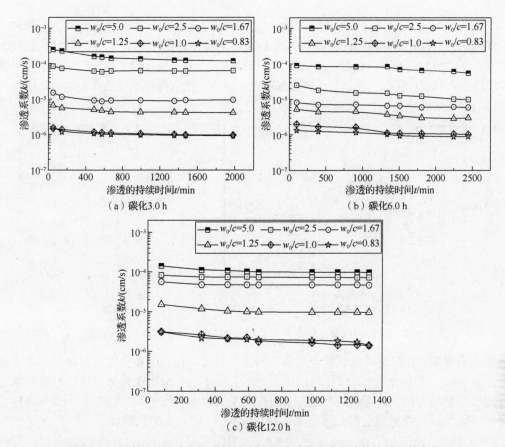

（a）碳化3.0 h

（b）碳化6.0 h

（c）碳化12.0 h

图 3-103　活性 MgO 碳化固化软弱土的渗透系数随渗透的持续时间的变化

图 3-104 描述了活性 MgO 碳化固化软弱土渗透系数与似水灰比间的变化关系，从图 3-104 中可以看出，渗透系数大致随着似水灰比的增加而增加；在相同似水灰比条件下，碳化 6.0 h 的固化土的渗透系数比其他碳化时间下的渗透系数都小。渗透系数和似水灰比间的关系可以拟合为

$$k = 3 \times 10^{-3}(w_0/c) - 2 \times 10^{-5} \quad (R^2 = 0.78) \tag{3-41}$$

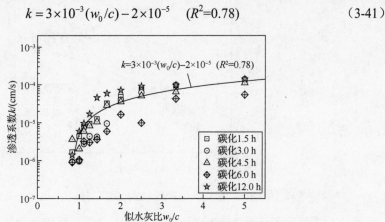

图 3-104　活性 MgO 碳化固化软弱土渗透系数与似水灰比间的关系

　　图 3-105（a）、（b）分别描述了活性 MgO 碳化固化软弱土的渗透系数与含水率和干密度间的关系，从图 3-105 中可以看出，渗透系数随碳化固化软弱土含水率的增加而增加，随干密度的增大而减小。这说明当试样未充分碳化或活性 MgO 掺量过低时，试样含水率和渗透系数偏高；同时，在试样干密度偏高时，试样中的孔隙率和渗透系数偏小，这些与前述的物理性质一致。

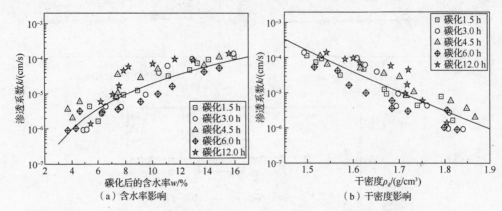

图 3-105　活性 MgO 碳化固化软弱土的渗透系数与含水率和干密度间的关系

　　众所周知，孔隙是诱发试样产生渗透的主要介质，孔隙率和孔隙比是评价孔隙含量的主要参数，诸多研究中，除了将渗透系数和孔隙率进行分析关联外，也经常将孔隙比作为自变量与固化土渗透性进行关联。而孔隙率受似水灰比的影响已在上一部分进行了分析，因此，此处需要根据孔隙率来推算活性 MgO 固化土的孔隙比：

$$e = n/(1-n) \tag{3-42}$$

　　同孔隙率结果相似的是，图 3-106 描述了活性 MgO 碳化固化软弱土的孔隙比随似水灰比的变化，从图 3-106 中可以看出，孔隙比随似水灰比的增大而增大，并且碳化 3.0～6.0 h 的试样孔隙比相对较小，而碳化 1.5 h 和 12.0 h 的试样孔隙比相对较大。根据最小二乘法对关系式进行拟合，拟合关系式如下：

$$e = 0.22\ln(w_0/c) + 0.42 \quad (R^2 = 0.92) \tag{3-43}$$

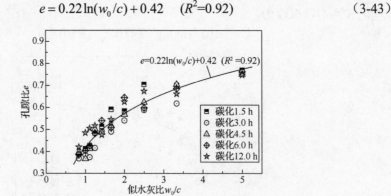

图 3-106　碳化固化软弱土的孔隙比与似水灰比间的关系

　　图 3-107 呈现了活性 MgO 碳化固化软弱土渗透系数随孔隙比的变化，揭示了渗透系数随孔隙比的增加而增加，渗透系数与孔隙比的关系可以通过幂函数来进行拟合，拟

合方程如下：

$$k = 8 \times 10^{-4} e^{6.2} \quad (R^2=0.81) \tag{3-44}$$

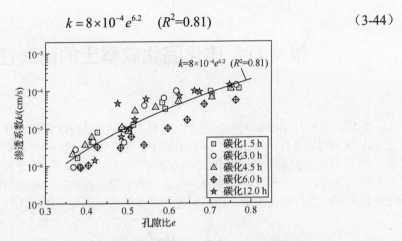

图 3-107　活性 MgO 碳化固化软弱土渗透系数与孔隙比的关系

　　上述结果可从以下几方面进行解释：①活性 MgO 固化土的水化和碳化反应是一个膨胀过程，在这个过程中碳化试样的干密度获得了不同程度的增加；②生成的碳化产物能促进孔隙填充和土颗粒胶结，致使孔结构细化和孔隙率减小；③似水灰比越小或碳化时间越长，碳化产物将会越多。活性 MgO 碳化固化软弱土中的孔隙比减小也将引起渗透系数减小，这与水泥固化土的性质是相似的。为此，表 3-20 列出了文献中不同多孔介质材料的渗透系数与孔隙比的关系。Chew 等[192]研究了水泥固化黏土渗透系数随水泥掺量、孔隙比和竖向应力的变化，并且阐明了土和水泥之间的反应原理，相同孔隙比下固化黏土的渗透系数要低于未固化黏土的渗透系数。Lapierre 等[193]研究了 Louiseville 黏土的孔径分布和渗透系数间的关系，且研究结果表明：不同初始条件下，Louiseville 黏土的孔隙比-渗透系数对数（e–$\log k$）曲线是平行的，当孔隙比大于 1.3 时，e–$\log k$ 曲线是斜率为 0.96 的线性函数，而当孔隙比小于 1.3 时，线性函数的斜率降低。Tavenas 等[194]也认为重塑土的渗透系数对数和孔隙比对数间的关系是成线性的，且天然原位黏土的渗透系数是孔隙比、黏粒含量、塑性指数等参数的复杂函数。此外，Bentz[195]也研究了虚构混凝土的渗透系数，且根据试验数据和模型数据建立了渗透系数和孔隙率间的关系方程。显而易见地，根据不同材料渗透系数与孔隙率或孔隙比的关系可以看出，MgO 碳化固化软弱土的渗透规律大体与水泥固化土、重塑土和混凝土的渗透规律一致。

表 3-20　不同材料的渗透系数 k 与孔隙率 n 或孔隙比 e 的关系

材料	关系式	相关系数 R^2	参考文献
水泥固化黏土	$e = 0.26 \ln k + 6.86$	0.80	[192]
未处理黏土	$e = 0.21 \ln k + 5.14$	0.87	
Louiseville 黏土	$e = C_k \log k + A$ （当 $e > 1.3$，$C_k = 0.96$；当 $e < 1.3$ 时，C_k 减小）		[193]
重塑土	$\log k = A \log e + B$		[194]
原位土	$\lg k = \lg k_0 + (e - e_0)/C_k$ （$e_0 < 2.5$；$C_k = 0.5 e_0$）		
透水混凝土	$k = 1.17 \times 10^{-7} n^{3.93}$ （试验）	0.88	[195]
	$k = 5.13 \times 10^{-7} n^{3.15}$ （模拟）	0.99	
碳化固化粉土	$k = 5.13 \times 10^{-4} e^{6.2}$	0.81	[141]

第4章　碳化固化软弱土的耐久性能

本章在前面几章的研究基础之上，选取典型活性 MgO 固化剂掺量（15%）及含水率（25%）作为初始条件，对 3 种不同类型的土（武汉软土、南京软土和宿迁粉土）进行 MgO 碳化/水泥固化土的耐久性试验研究。试验内容包括干湿循环、冻融循环、硫酸盐侵蚀条件下的耐久性等，采用表观特征评定、质量损失率等进行物理性质分析，采用无侧限抗压强度进行表征，并与相同掺量、相同初始含水率的水泥固化土的耐久性进行对比研究。

4.1　抗干湿循环特性

4.1.1　试验方法

干湿循环试验是用来评价土体抵抗自然条件中干湿交替变化对其力学性能产生不利影响的能力，主要通过室内干湿循环试验来模拟自然条件中的干湿交替作用，对其抗干湿循环能力进行初步评价。

干湿循环试验参考 ASTM 规范 D4843—88（Reapproved 2009）[196]中的操作要求，采用低温烘箱和养护室进行环境模拟。

为消除高温对试样的影响，控制烘箱温度为 30 ℃，进行 6 级循环，每次循环 3 个平行样，试验步骤如下：

1）干湿循环开始前依次进行试样编号分组、试样称重和尺寸测量。先取出一组，测试其无侧限抗压强度，作为开始的基准值。再取出一组，特别标注为质量变化测试样，测试其在干湿循环开始前的质量，然后与剩下的 5 组一起开始干湿循环，另外 6 组继续进行标准养护。

2）将试样置于温度为 30 ℃的烘箱中烘 48 h。然后取出，对之前标注好的质量变化测试样进行拍照和质量、尺寸测试。将试样在常温下放置 1 h 后放入培养箱中，往培养箱中缓缓加入 20 ℃蒸馏水，直至试样被淹没，将培养箱放在 20 ℃养护室中养护 23 h。之后取出试样，对之前标注的质量变化测试样进行再次拍照和质量、尺寸测试，此为完成一次干湿循环。

3）湿循环结束后，取出一组试样（非质量变化测试样）测试质量、尺寸、无侧限抗压强度和 pH 值。同时取出一组标准养护试样同样测试其质量、尺寸、无侧限抗压强度和 pH 值。

4）重复步骤 2）和 3），直到 6 级干湿循环结束，将质量变化测试样作为第 6 次循环测试样最后进行测试。

每次干循环和湿循环结束后，对试样的质量变化率进行计算，计算公式为

$$W_{n(\text{D-W})} = \frac{m_{n(\text{D-W})} - m_0}{m_0} \times 100\% \tag{4-1}$$

式中，$W_{n(D-W)}$ 为第 n 次干循环或湿循环结束后的质量变化率；$m_{n(D-W)}$ 为第 n 次干循环或湿循环结束后试样的平均质量；m_0 为干湿循环试验开始前试样的平均质量（碳化样取碳化完成后标准养护 1 d 的平均质量，水泥样取标准养护 28 d 后试样的平均质量）。

4.1.2　物理特性

1. 健全度评价

每次干湿循环过后，参考日本公共工程研究报告[197]，对试样健全度进行评价，并对试样的尺寸及质量进行测试。运用质量变化率公式，对各个试验阶段的试样质量变化率进行计算。试样的直径和长度用精度为 0.02 mm 的游标卡尺测量，试样的质量用精度为 0.01 g 的电子秤称量。

日本公共工程研究报告[197]对健全度作出了定义，且对其进行了等级划分，关于健全度的判断标准如表 4-1 所示。

表 4-1　日本规范中试样健全度等级划分[197]

健全度	试样表面状况	脱落
a	外观未出现明显变化	
b	局部产生细微裂缝	局部出现即将脱落迹象
c	部分产生明显裂缝	试样局部脱落
d	整体出现明显裂缝	试样竖线明显脱落
e	试样部分崩落（<20%）	
f	试样整体破坏，但保持基本形状	
g	试样整体破坏，呈片状或块状分布	
h	试样整体破坏，呈细粒状或泥状	

根据表 4-1 的健全度标准，对 MgO 碳化固化土和水泥固化土的健全度进行了等级划分，结果如图 4-1 所示。从统计结果可以看出：水泥固化土试样在干湿循环过程中健全度始终保持 a 等级，试样外观未出现明显变化，而碳化固化武汉软土、南京软土和宿迁粉土试样分别在第 2、3、4 次干湿循环结束时，均出现不同程度的表面脱皮现象，健全度评价等级降为 b，再进行几次干湿循环后，碳化试样则没有出现进一步的破坏。

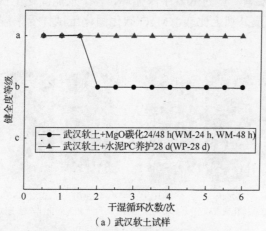

（a）武汉软土试样

图 4-1　干湿循环试样健全度等级

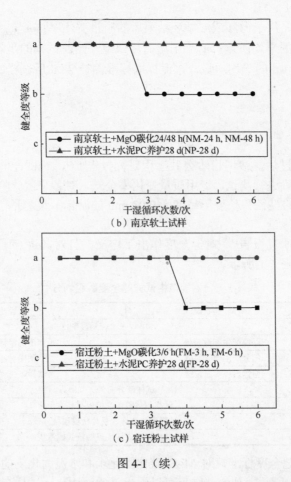

（b）南京软土试样

（c）宿迁粉土试样

图 4-1（续）

图 4-2 是各个试样在不同干湿循环次数后的外观照片，从照片中可以看出随着干湿循环的进行，MgO 碳化固化土试样的表面逐渐变得粗糙，并产生细小的孔洞，且伴随表面脱皮现象，但 6 次干湿循环后 MgO 碳化固化土试样仍能保持较好的完整性。

对比水泥固化土试样，经过 6 次干湿循环，各个水泥固化土试样并没有发生明显的变化。从试样健全度及外观上比较，MgO 碳化固化土试样受干湿循环的影响要大于水泥固化土试样。

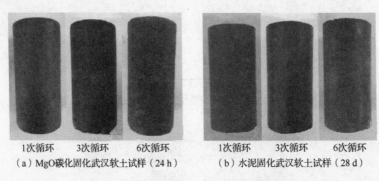

　1次循环　　3次循环　　6次循环　　　　1次循环　　3次循环　　6次循环

（a）MgO碳化固化武汉软土试样（24 h）　　（b）水泥固化武汉软土试样（28 d）

图 4-2　干湿循环后各碳化样的表观特征

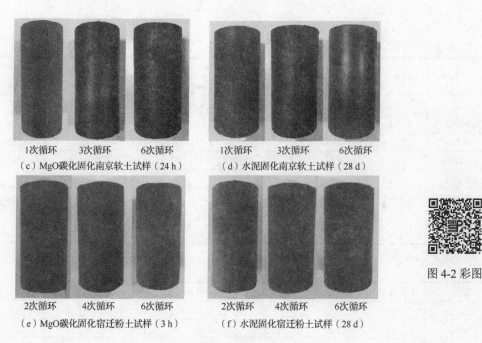

（c）MgO碳化固化南京软土试样（24 h）　　　（d）水泥固化南京软土试样（28 d）

（e）MgO碳化固化宿迁粉土试样（3 h）　　　（f）水泥固化宿迁粉土试样（28 d）

图 4-2 彩图

图 4-2（续）

2. 平均含水率、平均密度和平均干密度变化

表 4-2～表 4-4 分别列出了各个试样在每次干湿循环结束时的平均含水率、平均密度和平均干密度变化结果，图 4-3 和图 4-4 分别是试样平均含水率和平均干密度变化图。从图表中可以看出，MgO 碳化固化土试样每次干湿循环后的平均含水率增加程度高于水泥固化土试样，其中干湿循环后的 MgO 碳化固化武汉软土试样的平均含水率较干湿循环前增长了一倍，MgO 碳化固化南京软土试样和碳化固化宿迁粉土试样的平均含水率增加程度相近。经 1 次干湿循环，MgO 碳化固化土及水泥固化土试样的平均密度均有显著增加，但随着干湿循环次数的增加，试样的平均密度基本稳定。除 MgO 碳化固化南京软土外，经过 1 次干湿循环后，MgO 碳化固化土试样的平均干密度出现不同程度的降低，而随着干湿循环次数的增加，平均干密度趋于稳定。而水泥土试样的平均干密度则基本不变。

表 4-2　不同干湿循环次数下各个试样的平均含水率　　　　单位：%

试样	DW=0 次	DW=1 次	DW=2 次	DW=3 次	DW=4 次	DW=5 次	DW=6 次
WM-24 h	14.89	30.03	30.06	30.25	30.24	30.13	30.08
WM-48 h	14.52	29.98	29.94	30.05	30.05	30.14	29.99
WP-28 d	21.07	22.55	22.64	22.48	22.52	22.71	22.65
NM-24 h	15.22	20.16	21.47	20.74	20.87	21.06	22.25
NM-48 h	15.31	20.38	20.88	20.58	21.02	21.25	21.33
NP-28 d	21.52	23.25	24.29	23.51	23.34	23.74	23.97
FM-3 h	14.30	19.40	19.52	19.44	19.56	19.23	19.63
FM-6 h	14.20	18.39	19.18	19.77	19.65	19.88	19.78
FP-28 d	18.70	21.17	21.33	21.10	21.02	21.10	20.38

注：WM——MgO 碳化固化武汉软土，WP——水泥固化武汉软土；NM——MgO 碳化固化南京软土，NP——水泥固化南京软土；FM——MgO 碳化固化宿迁粉土；FP——水泥固化宿迁粉土。表 4-3 和表 4-4 中字母含义与此相同。

表 4-3　不同干湿循环次数下各个试样的平均密度　　　　　　　单位：g/cm³

试样	DW=0 次	DW=1 次	DW=2 次	DW=3 次	DW=4 次	DW=5 次	DW=6 次
WM-24 h	1.81	1.95	1.95	1.96	1.96	1.96	1.96
WM-48 h	1.80	1.95	1.96	1.96	1.97	1.97	1.97
WP-28 d	1.92	1.95	1.96	1.96	1.97	1.97	1.97
NM-24 h	1.95	2.04	2.04	2.04	2.05	2.03	2.05
NM-48 h	1.98	2.06	2.06	2.05	2.05	2.05	2.05
NP-28 d	1.92	1.94	1.96	1.95	1.95	1.96	1.96
FM-3 h	1.99	2.05	2.04	2.05	2.05	2.04	2.04
FM-6 h	2.02	2.06	2.06	2.06	2.06	2.06	2.06
FP-28 d	1.86	1.90	1.90	1.90	1.90	1.90	1.89

表 4-4　不同干湿循环次数下各个试样的平均干密度　　　　　　单位：g/cm³

试样	DW=0 次	DW=1 次	DW=2 次	DW=3 次	DW=4 次	DW=5 次	DW=6 次
WM-24 h	1.57	1.50	1.50	1.50	1.50	1.51	1.51
WM-48 h	1.57	1.50	1.51	1.51	1.51	1.51	1.52
WP-28 d	1.59	1.60	1.60	1.60	1.60	1.60	1.60
NM-24 h	1.69	1.70	1.68	1.69	1.69	1.68	1.68
NM-48 h	1.71	1.71	1.70	1.70	1.69	1.69	1.69
NP-28 d	1.58	1.57	1.58	1.58	1.58	1.58	1.58
FM-3 h	1.74	1.72	1.71	1.72	1.71	1.71	1.70
FM-6 h	1.77	1.74	1.73	1.72	1.72	1.72	1.72
FP-28 d	1.57	1.57	1.57	1.57	1.57	1.57	1.57

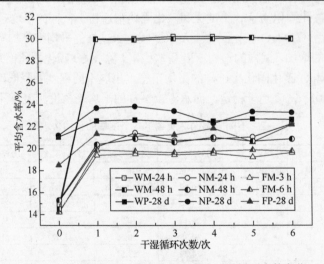

图 4-3　碳化固化试样的平均含水率随干湿循环次数变化

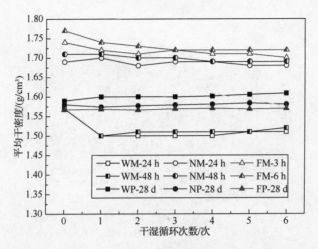

图 4-4　碳化固化试样的平均干密度随干湿循环次数的变化

前面的渗透试验结果表明：MgO 碳化固化土试样的渗透系数略大于相同固化剂掺量下水泥固化土试样的渗透系数，压汞试验表明 MgO 碳化固化土试样的累积孔隙体积小于水泥固化土试样，但 MgO 碳化固化土孔隙孔径较大[138]。碳化过程中需要不断通入 CO_2 气体，且试样中孔隙多为连通孔隙。虽然 MgO 碳化固化土试样的干密度明显高于水泥固化土，试样内部孔隙少，但是多为连通孔隙，因此 MgO 碳化固化土试样泡水过后含水率增加量高于水泥固化土试样。

每次干循环和湿循环结束后，对各个试样进行质量测试，并根据式（4-1）计算其质量变化率，所得结果如图 4-5 所示。由于试样在干循环过程中失水质量下降，在湿循环中吸水质量上升，因此试样的质量变化率曲线呈波动形态。图 4-5 中正值表示湿循环质量的增加率，负值表示干循环质量的减少率。

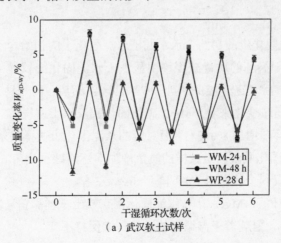

（a）武汉软土试样

图 4-5　各个试样质量变化率随干湿循环次数变化

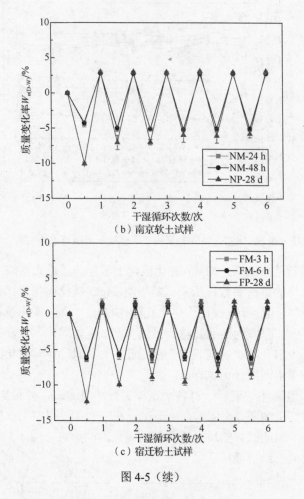

图 4-5（续）

由于 MgO 碳化固化土的初始含水率低于水泥固化土的初始含水率，因此 MgO 碳化固化土试样第一次干循环的质量减少率明显低于水泥固化土试样，随着干湿循环的进行，前者逐渐增加，后者逐渐减少，到第 6 次循环结束后，同一种土的质量减少率已基本相近。从湿循环质量变化来看，MgO 碳化固化武汉软土试样第 1 次干湿循环结束后的质量相比干湿循环前增加 8%左右，而对应的水泥固化土试样只增加 1%，随着干湿循环进行，MgO 碳化固化武汉软土试样的质量增加率逐渐减小到第 6 次干湿循环的 4%左右，而水泥固化武汉软土试样由 1%下降到-0.3%左右。

第 1 次干湿循环后，MgO 碳化/水泥固化南京软土试样和宿迁粉土试样的湿循环质量增加率都不到 5%，且随着干湿循环的进行基本保持不变。

从试样的外观变化上可以预测，MgO 碳化固化试样抗干湿循环性能可能不及相同固化剂掺量下的水泥固化土试样。从平均含水率、平均密度、平均干密度和质量变化率随干湿循环的变化来看，不同碳化固化土之间的抗干湿循环性能也可能存在差异。相同碳化固化土不同碳化时间的试样在干湿循环过程中所表现的质量、密度等变化趋势基本一致。

4.1.3　力学特性

1. 无侧限抗压强度

每次干湿循环结束后，对各个试样的无侧限抗压强度进行测试，并与标准养护条件下相同龄期试样的无侧限抗压强度进行对比，总结了试样强度比随干湿循环次数的变化，测试结果如图 4-6～图 4-8 所示。其中强度比定义为干湿循环试样的强度与相同龄期下标准养护试样的强度之比，这个指标可以更清晰地反映出干湿循环条件对碳化固化土试样强度的影响。从图 4-6～图 4-8 中可以看出，干湿循环前，MgO 碳化固化试样的无侧限抗压强度均高于相应水泥固化土试样的强度；而干湿循环后，MgO 碳化固化试样的无侧限抗压强度都有不同程度的降低，其中 MgO 碳化固化软土试样的强度经 1 次干湿循环后就有明显衰减，经 2～3 次干湿循环后基本趋于稳定；干湿循环后，MgO 碳化固化武汉软土试样强度衰减最多，6 次干湿循环后的残余强度只有 35%左右；而 MgO 碳化固化南京软土试样的残余强度则为 80%左右。与 MgO 碳化固化软土试样相比，MgO 碳化固化宿迁粉土试样经干湿循环后的无侧限抗压强度无明显衰减，且经过 6 次干湿循环后的残余强度仍能够达到标准养护下的 90%。标准养护下，所有 MgO 碳化固化土试样的无侧限抗压强度随养护龄期持续虽然有一定波动，但整体保持不变。

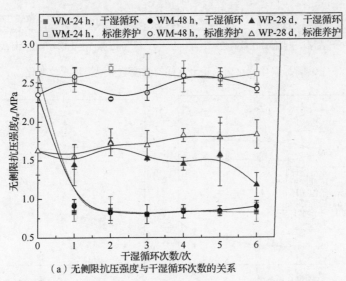

（a）无侧限抗压强度与干湿循环次数的关系

图 4-6　碳化固化武汉软土试样的强度随干湿循环次数变化

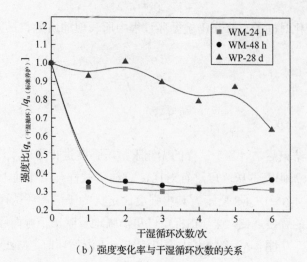

（b）强度变化率与干湿循环次数的关系

图 4-6（续）

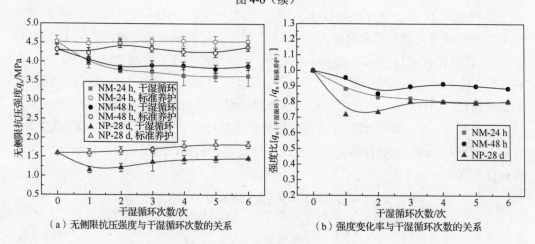

（a）无侧限抗压强度与干湿循环次数的关系　　　　　（b）强度变化率与干湿循环次数的关系

图 4-7　碳化固化南京软土试样的强度随干湿循环次数变化

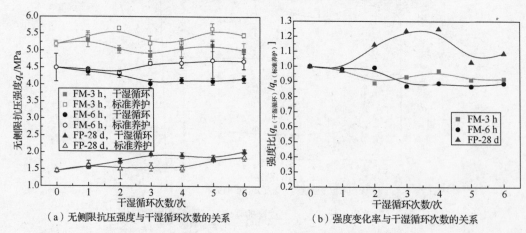

（a）无侧限抗压强度与干湿循环次数的关系　　　　　（b）强度变化率与干湿循环次数的关系

图 4-8　碳化固化宿迁粉土试样的强度随干湿循环次数变化

　　而对于相同固化剂掺量下的水泥固化土试样而言，标准养护条件下，水泥固化土强度的无侧限抗压强度随养护龄期的持续呈缓慢增长趋势，这是由水泥固化土中部分水泥的持续水化所致；但经过干湿循环后，水泥固化软土试样的无侧限抗压强度均有不同程度的降低，水泥固化武汉软土在 2 次干湿循环后开始出现显著衰减，而水泥固化南京软土试样强度在 1 次干湿循环后趋于稳定且有缓慢提高的趋势；水泥固化宿迁粉土试样干湿循环后的强度要高于标准养护下的强度，这是由于干湿循环过程尤其是 30 ℃干循环作用对水泥固化宿迁粉土试样中的水泥水化反应更有促进作用，因此干湿循环下粉土水泥试样强度高于标准养护试样。

　　从图 4-6～图 4-8 的图（a）中的无侧限抗压强度还可以发现，MgO 碳化固化武汉软土试样干湿循环后的强度低于相同条件下水泥固化土试样的强度，而 MgO 碳化固化南京软土和碳化固化宿迁粉土试样干湿循环后的强度却依然高于相同条件下水泥固化土试样的强度。

　　从图 4-6～图 4-8 的图（b）中的强度比可以看出，MgO 碳化固化武汉软土试样在干湿循环条件下表现出不如水泥固化武汉软土试样的耐久性，与武汉软土试样相比，南京软土和宿迁粉土碳化固化试样的无侧限抗压强度受干湿循环的影响不大。总体来讲，碳化固化土试样的无侧限抗压强度受干湿循环的影响大于水泥土试样，这也印证了试样表观特征、平均含水率和平均干密度等变化所推测的结论。

　　2. 变形模量（E_{50}）

　　表 4-5 和图 4-9 给出了 E_{50} 随干湿循环次数的变化关系。从表 4-5 和图 4-9 中可以看出，试样 E_{50} 与无侧限抗压强度存在相似的变化规律，干湿循环之前的碳化固化试样的 E_{50} 明显高于对应水泥土试样，MgO 碳化固化武汉软土试样经 1 次干湿循环后，E_{50} 显著降低，随着干湿循环次数增加，E_{50} 基本稳定；而水泥固化武汉软土试样的 E_{50} 则随着干湿循环的持续呈先增加后降低的趋势。MgO 碳化固化南京软土试样和宿迁粉土试样的 E_{50} 均随着干湿循环次数的增加呈缓慢降低趋势，且仍大于相应干湿循环次数下的水泥固化土试样的 E_{50}。此外，相同干湿循环次数（含未进行干湿循环的）下，MgO 碳化固化粉土试样的 E_{50} 最大，MgO 碳化固化武汉软土试样的 E_{50} 最低。

表 4-5　各个试样经过干湿循环后变形模量 E_{50} 值　　　　　　单位：MPa

试样	DW=0 次	DW=1 次	DW=2 次	DW=3 次	DW=4 次	DW=5 次	DW=6 次
WM-24 h	271.2	82.7	115.4	112.9	90.4	90.3	93.4
WM-48 h	248.3	103.0	100.2	92.2	96.3	91.2	100.3
WP-28 d	186.1	205.2	249.5	241.0	262.3	241.1	187.7
NM-24 h	448.1	392.5	385.2	380.3	376.5	381.3	384.5
NM-48 h	423.2	387.5	392.5	366.2	372.1	364.5	368.3
NP-28 d	161.0	167.9	177.7	205.0	188.0	232.8	203.7
FM-3 h	570.0	572.8	543.5	516.7	475.8	481.2	478.5
FM-6 h	529.2	512.9	506.8	479.5	500.9	469.2	474.9
FP-28 d	226.6	238.0	255.5	313.1	288.7	276.5	300.56

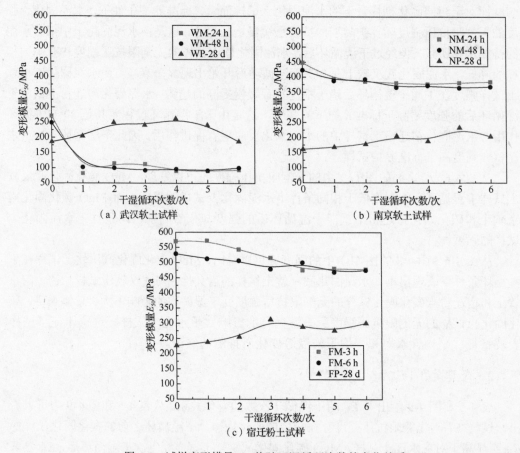

图 4-9　试样变形模量 E_{50} 值随干湿循环次数的变化关系

除武汉软土外，水泥固化南京软土和宿迁粉土干湿循环后的强度和 E_{50} 没有进一步降低，反而有逐渐增加的趋势，这是由于水泥固化土试样在标准养护 28 d 后进行干湿循环，水化反应并没有结束，在湿循环过程中水泥固化土吸水及在干循环过程中 30 ℃养护都对水泥固化土的水化起促进作用。

总体来讲，干湿循环后碳化固化土的无侧限抗压强度都有一定程度的减小，3 次干湿循环后强度已基本稳定；碳化固化南京软土试样和宿迁粉土试样 6 次干湿循环后的无侧限抗压强度均能达到 3.5 MPa 以上，高于相同条件下的水泥固化土试样 2 倍以上，具有较好的抗干湿循环性能，但是武汉软土碳化试样 1 次干湿循环后的残余强度只有 35% 左右，其抗干湿循环性能明显不如水泥固化武汉软土试样。

4.2　抗冻融循环特性

4.2.1　试验方法

为了研究碳化固化土在冻融变化作用下的强度特性，对碳化固化土进行室内冻融循环试验。冻融循环是模拟试样在温度变化最不利情况下的物理力学特性的室内加速冻融试验。

冻融循环设备为无锡华南实验仪器有限公司生产的 DR-2A 型冻融试验箱（图 4-10），控制温度在 −25～70 ℃。

冻融循环试验参照 ASTM-D560-03[198]，试验步骤如下。

图 4-10　DR-2A 型冻融试验箱

1）冻融循环开始前先将试样编号，然后称重、量尺寸。试样用自封袋封闭进行养护，冻融循环过程中仍然保持试样封闭，以减少水分损失和外界湿度的影响。先取出一组，测试其无侧限抗压强度，作为开始的基准值。再取出一组，特别标注为质量变化测试样，测试其在循环开始前的质量，然后与剩下的 9 组一起开始冻融循环。

2）将试样置于温度为−23 ℃的冻融箱中 24 h。然后取出，对之前标注好的质量变化测试样进行质量测试。将试样转移到标准养护室中（相对湿度 95%，20 ℃）养护 23 h。之后取出试样，对之前标注的质量变化测试样进行质量测试，此为完成一次冻融循环。

3）每次冻融循环结束后，取出一组试样（非质量变化测试样）测试尺寸、质量和无侧限抗压强度。同时取出一组标准养护试样测试其质量、尺寸及无侧限抗压强度。

4）重复步骤 2）和 3），直到 10 次冻融循环结束，质量变化测试样作为第 10 次循环测试样并最后进行测试。

每次冻融循环结束后，对试样的质量变化率进行计算，计算公式为

$$W_{n(\text{F-T})} = \frac{m_{n(\text{F-T})} - m_0}{m_0} \times 100\% \tag{4-2}$$

式中，$W_{n(\text{F-T})}$ 为每次冻或融结束后的质量变化率；$m_{n(\text{F-T})}$ 为每次冻或融结束后试样的平均质量；m_0 为冻融循环试验开始前试样的平均质量（碳化固化样取碳化完成后标准养护 1 d 的平均质量，水泥固化样取标准养护 28 d 后试样的平均质量）。

4.2.2　物理特性

1. 试样健全度

与干湿循环试验相同，首先对试样健全度进行评级，观察发现各个试样经过冻融循环后外表均没有发生明显的变化（图 4-11），整个冻融循环过程中试样始终保持完好，无表面起皮、掉块、开裂的现象出现，因此健全度评级均为 a 级别。

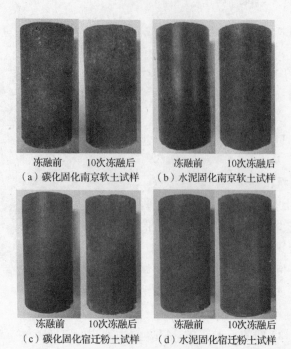

冻融前　　10次冻融后　　　　冻融前　　10次冻融后
（a）碳化固化南京软土试样　　（b）水泥固化南京软土试样

冻融前　　10次冻融后　　　　冻融前　　10次冻融后
（c）碳化固化宿迁粉土试样　　（d）水泥固化宿迁粉土试样

图 4-11　冻融循环前后碳化试样的表观特征

图 4-11 彩图

2. 平均含水率、平均密度和平均干密度的变化

为了更好地对试验成果进行分析，表 4-6～表 4-8 分别给出了每次冻融循环后各个试样的平均含水率、平均密度及平均干密度结果。

表 4-6　不同冻融循环次数下各试样的平均含水率　　　　　　单位：%

试样	FT=0 次	FT=2 次	FT=4 次	FT=6 次	FT=8 次	FT=10 次
NM-24 h	17.42	17.26	17.38	17.36	17.18	17.38
NM-48 h	17.38	17.33	17.46	17.39	16.65	17.28
NP-28 d	17.93	17.36	16.98	16.21	15.83	15.52
FM-3 h	14.34	14.15	13.82	13.38	13.12	13.09
FM-6 h	14.23	14.25	14.12	13.65	13.26	13.24
FP-28 d	17.44	16.72	16.11	15.62	15.11	14.60

表 4-7　不同冻融循环次数下各试样的平均密度　　　　　　单位：g/cm³

试样	FT=0 次	FT=2 次	FT=4 次	FT=6 次	FT=8 次	FT=10 次
NM-24 h	1.96	1.96	1.97	1.97	1.96	1.97
NM-48 h	1.95	1.96	1.96	1.95	1.96	1.96
NP-28 d	1.85	1.85	1.84	1.84	1.83	1.82
FM-3 h	1.98	1.98	1.97	1.97	1.96	1.96
FM-6 h	1.99	1.99	1.98	1.97	1.97	1.97
FP-28 d	1.86	1.85	1.84	1.83	1.83	1.82

表 4-8　不同冻融循环次数下各试样的平均干密度　　　　　　　　单位：g/cm³

试样	FT=0 次	FT=2 次	FT=4 次	FT=6 次	FT=8 次	FT=10 次
NM-24 h	1.67	1.67	1.68	1.68	1.67	1.68
NM-48 h	1.66	1.67	1.67	1.66	1.68	1.67
NP-28 d	1.57	1.58	1.57	1.58	1.58	1.58
FM-3 h	1.73	1.74	1.73	1.74	1.73	1.73
FM-6 h	1.74	1.74	1.74	1.73	1.74	1.74
FP-28 d	1.58	1.59	1.58	1.58	1.59	1.59

　　虽然制样所配含水率为 25%［水/干土=0.25，水/（干土+固化剂）=21.7%］，但是碳化过程会有部分水参与反应，且水泥土养护期间水化反应消耗水分及养护期间有水分散失，因此试样在进行冻融循环试验前含水率不到 18%。

　　从表 4-6～表 4-8 中可以看出，随着冻融循环的进行，MgO 碳化南京软土试样的含水率基本不变，MgO 碳化宿迁粉土的含水率平缓下降（从 14.34%降至 13.09%）；而水泥固化南京土试样的含水率则从开始的 17.93%下降到 15.52%，水泥固化宿迁粉土试样的含水率从 17.44%降至 14.60%；水泥土样含水率的下降程度大于相应 MgO 碳化土样含水率的下降程度。在冻融循环过程中试样的平均密度及平均干密度基本保持不变，且 MgO 碳化试样的密度和干密度均大于相应的水泥土试样。

　　根据式（4-2）计算各试样的质量变化率，质量变化率与冻融循环次数的关系如图 4-12 所示。从图 4-12 中可以看出，虽然在冻融循环过程中试样始终保存在自封袋中，但是试样仍然有在冷冻过程中失水、融化过程中吸水的现象出现，因此曲线表现呈波动状。从图 4-12 中还可以看出，在冻融循环过程中，碳化固化南京软土试样的质量总体保持稳定，水泥固化土试样质量则随着冻融循环次数的增加而下降，试样质量的下降是水分散失所致。因此可以认为冻融循环过程中水泥固化土试样比碳化固化土试样更容易散失水分。

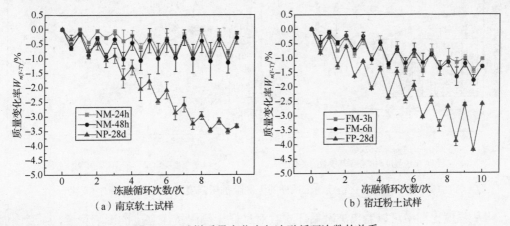

（a）南京软土试样　　　　　　　　　　（b）宿迁粉土试样

图 4-12　试样质量变化率与冻融循环次数的关系

4.2.3　力学特性

1.　无侧限抗压强度

每次冻融循环结束后，立即取出试样进行无侧限抗压强度试验，并同标准养护条件下同龄期试样的无侧限抗压强度进行对比，图 4-13 和图 4-14 为各试样无侧限抗压强度和强度比随冻融循环次数的变化。可以看出，经过冻融循环的碳化固化南京软土试样与标准养护试样相比，无侧限抗压强度有一定的下降，6 次冻融循环结束后基本保持稳定，最低为 3.0 MPa 左右。宿迁粉土碳化冻融循环试样无侧限抗压强度表现出与水泥土类似的规律，即先下降后又逐渐上升。其原因是：宿迁粉土试样含水率的降低程度比南京软土试样的大，从而导致后来的强度回升。

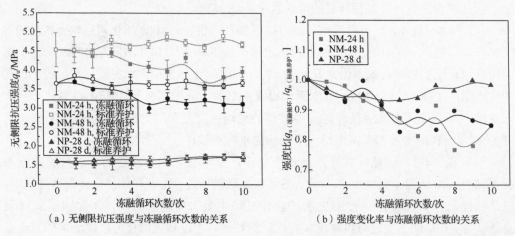

（a）无侧限抗压强度与冻融循环次数的关系　　　（b）强度变化率与冻融循环次数的关系

图 4-13　碳化固化南京软土试样的无侧限抗压强度随冻融循环次数的变化

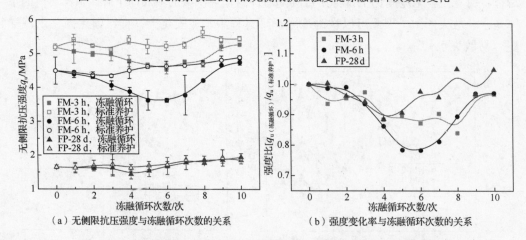

（a）无侧限抗压强度与冻融循环次数的关系　　　（b）强度变化率与冻融循环次数的关系

图 4-14　碳化固化宿迁粉土试样的无侧限抗压强度随冻融循环次数的变化

从强度比图中可以看出冻融循环次数对试样无侧限抗压强度的影响程度，强度比值越偏离 1，则受影响程度越大。对于前 4 次冻融循环，冻融循环对不同试样的影响比较接近，之后开始出现差异，碳化固化南京软土试样的无侧限抗压强度比继续下降，而水泥固化土试样则缓慢回升，碳化固化宿迁粉土试样在 6～8 次循环之后无侧限抗压强度比开始回升。

根据无侧限抗压强度和强度比的变化可以推断，碳化固化试样受冻融循环的影响要大于水泥固化土试样。可能的原因是碳化固化试样的密度要大于水泥固化土试样，因此在低温环境下试样内部的水分冻结膨胀对试样内部结构的影响要大于水泥固化土试样。

2. 变形模量（E_{50}）

表 4-9 和图 4-15 给出了试样 E_{50} 随冻融循环次数的变化关系，从中可以看出，冻融循环之前，碳化固化试样的 E_{50} 为水泥固化土试样 E_{50} 的 2 倍以上，冻融循环过程中碳化固化南京软土试样 E_{50} 总体下降，对应水泥固化土试样总体上升，到第 10 次冻融循环结束，碳化固化南京软土试样 E_{50} 下降到约为水泥固化土试样的 1.3 倍左右。碳化固化宿迁粉土试样和水泥固化土试样的 E_{50} 与无侧限抗压强度有一定的对应关系，总体来看均表现为先降低后增加的趋势。

表 4-9 试样经过冻融循环后变形模量 E_{50} 值   单位：MPa

试样	FT=0 次	FT=2 次	FT=4 次	FT=6 次	FT=8 次	FT=10 次
NM-24 h	398.5	409.9	414.0	374.9	301.3	306.1
NM-48 h	368.8	288.3	323.2	237.2	318.5	305.6
NP-28 d	143.2	213.3	212.3	212.3	204.4	228.7
FM-3 h	555.0	468.7	487.2	579.9	536.2	500.9
FM-6 h	438.2	445.9	437.8	412.8	521.3	487.8
FP-28 d	262.1	257.5	244.4	256.9	301.1	273.8

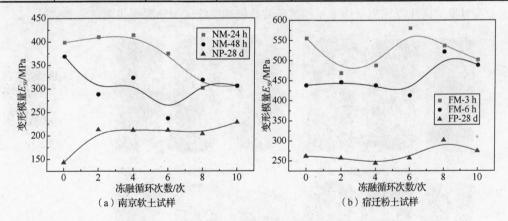

图 4-15 变形模量 E_{50} 值随冻融循环次数的变化关系

4.3 抗硫酸盐侵蚀特性

4.3.1 试验方法

抗硫酸盐侵蚀性能也是评价土体耐久性的重要指标之一，本节通过对浸泡在两种不同硫酸盐溶液中的试样的质量、强度等的变化来评价碳化固化土的抗硫酸盐侵蚀性能。

硫酸盐侵蚀试验步骤参照 ASTM C1012/C1012M-10[199]。碳化固化试样碳化完成后标准养护 1 d、水泥固化土试样标准养护 28 d 后开始进行浸泡，浸泡溶液是质量分数为 5%的 Na_2SO_4（0.347 mol/L，pH=7.92）溶液和 $MgSO_4$（0.416 mol/L，pH=7.25）溶液，试样放置在储物箱中进行浸泡，每个储物箱可放置 6 个试样，溶液体积为 4 L，溶液体积与试样总体积比值为 3.4∶1。浸泡时间为 7 d、14 d 和 28 d，共 3 个龄期，每周更换一次溶液。浸泡至设计龄期后，分别测试每个试样的质量变化情况、无侧限抗压强度、含水率与 pH 值。其中，质量变化率计算公式为

$$W_{nW} = \frac{m_{nW} - m_0}{m_0} \times 100\% \tag{4-3}$$

式中，W_{nW} 为每段浸泡时间后试样的质量变化率；m_{nW} 为每段浸泡时间后试样的平均质量；m_0 为浸泡试验开始前试样的平均质量（碳化固化样取碳化完成后标准养护 1 d 的平均质量，水泥固化样取标准养护 28 d 后试样的平均质量）。

4.3.2　物理特性

试样浸泡一定龄期后，小心拿出试样，擦去表面水分，观察试样表现特征，经过 14 d 浸泡后试样的表面变化较为明显，图 4-16 和图 4-17 分别为 MgO 碳化/水泥固化南京软土试样和宿迁粉土试样在不同盐溶液（Na_2SO_4 和 $MgSO_4$ 溶液）中外观随浸泡时间的变化，并与蒸馏水浸泡后的外观进行对比。从图 4-16 中的对比可以看出，水泥固化南京软土试样无论是在 Na_2SO_4 溶液还是 $MgSO_4$ 溶液中浸泡，到浸泡中后期（14～28 d）均出现明显的开裂破坏。碳化固化南京软土试样并没有出现明显开裂，始终保持着完整性。因此可以推测碳化固化南京软土试样抗硫酸盐侵蚀性能优于水泥固化南京软土试样。

图 4-16 彩图

（a）碳化固化试样Na_2SO_4溶液浸泡　　（b）水泥固化土试样Na_2SO_4溶液浸泡

（c）碳化固化试样$MgSO_4$溶液浸泡　　（d）水泥固化土试样$MgSO_4$溶液浸泡

图 4-16　碳化固化南京软土试样在不同盐溶液中外观随浸泡时间的变化

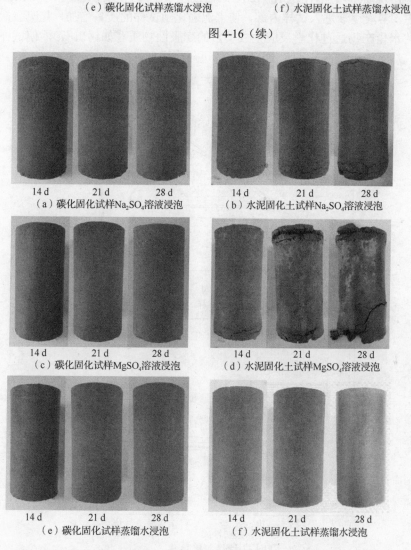

14 d   21 d   28 d
（e）碳化固化试样蒸馏水浸泡

14 d   21 d   28 d
（f）水泥固化土试样蒸馏水浸泡

图 4-16（续）

图 4-17 彩图

14 d   21 d   28 d
（a）碳化固化试样Na$_2$SO$_4$溶液浸泡

14 d   21 d   28 d
（b）水泥固化土试样Na$_2$SO$_4$溶液浸泡

14 d   21 d   28 d
（c）碳化固化试样MgSO$_4$溶液浸泡

14 d   21 d   28 d
（d）水泥固化土试样MgSO$_4$溶液浸泡

14 d   21 d   28 d
（e）碳化固化试样蒸馏水浸泡

14 d   21 d   28 d
（f）水泥固化土试样蒸馏水浸泡

图 4-17   碳化固化宿迁粉土试样在不同溶液中外观随浸泡时间的变化

从图 4-17 中可以看出，水泥固化宿迁粉土试样经硫酸盐溶液浸泡 14 d 后已出现明显膨胀开裂现象，浸泡 21 d 时呈绽开状的裂缝发展并开始掉块，浸泡 28 d 时严重掉块并难以保持试样的完整性。碳化固化宿迁粉土试样表面仅随着浸泡持续而出现了一些孔洞，并没有出现裂缝和掉块现象，试样始终保持良好的完整性。由外观变化可以推测，

　　碳化固化宿迁粉土试样的抗硫酸盐（Na_2SO_4 和 $MgSO_4$ 溶液）侵蚀性能要好于水泥固化宿迁粉土试样。在本次硫酸盐（溶液质量分数为 5%）浸泡试验下，水泥固化土试样在 Na_2SO_4 溶液浸泡 28 d 后的破坏程度要小于在 $MgSO_4$ 溶液中浸泡的泡坏程度。

　　图 4-18 是碳化固化南京软土试样和宿迁粉土试样在不同溶液中浸泡不同时间的质量变化率，从图中曲线变化情况可以看出，水泥固化土试样在 Na_2SO_4 和 $MgSO_4$ 溶液浸泡 28 d 过程中质量始终增加，二者都趋近于直线增长。然而水泥固化土试样在蒸馏水中浸泡 10 d 左右才出现质量增加，浸泡 10～28 d 后曲线趋于平缓，说明在 Na_2SO_4 和 $MgSO_4$ 溶液浸泡过程中，溶液逐渐进入试样内部，使水泥固化土试样的质量增加，且硫酸盐与水泥固化土中的水化产物通过化学反应生成了新的膨胀性物质（如钙矾石），使试样膨胀、孔隙增加，从而使更多溶液进入试样，质量进一步增加。

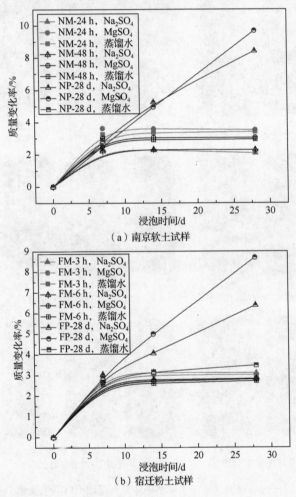

（a）南京软土试样

（b）宿迁粉土试样

图 4-18　碳化固化南京软土试样和宿迁粉土试样在不同溶液中浸泡不同时间的质量变化率

　　碳化固化南京软土试样（碳化 24 h 和 48 h）在 3 种溶液中浸泡，表现出与水泥固化土试样在蒸馏水中浸泡相似的变化趋势，说明硫酸盐溶液对碳化固化南京软土试样的影响不大。碳化 24 h 的南京软土试样由于内部孔径稍大于碳化 48 h 的试样，在质量比上表现出质量增加率稍高于碳化 48 h 的试样。

宿迁粉土试样在不同溶液中浸泡后的质量变化率与南京软土试样的变化趋势类似，水泥固化宿迁粉土试样经硫酸盐溶液浸泡后的质量增加率增长明显，而 MgO 碳化宿迁粉土试样在硫酸盐溶液和蒸馏水中浸泡后的质量变化相近。可以推测碳化宿迁粉土试样的抗硫酸盐侵蚀性能优于水泥土试样。碳化 3 h 的宿迁粉土试样由于孔径稍大于碳化 6 h 的试样，所以其质量增加率略高于碳化 6 h 的试样。

4.3.3　力学特性

1. 无侧限抗压强度

对浸泡 7 d、14 d 和 28 d 后的 MgO 碳化/水泥固化试样进行无侧限抗压强度测试，图 4-19 是南京软土试样和宿迁粉土试样在不同溶液中、不同龄期的无侧限抗压强度。

从图 4-19（a）中可以看出，碳化固化南京软土试样在浸泡初期会有一定程度的无侧限抗压强度下降，随后试样无侧限抗压强度基本趋于稳定，浸泡 28 d 后的无侧限抗压强度均能保持在 3 MPa 以上，碳化固化南京软土试样在硫酸盐溶液中浸泡和在蒸馏水中浸泡后的无侧限抗压强度变化情况基本相近。然而水泥固化南京软土试样在硫酸盐溶液中浸泡后的无侧限抗压强度明显比在蒸馏水中浸泡相同龄期后的无侧限抗压强度要低，并且随着浸泡时间的增加，无侧限抗压强度下降更加明显。

从图 4-19（b）中可以看出，碳化固化宿迁粉土试样在硫酸盐溶液中浸泡与在蒸馏水中浸泡相比，无侧限抗压强度均保持不变。硫酸盐环境浸泡 7 d 对水泥固化宿迁粉土试样的强度有促进作用，由于后期膨胀使试样遭到破坏；蒸馏水养护条件下，无侧限抗压强度则进一步提高。从无侧限抗压强度来看，硫酸盐环境对水泥固化宿迁粉土试样的短期强度有促进作用，而长期则会受到严重侵蚀，并且在 MgSO$_4$ 环境中侵蚀更为严重。

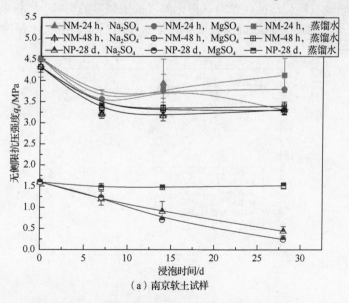

（a）南京软土试样

图 4-19　试样无侧限抗压强度与浸泡时间的关系

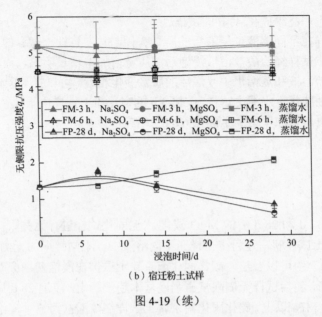

（b）宿迁粉土试样

图 4-19（续）

　　水泥固化宿迁粉土试样在硫酸盐溶液浸泡初期有一定的强度增加，浸泡后期则被破坏，而在蒸馏水中浸泡，其无侧限抗压强度呈先降低后增加趋势，这与其他学者的研究结果相符[139]。无侧限抗压强度变化的机理是：随着水分向试样内部入渗，水分子吸附于土颗粒表面，降低了土颗粒之间的内聚力，破坏了颗粒间的联结；浸泡过程中水泥中的一些离子也能渗入溶液中，降低了水泥固化土的力学性能。在硫酸盐溶液中，不仅水影响了试样，而且溶液中的 SO_4^{2-} 也能与水泥固化土中的水化产物发生化学作用，产生使体积膨胀的产物，在填塞部分空隙的同时，对无侧限抗压强度增长也有一定的促进作用；后期产物的继续生成造成了试样的膨胀破坏，使无侧限抗压强度明显降低，外观上的变化也印证了这一点。

　　为了更清晰地展现硫酸盐侵蚀对试样无侧限抗压强度的影响，将各个浸泡龄期下不同试样的硫酸盐浸泡后无侧限抗压强度和蒸馏水浸泡后无侧限抗压强度的比值进行对比，得到图 4-20。

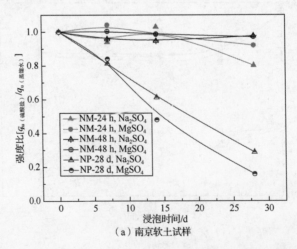

（a）南京软土试样

图 4-20　碳化固化南京软土和宿迁粉土强度比与浸泡时间的关系

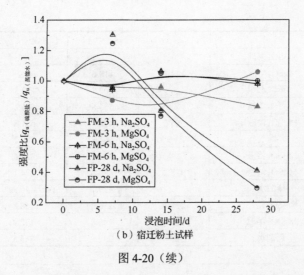

图 4-20（续）

从图 4-20（a）中可以很明显地看出，碳化固化南京软土试样在硫酸盐溶液浸泡过程中受硫酸盐影响并不明显，尽管碳化 24 h 的试样浸泡 28 d 后的强度下降最大，但仍然可达到相同情况下蒸馏水浸泡后强度的 80% 以上。与此相比，水泥固化土试样无侧限抗压强度受硫酸盐影响明显，28 d 后硫酸盐溶液中试样的无侧限抗压强度不及蒸馏水浸泡试样无侧限抗压强度的 30%。由此可以推断，碳化南京软土试样的抗硫酸盐侵蚀性能优于水泥土试样。从图 4-20（b）中可以看出，与水泥土相比，碳化固化宿迁粉土试样的强度比始终保持在 1 左右，说明碳化固化宿迁粉土试样的无侧限抗压强度基本不受硫酸盐侵蚀的影响。水泥固化土试样在硫酸盐溶液中浸泡 28 d 后的强度只有蒸馏水浸泡后强度的 30%～40%。结合表观特征可以得出，碳化固化宿迁粉土试样的抗硫酸盐侵蚀性能优于水泥固化土试样。

从相同质量分数的不同溶液浸泡情况来看，水泥固化土试样受 $MgSO_4$ 溶液的侵蚀影响要大于受 Na_2SO_4 溶液的侵蚀影响。碳化 24 h 南京软土试样和碳化 48 h 南京软土试样的抗硫酸盐侵蚀性能并无明显差异，碳化 3 h 宿迁粉土试样和碳化 6 h 宿迁粉土试样的抗硫酸盐侵蚀方面也没有明显差异。

2. 变形模量（E_{50}）

表 4-10 和图 4-21 是试样在不同龄期、不同溶液中的 E_{50} 变化情况，从中可以看出，水泥固化土试样经硫酸盐溶液浸泡后的 E_{50} 下降明显，而碳化固化试样的 E_{50} 则基本保持稳定，这也从另一方面印证了强度和表观特征变化所得出的结论。

表 4-10　试样在不同溶液中浸泡后变形模量 E_{50} 值　　　　　　　　单位：MPa

试样	溶液	SK=0 d	SK=7 d	SK=14 d	SK=28 d
NM-24 h	Na_2SO_4 溶液		352.1	383.3	372.5
	$MgSO_4$ 溶液	398.5	388.5	367.8	312.2
	蒸馏水		385.2	378.5	410.5
NM-48 h	Na_2SO_4 溶液		387.5	372.1	345.8
	$MgSO_4$ 溶液	368.8	367.2	368.4	360.2
	蒸馏水		375.1	382.2	390.1

试样	溶液	SK=0 d	SK=7 d	SK=14 d	SK=28 d
NP-28 d	Na₂SO₄ 溶液	143.2	116.8	64.2	45.6
	MgSO₄ 溶液		118.6	41.2	35.1
	蒸馏水		200.8	172.5	192.8
FM-3 h	Na₂SO₄ 溶液	555.0	556.6	546.2	558.8
	MgSO₄ 溶液		478.7	521.6	523.5
	蒸馏水		564.8	582.2	552.6
FM-6 h	Na₂SO₄ 溶液	438.2	442.8	412.6	481.5
	MgSO₄ 溶液		436.8	424.1	458.8
	蒸馏水		429.3	446.8	482.1
FP-28 d	Na₂SO₄ 溶液	262.1	256.6	158.8	43.8
	MgSO₄ 溶液		242.8	172.2	16.6
	蒸馏水		239.9	263.5	292.4

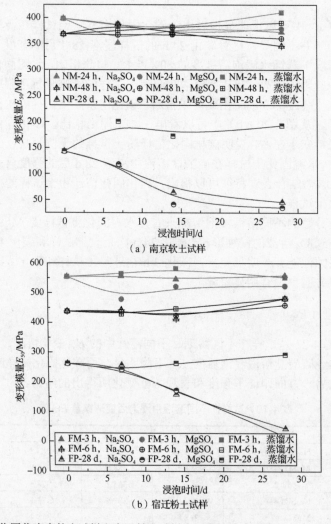

（a）南京软土试样

（b）宿迁粉土试样

图 4-21　碳化固化南京软土试样和宿迁粉土试样在不同溶液中浸泡的 E_{50} 与浸泡时间的关系

第 5 章　碳化固化软弱土机理与微观模型

本章采用 X 射线衍射（X-ray diffraction，XRD）分析、热重分析法（thermo gravimetry，TG）、差示扫描量热法（differential scanning calorimetry，DSC）等测试方法，研究不同初始条件（活性 MgO 掺量、碳化时间、初始含水率或似水灰比、MgO 活性指数、天然土土性和 CO_2 通气压力等）下，MgO 碳化固化土化学成分的变化过程。运用化学分析法和热分析相结合的测试方法，揭示 MgO 碳化固化土的微观加固机理。最后通过扫描电镜、压汞试验等方法，揭示 MgO 碳化固化土的微观结构特征与孔隙结构，并提出粉土和粉质黏土碳化固化的微观加固机理和微观结构模型。

5.1　微观分析测试内容与方法

5.1.1　化学分析法

1. pH 值测试

从无侧限抗压试验后的破碎土样中取样，过 2 mm 筛，按照水-土质量比 1∶1 称取 20 g 土样和 20 g 蒸馏水，搅拌 30 min 后静置 2 h，作为土体 pH 值测试的孔隙液 [图 5-1（a）]，同电导率测试液一样。pH 值是依照 ASTM D4972 规范，采用日本生产的 Horiba pH Meter D-54 pH 测定仪 [图 5-1（b）] 进行测试。相同条件下进行 3 次平行测试，取 3 次结果的平均值作为 pH 值。

（a）孔隙液　　　　　　　　　　（b）pH测定仪

图 5-1　pH 值测试

2. 酸化试验

碳化固化样的碳化效果评价通常包括碳化深度和碳化度，碳化深度是 CO_2 从试样表面向内入渗的平均深度，即试样表面至内部未碳化分界面间的平均距离，常用于水泥或混凝土方面的碳化评价。碳化度是碱性物质 MgO 或 $Mg(OH)_2$ 的碳酸化程度，其实是 CO_2 对碱性物质 MgO 的当量比值，也即单位质量的固化土所吸收的 CO_2 百分含量。关于固化样碳化度的判定通常有酸碱指示剂法（即酚酞指示剂）、硝酸酸化法和热重分析法。由于 MgO 固化土碳化后生成了大量碱式碳酸镁和正碳酸镁等镁式碳酸盐，碱式碳酸镁遇酚酞溶液变为粉红、正碳酸镁遇酚酞溶液不变色。碱式碳酸镁对固化土强度增长也有不少贡献，但很难通过酚酞溶液的变色情况来判定 MgO 固化土的碳化程度，唯有通过酸化法和热重分析法来进行分析。

酸化试验中常用的酸为硝酸或盐酸[120,123,200]，本试验所用的酸是质量分数为 10% 的硝酸（HNO_3），碳化土样是取自无侧限抗压强度试验后的破坏试样，将破坏试样破碎、磨细过筛并在低温风干机（40 ℃，48 h 以上）中烘干。用酸化法测试 MgO 碳化固化土的碳化度，其化学原理为：样品中的镁式碳酸盐均会与硝酸发生化学反应，碳酸盐中的 CO_3^{2-} 被 Cl^- 或 NO_3^- 以 2:1 置换，并与 H^+ 发生反应，使 CO_3^{2-} 全部转换成 CO_2 气体排出，质量的减少量即为 CO_2 的吸收量[117]。MgO 碳化固化土的酸化反应主要涉及以下方程：

$$MgCO_3 + 2HNO_3 \longrightarrow Mg(NO_3)_2 + CO_2\uparrow + H_2O \tag{5-1}$$

$$MgCO_3 \cdot 3H_2O + 2HNO_3 \longrightarrow Mg(NO_3)_2 + CO_2\uparrow + 4H_2O \tag{5-2}$$

$$MgO + Mg(OH)_2 + 4MgCO_3 \cdot Mg(OH)_2 \cdot xH_2O$$
$$+ 14HNO_3 \longrightarrow 7Mg(NO_3)_2 + 4CO_2\uparrow + (9+x)H_2O \tag{5-3}$$

式中，x 为水化镁式碳酸盐中的结晶水数量，即当 $x=3$ 时，镁盐为纤水碳镁石；当 $x=4$ 时，镁盐为水碳镁石；当 $x=5$ 时，镁盐为球碳镁石；当 $x=5$（不含 5）~6 时，镁盐为异水碳镁石[122-123,200]。

酸化法测试 CO_2 吸收量的过程如图 5-2 所示，酸化反应是在 1000 mL 的烧杯中进行的，具体主要包括以下步骤。

1）将含有玻璃棒的烧杯 A 放置在电子天平（精度为 0.01 g，量程为 3000 g）上，并将电子天平置零。

2）将 50 g 左右的过筛（<2 mm）碳化土倒入置零的烧杯 A 中，记录碳化土的准确质量（记为 m_1），拿下烧杯 A。

3）将装有约 300 g 稀 HNO_3 的另一烧杯 B 放置在电子天平上称量，记为 m_2，然后将烧杯 B 中的 HNO_3 缓慢地倒入装有碳化土的烧杯 A 中，边倒入边小心搅拌，防止酸液因剧烈反应而溅出，影响试验结果。

4）再次称量烧杯 B，记为 m_3，则 m_2-m_3 即为实际参加反应的 HNO_3 质量。

5）在反应过程中，每隔 5 min 用玻璃棒搅拌一次，待反应 30 min 之后，称量烧杯 A 的总质量，记为 m_4。质量的减少量则为碳化土中的 CO_2 质量，CO_2 的百分含量可以通过式（5-4）进行计算。

$$C_{CO_2} = \frac{m_1 + (m_2 - m_3) - m_4}{m_1 / (1 + w_f)} \times 100\% \tag{5-4}$$

式中，C_{CO_2} 为碳化土体中 CO_2 的百分含量（%）；w_f 为测试用土的实际含水率（%）。

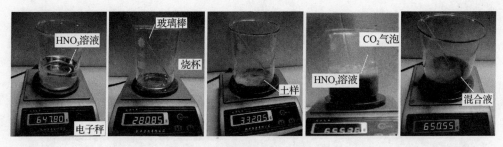

图 5-2　HNO_3 酸化法的试验过程

此外，MgO 固化土碳化效果的评价也可用碳化度进行表征，碳化度用碳化固化土与硝酸反应生成的 CO_2 质量（m_{CO_2}）与碳化固化土中所加入的 MgO 质量（m_{MgO}）的比值表示[83]。

碳化反应主要产物有 $MgCO_3·3H_2O$、$Mg_5(CO_3)_4(OH)_2·5H_2O$ 和 $Mg_5(CO_3)_4(OH)_2·4H_2O$，由化学式可知，碳化过程中 MgO 吸收 CO_2 的比例有两种：①MgO 与 CO_2 摩尔比例为 1∶1（质量比为 1∶1.1），生成产物为 $MgCO_3·3H_2O$；②MgO 与 CO_2 摩尔比例为 5∶4（质量比为 1∶0.88），生成产物为 $Mg_5(CO_3)_4(OH)_2·5H_2O$ 和 $Mg_5(CO_3)_4(OH)_2·4H_2O$。因此，由 CO_2 的质量无法准确推算出反应所消耗的 MgO 质量。根据化学反应方程式，可以计算出若 MgO 全部发生反应，则所得的碳化度应介于 0.88～1.10 之间。

5.1.2　热分析法

MgO 碳化固化土的热分析试验主要包括热重试验和差示扫描量热试验，热分析试验的样品为冷冻处理后的碳化固化土试样，并将试样磨碎、过 0.075 mm 筛。热重试验是在一定程序控制温度下，观察样品质量随温度或时间的变化过程，可测定材料在不同气氛下的热稳定性与氧化稳定性，可对分解、吸附、解吸附、氧化、还原等物化过程进行分析，利用热重测试结果来进行表观动力学反应研究，对物质成分进行定量计算。热重测试是通过计算机程序控制温度从而测量物质的质量变化与温度之间的关系。本次试验在南京林业大学材料科学与工程学院的材料工程技术研究中心进行，试验仪器采用 NETZSCH TG 209F3 热重分析仪 [图 5-3（a），仪器最高温度为 1000 ℃，称重精度为 0.1 μg，加热速率为 0.001～100 K/min]，试验气氛气体为氮气，温度范围为 35～850 ℃，升温速率为 20 ℃/min，具体操作由南京林业大学速生材与农作物秸秆材料工程技术研究中心代为操作完成。

差示扫描量热试验在武汉轻工大学完成，差示扫描量热仪由上海盈诺精密仪器有限公司生产 [图 5-3（b）]，试验的温度范围为室温～1350 ℃，量程范围为 0～±2000 μV，差热分析精度为 ±0.1 μV，升温速率为 1～80 ℃；试验过程中，升温通过程序的参数调整进行控制，降温通过风冷程序进行控制。

（a）热重分析仪　　　　　　　　　　　　　（b）差示扫描量热仪

图 5-3　热分析试验设备

5.1.3　X 射线衍射

X 射线衍射试验是在东南大学物理系实验室进行的，试验仪器为日本理学株式会社生产的 Smartlab 型智能 X 射线衍射仪，如图 5-4 所示。试验具体参数如下：X 射线发生器功率为 3 kW、Cu 靶，交叉光路系统提供聚焦光路及高强度高分辨平行光路，使用 D/tex 高能探测器。测角仪为水平测角仪，样品水平放置不动，扫描速度为 10°/min，步长为 0.02°，角度测量范围为 5°～80°。

图 5-4　X 射线衍射仪

借助 Jade 6.5 软件和相应的物相检索库 ICDD PDF 2004，根据软件中"物相检索功能"，将 X 射线衍射测试结果与 PDF 卡片库中的"标准卡片"进行一一对照，通过三强峰来寻求碳化土样中的主要物相，同时在分析过程中也要参照文献给出的待测化合物的 X 射线衍射图谱。土体中主要有石英和高岭土，也有少量 CaO 等，固化剂氧化镁中主要成分为 MgO，也有少量 $MgCO_3$ 和 CaO 等；根据前期研究[119,166]，MgO 碳化固化土中主要有 $Mg(OH)_2$ 和水化镁式碳酸盐生成，有些土体中还有水合硅镁石和水滑石生成。本部分 X 射线衍射分析所涉及的主要物相检测汇总如表 5-1 所示。

表 5-1　X 射线衍射物相检测汇总

名称	化学式	英文单词	符号
石英	SiO_2	Quartz	Q
方镁石	MgO	Magnesia	Mg
氢氧化镁	$Mg(OH)_2$	Brucite	B
菱镁矿	$MgCO_3$	Magnesite	M
三水碳镁石	$MgCO_3 \cdot 3H_2O$	Nesquehonite	N
球碳镁石	$Mg_5(CO_3)_4(OH)_2 \cdot 5H_2O$	Dypingite	D
水碳镁石	$Mg_5(CO_3)_4(OH)_2 \cdot 4H_2O$	Hydromagnesite	H
纤水碳镁石	$Mg_2CO_3(OH)_2 \cdot 3H_2O$	Artinite	A

续表

名称	化学式	英文单词	符号
五水碳镁石	$MgCO_3 \cdot 5H_2O$	Landfordite	L
水合硅镁石	$Mg_3Si_2O_5(OH)_4$	Magnesium Silicate	Ms
水滑石	$Mg_6Al_2CO_3(OH)_{16} \cdot 4H_2O$	Hydrotalcite	Ht
方解石	$CaCO_3$	Calcite	C
氢氧钙石	$Ca(OH)_2$	Calcium Hydroxide	CH
高岭土	$Al_2Si_2O_5(OH)_4$	Kaolinite	K

5.1.4　扫描电镜测试

为进行微观测试，将冷冻处理后的待测试块敲成含新鲜面的小块，用镊子夹住试样放在粘有双面胶的金属载物底座上，夹放过程中保持待测面的新鲜，粘好后不应敲击和触摸。然后将载物底座一起放进喷金仪的真空腔室中，启动真空泵并运行约 30 min 使腔室达到要求的真空度，接着打开喷金开关对试样表面进行喷金。在试样待测面上镀一层重金属膜的目的是使试样表面产生良好的导电性，防止因表面电荷的积聚而产生放电现象，以增加图像质量和清晰度。样品表面所喷的重金属为金，喷膜厚度为 30～40 nm，所用喷金仪如图 5-5 所示。

扫描电子显微镜简称扫描电镜，主要由真空系统、电子束系统和成像系统三部分组成。真空系统有真空泵和真空柱两部分，真空柱是一个圆柱形的密封容器，真空柱内的真空由真空泵提供；电子束系统包括电子枪和电磁透镜两部分，主要扫描成像而产生一束能量分布窄、电子能量确定的电子束；成像系统包括探测器、光电倍增管和放大器等。扫描电镜的工作原理是用一束极细的电子束来扫描样品，使样品表面激发出次级电子，接着

图 5-5　喷金仪

探测器接收次级电子并转换成光信号，同时光点倍增管和放大器将次级电子转换成电信号来控制荧光屏上电子束的强度，使扫描出的图像与电子束同步。将镀金后的试样连同载物底座放进真空系统中并调节物镜距离，通过电镜扫描出样品的立体图像，能有效反映试样的表面结构。

扫描电镜测试在东南大学物理系扫描电镜实验室和中国科学院南京地质古生物研究所扫描电镜实验室进行，对应的试验设备分别是美国生产的 FEI Inspect F50 型扫描电镜 [图 5-6（a）] 和日本日立高新技术公司生产的 SU3500 型扫描电镜 [图 5-6（b）]，仪器参数为 7 万～80 万倍放大倍数，3 nm 二次电子分辨率。其中，在分析活性 MgO 掺量、似水灰比、MgO 活性指数、天然土土性和 CO_2 通气压力等因素影响时，采用 FEI Inspect F50 型扫描电镜；其他工况采用 SU3500 型扫描电镜。

（a）FEI Inspect F50 型　　　　　　　　　　（b）SU3500 型

图 5-6　扫描电镜

5.1.5　微观孔隙测试

　　压汞试验［或高压孔隙试验］是测定介质体孔隙分布的准确有效方法之一，其试验原理如图 5-7 所示。压汞试验的原理是：非浸润性液体在无压力作用时不会流入固体孔隙中，且液体进入不同大小孔隙需要施加不同压力。根据这一原理，假定材料孔隙为圆柱形，借助压汞仪将汞以逐级增大的压力注入材料孔隙中，记录每级压力增量下的进汞量。为定量分析固体材料的孔隙分布，可根据 Washburn 公式来计算进汞压力与孔隙半径间的关系[201]，即

$$P = -\frac{2\sigma\cos\theta}{r} \tag{5-5}$$

式中，P 为进汞压力（MPa）；σ 为汞的表面张力系数，通常取 0.485 N/m；θ 为汞与被测固体材料的接触角，通常取 130°；r 为圆柱形孔隙半径[141]。

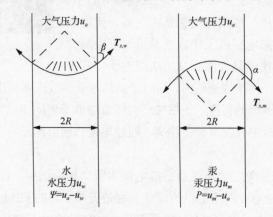

图 5-7　压汞试验原理图

　　选取约 1 cm³ 冷冻干燥的样品小块进行压汞试验，压汞试验使用美国麦克仪器公司生产的 AUTOPORE 9510 全自动压汞仪（图 5-8），该仪器的最大进汞压力为 228 MPa，孔径测量范围为 0.004～340 μm。

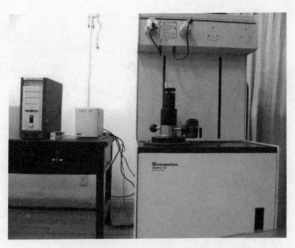

图 5-8　AUTOPORE 9510 全自动压汞仪

5.2　化　学　机　理

5.2.1　碳化土 pH 值

1. 活性 MgO 掺量和碳化时间对 pH 值的影响

图 5-9 所示为活性 MgO 碳化固化土在不同活性 MgO 掺量和碳化时间下的测试结果，图 5-10 所示为石灰/水泥固化土的 pH 值随石灰掺量和养护龄期的变化。从图 5-9 和图 5-10 中可以看出，石灰固化土的 pH 值随石灰掺量的增加先增加后趋于平稳，当石灰掺量增大至 2%～6%时达到稳定，且石灰/水泥固化土的 pH 值随养护龄期的增加而缓慢减小；而 MgO 碳化固化土的 pH 值基本在 10.41～11.02 之间，低于石灰/水泥固化土的 pH 值，同时也低于水泥（15%）固化土 28 d 后的 pH 值（约 12.2）[141]。但与 Zhang 等[202] 研究的 MgO 水泥水化 28 d 的 pH 值（10.5～11.2）较为接近，且当活性硅粉含量为 0 时，水化产物 $Mg(OH)_2$ 的 pH 值为 11.2；当硅粉含量从 10%增加至 90%时，pH 值开始从 11.2 减小至 10.5，这是由于 $Mg(OH)_2$ 与活性硅粉发生进一步水化反应生成水化硅酸镁（MSH）而引起 pH 值降低。碳化固化土 pH 值低于石灰/水泥固化土 pH 值的原因是：MgO 碳化固化土的作用机理与水泥/石灰固化土相互作用机理不同，MgO 碳化固化土 pH 值变化是由 MgO 水化物 $Mg(OH)_2$ 变化引起的，石灰/水泥固化土 pH 值变化是由 CaO 水化物 $Ca(OH)_2$ 变化引起的，$Mg(OH)_2$ 为弱碱，而 $Ca(OH)_2$ 的碱性相对较强。相同掺量下，水泥水化产生的 $Ca(OH)_2$ 量要小于石灰生成的 $Ca(OH)_2$ 量，而 MgO 固化土经 CO_2 碳化后生成强碱弱酸盐或碱式碳酸盐，因此 MgO 碳化固化土的 pH 值要小于水泥固化土和石灰固化土的 pH 值。

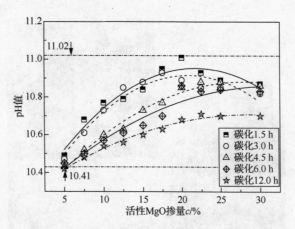

图 5-9　活性 MgO 碳化固化土 pH 值随活性 MgO 掺量的变化

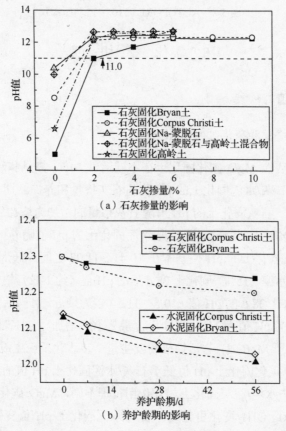

（a）石灰掺量的影响

（b）养护龄期的影响

图 5-10　石灰/水泥固化土的 pH 值随石灰掺量和养护龄期的变化[140]

　　此外，当碳化时间为 1.5 h 和 3.0 h 时，MgO 碳化固化土的 pH 值随着活性 MgO 掺量的增加呈先增加后略减小趋势，pH 值在活性 MgO 掺量为 20% 和 22.5% 时达到最大；当碳化时间为 4.5 h 和 6.0 h 时，碳化固化土的 pH 值随活性 MgO 掺量的增加而先增加后趋于稳定，且 pH 值在活性 MgO 掺量大于 20% 时趋于稳定；当碳化时间为 12.0 h 时，

MgO 碳化固化土的 pH 值随活性 MgO 掺量的增加而平缓增加。总体而言，碳化时间越长，pH 值也相对越低。碳化固化土的 pH 值随活性 MgO 掺量和碳化时间变化的原因是：活性 MgO 掺量越高，孔隙液中 Mg(OH)$_2$ 的量相对越多，使 pH 值也越高；碳化时间越长，碳化越充分，溶液中所含的 Mg(OH)$_2$ 量越少，使 pH 值随碳化时间而降低。具体原因将在下面的"3. 似水灰比对 pH 值的影响"部分进行阐释。

2. 初始含水率对 pH 值的影响

图 5-11 描述了不同碳化时间下 MgO 碳化固化土的 pH 值与初始含水率间的变化关系，从中可以看出，初始含水率为 20% 和 25% 时，MgO 碳化固化土的 pH 值低于初始含水率为 15% 和 30% 时 MgO 碳化固化土的 pH 值，且在 3.0 h、6.0 h 和 12.0 h 这 3 个碳化时间中，pH 值随碳化时间的增长而降低。结果说明：在初始含水率为 15% 或 30% 时，MgO 碳化固化土中未水化的 MgO 或未碳化的 Mg(OH)$_2$ 含量较高，在低含水率 15% 下，虽有较好的通气性但不足以使 MgO 完全水化；而较高的初始含水率虽然可以确保完全水化，但抑制了气体在土体中的运移和进一步碳化。因此，在初始含水率为 20% 或 25% 时，MgO（掺量为 20%）固化土的碳化较为充分，使 pH 值较低。

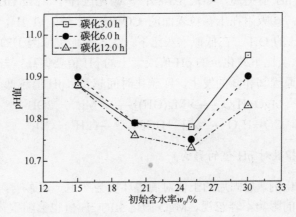

图 5-11　MgO 碳化固化土 pH 值随初始含水率的变化

3. 似水灰比对 pH 值的影响

由于活性 MgO 掺量和初始含水率均对 MgO 碳化固化土的 pH 值有影响，采用活性 MgO 掺量和初始含水率影响下的新参数似水灰比 w_0/c 来进一步分析 MgO 碳化固化土 pH 值的变化规律。图 5-12 给出了 MgO 碳化固化土的 pH 值与似水灰比的关系，从中可以看出，MgO 碳化/固化土的 pH 值均高于素土 pH 值（8.78），碳化土的 pH 值几乎比未碳化土的 pH 值低 0.2 个 pH 单位以上，并且在给定似水灰比下，碳化土的 pH 值随碳化时间呈递减趋势。碳化/固化土的 pH 值与似水灰比的关系可分别用式（5-6）和式（5-7）进行拟合关联，尽管碳化时间影响下碳化土 pH 值的预测方程具有较低相关性（$R^2=0.62$），但该式在已知似水灰比的条件下能够快速预测 MgO 碳化固化土的酸碱特性，同时对 MgO 固化土的碳化度评定也有一定的指导。

碳化前：　　　　　　$pH = 11.33 - 0.076(w_0/c)$　　$(R^2=0.95)$　　　　　　　　（5-6）

碳化后：　　　　　　$pH = 10.85(w_0/c)^{-0.022}$　　$(R^2=0.62)$　　　　　　　（5-7）

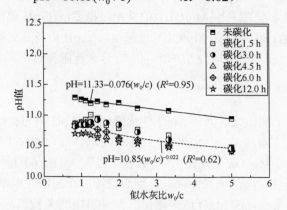

图 5-12　MgO 碳化固化土的 pH 值与似水灰比的关系

pH 值变化结果的原因可归结为：①MgO 水化生成 $Mg(OH)_2$，$Mg(OH)_2$ 进一步水解释放出 OH^-，促使 pH 值提高，如式（5-8）；②碳化过程中，$Mg(OH)_2$ 被不同程度地消耗生成镁式碳酸盐；③吸附在土颗粒表面的 CO_2 分子水解生成 H^+，如式（5-9），可消耗 MgO 水化物释放的 OH^-。在低似水灰比下，更容易促进原因①的发生，使碳化土的 pH 值相对于高似水灰比下碳化土的 pH 值或素土的 pH 值要偏高；与此同时，较长的碳化时间也更有利于原因②和③的发生，即碳化时间越长，pH 值越低。

$$CO_2 : MgO + H_2O \longrightarrow Mg(OH)_2 \longrightarrow Mg^{2+} + 2OH^-　　　　（5-8）$$

$$CO_2 + H_2O \longrightarrow H^+ + HCO_3^- \longrightarrow 2H^+ + CO_3^{2-}　　　　（5-9）$$

4. MgO 活性指数对 pH 值的影响

用水泥作为固化剂，加固后的土体对周边环境会产生一定影响，其中固化土浸泡后溶液酸碱性对环境的影响不容忽视。MgO 固化土的 pH 值也会随碳化过程而发生变化，图 5-13 为试样碳化后的 pH 值变化曲线。从中可以看出，碳化试样的 pH 值随碳化时间呈先快速降低后缓慢降低的趋势，这是由于固化试样中的 $Mg(OH)_2$ 在碳化过程中逐渐被消耗，OH^- 浓度降低，使 pH 值快速降低；但随碳化时间持续，OH^- 的消耗率减慢，使 pH 值缓慢降低。对于活性最低的死烧 MgO 碳化土，由于参与水化的 MgO 十分有限，使溶液中的 OH^- 浓度最低，pH 值一直处于较低值范围。碳化反应后，生成的产物为强碱-弱酸性盐，因此碳化固化土 pH 值基本介于 9.0~10.75 之间。此外，高活性 MgO 固化土中的 MgO 或 $Mg(OH)_2$ 可快速水解成 OH^-，OH^- 被快速消耗，使 MgO-H 碳化土的 pH 值明显较低。

对于武汉软土的碳化试样，因固化试样中的 $Mg(OH)_2$ 与 CO_2 发生缓慢反应，且随着反应进行，$Mg(OH)_2$ 被逐渐消耗、碳化度逐渐变高，故整个过程中试样 pH 变化幅度较大。徐州粉土试样由于碳化反应进行较快，$Mg(OH)_2$ 能及时与 CO_2 发生反应，因此在这个反应过程中试样 pH 值变化幅度较小。反应后期，碳化武汉软土试样的 pH 值小于碳化徐州粉土试样的 pH 值，说明武汉软土试样的碳化度高于徐州粉土试样的碳化度。

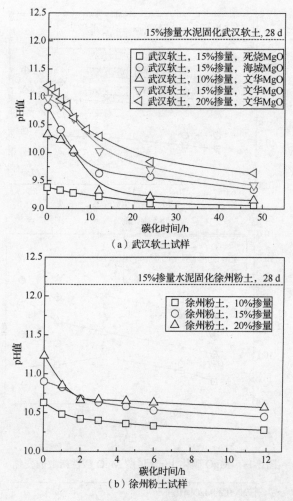

图 5-13　MgO 碳化固化土 pH 值随碳化时间变化曲线

　　进一步地，图 5-14 描述了 MgO 碳化固化土的 pH 值随 MgO 活性指数的变化关系。图 5-14 显示：MgO 碳化/固化土的 pH 值随 MgO 活性指数的增加而增加，且似水灰比越高，pH 值越小。这是因为 MgO 活性指数越高，MgO 的水化速度越快，越有利于后续的碳化或水解。

5. 土性对 pH 值的影响

　　图 5-15 描述了天然土土性对 MgO 碳化固化土 pH 值的影响。对于 7 种不同的 MgO 固化土体，未碳化时的 pH 值要远高于对应素土的 pH 值，而碳化后的 pH 值低于碳化前的 pH 值，且 w_0/w_L 不同，MgO 碳化固化土的 pH 值变化也不同。此外，碳化土的 pH 值随天然土液限的增加而呈微增加趋势，对于土体 S1、S2 和 S3 来说，pH 值随初始含水率的增加略有增加；而对于土体 S4、S5、S6 和 S7 来说，当初始含水率为 0.7 w_L 时，其 pH 值较低，而当初始含水率为 0.8 w_L 和 0.9 w_L 时，pH 值较高。不同碳化土体的 pH 值在一定程度上反映了土体中 MgO 的水化和 Mg(OH)$_2$ 的碳化情况。

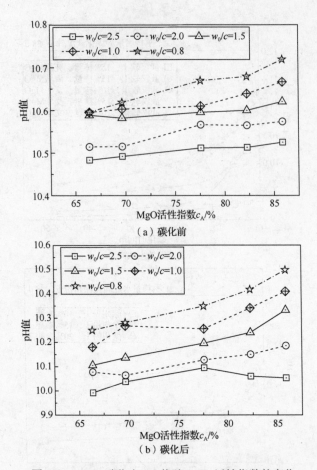

（a）碳化前

（b）碳化后

图 5-14 MgO 碳化土 pH 值随 MgO 活性指数的变化

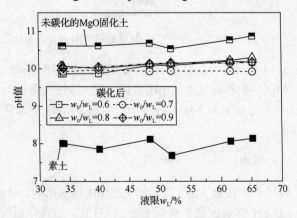

图 5-15 土性对 MgO 碳化固化土 pH 值的影响

6. 土体压实度对 pH 值的影响

图 5-16 所示为不同初始密度影响下 MgO 碳化固化土体的 pH 值随碳化时间的变化。从中可以看出：①土体 pH 值随着碳化时间的增加而逐渐减小，碳化前 3 h 内 pH 值明显

降低，碳化 6～12 h 内 pH 值缓慢减小，这与李晨[138]和蔡光华[140]的结论相一致。②宿迁粉土和南京粉质黏土的 pH 值随碳化时间的增加变化规律不同，宿迁粉土的初始 pH 值为 10.81，其 pH 值在碳化前 3 h 降低非常明显，3～12 h 土体 pH 值随碳化时间的变化不明显，这与其干密度在碳化前 3 h 显著增加、碳化 3～12 h 试样干密度数值较为接近的变化规律相一致；试样碳化 3 h 与碳化 12 h 的 pH 值差值范围在 0～0.1。南京粉质黏土的 pH 值在碳化时间 0～6 h 内显著降低，pH 值由 10.78 减小至 10.2，在碳化 6～12 h 内 pH 值降低速率趋于平缓，pH 值由 10.2 减小至 10.0 左右。③试样初始密度的变化对土体 pH 值的影响不明显，从中可以看出试样 pH 值随碳化时间的变化与其初始密度大小之间没有明显的规律。

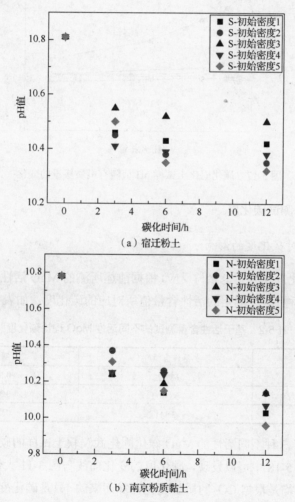

S—宿迁粉土；N—南京粉质黏土；初始密度 1—1.732 g/cm³；初始密度 2—1.783 g/cm³；初始密度 3—1.834 g/cm³；
初始密度 4—1.885 g/cm³；初始密度 5—1.936 g/cm³。

图 5-16 不同初始密度下 MgO 碳化固化土的 pH 值与碳化时间的关系

7. 有机质对 pH 值的影响

图 5-17 显示了碳化和养护试样的 pH 值变化情况，可以看出：①水泥固化土试样的 pH 值要远高于 MgO 碳化土试样的 pH 值，且随着有机质掺量的增加，水泥固化试样的 pH 值降低；②水泥固化土试样的 pH 值稳定在 10 以上，MgO 碳化固化土试样的 pH 值下降幅度不大，基本稳定在 9.5～10 之间。

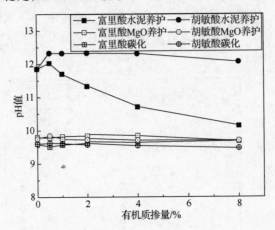

图 5-17　碳化固化土试样 pH 值随有机质掺量的变化

5.2.2　硝酸酸化法测试碳化度

1. MgO 类型对碳化度的影响

由于 MgO 固化剂并非完全参与反应，根据前述所测的 MgO 活性含量和主要碳酸盐的组成，计算出 3 种 MgO 测定的活性含量值所对应的碳化度，如表 5-2 所示。

表 5-2　基于活性含量测试的不同活性 MgO 理论碳化度

MgO 种类	活性含量/%	理论碳化度
文华 MgO	63.222	0.556～0.695
海城 MgO	38.000	0.334～0.418
死烧 MgO	3.111	0.027～0.034

图 5-18 描述了 3 种不同活性的 MgO 碳化固化武汉软土试样的碳化度随碳化时间的变化曲线图。从图 5-18 中可以发现，碳化度的变化曲线与图 3-11 大体相同。其原因是，碳化度和质量变化均是根据 CO_2 的质量变化计算而来的，只是碳化度是通过稀硝酸的化学反应计算 CO_2 质量，而质量比是通过碳化前后的质量差推算 CO_2 质量，两者可以相互验证。

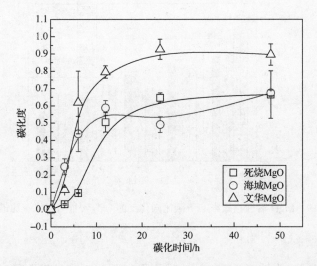

图 5-18　不同活性的 MgO 碳化固化武汉软土试样的碳化度随碳化时间的变化曲线

由图 5-18 中还可以看出：

1）对于 3 种不同的 MgO，MgO 碳化固化武汉软土试样的碳化度均随碳化时间的延长而增大，碳化度稳定后，MgO 活性越高，碳化固化土试样的碳化度越高。说明碳化固化土的碳化度受 MgO 活性含量的影响较大，活性含量越高，碳化度越高。

2）当 MgO 活性含量较低时，通气碳化初期对试样碳化度的影响较大；当 MgO 活性含量较高时，通气碳化初期对试样碳化度的影响甚微。

3）对比表 5-2，MgO 碳化固化土的碳化度远远高于理论碳化度，表明 CO_2 的存在促使部分非活性 MgO 也发生碳化反应，该规律与前文所得规律相符。

2. MgO 活性指数对碳化度的影响

图 5-19 为 MgO 活性指数影响下碳化固化土的 CO_2 含量（此处用 CO_2 吸收量与 MgO 质量的比值进行表示）与似水灰比的关系。从图 5-19 中可以看出，m_{CO_2}/m_{MgO} 的比值随着固化土似水灰比的增加而明显降低；MgO 活性指数越高，m_{CO_2}/m_{MgO} 的比值也相应较高，并且在似水灰比小于 1.5 时，m_{CO_2}/m_{MgO} 的比值可达到 0.88 以上，最高可达 1.1 左右。此外，从图 5-19 中还可以看出，当似水灰比小于 1.5 时，MgO 固化土经 12.0 h 通气后已基本完全碳化，似水灰比越小，碳化产物中三水碳镁石含量越高；当似水灰比大于 1.5 时，MgO 固化土并未完全碳化，其原因可能是似水灰比越高，土中的实际含水率偏高，降低了 CO_2 的扩散速率，使 CO_2 的扩散速率慢于固化土的碳化速率，CO_2 含量的变化规律与碳化土力学强度的变化规律基本一致。

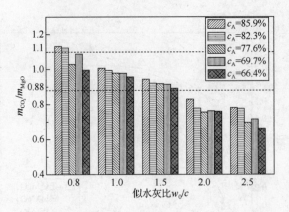

图 5-19 MgO 活性指数影响下碳化固化土的 CO_2 含量与似水灰比的关系

3. 土性对碳化度的影响

图 5-20 为天然土土性影响下 MgO 碳化固化土中 CO_2 的吸收量，从中可以看出，MgO 固化土中 CO_2 的吸收量随着天然土液限的增加而降低，初始含水率与液限的比值（w_0/w_L）越高，碳化固化土中 CO_2 的吸收量越低，且 CO_2 吸收量基本在 7.5% 和 15% 之间。由于土性影响下固化土中活性 MgO 掺量为 20%，故 m_{CO_2}/m_{MgO} 的比值可根据下式计算：

$$m_{CO_2}/m_{MgO} = \frac{c_{CO_2}(1 + c_{MgO} + c_{H_2O})}{c_{MgO}} = (37.5\% \sim 75\%)(1.2 + c_{H_2O}) \tag{5-10}$$

式中，c_{CO_2}、c_{MgO} 和 c_{H_2O} 分别为碳化固化土中 CO_2 和碳化前 MgO 和 H_2O 的百分含量（%），由于 c_{H_2O} 与天然土液限有关，c_{H_2O} 对不同的碳化固化土而言是一个变值。因此，可以粗略估计 m_{CO_2}/m_{MgO} 值为 0.45 ~ 0.9。经计算，初始含水率为 $0.6\,w_L$ 时，碳化固化土的 m_{CO_2}/m_{MgO} 值最大也可达到 1.05，这表明低液限比下碳化固化土已完全碳化。液限或初始含水率的增加均引起碳化度的降低，其原因为：液限越高的天然土体，土中的细粒含量越高，越容易包裹 MgO 以阻止其与 CO_2 气体的接触反应；初始含水率高，土体中孔隙水增加，大大降低了 CO_2 气体的扩散速率，进而降低了 MgO 固化土的碳化度。

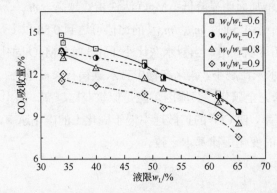

图 5-20 天然土土性影响下 MgO 碳化固化土 CO_2 的吸收量

5.2.3　碳化固化土的热特性

经高温加热/灼烧后，碳化固化土中的水化产物、碳化产物可在不同温度范围内发生物理或化学反应，引起材料质量损失，此过程伴随显著的吸热和放热现象。常用手段有 TG 测试和差热分析，为定量确定质量随温度的变化，常对 TG 曲线进行一阶求导，得出微商热重曲线 DTG。在测试过程中，材料质量的损失是由吸附水、层间水、结合水的挥发或其他化合物的热分解引起的，而材料质量的增加是由加热过程中的某些产物的氧化或氧化物的还原所引起的。以混凝土为例，$Ca(OH)_2$ 通常在 400～500 ℃时发生分解，而 $CaCO_3$ 通常在 650～900 ℃下发生分解，并在 TG/TGA 曲线上存在相应的峰，根据曲线计算出 $Ca(OH)_2$ 和 $CaCO_3$ 含量，进而算出混凝土的碳化程度。

关于 MgO 碳化材料的热分析，一些研究[122,137,200]指明：碱式碳酸镁｛球碳镁石 $[Mg_5(CO_3)_4(OH)_2·5H_2O]$/水碳镁石 $[Mg_5(CO_3)_4(OH)_2·4H_2O]$｝的热分解通过小于 250 ℃的脱水、250～350 ℃的脱羟基和大于 350 ℃的脱碳作用，最后生成最终产物 MgO。不同学者对各个过程的分解温度存有不同观点，如第二步中 $Mg(OH)_2$ 的脱羟基温度常包括：250～350 ℃、300～450 ℃、300～400 ℃或 350～500 ℃。Sawada 等[137]指出水碳镁石$[Mg_5(CO_3)_4(OH)_2·4H_2O]$在氮气环境下可分两步进行，即结晶水的脱除和羟基或 CO_2 的解吸附，在 CO_2 环境下可以分三步进行分解。Silva 等[203]研究指出，三水碳镁石（$MgCO_3·3H_2O$）的分解分为两个步骤：首先在 200 ℃左右失去结晶水变成 $MgCO_3$，然后在 400～550 ℃温度范围内使 CO_2 开始从 $MgCO_3$ 中分解逸出。Frost 和 Palmer[204]用拉曼（Raman）光谱和热重分析（thermogravimetric analysis，TGA）对 $MgCO_3·3H_2O$ 进行分析，认为 $MgCO_3·3H_2O$ 的分解按以下四步进行：

$$Mg(HCO_3)(OH)·2H_2O \longrightarrow Mg(HCO_3)(OH)H_2O + H_2O \quad （55～109 ℃） \quad (5\text{-}11)$$

$$Mg(HCO_3)(OH)·H_2O \longrightarrow Mg(HCO_3)(OH) + H_2O \quad （109～160 ℃） \quad (5\text{-}12)$$

$$Mg(HCO_3)(OH) \longrightarrow MgCO_3 + H_2O \quad （160～270 ℃） \quad (5\text{-}13)$$

$$MgCO_3 \longrightarrow MgO + CO_2 \quad （270～400 ℃） \quad (5\text{-}14)$$

1. 活性 MgO 掺量、碳化时间和初始含水率对热特性的影响

图 5-21～图 5-23 分别显示了活性 MgO 掺量、碳化时间和初始含水率对 MgO 碳化固化土热化学特性的影响，其中图（a）均为 TG 和 DTG 的测试结果，图（b）均为 DSC 的测试结果。在天然素土的 DTG 和 DSC 曲线［图 5-21（a）、（b）］中，在温度为 70 ℃和 475 ℃附近处有两个显著的放热峰，这两个放热峰应分别归于水分子的脱除和 $Ca(OH)_2$ 的分解。对于 MgO 碳化固化土而言，有 4 个显著的峰，主要出现在 < 250 ℃、375～475 ℃、475～550 ℃和 675～780 ℃温度处：第一个峰可能归于碳化产物中结晶水和结合水的脱除，在这个过程中，含结晶水的 $MgCO_3·3H_2O$ 在温度超过 50 ℃时是不稳定的，能够脱水并转换为碱式碳酸镁｛球碳镁石 $[Mg_5(CO_3)_4(OH)_2·5H_2O]$/水碳镁石 $[Mg_5(CO_3)_4(OH)_2·4H_2O]$｝，并且球碳镁石 $[Mg_5(CO_3)_4(OH)_2·5H_2O]$/水碳镁石 $[Mg_5(CO_3)_4(OH)_2·4H_2O]$ 能够在高温（<250 ℃）下进一步脱水形成中间相［如 $4MgCO_3·Mg(OH)_2$］[122-123,200]。其反应方程如下：

$$5(MgCO_3·3H_2O) \longrightarrow Mg_5(CO_3)_4(OH)_2·xH_2O + CO_2 + (15-(x+1))H_2O \quad (5\text{-}15)$$

第二个强峰可能涉及 $Mg(OH)_2$ 的脱羟基和上述中间相的进一步分解，其中此处的 $Mg(OH)_2$ 可能来自球碳镁石 $[Mg_5(CO_3)_4(OH)_2·5H_2O]$/水碳镁石 $[Mg_5(CO_3)_4(OH)_2·4H_2O]$

的脱羟基，也可能来自 MgO 水化而未参与碳化的 $Mg(OH)_2$[122-123,200]。第三个弱峰和第四个强峰可能分别为无定型碳酸盐（$MgCO_3$ 或 $CaCO_3$）的脱碳[122-123,126,200]。这些峰在温度上升过程中均伴随有质量的显著减小，如图 5-21～图 5-23 所示。

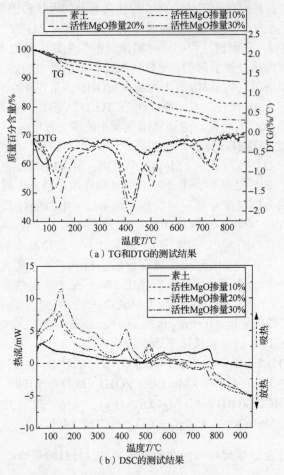

（a）TG和DTG的测试结果

（b）DSC的测试结果

图 5-21　活性 MgO 掺量对 MgO 碳化固化土热分析结果的影响

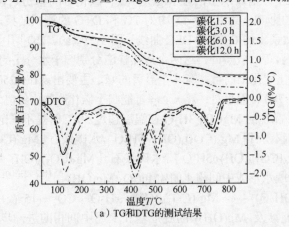

（a）TG和DTG的测试结果

图 5-22　碳化时间对 MgO 碳化固化土热分析结果的影响

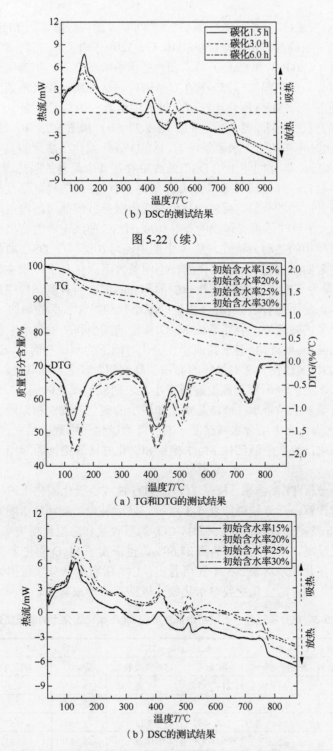

（b）DSC的测试结果

图 5-22（续）

（a）TG和DTG的测试结果

（b）DSC的测试结果

图 5-23　初始含水率对 MgO 碳化固化土热分析结果的影响

　　然而，后两个分解峰与碳酸盐的分解有关，不同的研究得出不同的分解温度，Thiery

等[205]认为无定型 $CaCO_3$ 或霰石在温度 $675\sim780\ ℃$ 范围内分解，而 $MgCO_3$ 分解包括以下可能温度 $675\sim780\ ℃$、$550\ ℃$、$660\sim840\ ℃$、$520\sim550\ ℃$ 或 $750\sim800\ ℃$。然而，由于原材料中杂质［$Ca(OH)_2$ 和 $CaCO_3$ 等］和一些重叠峰的存在，很难区分单独每一相分解的具体质量损失，但在温度 $475\sim850\ ℃$ 范围内，认为质量损失是碳酸盐脱碳所引起的，是可以接受的，即 MgO 固化土在碳化过程中所吸收的总 CO_2 量。

根据 DSC 的测试结果，图 5-21（b）、图 5-22（b）和图 5-23（b）描述了不同活性 MgO 掺量、碳化时间和初始含水率条件下，MgO 碳化固化土热流随温度的变化。从这 3 个图中可以观察到，碳化固化土的 DSC 曲线中存在 4 个显著的吸热峰，峰处对应温度分别为 $142\ ℃$、$417.5\ ℃$、$514\ ℃$ 和 $720\ ℃$，这与 DTG 曲线的峰处温度基本一致，同时也验证了各个峰处产物的分解。通常，DSC 曲线中吸热或放热峰所覆盖的面积与材料的热熔有关，熔的大小反映了相变转换的难易程度，DSC 曲线中峰的宽度应该与熔的范围有关，揭示了材料相的热动力特性。从 3 个图中还可发现，在 DSC 曲线同一温度处的峰宽几乎一样，表明所有的 MgO 固化土在不同条件下碳化几乎可以生成相同的产物。当活性 MgO 掺量为 30% 时，DSC 曲线峰的面积和高度在所有测试样中最大，说明生成的碳化产物最多。然而随着活性 MgO 掺量的减小或初始含水率的增加，DSC 曲线峰的面积和高度几乎呈递减趋势，表明活性 MgO 掺量的减小和初始含水率的增加均引起了碳化产物数量的减小。此外，相对于其他较长碳化时间下的测试样而言，碳化时间为 1.5 h 的测试样，其 DSC 曲线在 $142\ ℃$ 处峰的面积和高度相对较大，而其他温度（$417.5\ ℃$、$514\ ℃$ 和 $720\ ℃$）处的峰面积和高度逐渐变小，表明较低碳化时间（1.5 h）下的 MgO 碳化固化土含有更多的结合水（或结晶水）和较少的碳化产物。相似地，当碳化时间增加时，MgO 碳化固化土中结合水或结晶水减少，而碳化产物数量增加。上述 DSC 的分析结果说明，碳化产物数量随活性 MgO 掺量和碳化时间的增加而增加，随初始含水率的增加而减小。

为了进一步分析 TGA 结果，根据 TG 和 DTG 曲线将碳化固化土的每一个分解步的质量损失率进行计算，计算结果如表 5-3 所示。显而易见，当活性 MgO 掺量为 20%、碳化时间为 6.0 h 及初始含水率为 25% 时，CO_2 的吸收量和总质量损失率在所有 MgO 碳化固化土中占据最高，分别为 9.57% 和 27.68%，也证实了 MgO 固化土在 CO_2 隔离方面具有较大的潜力。此外，从表 5-3 中还可看出，CO_2 吸收量和总质量损失率随着碳化时间的增加而增加，两者的变化主要与水化镁式碳酸盐的形成有关。

表 5-3　热分解过程中不同初始条件下的 MgO 碳化固化土的质量损失

试样变量	步骤 1（< 250 ℃）		步骤 2（250~475 ℃）		步骤 3（> 475 ℃）		总质量损失率/%
	温度/℃	质量损失率/%	温度/℃	质量损失率/%	温度/℃	质量损失率/%	
$c=0\%$	< 244	4.15	244~474	3.10	455~850	4.20	11.45
$c=10\%$	< 249	5.14	243~487	7.94	487~850	5.97	19.05
$c=20\%$	< 248	8.98	248~472	9.13	474~850	9.57	27.68
$c=30\%$	< 246	6.58	250~479	10.40	475~850	7.93	24.91
$t=1.5$	< 250	6.35	250~480	8.41	480~850	5.54	20.30
$t=3.0$	< 250	4.74	250~480	7.78	474~850	8.27	20.79
$t=6.0$	< 248	8.98	248~472	9.13	474~850	9.57	27.68

续表

试样变量	步骤 1（＜250 ℃）		步骤 2（250～475 ℃）		步骤 3（＞475 ℃）		总质量损失率/%
	温度/℃	质量损失率/%	温度/℃	质量损失率/%	温度/℃	质量损失率/%	
$w_0=15\%$	＜250	5.14	250～476	6.66	476～850	6.68	18.48
$w_0=20\%$	＜250	5.01	250～475	7.11	475～850	8.12	20.24
$w_0=25\%$	＜248	8.98	248～472	9.13	474～850	9.57	27.68
$w_0=30\%$	＜250	7.89	250～479	8.19	474～850	7.32	23.40

2. MgO 活性指数对热特性的影响

图 5-24 和图 5-25 描述了 MgO 活性指数和似水灰比对 MgO 碳化固化土热特性的影响，图（a）均为 TG 和 DTG 的测试结果，图（b）均为 DSC 的测试结果。从 TG 曲线上可以看出，碳化固化土质量随着温度的升高而逐渐降低，质量损失率随着 MgO 活性指数的增加或似水灰比的减小而增加，碳化固化土质量的损失量明显高于天然素土的质量损失量，这说明 MgO 碳化土中有新产物生成。DTG 曲线中有 3 个或 4 个显著峰，第一个峰（＜150 ℃）是碳化产物结晶水的脱除生成中间相［$4MgCO_3 \cdot Mg(OH)_2$］、$Mg(OH)_2$ 或 $MgCO_3$；第二个峰（400～475 ℃）为 $Mg(OH)_2$ 或中间相的脱羟基；第三个峰（680～760 ℃）或第三个峰和第四个峰（480～550 ℃ 和 680～760 ℃）应该为 $MgCO_3$ 的脱碳（生成 MgO 和 CO_2）。在大多数碳化试样中存在唯一的脱碳峰（680～760 ℃），而对于较高活性指数的 MgO（85.9%）和较低似水灰比（0.8 和 1.0）的碳化固化土样而言，DTG 曲线的脱碳峰却存在两个温度范围 480～550 ℃ 和 680～760 ℃。这个差异可能归因于 $CaCO_3$ 的存在和碳化产物的形态，在 475 ℃ 附近处的小峰也证实了素土中 $Ca(OH)_2$ 杂质的存在。前面已经总结了 $MgCO_3$ 的不同分解温度，而 $CaCO_3$ 也有不同的分解温度，无定型 $CaCO_3$ 和结晶性好的 $CaCO_3$ 具有不同的分解温度，分别对应 550～780 ℃ 和 780～990 ℃，其中无定型 $CaCO_3$ 又包括球霰石和霰石，分别对应 550～680 ℃ 和 680～780 ℃[126-127,205]。材料中正是这些钙基杂质的存在，很难确定碳化固化土中 $MgCO_3$ 的含量，但可以确定的是这些碳酸盐的脱碳均是在 480 ℃ 以上进行。

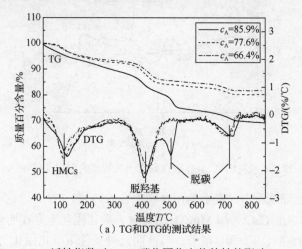

（a）TG 和 DTG 的测试结果

图 5-24　MgO 活性指数对 MgO 碳化固化土热特性的影响（$w_0/c=1.0$）

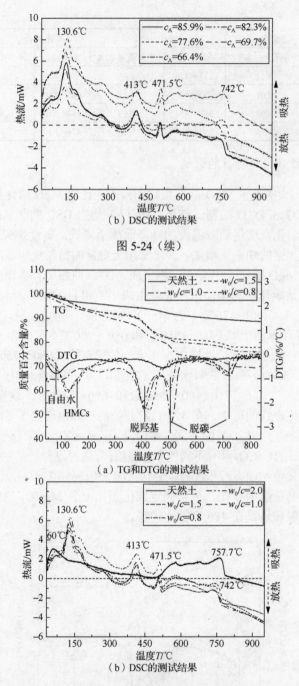

（b）DSC的测试结果

图 5-24（续）

（a）TG和DTG的测试结果

（b）DSC的测试结果

图 5-25　似水灰比对 MgO 碳化固化土热特性的影响（$c_A=85.9\%$）

从 DSC 曲线上可以看出，素土的两个峰值在 60 ℃和 757 ℃，这可能是由于层间水的脱除和土体中无定型 $CaCO_3$ 和 $MgCO_3$ 的分解。碳化固化土存在明显的 4 个峰，分别在 130.6 ℃、413 ℃、471.5 ℃和 742 ℃，与前面几种条件下碳化固化土 DSC 曲线峰处温度略有差异，可能是由于 MgO 活性指数不同，这些差异是可接受的。在 MgO 活性指数影响下的 DSC 曲线中，对于似水灰比为 2.0 或 MgO 活性指数为 66.4%的碳化土，DSC 曲线覆盖的面积相对较小，即生成的碳化产物较少。

3. 土性对热特性的影响

图 5-26（a）显示了初始含水率为 $0.6w_L$ 的不同碳化固化土体的 TG 和 DTG 测试结果，水化产物或碳化产物中水和所吸附 CO_2 的百分含量可以通过不同分解温度下的质量变化来计算。TG 曲线显示出碳化样的质量百分含量随着温度的升高而降低，在温度约 850 ℃处的最终质量分数随着天然土液限的增加而增加，即质量损失率随天然土液限的增加而降低；DTG 曲线中存在 3 个或 4 个峰，前两个峰的温度为< 250 ℃和 300～475 ℃，而在 475 ℃以上存在 1～2 个峰。Jin 和 Al-Tabbaa[206]在研究中指出，DTG 曲线中温度低于 200 ℃的峰归因于 MgO-SiO_2-H_2O（MSH）材料的质量损失，但由于 CO_2 的酸性活度高于 SiO_2 的酸性活度，因此相对于 SiO_2 而言，在较短时间（12.0 h）内 CO_2 更容易与 $Mg(OH)_2$ 发生反应。此外，碳化固化土 S2 的 DTG 曲线中< 100 ℃的特征峰最大，说明该碳化固化土中的 $MgCO_3·3H_2O$ 最多；< 250 ℃的特征峰强度随着天然土液限的增加而增加，说明碳化固化土中的结构水或结晶水含量随土体液限的增加而增加。在第二个特征峰处，碳化固化土 S5 和 S7 的峰高远远高于碳化固化土 S2、S3 和 S4 的峰高，这说明碳化固化土 S5 和 S7 中的 $Mg(OH)_2$ 含量较多。

图 5-26（b）给出了 7 种碳化固化土的 DSC 分析结果，这几种天然土的理化性质存在较大差异。从第一个吸热峰可以看出，碳化固化土 S1 和 S2 对应的峰宽、峰面积要大于碳化固化土 S5、S6 和 S7，这说明碳化粉土中结晶水脱除所需要的焓高于碳化淤泥质粉质黏土和淤泥质黏土所需的焓；此外，另一重要特征是，碳化固化土 S5、S6 和 S7 在 300～500 ℃温度范围内存在两个放热峰，测试的热流为负值，可以推测该土体在此温度范围内存在气体吸附或氧化反应，说明粒径较小的细粒土可能包裹有 MgO 颗粒或细粒土表面有 CO_2 气体的吸附，在温度升高时便出现氧化反应，间接说明 MgO 固化高液限的天然土并未得到充分的水化或碳化反应。

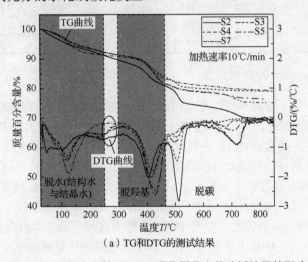

（a）TG 和 DTG 的测试结果

图 5-26　天然土土性对 MgO 碳化固化土热分析结果的影响

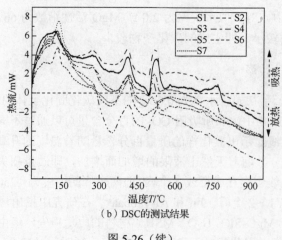

（b）DSC的测试结果

图 5-26（续）

为进一步分析几种碳化固化土的 CO_2 吸收量，根据 TG 和 DTG 测试结果，在温度升高过程中计算出每一个分解步骤的质量损失率，计算结果如表 5-4 所示。根据表 5-4 可以得出，随着天然土液限的增加，分解步骤 1 的质量损失率逐渐增加，分解步骤 2 和分解步骤 3 的质量损失率及总的质量损失率却逐渐减小；天然土液限越低，MgO 固化土的碳化程度越高。其原因可能是：淤泥质黏土 S7 中存在较强的结合水或层间水，在初始含水率为 $0.6\,w_L$ 条件下，该固化土中的 MgO 并未完全水化；而液限高的固化土，较细的土颗粒更容易吸附水和 MgO，降低了土体的孔隙率，使 CO_2 入渗和碳化程度降低。

表 5-4　热分解过程中不同 MgO 碳化固化土的质量损失率

试样	步骤 1（＜250 ℃）		步骤 2（300～475 ℃）		步骤 3（＞450 ℃）		总质量损失率/%
	温度/℃	质量损失率/%	温度/℃	质量损失率/%	温度/℃	质量损失率/%	
S2	＜250	6.9	250～455	8.8	455～850	15.1	30.8
S3	＜243	7.3	243～476	7.7	476～850	10.7	25.7
S4	＜238	7.4	238～474	7.2	474～850	9.2	23.8
S5	＜250	7.7	250～475	5.1	475～850	8.4	21.2
S7	＜286	9.1	286～474	4.2	474～850	7.5	20.8

4. 压实度对热特性的影响

在 TGA 试验中，根据不同温度范围确定水化物和碳化物的存在形式，通过温度范围对 TGA 结果进行整理，可以确定产物的质量百分比。为了更加准确地确定质量变化与温度之间的关系，通常在 TGA 曲线基础上由 DTG 曲线来分析结果。DTG 曲线是指在单位温度内的质量差，是通过 TG 曲线对温度或时间进行一阶求导得到的。

图 5-27 是初始密度影响下 3 种 MgO 碳化固化土试样的 DTG 曲线和 TGA 曲线。从 TGA 曲线我们可以看出，随着温度的升高，测试样品的质量逐渐减小，在 100～200 ℃ 和 350～500 ℃时曲线斜率较大，对应 DTG 曲线中这两个温度范围内有吸热峰出现。在 TGA 曲线中，MgO 碳化固化土的初始密度不同，其最终的质量损失率不同。从图 5-27（b）中可以看出，初始密度 3 的试样质量损失率最大，达 21.26%；初始密度 5 的试样质量损失

率最小（18.19%），这说明初始密度 3 的试样水化程度和碳化程度最高，而初始密度 5 的试样水化程度和碳化程度最小，这一结论验证了强度变化规律，与 XRD 试验结果相吻合。

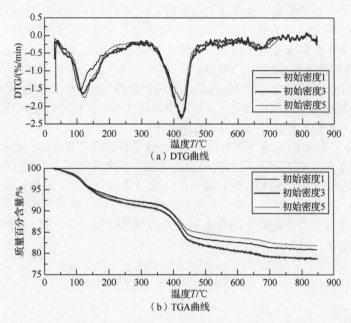

初始密度 1—1.732 g/cm³；初始密度 3—1.834 g/cm³；初始密度 5—1.936 g/cm³。

图 5-27　初始密度影响下 3 种 MgO 碳化固化土试样的 DTG 曲线和 TGA 曲线

$MgCO_3·3H_2O$ 的分解分为两个步骤：①在 200 ℃左右失去结晶水变成 $MgCO_3$；②在 400～550 ℃逸出 CO_2，这与 Unluer 等[122-123]的结论大体一致。但有文献[83]指出，$MgCO_3·3H_2O$ 是不稳定的，温度和 CO_2 等因素都会对其产生影响。当温度高于 50 ℃时，$MgCO_3·3H_2O$ 会发生分解，释放出 CO_2 和 H_2O，转变为球碳镁石[$Mg_5(CO_3)_4(OH)_2·5H_2O$]，最终成为水碳镁石 [$Mg_5(CO_3)_4(OH)_2·4H_2O$]。在 DTG 曲线中可以看到在 35～50 ℃有半个吸热峰，这可能跟 $MgCO_3·3H_2O$ 的转化有一定关系。

曹菁菁[152]统计出试样中吸收 CO_2 的质量百分比，主要在 35～100 ℃和 500～750 ℃这两个温度范围内进行统计。通过计算发现，初始密度 3 的试样吸收的 CO_2 质量百分比最大，达 4.57%；初始密度 1 和初始密度 5 的试样吸收的 CO_2 质量较为接近，分别为 3.90%和 3.93%。但总体而言，计算的 CO_2 的质量百分比较小，因为这是与固化土的总质量进行比较的，而固化土中含有的 MgO 含量很小，仅为干土的 20%，从而计算出的 MgO 吸收的 CO_2 质量更小。

5. CO_2 通气压力对热特性的影响

图 5-28（a）给出了 CO_2 通气压力影响下 MgO 碳化固化土的 TG 和 DTG 测试结果。从 TG 曲线上可以看出，当 CO_2 通气压力为 50 kPa、100 kPa、200 kPa 和 300 kPa 时，对应的 MgO 碳化固化土的最终质量百分含量分别为 86.4%、83.6%、81.1%和 80.7%，即碳化固化土中 CO_2 吸收量随 CO_2 通气压力的增加而增加。CO_2 通气压力影响下碳化固化土的 DTG 曲线有 3 个显著的特征峰；CO_2 通气压力为 50 kPa 时，碳化固化土的第一

特征峰（<250℃）的峰高最小，100 kPa 通气压力下碳化固化土的峰高次之，而 200 kPa 和 300 kPa 通气压力下碳化固化土的峰高最高，且两者相当，峰高大小反映了碳化固化土中含结晶水化合物的数量，通气压力 200 kPa 和 300 kPa 时结晶化合物最多；相似地，第二特征峰处的峰高随 CO_2 通气压力的变化规律与第一特征峰的变化规律基本相似；然而，第三特征峰峰高和峰宽几乎相同，说明 4 种碳化固化土在此温度范围内的脱碳量相近。结合 3 个峰的特征可推测出：200 kPa 和 300 kPa 通气压力下的碳化固化土存有较高含量的 $MgCO_3 \cdot 3H_2O$ 和较低含量的 $Mg_5(CO_3)_4(OH)_2 \cdot 5H_2O / Mg_5(CO_3)_4(OH)_2 \cdot 4H_2O$，而 50 kPa 和 100 kPa 通气压力下的碳化固化土存有较少的碳化产物，或者 $Mg_5(CO_3)_4(OH)_2 \cdot 5H_2O / Mg_5(CO_3)_4(OH)_2 \cdot 4H_2O$ 含量比 $MgCO_3 \cdot 3H_2O$ 的高。

图 5-28（b）为在 CO_2 通气压力影响下 MgO 碳化固化土的 DSC 测试结果，从中可以看出，测试热流随 CO_2 通气压力的增加而增加，4 个通气压力下的 DSC 曲线均有 4 个吸热峰，在通气压力为 50 kPa 时，第一特征峰的峰面积最小，说明该碳化固化土分解所需的焓最低；同样地，第二、第三特征峰的峰面积也较其他通气压力下的碳化固化土的小，说明低通气压力下的碳化固化土所生成的碳化产物较少，这与力学强度和 XRD 分析出的结果是相一致的。

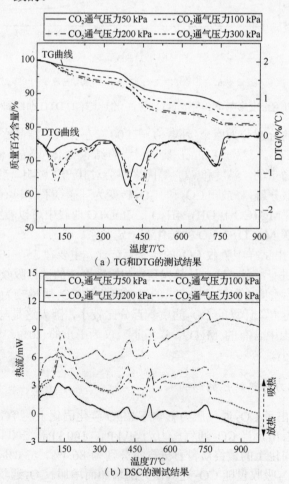

（a）TG 和 IDTG 的测试结果

（b）DSC 的测试结果

图 5-28　CO_2 通气压力对 MgO 碳化固化土热特性的影响

　　表 5-5 给出了热分解过程中不同 CO_2 通气压力下 MgO 碳化固化土的质量损失。步骤 1 主要为碳化固化土中结晶水的分解，步骤 2 主要为 $Mg(OH)_2$ 脱羟基，步骤 3 为碳化固化土中碳的分解，从表 5-5 中可以看出，随着 CO_2 通气压力的升高，碳化固化土中结晶水含量逐渐增加，$Mg(OH)_2$ 或碳化产物中间相的含量先增加后减小，在通气压力为 200 kPa 时最高，碳化固化土的总质量损失率逐渐增加。表 5-5 的显示结果与图 5-28（a）的分析结果相一致。

表 5-5　热分解过程中不同 CO_2 通气压力下 MgO 碳化固化土的质量损失率

CO_2 通气压力/kPa	步骤 1（<250℃）		步骤 2（300~475℃）		步骤 3（>450℃）		总质量损失率/%
	温度/℃	质量损失率/%	温度/℃	质量损失率/%	温度/℃	质量损失率/%	
50	<250	2.97	250~495	6.24	495~850	4.39	13.60
100	<250	4.66	250~498	7.33	498~850	4.41	16.40
200	<250	5.77	250~525	9.13	474~850	4.00	18.90
300	<250	6.29	250~511	8.95	475~850	4.06	19.30

5.3　微观加固机理

5.3.1　矿物成分

1. 活性 MgO 掺量和碳化时间对矿物成分的影响

　　图 5-29 和图 5-30 分别为不同活性 MgO 掺量和不同碳化时间下 MgO 碳化固化粉土试样的 XRD 图谱。结合活性 MgO 和素土 XRD 图谱，发现 MgO 碳化固化粉土存在以下特点。

　　1）活性 MgO 固化粉土经碳化后，均有镁式碳酸盐生成，包括三水碳镁石（N）、球碳镁石（D）、水碳镁石（H）和纤水菱镁石（A）等，在有些样品中还可检测到未水化的 MgO（Mg）、$Mg(OH)_2$（B）和水硅镁石（Ms）。（注：为便于 XRD 图谱检测产物的标记和说明，本节所有产物用字母表示。）

　　2）碳化后，材料中的 Mg 峰和石英（Q）峰的相对峰值高度显著降低，同时有其他相对较弱的峰出现，这是由 MgO 等碳化产物的存在所致。

　　3）从图 5-29 可以看出，相同初始含水率下，随着活性 MgO 掺量的增加，碳化固化土中的 Mg 峰强也相应增加。当活性 MgO 掺量为 10% 时，很难检测到 Mg 峰，而碳化固化土体中可以明显发现有水化产物 B 的存在，说明 MgO 固化试样中 MgO 已基本完成水化生成 $Mg(OH)_2$，但水化产物 B 并未完全碳化；随着活性 MgO 掺量的增加，测试土样中的 Mg 峰逐渐凸显，而水化产物 B 峰逐渐弱化，说明活性 MgO 掺量的增加引起了固化土中水分的消耗，使土样含水率大大降低，减弱了 MgO 的水化程度，但较少的水分加强了 CO_2 气体入渗和水化产物 B 的碳化程度。

　　此外，在其他弱峰中还发现碳化产物 N 的峰较为显著，且 N 的峰值高度随活性 MgO 掺量的增加而增高；检测到碳化产物 A 的 3 个主峰高度在活性 MgO 掺量为 15% 和 20% 时达到最大；而由于碳化产物 D 和 H 对应的衍射角较为接近，两者对应的 XRD 峰不显著且存在交叉重叠现象，故很难判定 D 和 H 在活性 MgO 掺量和初始含水率影响下的变化规律。

4) 从图 5-30 可以看出，在相同活性 MgO 掺量和含水率下，检测到的 Mg、Q 和 Ms 峰并无随碳化时间发生明显变化，说明 CO_2 与 Q 和 MgO 没有直接发生碳化反应；土样中的 N、D、H、A 和 M 的峰值高度随着碳化时间的增加而升高，而水化产物 B 峰却逐渐减弱，说明碳化时间越长，水化产物 B 越能充分地转化为碳化产物。

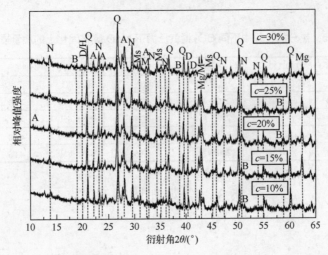

图 5-29　活性 MgO 掺量影响下 MgO 碳化固化粉土的 XRD 图谱

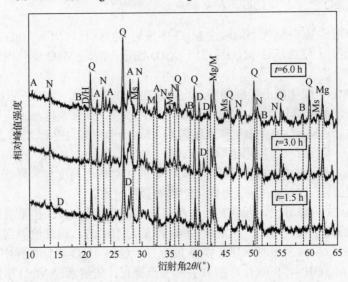

图 5-30　碳化时间影响下 MgO 碳化固化粉土的 XRD 图谱

2. 初始含水率和似水灰比对矿物成分的影响

图 5-31 和图 5-32 分别为初始含水率与似水灰比和碳化时间影响下 MgO 碳化固化土的 XRD 图谱。这两种条件下的图谱基本上与前述的图 5-29 和图 5-30 相似，均有 Mg、N、D、H、A 和 M 等镁式碳酸盐及水化物 B 与 Ms 的存在。所不同的是以下几方面。

1) 图 5-31 显示出，随初始含水率增加，即 H_2O 与 MgO 的物质量之比增加，MgO

转化为 B 的效率提高，使 B 峰增强；而检测到的 A 和 Ms 未呈现显著变化，N、D/H 和
M 的峰高却随初始含水率增加而略有降低，说明高初始含水率易促进水化，但过多的水
分也将阻碍 CO_2，削弱碳化效率。

　　2）图 5-32 进一步表明，相同碳化时间下，似水灰比越高，对应的土样中 Mg 峰、
碳化产物 N 峰和 D/H 峰越低，而水化产物 B 峰越高；在相同似水灰比下，碳化时间越
长，水化产物 B 峰越低，而相应碳化产物 N、D/H 峰越高。

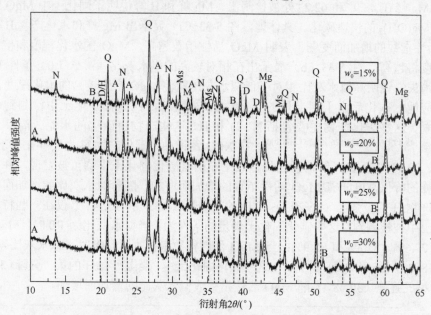

图 5-31　初始含水率影响下 MgO 碳化固化土的 XRD 图谱

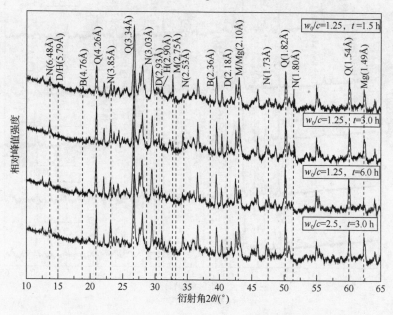

图 5-32　似水灰比和碳化时间影响下 MgO 碳化固化土的 XRD 图谱

3. MgO 活性对矿物成分的影响

为量化 MgO 活性对碳化固化土碳化产物的影响，图 5-33 给出了 MgO 活性指数和似水灰比影响下 MgO 固化土碳化 12 h 后的 XRD 图谱，并将纵坐标设置为半对数形式。在 MgO 活性指数和似水灰比影响下的图 5-33（a）、（b）中，显著的 Q 峰在衍射角为 20.8°、26.6°、50.1° 等处被检测到；较弱的水化产物 B 峰在 18.6° 和 38° 处被检测到；还有未水化的 Mg 峰在 42.9° 和 62.2° 处被检测出。Mg 峰和 B 峰说明了固化土中 MgO 的快速水化和 Mg(OH)$_2$ 的快速碳化。具体地，图 5-33（a）显示出 Mg 峰和水化产物 B 峰随着 MgO 活性指数的增加而变弱，表明 MgO 活性指数越高，MgO 的水化程度和接下来的碳化程度将越高；图 5-33（b）显示出在相对较高的似水灰比（$w_0/c>1.0$）条件下，Mg 峰逐渐消失，说明高似水灰比相对于低似水灰比能使 MgO 产生较高的水化程度。

相应地，碳化后由于相当量的 Mg(OH)$_2$ 被消耗，在碳化固化土中检测到水化镁式碳酸盐，这些碳化产物主要包括 N、D 和 H，这些产物在碳化的水泥或混凝土中也被检测到[48-49,119,121-123,126,129,151,166,200]。在 XRD 图谱中，碳化产物 N 主要存在于 13.65°、23.08°、29.45°、34.24° 等衍射角处，几乎在所有碳化固化土中均可被发现，并且对应的衍射峰的峰值高度随着 MgO 活性指数的增加而增加，随着似水灰比的增加而降低。而碳化产物 H 的最强峰（15.29°）和 D 的最强峰（8.33° 和 15.11°）仅在一些特定的碳化固化土中被检测到，这些碳化固化土满足的条件为：当似水灰比为 1.0 时，MgO 活性指数为 77.6%、82.3% 和 85.9%；当 MgO 活性指数最高为 85.9% 时，似水灰比须在 2.0 以下（0.8、1.0、1.5 和 2.0）。此外，在这些碳化固化土中，碳化产物 H 的第二强峰（30.82°）和 D 的第三强峰（30.48°）随 MgO 活性指数或似水灰比的增加而增加。

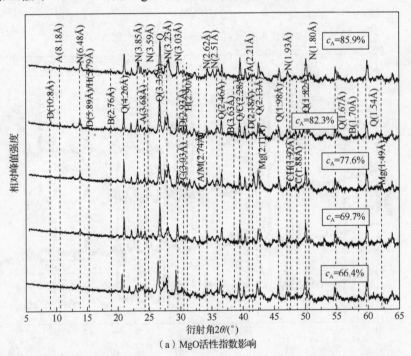

（a）MgO 活性指数影响

图 5-33　MgO 活性指数和似水灰比影响下 MgO 固化土碳化 12 h 后的 XRD 图谱

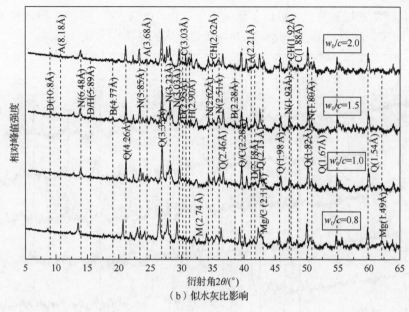

（b）似水灰比影响

图 5-33（续）

4. 土性对矿物成分的影响

图 5-34 为天然土土性影响下 MgO 固化土碳化 12 h 后的 XRD 图谱（固化土的初始含水率为 0.6 倍的天然土液限）。在 XRD 图谱中，除了前述的 Q 峰外，主要讨论镁的化合物变化，在碳化固化土试样 S1 和 S2 中，可以发现衍射角为 42.87° 和 62.23° 处有 Mg 峰的存在，表明在低液限粉土试样中，0.6 倍液限的初始含水率并不能使 MgO 完全水化。在 7 种被测土试样的 XRD 图谱中均发现有 B 峰（38.04° 和 18.60°）的存在，并且碳化固化土试样 S4、S5、S6 和 S7 中的 B 峰高度明显高于碳化固化土试样 S1、S2 和 S3 中的 B 峰高度，表明高液限土试样（S4、S5、S6 和 S7）比低液限土试样拥有更低的碳化度，也间接说明了 CO_2 气体在高液限土试样中较难入渗。从图 5-34 中可以观察到，7 种土样中检测到主要碳化产物为 N、D 和 H，碳化固化土 S1、S2 和 S3 中的碳化产物峰值强度要明显高于碳化固化土 S4、S5、S6 和 S7 中的峰值高度，说明天然土液限越低，碳化后的碳化产物越多。此外，碳化固化土试样中还可发现罕见的碳化产物——纤水菱镁石 A（24.14°）和五水碳镁石 L（31.5°），并且这两种碳化产物被证明比碳化产物 N 拥有更低的稳定性[122,200]。再者，在碳化固化土试样 S1 中，还有少量的碳酸镁 M（32.60°）和异水碳镁石 G（27.20°）的存在，在碳化固化土的 XRD 图谱中，由于 Mg 和 M 峰及 D 和 H 峰的重叠，也很难区分这些具体的产物数量。

5. 压实度对矿物成分的影响

不同压实度下，MgO 碳化海安土样的主要水化产物和碳化产物如图 5-35 所示，并对固化土试样的 XRD 谱线上水化产物和碳化产物最强峰值的峰高进行计算统计（表 5-6）。从对试样中主要水化产物和碳化产物的统计结果可以看出，未碳化的试样中以水化产物为主，碳化产物可忽略不计。水化产物以水滑石、水合硅酸镁和氢氧化镁为主，而碳化后这些水化产物的峰值降低，形成了新的碳化产物，以三水碳镁石 N、球碳镁石 D 和水碳镁石 H 为主，这是一部分水化产物参与碳化反应的结果[140]。

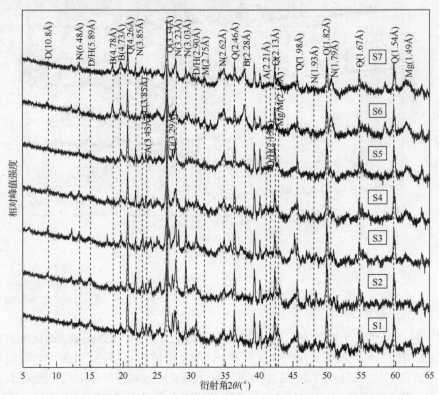

图 5-34　天然土土性影响下 MgO 固化土碳化 12 h 后的 XRD 图谱

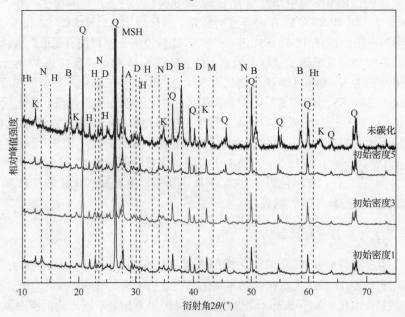

图 5-35　不同初始密度影响下的 XRD 图

表 5-6　固化土水化产物和碳化产物在 XRD 谱线上最强峰值的峰高

主要水化物和碳化产物	未碳化	初始密度 1	初始密度 3	初始密度 5
氢氧化镁 B（18.6°衍射角为 2θ）	8.0	0.5	1.0	1.4
三水碳镁石 N（24.8°衍射角为 2θ）	—	3.7	1.6	3.0
球碳镁石 D（30.8°衍射角为 2θ）	—	1.0	1.8	2.9
水碳镁石 H（30.48°衍射角为 2θ）	—	1.1	2.8	0.9

通过对比 3 种初始密度影响下固化土水化产物和碳化产物在 XRD 谱线上最强峰值的峰高结果发现，初始密度不同，固化土的水化产物和碳化产物的最强峰值高度不同。对初始密度 1 的试样而言，其存留的氢氧化镁 B 为 0，但是测出的主要镁碳酸盐的含量很少，水镁石碳化反应过程中生成了其他镁碳酸盐产物（如纤水碳镁石等）；而对初始密度 5 的试样而言，其含有的氢氧化镁的最强峰值高度与碳酸盐产物的最强峰值高度相对其他两种碳化试样较高。

已有研究[31-33]表明，碳化反应使试样的无侧限抗压强度显著增加，生成的碳化产物是试样强度提高的主要原因。XRD 半定量分析结果表明，初始密度会对试样的碳化反应和水化反应程度造成一定影响。当试样初始密度过大时（初始密度 5），试样中参与碳化反应的水化产物减少，从而试样中生成的碳化产物相对较少，存留的水化产物相对较多。

6. CO_2 通气压力对矿物成分的影响

图 5-36 描述了不同 CO_2 通气压力下 MgO 碳化固化土的 XRD 图谱（活性 MgO 掺量为 15%）。从中可以发现，在相同碳化时间下，图谱中 Q 峰和 Mg 峰基本上没有随 CO_2 通气压力的变化而发生变化，而仅有 MgO 的水化产物和碳化产物的峰值高度发生了变化。具体地，水化物 B 的峰值高度随着 CO_2 通气压力的增加而减小，而相应的，碳化产物 N、A、M 和 L 的峰值高度却随 CO_2 通气压力的增加而增加，遗憾的是，本条件下很难寻找到碳化产物 D 和 H。同样地，在活性 MgO 掺量为 20%的碳化固化土 XRD 图谱中，也能清楚地发现，与 CO_2 通气压力为 25 kPa 的条件下相比，通气压力为 200 kPa 时，水化产物 B 的峰值高度明显较低，碳化产物 N、M、A 和 L 的峰值高度明显变高。此外，在碳化固化土体的 XRD 图谱中，也检测到有 $CaCO_3$（C）的存在，但 C 的峰值并未随通气压力发生规律性变化。

7. 干湿循环作用对矿物成分的影响

为分析干湿循环作用对 MgO 碳化固化土的化学成分的影响，对粉土+MgO 碳化 3 h 干湿前、标准养护 21 d、3 次干湿循环和 6 次干湿循环后的碳化试样进行了 XRD 分析，如图 5-37 所示。从图 5-37 中可以看出，干湿循环前试样中存在的三水碳镁石（N，$MgCO_3 \cdot 3H_2O$）、水碳镁石 [H，$Mg_5(CO_3)_4(OH)_2 \cdot 4H_2O$]、球碳镁石 [D，$Mg_5(CO_3)_4(OH)_2 \cdot 5H_2O$] 在经过 3 次及 6 次干湿循环后仍然存在，与没有经过干湿循环的试样相比，碳化粉土试样中 N 的峰值有一定程度的降低，而 H 和 D 的峰值有一定程度的提高。可能的原因：在干湿循环过程中，在温度的影响下，N 逐渐转变为了 H 和 D。软土碳化 24 h 干湿循环试样和标准养护试样相比在峰的相对高低上也没有明显区别，说明干湿循环对软土碳化试样的物质成分方面没有大的影响。

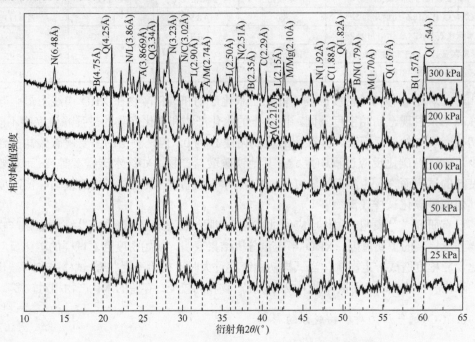

图 5-36　不同 CO_2 通气压力下 MgO 碳化固化土的 XRD 图谱

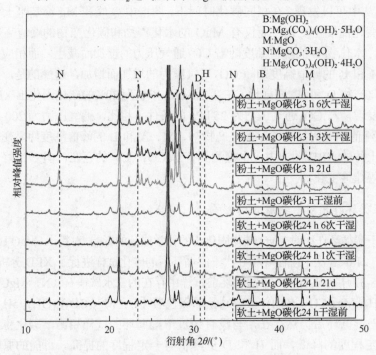

图 5-37　干湿循环对碳化固化土成分的影响

8. 冻融循环作用对矿物成分的影响

对碳化试样冻融前、标准养护 21 d（对应 10 个冻融循环）、6 次冻融循环和 10 次冻融循环后的碳化试样物质成分进行了 XRD 分析，如图 5-38 所示。从图 5-38 中可以看出，冻融循环前试样中存在与干湿循环试验相同的产物，即三水碳镁石（N，$MgCO_3 \cdot 3H_2O$）、水碳镁石 [H，$Mg_5(CO_3)_4(OH)_2 \cdot 4H_2O$]、球碳镁石 [D，$Mg_5(CO_3)_4(OH)_2 \cdot 5H_2O$]，经过 6 次及 10 次冻融循环后，这些产物仍然存在，与没有经过冻融循环的试样相比，N 的峰值有比较明显的降低，但是花骨状和片状结构的 H 和 D 峰值并没有明显提高，说明 N 的减少并不是由于转变成了 H 和 D，可能的原因是经过冻融循环后 N 由于失水变成了 $MgCO_3$。

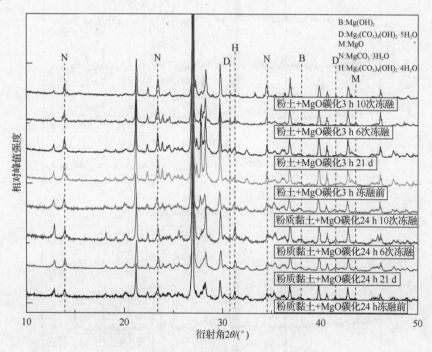

图 5-38　冻融循环对碳化固化土成分的影响

9. 硫酸盐侵蚀作用对矿物成分的影响

第 4 章的试验得出硫酸盐浸泡初期的水泥土试件强度较蒸馏水浸泡有所增加；随着侵蚀的进行，膨胀产物随时间的增加将在水泥土的孔隙中积累，直到完全充满孔隙后对水泥土产生膨胀力，从而使水泥土开裂强度降低。郑旭[139]对 Mg^{2+} 和 SO_4^{2-} 相互影响对水泥土强度的影响进行了试验研究，提出水泥土在 $MgSO_4$ 溶液浸泡过程中，除 SO_4^{2-} 对水泥土试样的影响外，Mg^{2+} 与水泥土反应生成 $MgO \cdot SiO_2 \cdot H_2O$，分散于水化硅酸钙（$3CaO \cdot 2SiO_2 \cdot 3H_2O$，CSH）中，使 CSH 的凝胶性变差，从而影响水泥土强度。

碳化固化试样的固化机理是 MgO 与水发生水化反应，水解生成 Mg^{2+} 和 OH^-，当达到饱和以后沉淀析出 $Mg(OH)_2$，$Mg(OH)_2$ 晶体为疏松多孔的微观结构，其物理胶结能力远弱于 CSH。$Mg(OH)_2$ 与 CO_2 发生碳化反应，生成镁的碳酸化合物三水碳镁石

（$N,MgCO_3 \cdot 3H_2O$）、水碳镁石［$H,Mg_5(CO_3)_4(OH)_2 \cdot 4H_2O$］、球碳镁石［$D,$ $Mg_5(CO_3)_4(OH)_2 \cdot 5H_2O$］，这些镁的碳酸化合物具有很高的胶结强度，从微观结构上来看三水碳镁石 N 为棱柱状晶体，水碳镁石 H 和球碳镁石 D 为花骨状和片状结构。图 5-39为在不同溶液中浸泡 28 d 及浸泡前碳化固化土试样的 XRD 结果，图中碳化反应各物质所对应的物相峰值已用竖线标出。

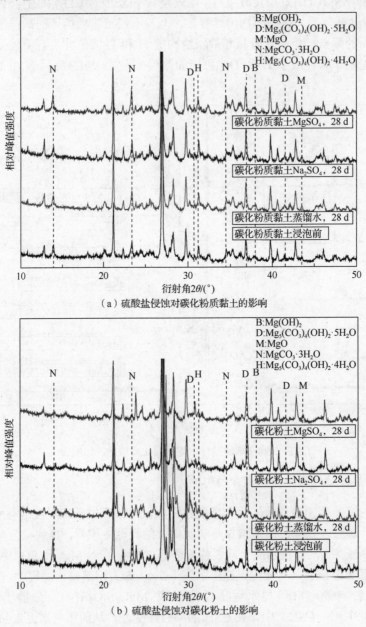

（a）硫酸盐侵蚀对碳化粉质黏土的影响

（b）硫酸盐侵蚀对碳化粉土的影响

图 5-39　硫酸盐侵蚀对碳化固化土成分的影响

5.3.2　微观结构

1. 活性 MgO 掺量和碳化时间对微观结构的影响

在未固化天然粉土的 SEM 照片中，土颗粒的形态清晰可见，颗粒之间存在较为明显的孔隙，且颗粒之间缺乏有效连接；在常规养护 28 d 的 MgO 固化土中，土颗粒表面、土粒之间填充了大量的 $Mg(OH)_2$ 絮状物，减小了土体的孔隙率（图 5-40）。不同工况条件下 MgO 碳化固化土的微观结构形貌分析研究结果如下。

1）在低活性 MgO 掺量（10%）条件下，碳化固化土中存在较大的土颗粒和孔隙，颗粒表面平滑、颗粒间连接较弱，有明显的棱角和边界；在部分颗粒块上可观察到疏松的团状物和排列紧密的棒状/棱柱状产物（三水碳镁石 N）。通过高倍图片发现这些棒状碳化产物 N 紧密附着在土颗粒表面并平行于表面生长。当活性 MgO 掺量增加时，在低倍 SEM 照片中观察到：碳化固化土中原有的大孔隙逐渐被 MgO 水化产物 B 和碳化产物（HMCs，包括三水碳镁石 N、水碳镁石 H 和球碳镁石 D）填充，使大孔隙逐渐被细化，并且土颗粒和孔隙分布较为均匀，土颗粒边、棱较为模糊，土颗粒表面被不同形貌的物质包裹，且土颗粒间存在一定连接。从高倍 SEM 照片中可以观察到：碳化固化土体中大量的形貌结构被清晰显示为棒状/棱柱状胶结物（三水碳镁石 N）和薄的花片状或细丝状的胶结物（水碳镁石 H 和球碳镁石 D），如图 5-41 所示。

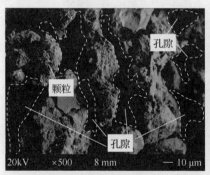
（a）未固化天然粉土

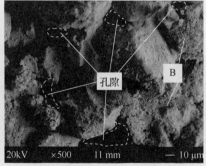
（b）常规养护28 d的MgO固化土

图 5-40　天然土粉土和 MgO 固化土的 SEM 照片

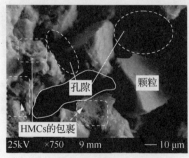
（a）活性MgO掺量10%（×750）

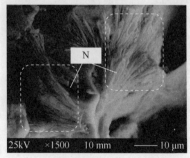
（b）活性MgO掺量10%（×1500）

图 5-41　不同活性 MgO 掺量条件下碳化固化土的 SEM 照片

（c）活性MgO掺量15%（×600）　　　（d）活性MgO掺量15%（×2500）

（e）活性MgO掺量20%（×600）　　　（f）活性MgO掺量20%（×1200）

（g）活性MgO掺量25%（×800）　　　（h）活性MgO掺量25%（×2500）

（i）活性MgO掺量30%（×600）　　　（j）活性MgO掺量30%（×3000）

图 5-41（续）

2）在碳化 1.5 h 条件下，碳化固化土中土颗粒较为零碎，颗粒之间的胶结与填充作用较弱；在高倍 SEM 照片中可以看出，土体中存有大量未碳化的水化产物 B，水化产物 B 较为疏松，此外还有新转化来的碳化产物 D/H，并未发现结晶性好的胶结物 N。当碳化时间增至 3.0 h 和 6.0 h，碳化固化土体的颗粒间孔隙逐渐减小，大部分土颗粒被胶结性碳化产物 D/H 和 N 包裹，填充和胶结作用逐渐凸显；水化产物 B 逐渐减少乃至消失，开始转化为大量的碳化产物 D/H 和 N，在 3.0 h 时，基本上为 D/H；在 6.0 h 时，棒状物 N 继续增多，而片状物 D/H 开始减少，但当碳化时间增至 12.0 h 时，土颗粒间的孔隙继续减小，几乎被膨胀性的棒状物 N 所填充，棒状物 N 在土颗粒间起到了连接作用（图 5-42）。

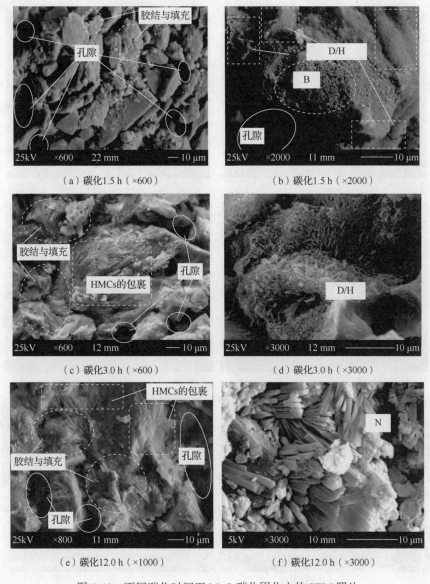

图 5-42　不同碳化时间下 MgO 碳化固化土的 SEM 照片

2. 初始含水率和似水灰比对微观结构的影响

在较低初始含水率（15%）下，颗粒较小、颗粒间连接紧密，土体中的孔隙相对较大，土颗粒表面被片状的碳化物 D/H 和棒状的碳化物 N 所包裹，同时在高倍 SEM 照片中，还发现有未水化的 MgO 颗粒，说明低含水率下 MgO 并未完全水化。当初始含水率增加至 20% 和 25% 时，碳化固化土中的孔隙逐渐减小，土颗粒被堆积型的棒状碳化产物 N 所包裹和填充，可能由于碳化时间不够长，仍存在丝状的碳化物 D/H。但当初始含水率为 30% 时，土颗粒明显减小，几乎没有大的孔隙，棒状物 N 被疏松的絮状物 B 和碳化物 D/H 所包围，形成一个较大的团聚体，这说明了该初始含水率下碳化并不充分（图 5-43）。

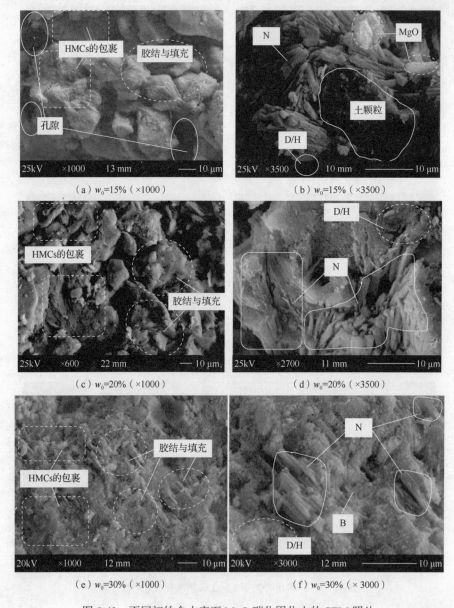

图 5-43　不同初始含水率下 MgO 碳化固化土的 SEM 照片

两种似水灰比下的碳化固化土均未有大的孔隙，与似水灰比为 1.25 时相比，似水灰比为 2.5 时的碳化固化土中存在较多的未碳化水化物 B 和碳化物 D/H，说明碳化速率较低。同时也发现，碳化 3.0 h 时的碳化固化土体中存有明显的水化物 B，在碳化 6.0 h 的碳化土中，观测到一罕见的碳酸镁 M 晶体，表明碳化时间越长，碳化越充分（图 5-44）。

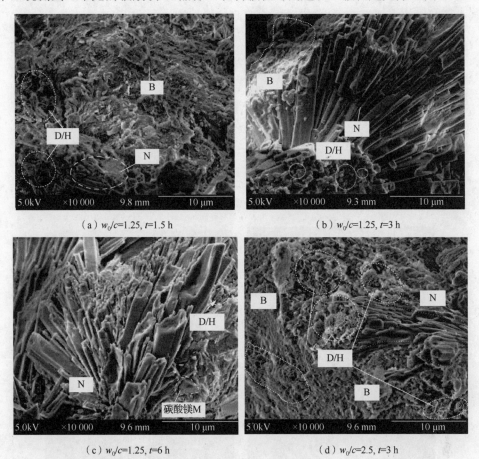

（a）w_0/c=1.25, t=1.5 h　　　　　　　　　（b）w_0/c=1.25, t=3 h

（c）w_0/c=1.25, t=6 h　　　　　　　　　（d）w_0/c=2.5, t=3 h

图 5-44　似水灰比影响下 MgO 碳化固化土的 SEM 照片（×10 000）

3. MgO 活性对微观结构的影响

图 5-45 为 MgO 活性指数和相应似水灰比影响下的 MgO 碳化固化土 SEM 照片，由于该测试仪器不同于前面的测试仪器，显示的形貌与前几种有所不同，所有试样很难区分颗粒间孔隙。从图 5-45 的低倍照片中可以注意到，较高的似水灰比［图 5-45（a）］和较低的 MgO 活性指数［图 5-45（i）］下，碳化固化土试样显示出较疏松的结构形貌。从高倍 SEM 照片中可以清晰地发现：在所测试的碳化固化土试样中均不同程度地存在多孔絮状水化物 B，由于该水化物结构间的相互联结较弱而被证明拥有有限的胶结能力[30,31,34,41,159]。在高倍 SEM 照片中，碳化固化土中存在大量的细长棒状晶体 N 和针状或玫瑰片状晶体 D/H，在较高的 MgO 活性指数（85.9%）下，当似水灰比大于

等于 1.0（如 1.0、1.5）时，碳化固化土中主要存在大量的碳化物 N 和少量的水化物 B [图 5-45（b）、（d）]，同时在似水灰比为 1.0 时，还发现有多面体碳酸镁 M 颗粒的存在[141,144]。但当 MgO 活性降低或似水灰比降低时 [图 5-45（f）、（h）、（j）]，碳化固化土中除有碳化物 N 外，还有碳化物 D/H 的存在，碳化物 N 中 D/H 的存在也在一定程度上减小了试样的力学强度，这与 XRD 的检测结果相符。

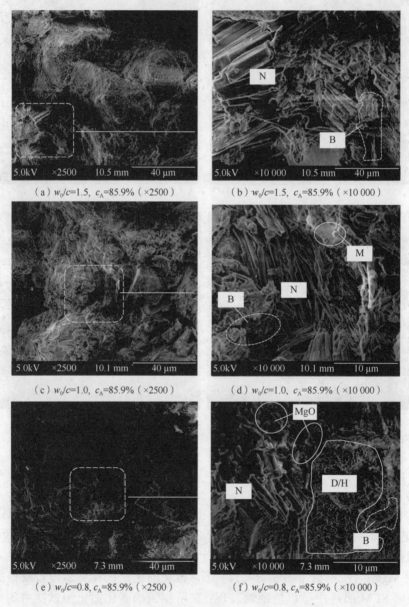

（a）w_0/c=1.5, c_A=85.9%（×2500）　　（b）w_0/c=1.5, c_A=85.9%（×10 000）

（c）w_0/c=1.0, c_A=85.9%（×2500）　　（d）w_0/c=1.0, c_A=85.9%（×10 000）

（e）w_0/c=0.8, c_A=85.9%（×2500）　　（f）w_0/c=0.8, c_A=85.9%（×10 000）

图 5-45　MgO 活性指数和相应似水灰比影响下 MgO 碳化固化土的 SEM 照片

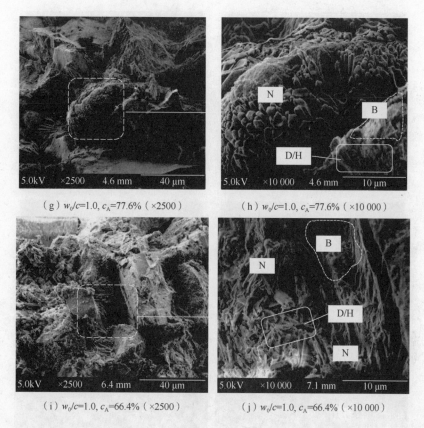

（g）w_0/c=1.0, c_A=77.6%（×2500）　　　（h）w_0/c=1.0, c_A=77.6%（×10 000）

（i）w_0/c=1.0, c_A=66.4%（×2500）　　　（j）w_0/c=1.0, c_A=66.4%（×10 000）

图 5-45（续）

4. 土性对微观结构的影响

图 5-46 为天然土土性影响下 MgO 碳化固化土的 SEM 照片，测试样的初始含水率均为 0.6 倍的天然土液限。在所有图中均有水化物 B 的存在，这说明在指定条件下所有土样并未完全碳化，S2 和 S3 中被水化物 B 覆盖的面积要远小于 S4 和 S7 中被水化物 B 覆盖的面积；在 S2 和 S3 的结构形貌中，有丰富的碳化产物，既有紧凑的棒状晶体 N，又有薄片状或丝状的碳化物 D/H；而在 S7 中仅在局部存有棒状晶体 N 和丝状碳化物 D/H，且 S7 的微观形貌较为疏松，表明高液限的碳化固化土试样具有较低的碳化度。在 SEM 照片中，也发现了针状或玫瑰状-薄片状晶体 D/H，尤其在 S5 和 S6 中最为显著，这在一定程度上促使了土体中孔隙的填充[123]；并且在 S5 和 S6 中鲜有大的土颗粒出现，薄片状碳化物 D/H 与絮状物 B 毗邻，说明碳化物 D/H 由水化物 B 发育且土体碳化度不高。此外，在 S2 和 S3 中也观测到大量的棒状晶体 N［图 5-46（a）、（b）］，晶体 N 较其他碳化产物 D/H 拥有相对较高的强度和硬度，这与 S2 和 S3 具有较高的力学强度是相一致的。

（a）MgO碳化粉土S2　　　　　　　　（b）MgO碳化粉质黏土S3

（c）MgO碳化黏土S4　　　　　　　　（d）MgO碳化淤泥质粉质黏土S5

（e）MgO碳化淤泥质黏土S6　　　　　　（f）MgO碳化淤泥质黏土S7

图 5-46　天然土土性影响下 MgO 碳化固化土的 SEM 照片

5. 压实度对微观结构的影响

图 5-47 分别为 3 种初始密度（初始密度 1、3 和 5）下 MgO 固化海安粉质黏土试样碳化 6 h 后的 SEM 图片。从图中可以看出，3 种压实度下试样均存在棱柱状晶体 N，且晶体 N 发育度高。晶体与晶体间紧密连接，很好地填充了土样孔隙。

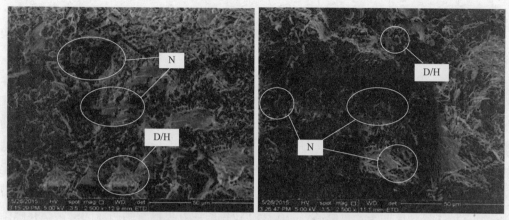

（a）初始密度1　　　　　　　　　　　　（b）初始密度3

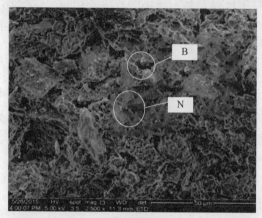

（c）初始密度5

图 5-47　不同初始密度下 MgO 固化海安粉质黏土试样碳化 6 h 后的 SEM 照片

根据曹菁菁[152]的文献讨论，总结击实土样的 SEM 图片，得出了几种典型的微结构模型。

（1）集粒结构

由原生矿物颗粒（称单粒）、表面包有黏土的集聚颗粒（称包粒）和黏土颗粒无序组合的团聚体组成。这种结构是由于击实过程中含水率较低、团聚体不易击实而形成的。

（2）镶嵌结构

由单粒、包粒、团聚体和黏粒有序组合的叠聚体组成广叠聚体，沿大颗粒边缘呈定向排列。这种结构常出现在击实土中。它是在碎屑矿物颗粒、包粒、强度较高的团聚体与含水率较高的团聚体、叠聚体所占比例接近的击实土中，因挤压而成。

（3）紊流状结构

由单粒、包粒、强度较高的团聚体与呈良好定向的叶片状黏粒共同组成。击实土中的这种结构，是由较少单粒、包粒、较大的团聚体与含水率较高的叠聚体、团聚体经单向挤压而成的。

（4）定向-排列结构

由定向排列的叠聚体组成。这种结构由含水率很高、原生矿物颗粒较少的土经击实后形成。

所有试样都采用静压方式制备，与击实方式较为类似，可借鉴以上总结出的 4 种微结构模型来对 MgO 碳化固化土的 SEM 图片进行分析。

从图 5-47 中可以看出，成簇状的棱柱状的碳化产物三水碳镁石 N 包裹在土颗粒的表面，颗粒与颗粒之间成面-面接触，碳化产物包裹着土颗粒成定向排列，形成镶嵌结构。对比 3 种试样可以看出，初始密度 1 的试样中有大量的棱柱状的三水碳镁石 N 转化为花朵状的球碳镁石 D/水碳镁石 H，碳酸镁 M 晶体填充作用小于棱柱状的三水碳镁石 N，后者是土体强度的主要贡献者[8]，在产物转化的地方可以看到明显的蜂窝状孔隙结构；初始密度 5 的试样中可以看到未碳化的稀疏多孔的水镁石 B，这与 XRD 的测试结果一致。水镁石的胶结能力非常弱[8,119,129]，对土体加固的作用很小，并且在图片中可以明显看到很多的片状的球碳镁石 D/水碳镁石 H。片状的球碳镁石 D/水碳镁石 H 的胶结能力和填充能力远不如三水碳镁石 N[8]。从 SEM 图片来看，初始密度 3 的试样中有大量三水碳镁石 N 形成镶嵌结构，结构更为致密。在 TGA 试验和 MIP 的结果中初始密度 3 的试样吸收的 CO_2 的含量相对最多，累积孔隙体积相对较小，因此试样中的微结构更为紧密，这与电镜扫描的结果大体吻合。

6. CO_2 通气压力对微观结构的影响

图 5-48 为 CO_2 通气压力影响下 MgO 碳化固化土的 SEM 照片，其中，图 5-48（a）～（j）中的活性 MgO 掺量为 15%，图 5-48（k）～（l）中的活性 MgO 掺量为 20%。从中可以发现，当活性 MgO 掺量为 15%、碳化时间为 3 h 时，所有低于 200 kPa 通气压力的碳化固化土主要以水化物 B 和碳化物 D/H 的形式存在；当 CO_2 通气压力为 200 kPa、碳化时间增至 12.0 h 时，碳化固化土中的水化物 B 和碳化物 D/H 才基本转化为棒状碳化物 N，促使碳化固化土强度和硬度的提高；此外，当活性 MgO 掺量增加为 20% 时，即便在 3 h 的碳化时间和 200 kPa 通气压力下，碳化固化土中也富存大量的棒状碳化物 N。上述分析说明，CO_2 通气压力主要影响 MgO 固化土的碳化速率，当通气压力增加到一定程度且达到一定碳化时间后，可使 MgO 固化土充分碳化，形成致密的棒状碳化物 N；而在活性 MgO 掺量增加时，变相地减小了固化土的含水率，也可以促使碳化速率提高，这与力学强度变化规律和 XRD 结果是相符的。

因此，MgO 碳化固化土结构形貌受活性 MgO 掺量、初始含水率、碳化时间、MgO 活性指数、天然土土性和 CO_2 通气压力的共同影响，此外还受到 MgO 固化土的压实度的影响，刘松玉等[207]已在研究中说明最优压实度是 89%；这些因素协同作用才能使水化物 B 以较高的转换率形成致密高强的棒状碳化物 N。

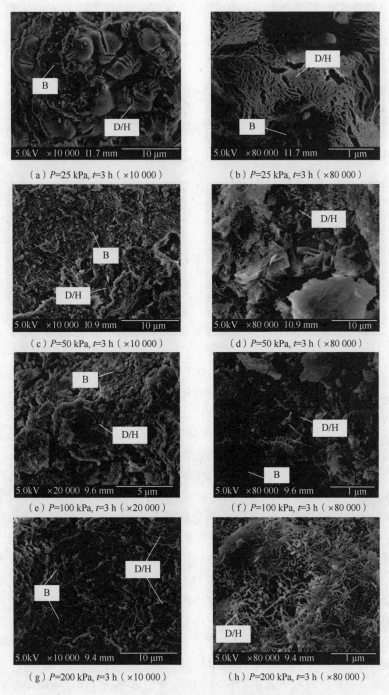

（a）P=25 kPa, t=3 h（×10 000）　　　（b）P=25 kPa, t=3 h（×80 000）

（c）P=50 kPa, t=3 h（×10 000）　　　（d）P=50 kPa, t=3 h（×80 000）

（e）P=100 kPa, t=3 h（×20 000）　　　（f）P=100 kPa, t=3 h（×80 000）

（g）P=200 kPa, t=3 h（×10 000）　　　（h）P=200 kPa, t=3 h（×80 000）

图 5-48　CO_2 通气压力影响下 MgO 碳化固化土的 SEM 照片

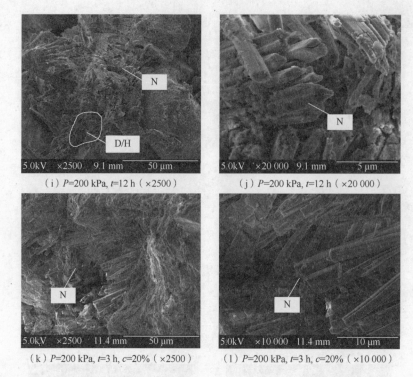

（i）P=200 kPa，t=12 h（×2500）　　　（j）P=200 kPa，t=12 h（×20 000）

（k）P=200 kPa，t=3 h，c=20%（×2500）　　（l）P=200 kPa，t=3 h，c=20%（×10 000）

图 5-48（续）

7. 干湿循环作用对微观结构的影响

图 5-49～图 5-51 分别为碳化试样干湿循环之前（碳化完成后标准养护 1 d）、标准养护 21 d（与 6 次干湿循环对应）和 6 次干湿循环后的 SEM 照片。

通过图 5-49 和图 5-50 比较可以看出标准养护条件下碳化试样内部碳化产物的变化情况，干湿循环之前的碳化试样及标准养护 21 d 的试样都比较容易发现棱柱状晶体 N 及花骨状和片状结构的 H 和 D 的存在，碳化标准养护 21 d 试样与 21 d 前相比，花骨状和片状结构更多，并且棱柱状结构的末端有向片状结构发展的趋势。Unluer[122-123,200]在对 MgO 水泥试样的试验中证明了碳化产物 N 在外部条件缺水的情况下会失水转变为 H 和 D，因此，标准养护 21 d 的碳化试样中 H 和 D 的相对增多是因为养护室条件不足以保证试样内部水分，使 N 失水分解。从图 5-51 中可以发现，粉土试样经过 6 次干湿循环后已经很难发现棱柱状晶体 N 的存在，而花骨状和片状结构的 H 和 D 则随处可见，但是武汉软土试样干湿循环后的内部碳化产物变化并不明显，各个碳化产物都能够发现，这一结果也与 XRD 检测结果一致，这说明干湿循环条件中粉土试样内部总体来看是处于低含水率条件下的，从表 4-2 中的含水率变化也可以看出，干湿循环后粉土试样的含水率与干湿之前相比含水率增加量要远远低于武汉软土试样，由于试样在烘箱中的时间为 48 h，泡水时间为 24 h，所以粉土试样更多的是处于相对比较干的状态，然而武汉软土试样由于吸水量大，在 30 ℃烘箱中 48 h 也很难烘干，试样内部相对粉土试样来说基本保持湿的状态，因此武汉软土试样内部碳化产物基本没有变化。

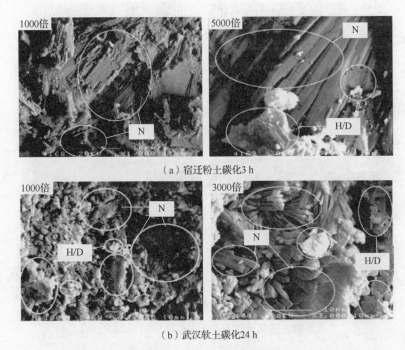

（a）宿迁粉土碳化3 h

（b）武汉软土碳化24 h

图 5-49 碳化试样干湿循环前 SEM 照片

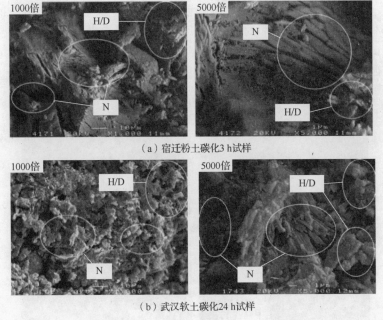

（a）宿迁粉土碳化3 h试样

（b）武汉软土碳化24 h试样

图 5-50 碳化试样标准养护 21 d 的 SEM 照片

（a）宿迁粉土碳化3 h

（b）武汉软土碳化24 h

图 5-51　碳化试样 6 次干湿循环后的 SEM 照片

8. 冻融循环作用对微观结构的影响

图 5-52～图 5-55 分别为碳化试样冻融前、标准养护 21 d（对应 10 个冻融循环）、6 次冻融循环和 10 次冻融循环后的 SEM 照片，从中可以看出，无论是标准养护试样还是冻融循环试样，都能够很容易地发现棱柱状晶体 N 和片状 H/D 的存在，结合 XRD 图谱说明冻融循环对碳化固化土的物质成分影响不大。

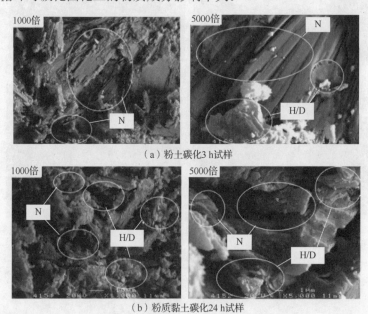

（a）粉土碳化3 h试样

（b）粉质黏土碳化24 h试样

图 5-52　碳化试样冻融前 SEM 照片

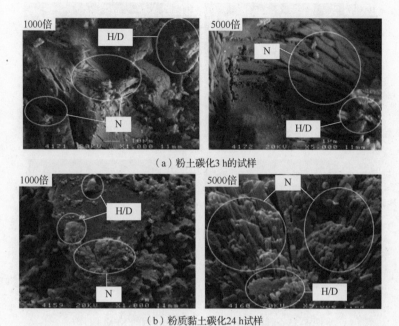

（a）粉土碳化3 h的试样

（b）粉质黏土碳化24 h试样

图 5-53　碳化试样标准养护 21 d 的 SEM 照片

（a）粉土碳化3 h试样

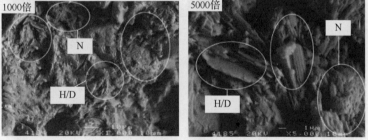

（b）粉质黏土碳化24 h试样

图 5-54　碳化试样 6 次冻融循环后的 SEM 照片

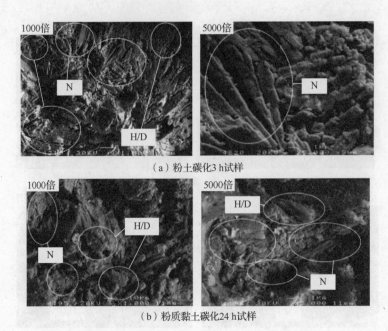

（a）粉土碳化3 h试样

（b）粉质黏土碳化24 h试样

图 5-55　碳化试样 10 次冻融循环后的 SEM 照片

9. 硫酸盐侵蚀作用对微观结构的影响

图 5-56 和图 5-57 分别为经过 28 d 硫酸盐侵蚀后碳化试样内部碳化产物的 SEM 照片，说明经过 28 d 的浸泡，硫酸盐溶液并没有对碳化产物造成大的影响。

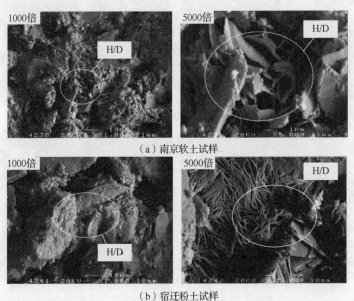

（a）南京软土试样

（b）宿迁粉土试样

图 5-56　在硫酸盐溶液中浸泡 28 d 后碳化固化土中的水碳镁石 H 和球碳镁石 D 的 SEM 照片

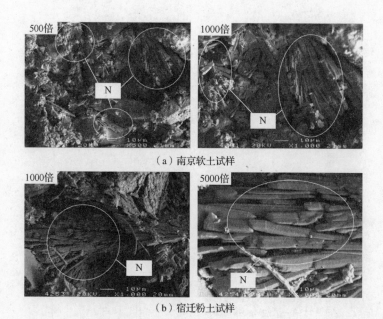

（a）南京软土试样

（b）宿迁粉土试样

图 5-57　在硫酸盐溶液中浸泡 28 d 后碳化固化土中的三水碳镁石 N 的 SEM 照片

5.3.3　孔隙特征

1. 活性 MgO 掺量、碳化时间和初始含水率对孔隙特征的影响

图 5-58～图 5-60 分别为活性 MgO 掺量、碳化时间和初始含水率影响下活性 MgO 碳化固化土的 MIP 结果，其中，图（a）均为累积进汞量曲线，图（b）均为孔隙密度分布曲线，图（c）均为各类孔隙体积分布，累积进汞量表征了土体的孔隙体积。从 3 个图（a）的累积进汞量曲线可以看出：碳化固化土的孔隙体积随碳化时间的增加而减小；在给定的活性 MgO 掺量或初始含水率下，存在一个相对最优的初始含水率（25%）和活性 MgO 掺量（20%），使碳化固化土的孔隙体积最小。从 3 个图（b）中可以发现，3 种条件下的碳化固化土孔径分布曲线均呈明显的单峰形式，而未固化的素粉土却呈双峰形式，此外，张涛[208]在木质素改良粉土路基的研究中也证实了素粉土的孔径分布是双峰结构形式，并且当木质素掺量大于 8%时，其改良土孔径分布由双峰结构变为单峰结构。Li 和 Zhang[209]通过 MIP 测试研究了典型双峰结构土体的微观孔隙特征，认为最优含水率下的天然击实土的孔径分布多为双峰结构形式。丁建文等[210]研究了水泥固化淤泥质土的孔隙分布，得出一定龄期后水泥土的孔径分布随水泥掺量的增加呈现由双峰向单峰的转变。碳化前后 MgO 固化土孔径分布曲线由双峰变为单峰，表明 MgO 碳化固化后使土体的进汞孔隙通道得到相应填充，仅留有单个最优进汞通道；且 MgO 固化土必定存在一个临界的活性 MgO 掺量值，但在本节的微观研究中，并未对活性 MgO 掺量小于 10%的碳化固化土进行 MIP 测试，在后续研究中有待探讨。

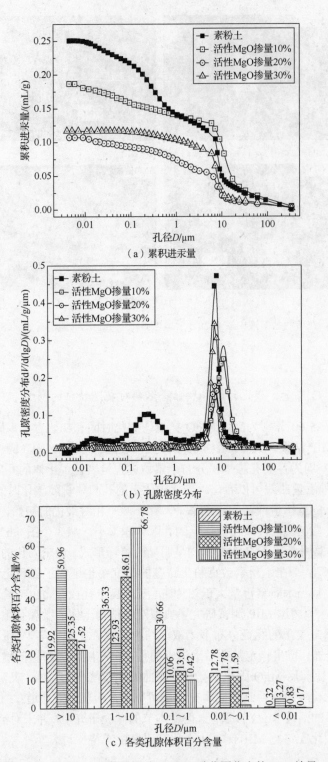

图 5-58　活性 MgO 掺量影响下 MgO 碳化固化土的 MIP 结果

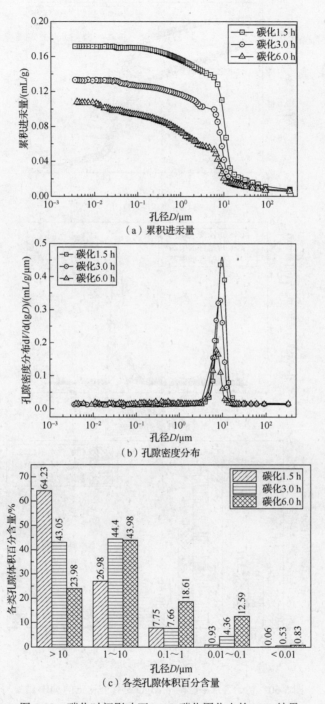

（a）累积进汞量

（b）孔隙密度分布

（c）各类孔隙体积百分含量

图 5-59　碳化时间影响下 MgO 碳化固化土的 MIP 结果

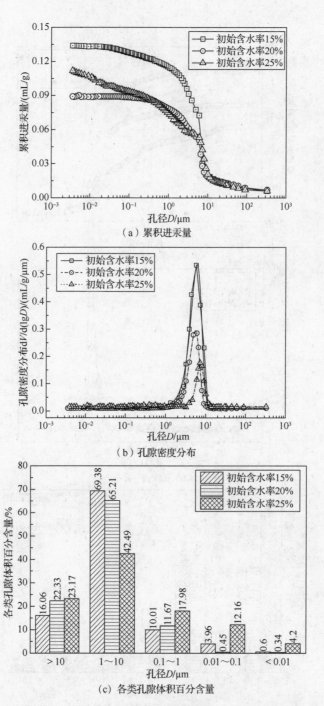

（a）累积进汞量

（b）孔隙密度分布

（c）各类孔隙体积百分含量

图 5-60　初始含水率影响下 MgO 碳化固化土的 MIP 结果

为定量研究 MgO 碳化固化土的孔隙体积分布特征，对孔径分布曲线用高斯（Gauss）正态分布函数进行拟合，孔径采用对数形式，高斯拟合函数为

$$f(D) = \frac{A}{w\sqrt{\pi/2}} \cdot e^{\frac{2(\lg D - \mu)^2}{w^2}} \qquad (5\text{-}16)$$

式中，D 为孔径（μm）；A 为团粒内孔隙体积（mL/g）；μ 为平均孔径（μm）；w 为拟合曲线的峰宽（μm）。

用 Origin 8.5 软件对几种条件下的碳化固化土进行高斯单峰拟合，孔径分布的拟合结果如表 5-7 所示。由表 5-7 的统计结果可知：MgO 碳化固化土的平均孔径、峰宽、团粒内孔隙体积和峰高随着碳化时间的增加而减小；当活性 MgO 掺量为 20%且初始含水率为 25%时，上述几个指标分别达到活性 MgO 掺量和初始含水率影响下的最小值；从图 5-58（b）、图 5-59（b）和图 5-60（b）还可看出，拟合曲线的单峰主要集中在孔径为 2～20 μm 处。图 5-61 描述了似水灰比和碳化时间影响下碳化固化土的孔径分布，可以注意到，这些碳化固化土也呈显著的单峰结构分布，孔隙体积分布曲线峰处的孔径主要在 7.2～11.3 μm，当似水灰比为 1.25 时，其峰宽度较小，峰处的孔径主要为 7.2～9.2 μm；而当似水灰比增加时，峰宽逐渐变宽且峰处的孔径增长至 11.3 μm。此外，在给定的似水灰比 1.25 下，孔隙分布曲线的峰值随着碳化时间的增加而降低，碳化时间对孔隙体积改变起促进作用。

表 5-7　MgO 碳化固化土孔隙密度分布高斯曲线拟合结果

试样变量	平均孔径 μ/μm	峰宽 w/μm	孔隙体积 A/(mL/g)	$f_{max}(D)$/(mL/g/μm)
c=10%	11.14	7.13	2.00	0.207
c=20%	7.51	3.07	0.62	0.145
c=30%	7.56	2.69	1.10	0.314
t=1.5 h	9.96	4.03	2.36	0.451
t=3.0 h	8.62	4.04	1.62	0.307
t=6.0 h	7.51	3.07	0.62	0.145
w_0=15%	6.04	3.68	2.50	0.534
w_0=20%	5.49	2.99	1.10	0.283
w_0=25%	7.51	3.07	0.62	0.145

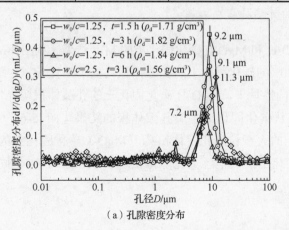

（a）孔隙密度分布

图 5-61　似水灰比和碳化时间影响下的 MgO 碳化固化土的 MIP 结果

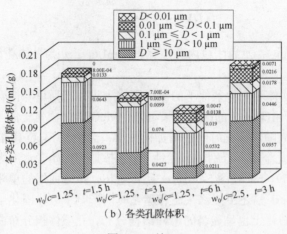

（b）各类孔隙体积

图 5-61（续）

　　根据 Horpibulsuk 等[211-212]的孔隙划分标准可知，MgO 碳化固化土孔隙主要分布在孔径大于 1 μm，孔隙归属于团粒间孔隙和大孔隙。在活性 MgO 掺量影响下，碳化固化土的大孔隙体积百分含量（孔径大于 10 μm）随着活性 MgO 掺量的增加而降低，而团粒间孔隙体积（孔径为 1～10 μm）百分含量随活性 MgO 掺量的增加而增加，其他孔隙体积含量未发生显著变化。在碳化时间影响作用下，碳化固化土大孔隙体积百分数随碳化时间的增加而显著降低，而团粒间孔隙、颗粒间和颗粒内孔隙体积含量随碳化时间的增长而增长。但初始含水率的影响规律却不尽相同，仅有颗粒间孔隙体积的百分含量随着初始含水率的增加而降低，而大孔隙、颗粒间、颗粒内孔隙体积的百分含量随初始含水率的增加而增加。MIP 结果验证了 MgO 碳化固化土体 SEM 的微观结构结果，碳化产物既能包裹土颗粒又能填充土颗粒间的孔隙，促进了土颗粒间的联结，使土体孔隙体积减小，同时活性 MgO 掺量和初始含水率及碳化时间在很大程度上影响了土体团粒间和团粒内的孔隙填充。

　　2. MgO 活性对孔隙特征的影响

　　图 5-62 为 MgO-H 和 MgO-L 碳化固化土的 MIP 结果。从图 5-62（a）中可以看出，活性 MgO 掺量为 20%的碳化固化土的孔隙体积均低于活性 MgO 掺量为 15%的碳化固化土孔隙体积；相同掺量下，MgO-H 碳化固化土的孔隙体积明显低于 MgO-L 碳化固化土的孔隙体积。从碳化固化土各类孔隙体积的结果［图 5-62（b）］可注意到，除MgO-H 碳化固化土的大颗粒间孔隙体积高于 MgO-L 碳化固化土的大颗粒间孔隙体积外，MgO-H 碳化固化土的其他各类孔隙体积均小于 MgO-L 碳化固化土相应各类孔隙体积。

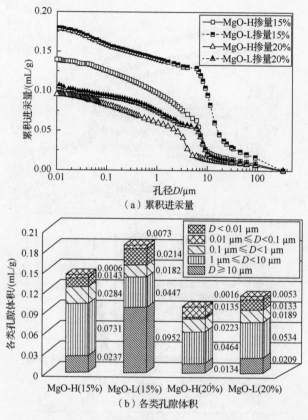

（a）累积进汞量

（b）各类孔隙体积

图 5-62　MgO-H 和 MgO-L 碳化固化土的 MIP 结果

　　图 5-63 和图 5-64 分别为 MgO 活性指数和似水灰比影响下的 MgO 碳化固化土的 MIP 结果。对于 MgO 活性指数为 85.9%、77.6%和 66.4%的碳化固化土（似水灰比为 1.0），其累积孔隙体积分别为 0.145 mL/g、0.163 mL/g 和 0.198 mL/g；对于似水灰比为 1.5 和 0.8 的碳化固化土（MgO 活性指数为 85.9%）而言，其累积孔隙体积为 0.146 mL/g 和 0.107 mL/g。结果说明高 MgO 活性指数和低似水灰比均能促进碳化固化土结构孔隙的减小。图 5-63（b）和图 5-64（b）说明了碳化固化土孔径分布随 MgO 活性指数和似水灰比的变化，并且孔径分布曲线均呈单峰结构，这与砂粒土的孔径分布形式[209]相同，而与压实土、残积土、结构性土和水泥固化高浓度锌污染土所呈现的双峰结构却不相同[149,209]。在孔径分布峰的分析过程中，也采用高斯分布函数［式（5-16）］进行拟合，拟合曲线的 y 轴代表孔径分布，曲线包围的面积代表两孔径范围内的孔隙体积。

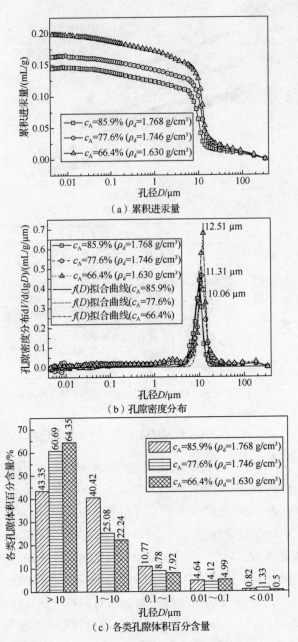

（a）累积进汞量

（b）孔隙密度分布

（c）各类孔隙体积百分含量

图 5-63　MgO 活性指数影响下的 MgO 碳化固化土的 MIP 结果（w_0/c=1.0）

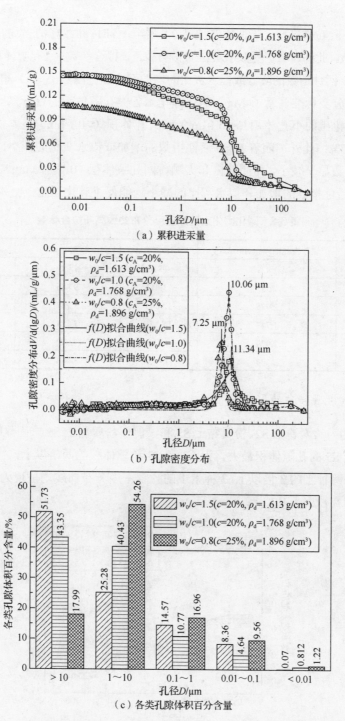

（a）累积进汞量

（b）孔隙密度分布

（c）各类孔隙体积百分含量

图 5-64　似水灰比影响下的 MgO 碳化固化土的 MIP 结果（c_A=85.9%）

表 5-8 列出了碳化固化土孔隙密度分布曲线高斯拟合参数，从中可以看出，在孔隙密度分布的拟合曲线中，当 MgO 活性指数从 85.9%降至 66.4%时，曲线峰的平均孔径则

从 9.816 μm 增至 12.045 μm；当似水灰比从 0.8 增至 1.5 时，曲线峰的平均孔径从 7.042 μm 增至 11.501 μm。此外，峰宽受似水灰比的影响显著，拟合参数 A（孔隙体积）也得到显著变化且随 MgO 活性指数的降低或似水灰比的增加而增加。图 5-63（c）和图 5-64（c）也根据微观孔隙分类标准展示了 MgO 碳化固化土各类孔隙体积的百分含量，在相同似水灰比下碳化固化土的小孔体积（< 0.1 μm）和大孔体积（>0.1 μm）基本保持不变，大约为 5.5% 和 94.5%；此外，随着 MgO 活性指数的增加或似水灰比的减小，大于 10 μm 的大孔体积百分数显著减小，而团粒内和大颗粒间孔隙体积（0.1~10 μm）百分数却增加，这说明 MgO 活性指数的增加和似水灰比的减小均能促进碳化固化土结构的密实。

表 5-8　碳化固化土孔隙密度分布曲线高斯拟合参数

碳化固化土类别	团粒内孔隙体积 A/(mL/g)	平均孔径 μ/μm	峰宽 w/μm	R^2
c_A=85.9%	1.979	9.816	7.990	0.95
c_A=77.6%	2.595	11.613	9.886	0.96
c_A=66.4%	2.995	12.045	3.757	0.95
w_0/c=1.5	1.747	11.501	7.514	0.78
w_0/c=1.0	1.979	9.816	7.990	0.95
w_0/c=0.8	0.794	7.042	5.006	0.89

3.　土性对孔隙特征的影响

图 5-65 为天然素粉土 S2、粉质黏土 S3 和淤泥质粉质黏土 S5 未固化时的 MIP 结果。图中结果显示 S5 的孔隙体积最大，为 S2 和 S3 孔隙体积的两倍以上，大于 10 μm 的孔隙体积是另外两种土的 3 倍以上；3 种素土的孔隙密度分布曲线均呈现为双峰结构形式，大部分孔隙的孔径大于 0.1 μm。

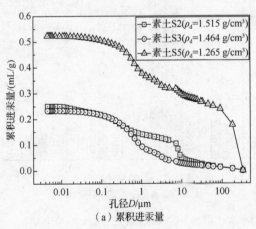

（a）累积进汞量

图 5-65　几种天然素土的 MIP 测试结果

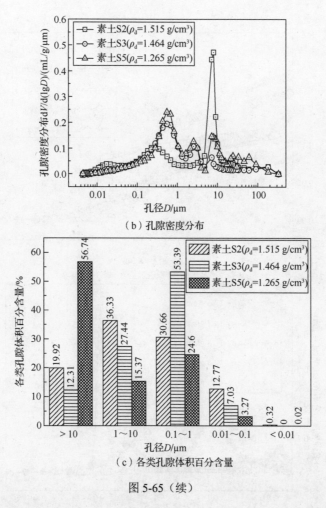

（b）孔隙密度分布

（c）各类孔隙体积百分含量

图 5-65（续）

　　图 5-66 为天然土土性影响下 MgO 碳化固化土的 MIP 分析结果（碳化固化土的初始含水率为天然土液限的 0.6 倍），对于碳化固化土 S2、S3、S4、S5 和 S7 而言，累积孔隙体积（用"累积进汞量"表征）分别为 0.121 mL/g、0.122 mL/g、0.144 mL/g、0.170 mL/g 和 0.191 mL/g，其对应的测试干密度为 1.86 g/cm³、1.84 g/cm³、1.73 g/cm³、1.66 g/cm³ 和 1.65 g/cm³ [图 5-66（a）]；总孔隙体积随着天然土液限的增加而增加，这与碳化固化土的干密度和无侧限抗压强度的变化规律恰恰相反。对于碳化固化土孔隙密度分布，碳化粉土 S2 的峰值最大，接近于 0.5 mL/g/μm，对应峰的宽度最小（峰处孔径为 8 μm）；然而随着天然土液限的增加，峰宽逐渐变宽，而相应峰处的孔径逐渐减小，因而碳化固化土 S7 曲线峰处的孔径最小、峰宽最大。图 5-66（c）为 5 种土体碳化后各类孔隙体积百分含量，与图 5-65（c）相比，除碳化固化土 S2 外，其他土大于 10 μm 孔的体积含量明显减小，而小于 10 μm 孔的体积含量明显增加，说明碳化后大孔隙体积得到显著填充；碳化固化土 S2 纵然大于 10 μm 孔的体积含量有所增加，但其体积和总体积是减小的。

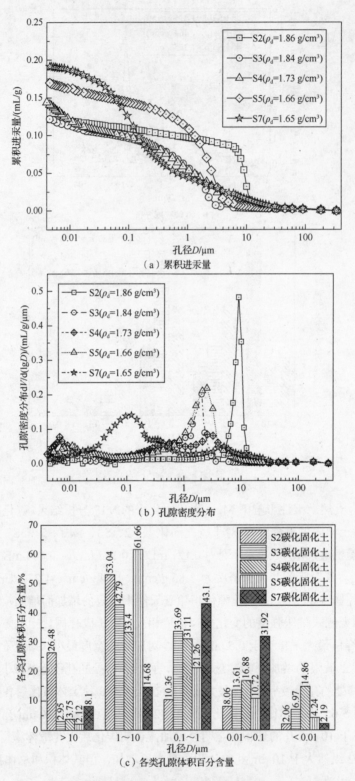

（a）累积进汞量

（b）孔隙密度分布

（c）各类孔隙体积百分含量

图 5-66　天然土土性影响下 MgO 碳化固化土的 MIP 分析结果

图 5-67（a）～（d）为在图 5-66（b）基础上几种碳化固化土孔隙密度分布高斯拟合后的结果，可以看出：碳化固化土 S2 和 S3 均为单峰结构形式的变化，对应的孔径分别为 9.11 μm 和 1.80 μm，而碳化前两种素土均为双峰结构，孔隙分布峰结构形式的转换说明孔的进气通道变得唯一、碳化固化土孔隙被良好地填充。碳化固化土 S5 和 S7 呈现为一强一弱的双峰结构形式，强峰对应的孔径分别为 2.530 μm 和 0.132 μm，弱峰对应的孔径分别为 0.011 μm 和 4.910 μm，虽然碳化固化前 S5 也为双峰结构，但碳化前双峰对应的孔径分别约为 200 μm 和 0.7 μm，碳化后固化土的双峰明显左移，且对应孔径逐渐减小，这表明了大孔通道在碳化作用下被填充变小。碳化固化土 S4 的孔隙密度分布却呈现为三峰结构形式，峰对应的孔径分别为 2.560 μm、0.550 μm 和 0.007 μm，虽然未对黏土 S4 碳化固化前的微观孔隙进行测试，但已有研究[213-214]认为未固化黏土也通常为双峰结构，分布峰数量的增加除了碳化产物对大孔隙的填充外，另一主要原因为 MgO 固化土受 CO_2 通气压力作用，在土体内诱发产生新的孔隙通道，间接说明 S4 相对于 S2 和 S3 而言具有较小的气体渗透性。

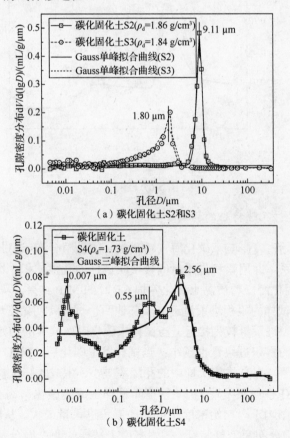

图 5-67　不同 MgO 碳化固化土的孔隙密度分布的高斯拟合

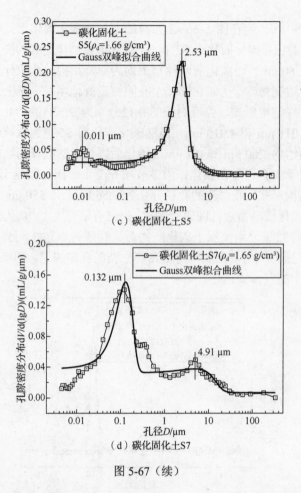

（c）碳化固化土S5

（d）碳化固化土S7

图 5-67（续）

4. 土体压实度对孔隙特征的影响

为表征不同初始密度影响下碳化海安粉质黏土的孔隙分布，通过 MIP 得到试样累积进汞量与孔径的关系，并用累积进汞量间接反映试样的孔隙体积。图 5-68 为不同初始密度影响下 MgO 固化海安粉质黏土碳化养护 6 h 时的 MIP 结果。从图 5-68（a）中可以看出，初始密度 1 试样的累积进汞量远高于其他两个试样（初始密度 3 和 5 试样），而其他两个试样的累积进汞量较为接近。当试样未碳化时，试样的初始密度越大，试样的孔隙率越小，试样的累积进汞量也越小；当试样发生碳化后，MgO 碳化生成的膨胀性产物通过挤压和孔隙填充方式使土样中的孔隙率减小，生成的膨胀性产物越多，试样的孔隙率越小。通过 XRD 结果发现，初始密度 1 试样生成的碳化产物小于其他两种试样，因此在两方面因素影响下，初始密度 1 试样的累积进汞量最大。从图 5-68（b）中可以看出，固化土的孔隙分布呈双峰特征，初始密度 1 试样的两个峰分别在 0.1～3 μm、5～30 μm 的孔径范围，而初始密度 3 和 5 试样的两个峰分别在 0.01～0.2 μm、1～10 μm 的孔径范围内，这表明土体中形成分散的团聚体[152]。

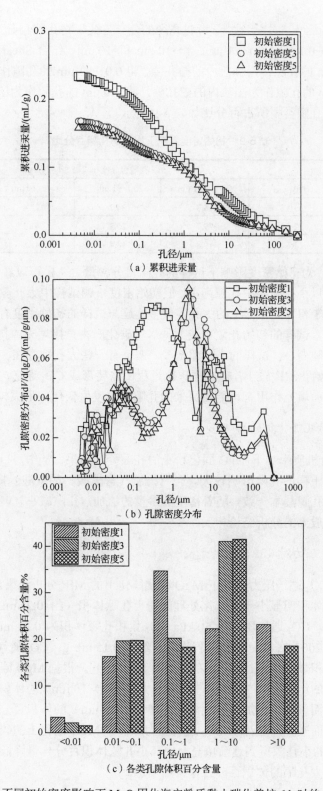

（a）累积进汞量

（b）孔隙密度分布

（c）各类孔隙体积百分含量

图 5-68　不同初始密度影响下 MgO 固化海安粉质黏土碳化养护 6 h 时的 MIP 结果

参照 Horpibulsuk 等[145-146,151]学者对孔径的分布方式，将孔隙划分为 5 类，分别为：<0.01 μm、0.01～0.1 μm、0.1～1 μm、1～10 μm 和>10 μm。结合 Shear 等对孔隙的分类标准，将<0.01μm 的孔隙作为颗粒内的微孔隙，将 0.01～1 μm 的孔隙作为颗粒间的小孔隙，将 1～10 μm 的孔隙作为团粒内的中孔隙，将>10 μm 的孔隙作为团粒间的大孔隙，计算得到的不同孔隙类型所占百分比如表 5-9 所示。

表 5-9　初始密度影响下试样的孔隙百分比

试样	孔隙百分比/%				
	<0.01 μm	0.01～0.1 μm	0.1～1 μm	1～10 μm	>10 μm
初始密度 1	3.3	16.3	34.7	22.4	23.3
初始密度 3	2.1	19.7	20.3	41.1	16.8
初始密度 5	1.5	19.8	18.4	41.6	18.7

图 5-68（c）为初始密度影响下试样的孔隙百分含量。从中可以看出 3 种初始密度下试样的孔隙均以小孔隙和中孔隙为主，但初始密度 1 的试样中大孔隙和小孔隙相对较多，而初始密度 3 和 5 的试样中的中孔隙较多。这与试样的初始密度有一定关系。试样初始密度较小时，试样的初始孔隙率较大，尽管碳化产物直接填充或挤压试样的孔隙，使得原来的大孔隙变小，试样的小孔隙增多，但仍有一些大孔隙存在。试样初始密度较大时，试样的初始孔隙率较小，但试样碳化过程中需要形成 CO_2 通道，并且试样碳化后产物的膨胀挤压和填充作用有可能使原来的孔隙分布发生变化，形成较多的中孔隙。

5. 有机质对孔隙特征的影响

图 5-69 为有机质影响下 MgO 固化粉土的孔隙分析结果，从中可以看出，有机质的掺入对水泥固化土样的孔隙影响较大。当有机质（富里酸、胡敏酸）掺量为 0.5%时，两个碳化试样的孔隙基本一致，随着富里酸掺量的增加，孔隙减小，但宏观表现却为强度降低，这与一般土的分析结论相反。

6. CO_2 通气压力对孔隙特征的影响

图 5-70 为 CO_2 通气压力影响下 MgO 碳化固化土的 MIP 分析结果。碳化后的 MgO 固化土累积孔隙体积明显小于未碳化处理的粉土孔隙体积（约 0.25 mL/g）。对于 MgO 碳化固化土而言，CO_2 通气压力为 50 kPa 时，累积孔隙体积为 0.21 mL/g；CO_2 通气压力为 100 kPa 和 200 kPa 时，孔隙体积次之，约为 0.15 mL/g；CO_2 通气压力为 300 kPa 时，累积孔隙体积最小为 0.12 mL/g 左右 [图 5-70（a）]。根据 MgO 碳化固化土各类孔隙体积百分含量的结果 [图 5-70（c）] 可知，大孔隙（> 10 μm）的体积百分含量随 CO_2 通气压力的增加而整体呈增加趋势，而小孔隙（< 1.0 μm）的体积百分含量却随着 CO_2 通气压力的增加而减少，这说明 CO_2 通气压力加快了 MgO 固化土的碳化速率，同时也使 MgO 固化土的小孔隙得到逐渐填充，使其小孔隙体积百分含量降低、大孔隙通道的通畅性变好，即大孔隙的体积百分含量有所增加。

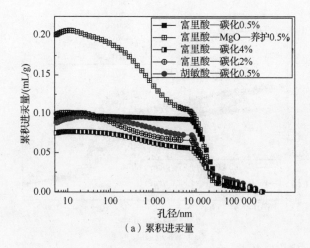

（a）累积进汞量

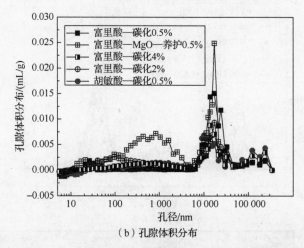

（b）孔隙体积分布

图 5-69　有机质影响下 MgO 固化粉土的孔隙分析结果

　　根据孔隙密度分布曲线［图 5-70（b）］，将几种土体的孔隙密度分布采用高斯函数进行拟合，如图 5-71（a）～（d）所示。未碳化粉土的孔隙分布为双峰结构形式，峰处对应的孔径分别为 0.35 μm 和 12.5 μm；通气压力为 50 kPa 时，碳化固化土的孔隙分布曲线也为双峰结构，峰处孔径分别为 0.026 μm 和 13.95 μm，但强峰处的峰高明显降低，弱峰对应的峰宽和峰处孔径减小，这说明 50 kPa 的通气压力仅轻微地改善了碳化固化土孔隙结构，使累积孔隙体积减小；当通气压力为 100 kPa 时，孔隙密度分布曲线出现了三峰结构形式，峰处对应孔径分别为 0.021 μm、1.06 μm 和 11.34 μm，强峰高度显著减小，未碳化土的弱峰转换为两个新的弱峰，且弱峰宽度和峰高均有减小；当通气压力为 200 kPa 和 300 kPa 时，孔隙分布呈现了与前述碳化固化土一样的单峰结构形式，峰处对应孔径分别为 13.4 μm 和 17.8 μm，峰的高度均为 0.20 mL/g/μm 左右，与其他通气压力下的碳化固化土相比，峰处对应孔径均有增加，这说明 CO_2 通气压力的作用和碳化产物的填充，使碳化固化土的最优进汞孔径得到增加。

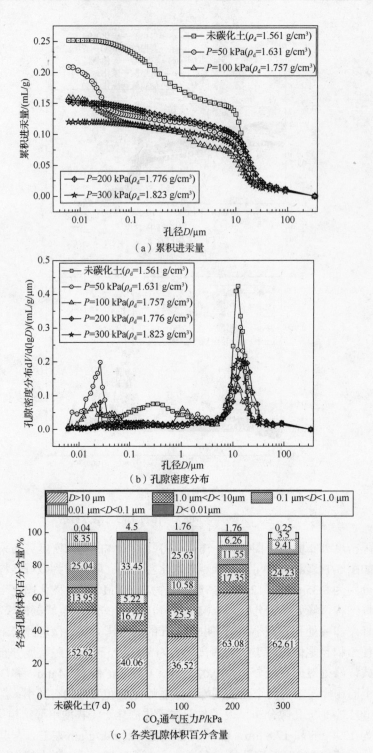

（a）累积进汞量

（b）孔隙密度分布

（c）各类孔隙体积百分含量

图 5-70　CO_2 通气压力影响下 MgO 碳化固化土的 MIP 分析结果

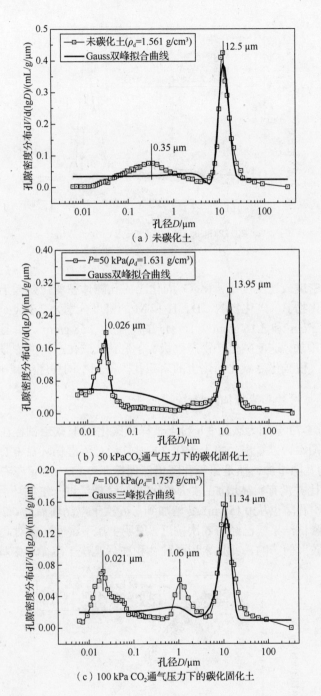

图 5-71　CO_2 通气压力影响下 MgO 碳化固化土的 MIP 分析结果（高斯函数拟合）

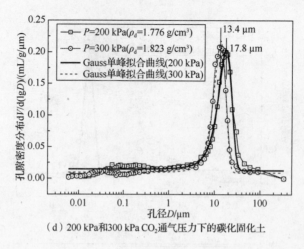

（d）200 kPa和300 kPa CO₂通气压力下的碳化固化土

图 5-71（续）

在相近初始密度或压实度下，MgO 固化土的孔隙体积变化归因于碳化产物对孔隙的填充，因为水化物 B，碳化物 N、D、H 和 M 的密度分别为 2.36 g/cm³、1.85 g/cm³、2.02 g/cm³、2.25 g/cm³ 和 2.16 g/cm³，而 Mg 的密度为 3.58 g/cm³，并且在碳化过程中吸收 CO_2 引起质量增加，这使碳化产物产生极大的膨胀。碳化产物的膨胀必然引起土颗粒周围孔隙的填充，使碳化后碳化固化土的累积孔隙得到不同程度的减小。

7. 干湿循环作用对孔隙特征的影响

图 5-72 和图 5-73 分别为碳化 3 h 粉土试样和碳化 24 h 软土试样在干湿循环前后的 MIP 对比图，从图中可以看出，粉土碳化 3 h 试样经过干湿循环后 0.1～1 μm 的孔隙减少，1～10 μm 的孔隙增加，但是累积孔隙仍然保持在 0.143 mL/g 左右，与干湿循环前的 0.133 mL/g 相比并没有明显增加；软土碳化 24 h 试样经过干湿循环后 0.1～1 μm 的孔隙显著增加，累积孔隙也从 0.159 mL/g 增加到了 6 次干湿循环后的 0.214 mL/g，并且 1 次干湿循环后的测试结果就已经与 6 次接近，说明 1 次干湿循环就对武汉软土试样的内部孔隙造成了比较大的影响，并且累积孔隙体积在后几次干湿循环中基本保持稳定。

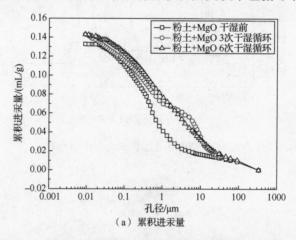

（a）累积进汞量

图 5-72　干湿循环对碳化粉土试样孔隙特征的影响（碳化 3 h）

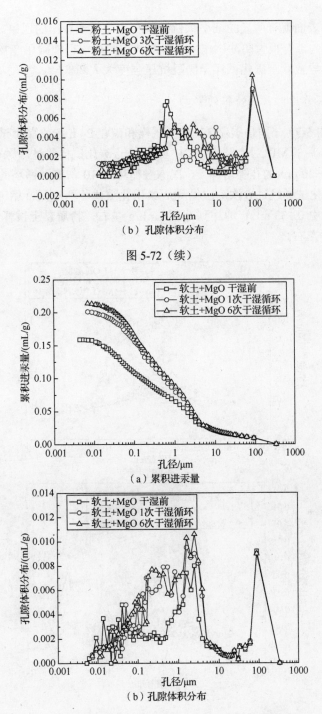

（b）孔隙体积分布

图 5-72（续）

（a）累积进汞量

（b）孔隙体积分布

图 5-73　干湿循环对碳化软土试样孔隙特征的影响（碳化 24 h）

　　粉土碳化试样干湿循环后累积孔隙相比软土试样增加程度不大，说明粉土碳化试样经过干湿循环后仍然能够保持较高的密实度，所以从强度上来看干湿循环并没有对粉土碳化试样造成大的影响。研究人员在碳化软土试样干循环结束开始泡水的过程中，发现放入水中时试样表面就有明显的细小颗粒散落和大量气泡冒出的现象。水快速大量地进入试样，对试样内部有很大的冲刷作用，内部结构的疏松也使碳化产物和土体之间的黏结力降低，从而导致软土碳化试样无侧限抗压强度大大降低。

8. 冻融循环作用对孔隙特征的影响

图 5-74 和图 5-75 分别是碳化 3 h 粉土试样和碳化 24 h 粉质黏土试样冻融前及 6 次和 10 次冻融循环后的 MIP 对比结果，从中可以看出，碳化试样经过冻融循环后 0.1～1 μm 的孔隙减少，1～30 μm 的孔隙增加，6 次冻融循环和 10 次冻融循环的累积孔隙体积基本一致，说明碳化试样经过 6 次冻融循环后累积孔隙体积基本保持稳定。冻融循环后粉土试样累积孔隙由 0.133 mL/g 增加到 0.145 mL/g 左右，粉质黏土试样由 0.137 mL/g 增加到 0.150 mL/g 左右。

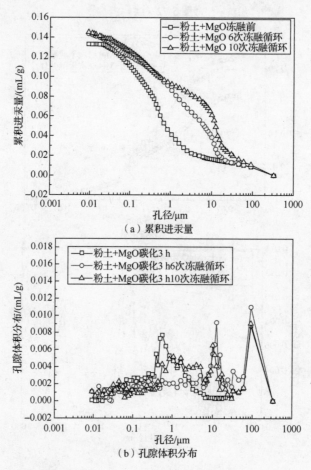

（a）累积进汞量

（b）孔隙体积分布

图 5-74　冻融循环对碳化粉土试样孔隙特征的影响（碳化 3 h）

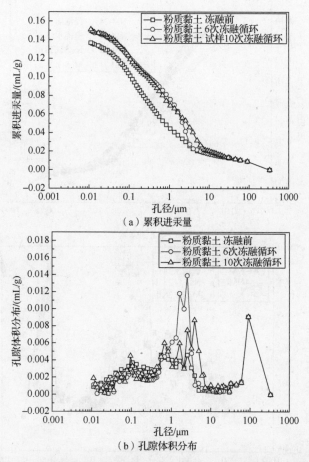

图 5-75　冻融循环对碳化粉质黏土试样孔隙特征的影响（碳化 24 h）

　　根据微观分析的冻融循环对碳化试样物质成分、微观结构及孔隙特征的影响情况可以发现，冻融循环对碳化试样的影响主要表现为使试样内部的孔隙增加，试样相对变得疏松，导致强度衰减，试样内部的碳化产物并没有由于冻融循环的作用而发生大的变化。结合碳化粉土试样 XRD 测试结果，发现内部三水碳镁石（N，$MgCO_3·3H_2O$）的减少可能是由试样含水率降低、失水造成的。

　　9. 硫酸盐侵蚀作用对孔隙特征的影响

　　图 5-76 和图 5-77 分别是南京软土和宿迁粉土碳化试样硫酸盐侵蚀 MIP 结果，从累积孔隙分布曲线来看，在硫酸盐溶液中浸泡 28 d 后的碳化试样和浸泡之前相比累积孔隙基本保持不变，说明硫酸盐侵蚀对 MgO 碳化样的影响较小。

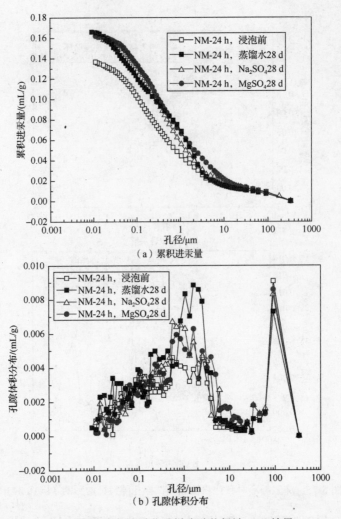

（a）累积进汞量

（b）孔隙体积分布

图 5-76　南京软土碳化试样硫酸盐侵蚀 MIP 结果

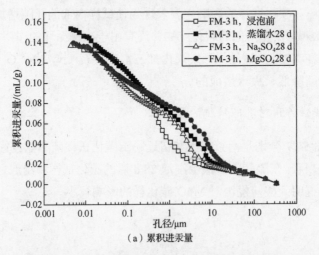

（a）累积进汞量

图 5-77　宿迁粉土碳化试样硫酸盐侵蚀 MIP 结果

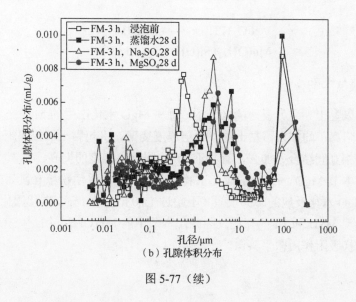

（b）孔隙体积分布

图 5-77（续）

5.4　碳化固化机理与结构模型

5.4.1　MgO 固化土碳化加固机理

MgO 碳化固化土的微观结构特征是支撑碳化固化土力学强度变化的根本原因，通过对不同条件下碳化固化土化学成分、微观结构特征、微观孔隙和碳化产物等试验结果的综合分析，可以将 MgO 固化土的碳化加固机理归纳如下。

1. 水化反应

活性 MgO 是一种似生石灰的碱性材料，在潮湿土体中极易发生水化反应，生成体积膨胀的水化产物 $Mg(OH)_2$（B）[式（5-17）]，水化产物 B 的生成量除了受水分影响外，还受 MgO 活性指数、粒径、比表面积等因素影响，该水化产物 B 具有弱胶结能力，并未显著增加土体强度；水化产物 B 的体积比反应物体积多 4.9 摩尔体积，但仅考虑固体体积，体积增加了 1.2 倍，一定程度填充了固化土孔隙。

$$MgO(s)+H_2O(l) \longrightarrow Mg(OH)_2(s) \quad （B） \tag{5-17}$$
$$40.31+18.02 \longrightarrow 58.33 \text{ 摩尔质量}$$
$$11.26+18.02 \longrightarrow 24.28 \text{ 摩尔体积（增加了 13）}$$

土体中还有高含量的 SiO_2 和 Al_2O_3 等氧化物，当土体中的 SiO_2 和 Al_2O_3 具有一定活性时，可以与 $Mg(OH)_2$ 和水发生进一步的水化反应，分别生成水化硅酸镁 MSH 和水滑石 Ht，这是一个复杂的反应过程，活性硅可先与水发生水化反应[206]。Jin 和 Al-Tabbaa[206]指出：溶液中 OH^- 的浓度在很大程度上影响了 SiO_2 反应，当 pH 值大于 9 时，表面水化的 SiO_2 电离形成的 $Si(OH)_3^-$ 或 $SiO_2(OH)_2^{2-}$ 很容易与金属阳离子形成网状物。$Mg(OH)_2$ 与可溶解的硅反应形成层状结构的 MSH，在此过程中，$Mg(OH)_2$ 作为核心，通过 Mg-O 八面体层上 Si-O 层的分解形成 MSH。

$$SiO_2 + 2H_2O \longrightarrow Si(OH)_4 \qquad (5\text{-}18)$$

$$Mg(OH)_2 + Si(OH)_4 \longrightarrow MSH \qquad (5\text{-}19)$$

2. 离子交换吸附

土颗粒（以黏土为主）表面的 K^+、Na^+ 等与 MgO 水化产生的 Mg^{2+} 产生交换吸附作用。随着二价阳离子的加入，黏土的双电层厚度变薄，引起黏土颗粒间距变小，颗粒连接更为紧密，相互间结合力加强，有利于 MgO 固化土强度的提高。

但是，在本节 MgO 固化土的碳化试验研究中，重点采用粉粒含量高的粉土或粉质黏土，并且 MgO 水化反应的时间很短（不超过 12.0 h），在 MgO 碳化固化土的 XRD 分析时，很难发现 MSH 和 Ht 的存在。因此，本节中的 $Mg(OH)_2$ 与土中 SiO_2 的水化反应及固化土的交换吸附作用微乎其微。

3. 碳化反应

在有 CO_2 存在的潮湿环境下，MgO 固化土中的水化物 $Mg(OH)_2$ 能继续吸收水和 CO_2，发生一系列碳化反应［式（5-20）～式（5-23）］，从 MgO 碳化固化土的 XRD 中发现，生成的碳化产物为一系列具有膨胀性的水化镁式碳酸盐——三水碳镁石 N、球碳镁石 D/水碳镁石 H 和纤水碳镁石 A，分别使 $Mg(OH)_2$ 体积膨胀至原来的 3.1 倍、1.9 倍和 1.8 倍。加之前期 MgO 水化引起的体积膨胀，使 MgO 颗粒体积膨胀至原来的 3.8～6.7 倍，如三水碳镁石的摩尔体积从 11.2 增加到 74.8（增加了约 568%）[119]。这些碳化产物具有较高的强度和硬度，尤其是三水碳镁石 N，可以将土颗粒包裹，并且可以通过土颗粒-胶结物-土颗粒间的键合作用将土颗粒集聚成大的固化团粒，使团粒连接紧密、土体强度显著提高。

$$Mg(OH)_2 + CO_2 + 2H_2O \longrightarrow MgCO_3 \cdot 3H_2O \quad (N) \qquad (5\text{-}20)$$
$$58 + 44 + 36 \longrightarrow 138 \quad （摩尔质量）$$
$$24.2 + (g) + (l) \longrightarrow 74.8 \quad （摩尔体积）$$
$$5Mg(OH)_2 + 4CO_2 + H_2O \longrightarrow (Mg)_5(CO_3)_4(OH)_2 \cdot 5H_2O \quad (D) \qquad (5\text{-}21)$$
$$290 + 176 + 18 \longrightarrow 484 \quad （摩尔质量）$$
$$121 + (g) + (l) \longrightarrow 225 \quad （摩尔体积）$$
$$5Mg(OH)_2 + 4CO_2 \longrightarrow Mg_5(CO_3)_4(OH)_2 \cdot 4H_2O \quad (H) \qquad (5\text{-}22)$$
$$290 + 176 \longrightarrow 466 \quad （摩尔质量）$$
$$121 + (g) \longrightarrow 214 \quad （摩尔体积）$$
$$Mg(OH)_2 + CO_2 + 3H_2O \longrightarrow Mg_2CO_3(OH)_2 \cdot 3H_2O \quad (A) \qquad (5\text{-}23)$$

4. 填充效应

由于镁式碳酸盐产物（如 N、D/H 和 A）的密度较 MgO 和 $Mg(OH)_2$ 的密度小，碳化过程中镁式化合物吸收 CO_2 引起质量增加，使得碳化产物的微观结构发生不同程度的体积膨胀；同时，这些水化产物或碳化产物能填充固化土孔隙，有效减少土体中的孔隙数量和孔隙体积，使小孔隙填充、大孔隙细化，总孔隙率得到不同程度的降低。因此，碳化产物对土体传统上的"物理填充"和土颗粒间键合作用引起的"化学填充"将协同促进 MgO 固化土强度的提高。

由此看来，MgO 碳化固化土强度的提高很大程度上取决于固化土中碳化产物的生成量，这受活性 MgO 掺量、碳化时间、初始含水率、MgO 活性指数、CO_2 通气压力和天然土土性的影响。需要重点指出的是：天然土的土性是影响土体碳化加固的主要因素，本章试图根据 MgO 不同天然土土性下碳化固化土的微观结构特征，建立粉土和粉质黏土碳化加固的结构模型。

5.4.2　碳化固化粉土的结构模型

图 5-78 给出了粉土碳化-固化反应的结构形成模型，该结构模型的描述不同于室内试验操作（室内试验是先将干土与 MgO 拌和，然后加水混合），也不同于黄新等[215]和曹菁菁[152]所提出的加固模型（固化剂以浆液形式拌入），而是针对实际工程应用以干料为添加物来提出的。

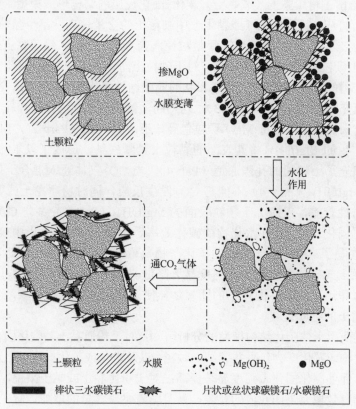

图 5-78　粉土碳化-固化反应的结构形成模型

掺入活性 MgO 前，天然土体中仅有水、土颗粒和气体三相，水分子吸附在土颗粒表面，形成的水膜将土颗粒包围，且土颗粒间存在较多孔隙。当活性 MgO 掺入土中并充分搅拌后，MgO 颗粒容易吸水，使土颗粒表面的水膜变薄，并逐渐被吸附在土颗粒表面的水膜上，使 MgO 与水发生水化反应生成膨胀性的 $Mg(OH)_2$ ［式（5-17）］。一段时间后，土颗粒间的部分孔隙被少量的水和 $Mg(OH)_2$ 所填充。一旦在混合土中通入 CO_2，CO_2 气体入渗至混合土体中与 $Mg(OH)_2$ 发生一系列碳化反应，生成镁式碳酸盐——三水碳镁石 N、球碳镁石 D/水碳镁石 H 和纤水碳镁石 A ［式（5-20）～式（5-22）］。根据本章碳化固化土微观结构的分析可知，生成的碳化产物种类和数量受初始因素和碳化条件的影响，碳化固化土中可能存在一种碳化产物或几种碳化产物，因此在结构形成模型中的所有碳化产物用一种图案来代替。这些碳化产物具有较强的胶结能力和硬度，尤其是三水碳镁石，这些碳化产物在胶结土颗粒的同时并进一步填充土颗粒间的孔隙，从而得到密实高强的碳化固化土。

5.4.3　碳化固化粉质黏土的结构模型

图 5-79 给出了粉质黏土（或黏土）碳化-固化反应的结构形成模型。与粉土碳化结构模型所不同的是，粉质黏土（或黏土）中细粒土的含量较高，不少黏粒粒径与 MgO 颗粒粒径较为接近，甚至小于 MgO 颗粒粒径，当 MgO 粉掺入粉质黏土或黏土中时，MgO 颗粒与土颗粒的结合分为两部分：对于砂粒土而言，部分 MgO 吸附在土颗粒表面（Part 1），与颗粒表面的水膜反应生成絮状的弱胶结性水化物 $Mg(OH)_2$，$Mg(OH)_2$ 将土颗粒包裹并填充颗粒间的孔隙（Part 3），这与粉质黏土的碳化固化过程较为相似；而对于细的黏粒土来说，黏粒土将 MgO 颗粒包裹，形成黏粒团（Part 2），MgO 可在黏粒团内水化，产生的 $Mg(OH)_2$ 将其表面的黏粒土紧紧联结，形成了以 $Mg(OH)_2$ 为核心的团状物，填充了土粒间的孔隙通道（Part 4）。当 CO_2 气体通入混合土体中时，被细粒土包裹的 $Mg(OH)_2$（Part 4）不能与 CO_2 发生反应，同时粉质黏土或黏土的孔隙率小、气体渗透性较差，仅有大土颗粒表面的 $Mg(OH)_2$（Part 3）参与 CO_2 碳化反应，这大大降低了固化土中 MgO 水化物的碳化效率。由于 MgO 固化土中仅有部分 MgO 或 $Mg(OH)_2$ 参与了碳化反应，生成的碳化产物数量减少、分布均匀性明显变差，进而导致了碳化黏土或碳化粉质黏土的强度显著降低。此外，长时间的 CO_2 压力作用和碳化产物的膨胀作用也将破坏固化土的团聚体，使土样内产生显著裂隙，造成碳化粉质黏土或碳化黏土的强度衰减。

根据上述两类土体碳化结构模型的分析可知：对于粉质黏土，碳化固化粉土的结构由胶结性水化物或碳化产物包裹并胶结颗粒，以及水化或碳化产物对土颗粒间孔隙的填充所组成，促使碳化固化土强度显著提高；对于粉质黏土或黏土来说，MgO 水化物和碳化物不能有效填充土团粒内的孔隙，并且随着黏粒含量的增加，MgO 的碳化固化效果变差。因此，MgO-CO_2 碳化固化法在土体加固领域中应用时，黏粒含量是决定加固效果的关键因素之一。

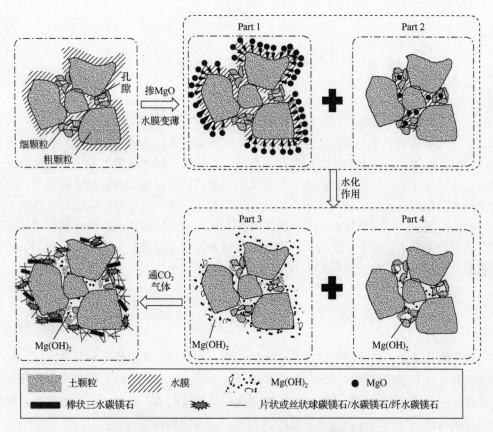

Part 1—MgO 粉末对粗颗粒的包裹；Part 2—细颗粒对 MgO 的包裹形成土团粒；
Part 3—粗颗粒表面的 MgO 水化、膨胀；Part 4—细颗粒内的 MgO 水化。

图 5-79　粉质黏土（或黏土）碳化-固化反应的结构形成模型

第6章 整体碳化固化软弱土技术

上述几章研究成果表明，活性 MgO 完全可以替代传统硅酸盐水泥作为软弱土固化剂，经过 CO_2 碳化 3～6 h 后，其强度、变形、渗透性、耐久性等工程力学特性满足软弱土处理需要，且比传统硅酸盐水泥有更大的技术经济和环保优势。如能将该碳化固化技术应用于现场工程实践则具有重大理论与应用价值。本章简要介绍碳化固化技术工程应用的研究状况，提出整体碳化固化技术，并对该技术进行室内碳化固化模型试验，在取得成功的基础上，研发了现场整体碳化固化技术与装备，进行了现场试验和测试，实践表明，整体碳化固化技术是加固软弱土的有效方法。

6.1 简 述

碳化固化法是一种化学加固方法。化学加固方法现场实施主要采用搅拌桩法，包括粉喷搅拌桩法和浆喷搅拌桩。搅拌桩法即通过专用机械将固化材料以粉雾或浆液形式喷到地基中，同时借助钻头旋转搅拌，使固化剂与原位地基土均匀混合，通过一系列物理与化学作用，形成整体性强、水稳性好和承载力高的柱体。

易耀林[118,120,168]对碳化搅拌桩技术进行了试验研究。碳化搅拌桩技术是利用活性 MgO 作为固化剂，通过搅拌桩机械使之与软弱土搅拌，并通入 CO_2 进行碳化，形成碳化搅拌桩。在室内外进行了试验研究，初步论证了该技术的可行性。

其室内模型试验采用自行研发的室内模型搅拌桩机（图 6-1），喷射 MgO 浆液进行搅拌桩施工（湿法），因 MgO 水化速率较快，采用了较高的水胶比：水/MgO=0.8。由于高水胶比的 MgO 浆液会给搅拌桩施工带入较多水分（等效于 8%的含水率），并采用干砂土来模拟地基土，地基土在铁桶内击实而成，铁桶的直径为 29 cm，高度为 40 cm，砂土分 3 层填入桶内，每一层约 10 cm，每填一层都进行轻微击实。

室内模型搅拌桩机在进行 MgO 搅拌桩施工时，MgO 浆液通过泵从搅拌轴中空的内部到 4 层叶片之间的小孔输送到土体中。搅拌轴的直径为 20 mm，搅拌叶片的倾角为 5°，叶片直径为 100 mm，搅拌桩的旋转速率范围为 5～50 r/min，上升和下降速率范围为 2～10 mm/s。首先进行 MgO 搅拌桩施工，搅拌桩的旋转速率为 50 r/min，上升和下降速率为 5.2 mm/s，喷浆速率为 7.2 g/s。为了确保注浆和搅拌充分，MgO 搅拌桩的单桩施工工艺为六搅两喷（图 6-2），一个桶内施工两根搅拌桩。

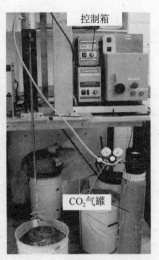
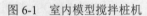

（a）搅拌成桩　　　　　　　（b）清洗输浆管　　　　　　　（c）桩体碳化

图 6-1　室内模型搅拌桩机

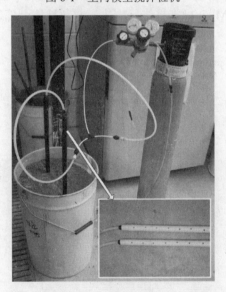

图 6-2　管道碳化系统

在 MgO 施工结束后，立即对搅拌桩进行碳化。碳化处理采用以下两种方式：①利用搅拌轴的中空管道输送 CO_2，对搅拌桩一边搅拌，一边碳化；②利用插入桩中心的塑料管输送 CO_2。其步骤如下：①当搅拌桩施工结束后，将预先在侧壁穿孔的管道沿桩中心搅拌轴留下孔洞插入搅拌桩桩身；②将管道接口连接到 CO_2 气罐上，打开气罐阀门，输送 CO_2（压力为 50 kPa），碳化时间为 1 h。

碳化试验方案与强度测试结果如表 6-1 所示。

表 6-1　试验方案和强度测试结果

代号	含水率/%	碳化方法	养护时间	测试内容	无侧限抗压强度平均值/MPa	无侧限抗压强度标准方差/MPa
N	0	不碳化	28 d	强度、XRD、SEM	1.19	0.03
C1	0	搅拌轴：3 次	7 d	强度、XRD	4.99	2.81
C2	5	搅拌轴：3 次	7 d	强度、XRD	3.38	1.47
C3	10	搅拌轴：3 次	7 d	强度、XRD	3.01	1.31
C4	0	搅拌轴：3 次	1 h	强度、XRD、SEM	5.95	3.36
C5	0	搅拌轴：1 次	1 h	强度、XRD	2.42	0.19
C6	0	搅拌轴：5 次	1 h	强度、XRD	3.67	1.87
C7	0	塑料管道：1 h	1 h	强度、XRD、SEM	9.43	0.90

　　室内碳化搅拌模型试验结果表明，采用搅拌轴喷气碳化效果没有管道碳化效果好，主要是碳化过程中 CO_2 气体容易沿着钻杆往外泄，且有大量 CO_2 气体从搅拌桩扩散到桩周土，然后进入空气中。因此，在工程中的 MgO 搅拌桩施工拟采用干法（粉喷），以管道系统输送 CO_2 气体对 MgO 搅拌桩进行碳化，并在桩体上部进行密封提高碳化效率，如图 6-3 所示。

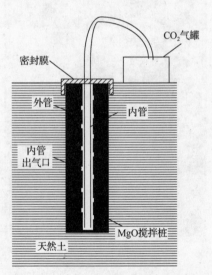

图 6-3　碳化搅拌桩现场碳化方法示意图

　　在室内模型试验的基础上，在现场进行碳化搅拌桩足尺模型试验。

　　试验场地位于武汉某基坑工程建设场地，属长江右岸Ⅰ级阶地地貌，地形平坦，场地软弱土主要为黏土和淤泥质粉质黏土。采用双向粉喷搅拌桩机施工 MgO 搅拌桩，桩径为 0.8 m，桩长为 2.0 m。活性 MgO 掺量为 78 kg/m，MgO 购自武汉某建材市场，其主要化学成分 MgO、SiO_2 和 CaO，含量分别为 85.89%、5.80% 和 1.75%，烧失量为 7.87%。搅拌桩施工完成后，在桩中心插入一根 2 m 的碳化管，在底部 0.5 m 内开设 4 个小孔，在其顶部进行密封。将碳化管连接到 CO_2 气罐上，打开阀门通气对搅拌桩进行碳化，

CO_2 通气压力为 150 kPa，流量为 30 L/min，通入的 CO_2 总质量与掺入的活性 MgO 相等。图 6-4（a）是现场碳化管道系统照片。

（a）碳化管道系统　　　　　　　　　　　　（b）桩顶气体泄漏

图 6-4　现场碳化照片

碳化结束后第二天，对搅拌桩进行检测，以标准贯入试验击数反映桩身强度，在 1 m 深度处进行标准贯入试验，标贯击数为 12 击（软土的原位标贯击数为 3 击）。随后，对桩体进行开挖，如图 6-5（a）所示，可以看出搅拌桩的成型很好，桩体具有一定强度，采用水平取芯的方式取到了 3 个完整的芯样。图 6-5（b）是水平取芯后的桩体照片，图 6-5（c）是芯样照片。对芯样进行室内无侧限抗压强度测试，平均值为 503 kPa，可以满足一般地基处理的要求。

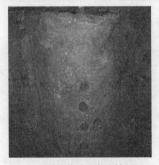

（a）竖向取芯后　　　　　（b）水平取芯后（夜晚拍照）　　　　　（c）芯样照片

图 6-5　碳化搅拌桩开挖与取芯照片

上述碳化搅拌桩室内外模型试验虽然取得了初步试验成功，但由于搅拌工艺和碳化工艺不够完善，碳化效率不高，CO_2 气体易上冒外泄，形成的桩体碳化度不能保证，所以桩体强度远不及室内碳化土的强度，在工程应用中尚难以推广。

为此著者提出了整体碳化技术[216-217]，对此进行了系统研究，并在工程实践中取得了成功。下面重点介绍整体碳化技术。

6.2　整体碳化固化室内模型试验

6.2.1　模型设计

为实现软弱土整体碳化固化加固，在室内开展了模型试验，其原理如图 6-6 所示。试验装置主要包括模型槽、CO_2 气源供给与控制和温度监测系统 3 部分，模型槽尺寸为长 100 cm×宽 50 cm×高 75 cm，用角钢作固定框架，四周及底面采用高强透明钢化玻璃，玻璃接缝处用三氯甲烷和玻璃胶黏接密封；CO_2 气源供给与控制由 CO_2 高压气罐、压力控制阀和导管组成；CO_2 高压气罐为模型碳化供给 CO_2，压力控制阀可控制注入模型中的 CO_2 压力[140]。

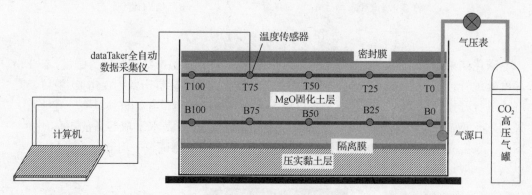

图 6-6　碳化模型槽试验原理图

温度监测主要是通过温度传感器记录 MgO 混合土在水化反应和碳化反应的放热过程中产生温度的变化情况，温度传感器埋设在模型土体中不同深度和距离气源的不同位置处，埋设深度分为顶层（距离固化土体上表面 5～10 cm）和底层（距离固化土体下表面 5～10 cm），埋设位置从气源位置开始，每隔 20～25 cm 埋设一个，上层从右至左依次记为 T0、T25、T50、T75 和 T100，下层从右至左依次记为 B0、B25、B50、B75 和 B100。温度传感器为 PT100 热电阻型，温度数据通过 dataTaker 全自动数据采集仪进行自动采集，采集时间间隔设为 5 s。

图 6-7 为碳化模型槽实物图及详解，为取得良好密封效果，在模型槽内先铺设两层 0.5 mm 厚的塑料膜，将模型槽内的固化土与模型槽隔绝。由于 MgO 碳化固化土需进行动力触探和动模量测试，为避免模型槽受损，需事先在模型槽底部填压压实黏土层，并用密封膜隔离。通气管的气源口应插至 MgO 混合土底部，为简化模型分析、提高 CO_2 通气效率，将底部“点”气源口改为“线”气源，即在 MgO 固化土底部事先埋设 PVC 导气管，在导气管上每隔 5 cm 钻 0.5 cm 孔径的小洞，导气管外用土工布包裹，以防土粒堵孔，底部的导气管需通过连接管与竖向塑料导管连接，外接塑料导管与 CO_2 气罐直接连接。

通气碳化过程中，CO_2 气体将沿最优路径逸散，需在压实固化土顶部进行铺膜密封，然后在密封膜上部堆放砂袋,以避免密封膜鼓起。

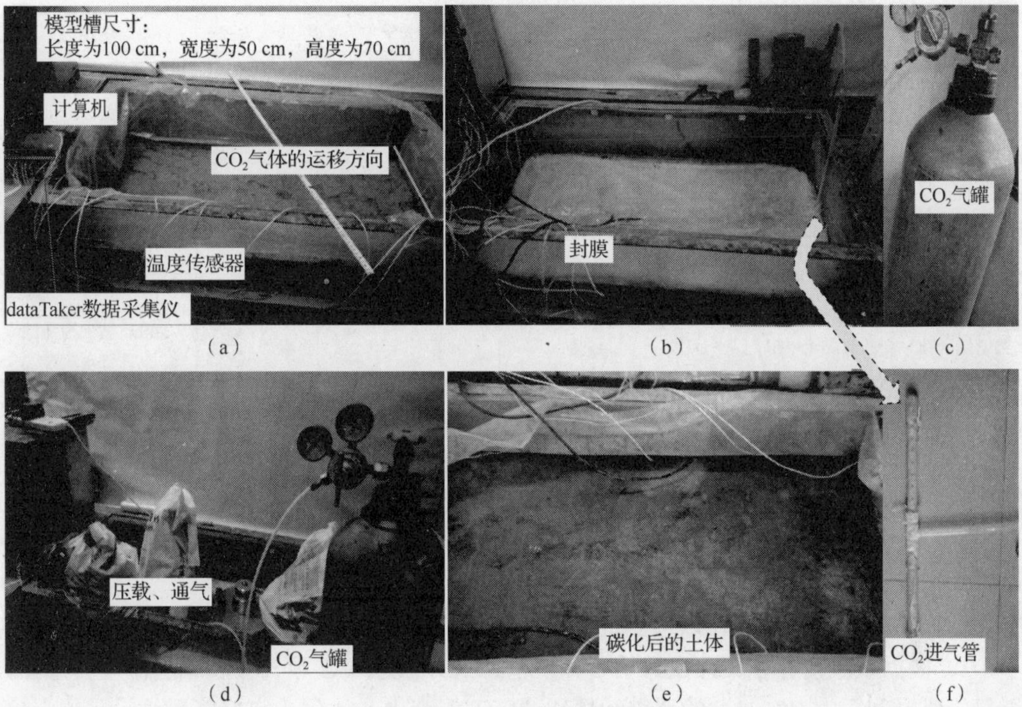

图 6-7　碳化模型槽实物图及详解

6.2.2　试验方案

　　碳化模型试验以宿迁粉土和南京粉质黏土为加固对象,MgO 为河北邢台镁神有限公司生产的高活性 MgO-H,CO_2 气体为南京三桥特种气体有限公司生产的高纯度工业 CO_2(99%)。根据室内单元体试验方案,模型试验中的活性 MgO 掺量选为 10%、15% 和 20%,初始含水率取为 0.7 倍的天然土液限(接近天然土含水率)。此外,前面的室内单元体试验已表明:MgO 固化土在 CO_2 通气压力为 200 kPa 时具有较优的碳化效果;在 CO_2 通气压力小于 200 kPa 时,压力越高,碳化效果越好;而在 CO_2 通气压力大于 200 kPa 时,较高的通气压力易引起试样开裂(尤其是低活性 MgO)。尝试试验发现:当模型试验的 CO_2 通气压力选择为 200 kPa 时,易导致密封膜鼓起。为此,根据前期试验结论,考虑室内模型的封膜和压载等实际条件,选用较优的 CO_2 通气压力,实际通气压力为 150 kPa,通气方式主要为端部通气,并有一组中间通气以作对比。

　　根据已有研究[152,207],当压实度为 89% 时,碳化效果最佳,故碳化模型土的压实度选 89%,实际操作通过 MgO 混合土的质量和目标体积进行压实控制。由于 MgO 碳化粉质黏土拥有较差的通气效果和碳化效果,研究中也通过在粉质黏土中掺粉土和细砂,以提高通气和碳化效果,试验中还进行了素土的空白对照。模型试验的具体设计方案如表 6-2 所示。

表 6-2　模型试验的具体设计方案

试验编号	土类	活性 MgO 掺量	初始含水率	通气方式	备注
对照组	粉土	0	70%液限	无	
第 1 组（1#）	粉土	10%	70%液限	端部通气	
第 2 组（2#）	粉土	15%	70%液限	端部通气	
第 3 组（3#）	粉土	20%	70%液限	端部通气	
第 4 组（4#）	粉土	15%	70%液限	中间通气	
第 5 组（5#）	粉质黏土	15%	75%液限	端部通气	
第 6 组（6#）	粉质黏土+粉土（1∶1）	15%	37%两土液限之和	端部通气	
第 7 组（7#）	粉质黏土+细砂（1∶1）	15%	75%液限（30%）	端部通气	以粉质黏土为基础来计算水质量

模型试验具体操作步骤[140]如下。

1）将晒干、粉碎和过筛（＜2 mm）后的待固化土与预设掺量的活性 MgO 进行均匀搅拌，并在搅拌过程中缓慢加水，直至达到目标含水率。

2）事先在模型槽内填压黏土，并铺上塑料隔离膜、检查塑料膜的完整性，确保塑料膜与模型槽壁和四角紧贴。在铺有塑料膜的模型槽内摊铺 MgO 混合土，每摊铺 5 cm 厚就用木锤分层铺平压实，以达到控制压实度的目的。

3）根据试验设计方案，在摊铺 5 cm 混合土后埋设 PVC 导气管和底层温度传感器，相邻传感器间距为 20 cm；然后继续填压 MgO 混合土，达到一定厚度后埋设顶层温度传感器，上下两层温度传感器的距离约为 30 cm；最后继续填压 MgO 混合土，至土层高度与模型槽高度大体相同。MgO 混合土填压完成后，进行顶部封膜，薄膜连接处采用软硅胶进行黏合密封，并开启温度监测，记录养护水化过程中的温度变化。

4）当监测的温度接近环境温度时，认为水化反应已基本完成，一般需 24～48 h，保存温度数据并停止记录；然后采用轻型动力触探仪和轻型落锤试验仪分别对模型地基土的一半幅进行承载力测试，测试位置平均分 4 个点域进行，从模型的通气端开始，依次为测点 1、测点 2、测点 3 和测点 4。

5）将 MgO 固化土铺平压实，在表面铺上塑料薄膜并确保搭接处密封，再在密封膜上铺木板并堆放砂袋，避免薄膜鼓起；再次打开温度监测仪，打开气瓶阀门，调节 CO_2 通气压力至 150 kPa，进行 MgO 固化土的通气碳化。试验中一般采用连续通气，但由于压载条件限制前 3 组采用了间断通气，累计碳化 12 h 后关闭气源。

6）待监测温度接近环境温度时，停止温度采集并打开密封膜，分别采用轻型落锤试验仪和轻型动力触探仪对碳化模型土的两半幅进行承载力测试。

6.2.3　测试内容

1. 动回弹模量测试

本节中动回弹模量测试采用德国生产的 EVD 便携式轻型落锤弯沉仪（ZFG3000），如图 6-8（a）所示[140]。便携式轻型落锤弯沉仪是一种动承载力和动模量的无损测试设备，可快速确定路基、填土、改良土的承载力和动弹性模量，具有操作简单、携带方便、测试快捷、测试结果可靠稳定等优点，一般适用于最大粒径小于 60 mm 的路基土，已被广泛用于公路路基路面检测。便携式轻型落锤弯沉仪主要由加载系统和数据采集系统组成，加载系统包括锁定杆、落锤、滑杆和橡胶垫等；数据采集系统包括压力传感器、位移传感器和采集装置等。其中，锤重为 10 kg，落锤高度为 90 cm，测量范围为 0～225 MPa，承载盘直径为 30 cm，最大应力为 7.07 kN，脉冲时间为（17±1.5）ms，电源为 4.8 V/3.5 Ah。

动态变形模量 E_{vd} 是由落锤自由下落冲击承压板产生冲击荷载，在冲击荷载作用下，路基土和承压板之间产生竖向位移，并由压力传感器和位移传感器记录落锤冲击板时的压力和沉降，然后根据压力和位移峰值确定动回弹模量，所有数据通过设备自带打印装置输出测试结果[140,208]。由于落锤的冲击荷载和卸载时间很短，一般在 20 ms 以内，冲击荷载作用下的塑性变形还来不及产生，故轻型落锤试验仪实测的竖向变形以回弹变形为主，大量的检测结果表明荷载与变形近似呈线弹性关系[218]。因此，可以根据弹性半空间体上圆形局部荷载的公式计算模量：

$$E_{vd} = \frac{\pi}{4} \times \frac{2p\delta(1-\mu^2)}{l} \tag{6-1}$$

式中，E_{vd} 为轻型落锤弯沉仪所测的动态变形模量（MPa）；p 为实测的承载板所受的最大圆形均布荷载（kPa）；δ 为承载板半径，150 mm；μ 为土的泊松比；l 为承载板的最大变形量（mm）。

便携式轻型落锤弯沉测试结果和测试过程如图 6-8（b）～（d）所示，每一测试位置需落锤 4 次，舍去第一次记录结果，记录后面 3 次并取三者的平均值作为该位置点处的测试结果。

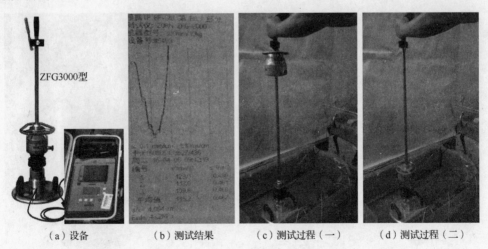

（a）设备　　　　（b）测试结果　　　（c）测试过程（一）　　　（d）测试过程（二）

图 6-8　EVD 便携式轻型落锤弯沉测试

2. 轻型动力触探测试

轻型动力触探测试（DCP）是利用落锤锤击动能，将一定规格的圆锥探头打入土中，根据打入的难易程度来判别土体工程性质的一种方法[140,208]。图 6-9 为轻型动力触探试验设备，主要包括穿心落锤、触探杆和圆锥触探头 3 部分，其中穿心落锤的质量为 10 kg，落距为 50 cm，圆锥头锥角为 60°，锥底面积为 12.6 cm²，触探杆外径为 25 mm，贯入指标为 N_{10}（即穿心落锤自由下落，贯入 30 cm 的锤击数）。相同锤击动能下的贯入深度和贯入阻力可以有效反映土层力学特性的差异，进而可以用来评价地基土工程性质。

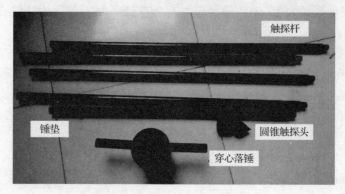

图 6-9　轻型动力触探试验设备

　　图 6-10 为轻型动力触探的原理图、测试过程图[219]和操作图。轻型动力触探测试通常需 3 人操作，其中：一人握住手柄，将锥尖朝下贴紧土层表面，使触探杆与土层表面垂直；一人提升穿心落锤使其从 50 cm 落距高度处自由下落，将触探杆竖直打入土层中；一人读取触探深度并记录触探次数。试验中每击打一次就记录一次贯入深度，土基越坚硬，每次贯入的深度越小，贯入一定深度的次数就越多。最后根据记录结果，绘出贯入深度和锤击数的关系，来反映碳化固化土的贯入度。

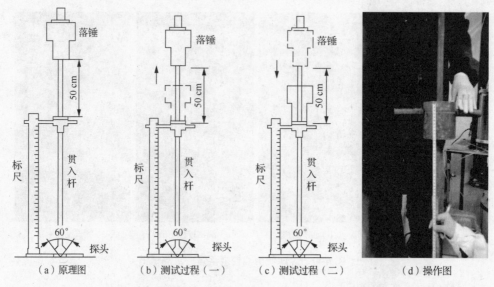

（a）原理图　　　（b）测试过程（一）　　（c）测试过程（二）　　（d）操作图

图 6-10　轻型动力触探的原理图、测试过程图和操作图

　　DCP 测试结果常用贯入指数（DCPI）和贯入阻力（R_s）两个指标来描述。贯入指

数 DCPI 表示每一落锤锤击后触探杆的贯入深度（mm/blow）[140,208]，DCPI 的计算公式为

$$DCPI = \frac{\Delta D_p}{\Delta N} \tag{6-2}$$

式中，ΔD_p 为贯入深度（mm）；ΔN 为贯入深度为 ΔD_p 时对应的锤击数（次）。

R_s 表示探头贯入单位深度过程中受到的阻力大小，相关计算公式为

$$\begin{cases} R_s = W_s/P_d \\ W_s = mv^2/2 \\ v = \sqrt{v_0^2 + 2gh} \end{cases} \tag{6-3}$$

式中，W_s 为土体反力所做的功（J），数值上等于重锤下落时所做的功；v_0 为重锤下落时的初始速度（本次试验为 0 m/s）；m 为重锤质量（本次试验中为 10 kg）；v 为重锤落到铁砧上的速度（本次试验中 $v = \sqrt{2 \times 10 \times 0.5}$ m/s = 3.16 m/s，h 为 0.5 m）；P_d 为锥头在土体中的贯入距离（m）。

3. 模型地基土的物理、力学和微观测试

经动回弹模量和动力触探测试后，对模型地基进行开挖取样，以进行无侧限抗压强度、含水率、碳化度和微观测试。图 6-11（a）～（e）描述了 MgO 碳化模型地基土的开挖及测量过程，其中：图 6-11（a）为沿气体方向两侧碳化前后的动承载力测试并标出了实际碳化范围；图 6-11（b）为碳化地基土的开挖[140]，由于碳化土体硬度和强度较大，因此可借助电钻进行开挖；从图 6-11（c）可知，碳化深度基本达到 40 cm；然后将开挖后的大试块修整成规则的棱柱体或圆柱体以进行无侧限抗压强度测试［图 6-11（d）、（e）］，对开挖的小试块取样以进行含水率、碳化度和微观测试。

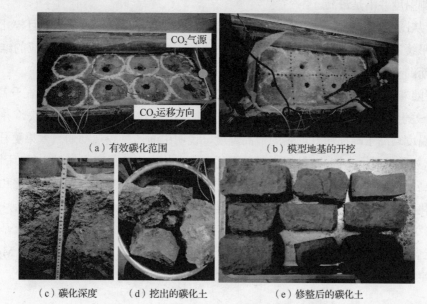

（a）有效碳化范围　　　　　　　（b）模型地基的开挖

（c）碳化深度　　（d）挖出的碳化土　　　　（e）修整后的碳化土

图 6-11　MgO 碳化模型地基土的开挖及测量

6.2.4　模型试验结果与分析

1. 温度

MgO 水化和 $Mg(OH)_2$ 碳化是复杂的化学反应，在此过程中涉及剧烈放热现象，通过水化和碳化过程中的温度监测来间接反映水化和碳化程度。图 6-12～图 6-18 分别描述了 7 组模型试验中水化和碳化过程的温度变化情况[140]。分析这 7 个图，可以得出如下结论。

相同点：

1）监测到的水化温度和碳化温度均呈先快速升高后缓慢降低趋势。

2）排除个别试验组中端部温度的不规律外，模型固化土的温度呈上部高、下部低的变化规律，尤其在 T50 位置处温度最高，说明模型地基中存有显著的热量传递和迁移，越往顶部，温度集聚现象越明显。

3）碳化反应最活跃位置处产生的温度要远远高于水化过程产生的温度。

4）碳化过程中，上部温度随距离气源位置的变化较下部的温度变化更为显著。

不同点：

1）在水化过程中，土层深度和距气源位置对温度的影响较小，温度变化不大；碳化过程中，距离气源越近，温度升高越快，最高温度一般位于距气源位置 0～25 cm 范围内的上层。其原因是：根据理想气体方程，高压 CO_2 从气罐中释放出后，气体压力骤减使得在气管表面因气体冷凝而产生显著凝霜，引起温度快速降低，故在距气源最近的下部监测温度并不是最高。

2）从图 6-12～图 6-18 可以看出，通气阶段温度的升高较为显著，一旦停止通气，温度将平缓下降，这说明 CO_2 在固化土层中消耗较快，难以富存，碳化反应的维持需要持续不断的 CO_2 供给。

3）随着活性 MgO 掺量的增加，相同位置处水化和碳化产生的温度也在升高。

4）关于通气方式的对比：中间通气时，中部产生的碳化温度较两端快，并且产生的最高温度略高于端部通气产生的最高温度，说明中间通气较端部通气效果更佳。

5）关于天然土土性的对比：MgO 固化粉土水化产生的最高温度较 MgO 固化粉质黏土的高，其原因可能是粉质黏土中的细粒土对 MgO 的包裹影响了正常水化和碳化；通气碳化阶段，粉土的温度增长速率要明显高于粉质黏土的温度增长率。

6）关于外掺料的对比：水化产生的最高温度和温度升高率由高到低依次是粉质黏土+粉土、粉质黏土+细砂、粉质黏土，说明外掺料的加入可均散混合料中的 MgO；而碳化产生的最高温度相差不大，掺粉土的温度升高率较大。

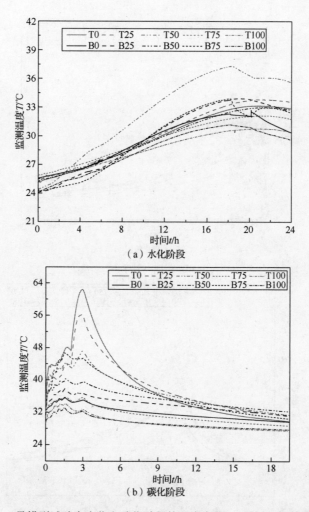

（a）水化阶段

（b）碳化阶段

图 6-12　1 号模型试验中水化和碳化过程的温度变化（活性 MgO 掺量 10%）

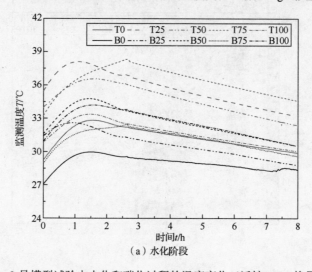

（a）水化阶段

图 6-13　2 号模型试验中水化和碳化过程的温度变化（活性 MgO 掺量 15%）

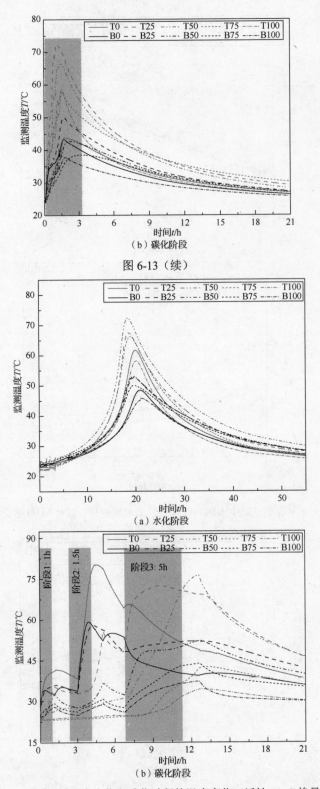

（b）碳化阶段

图 6-13（续）

（a）水化阶段

（b）碳化阶段

图 6-14　3 号模型试验中水化和碳化过程的温度变化（活性 MgO 掺量 20%）

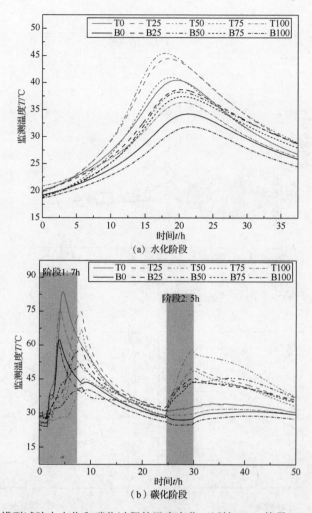

（a）水化阶段

（b）碳化阶段

图 6-15　4 号模型试验中水化和碳化过程的温度变化（活性 MgO 掺量 15%，中间通气）

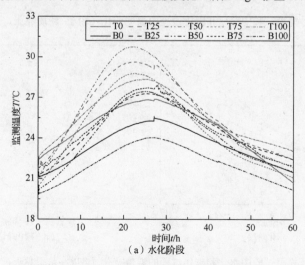

（a）水化阶段

图 6-16　5 号模型试验中水化和碳化过程的温度变化（粉质黏土，一端通气）

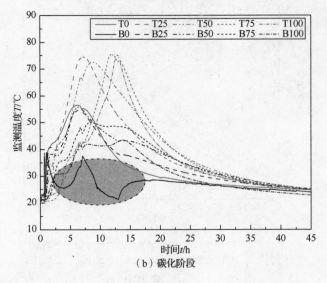

（b）碳化阶段

图 6-16（续）

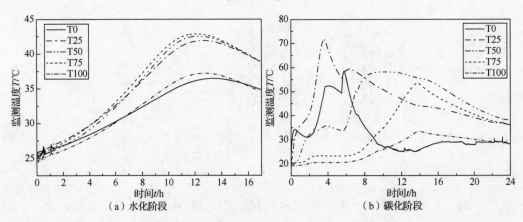

（a）水化阶段　　　　　　　　　　　　　（b）碳化阶段

图 6-17　6 号模型试验中水化和碳化过程的温度变化（粉土+粉质黏土，一端通气）

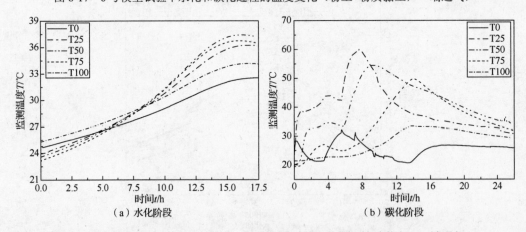

（a）水化阶段　　　　　　　　　　　　　（b）碳化阶段

图 6-18　7 号模型试验中水化和碳化过程的温度变化（细砂+粉质黏土，一端通气）

2. 动回弹模量分析

图 6-19 给出了不同活性 MgO 掺量下天然粉土、MgO 固化土和 MgO 碳化土在不同位置测试区的动回弹模量结果,其中图中显示的动回弹模量值为三次的平均值。图 6-19(a)中活性 MgO 掺量为 10%,图 6-19(b)中活性 MgO 掺量为 15%,图 6-19(c)中活性 MgO 掺量为 20%,其中测点 1、测点 2、测点 3 和测点 4 分别为模型土层中距离通气管端的 4 个等分区域,测点 1 离气源最近,测点 4 离气源最远。从图 6-19 可以看出,4 个测点处,天然粉土压实后的动回弹模量基本相当(约为 4 MPa),MgO 固化土的动回弹模量也基本相当(约为 7 MPa),说明未固化的天然粉土和 MgO 固化土的压实情况较为均匀;此外,MgO 固化土的动回弹模量要高于压实天然粉土的动回弹模量,MgO 碳化土的动回弹模量显著高于同一位置处 MgO 固化土的动回弹模量。对比活性 MgO 掺量的影响,图 6-20 给出了活性 MgO 掺量对碳化固化粉土动回弹模量的影响。从图 6-20 中可以发现,MgO 固化土碳化前的动回弹模量随活性 MgO 掺量的增加而增加,活性 MgO 掺量为 10% 时所有测点动回弹模量相当;当活性 MgO 掺量为 15% 和 20% 时,测点 2 处的动回弹模量略高,其他位置处相当 [图 6-20(a)]。但经过通气碳化后,MgO 碳化土的动回弹模量也随活性 MgO 掺量的增加而增加;相同掺量下,动回弹模量随测点由高向低依次为:测点 2 >测点 1 >测点 3 >测点 4,且测点 3 和测点 4 处动回弹模量相当;不同测点处,碳化土动回弹模量的增长幅度相差较大,测点 2 增幅最大,测点 1 增幅次之,测点 4 增幅最小 [图 6-20(b)]。

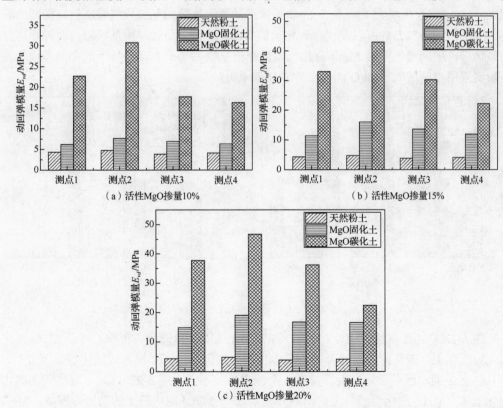

图 6-19 MgO 固化粉土不同测点处的动回弹模量(端部通气)

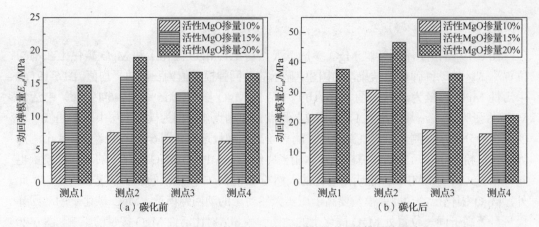

图 6-20　活性 MgO 掺量对碳化固化粉土动回弹模量的影响

其原因为：①MgO 固化土中，水化物 Mg(OH)$_2$ 促进了土颗粒间的弱胶结，活性 MgO 掺量越高，胶结作用越显著；②经通气碳化后，生成的碳化产物胶结作用更强，同时使模型地基更加密实；③距离气源越近，碳化效果越好，生成的碳化产物越多。这将在后面的微观部分进行进一步解释。

图 6-21 为通气方式对 MgO 碳化固化粉土动回弹模量的影响。当中间通气时，测点 3 的动回弹模量增幅最大，测点 2 动回弹模量次之，测点 1 和测点 4 相当 [图 6-21（a）]，测点 3 的动回弹模量大于测点 2 的动回弹模量可能是受到气源导气管出气口朝向的影响。对比两种通气方式可以发现，碳化前的 MgO 固化土动回弹模量相当，而经相同时间碳化后，中间通气下的 MgO 碳化土动回弹模量明显高于端部通气下的动回弹模量，这表明采用中间通气，MgO 固化土的碳化效果更佳。

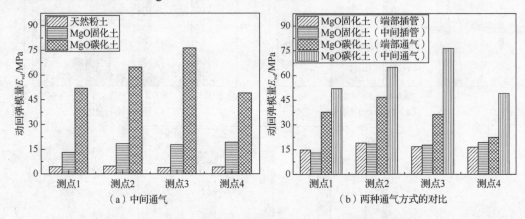

图 6-21　通气方式对 MgO 碳化固化粉土动回弹模量的影响

图 6-22 描述了天然土土性对 MgO 碳化固化土动回弹模量的影响，对于 MgO 碳化固化粉质黏土，碳化前的动回弹模量基本相当，碳化后动回弹模量较碳化前显著提高，并且测点 2 的动回弹模量最大，其他 3 个测点相差不大 [图 6-22（a）]。对比两种碳化固化土体，MgO 固化粉质黏土的动回弹模量低于 MgO 固化粉土的动回弹模量，MgO

碳化粉质黏土的动回弹模量低于 MgO 碳化粉土的动回弹模量,这可能是由于 MgO 固化粉质黏土中的 MgO 未得到充分水化和碳化,MgO 固化粉质黏土中凝团现象较为严重,阻碍了 CO_2 气体的入渗。

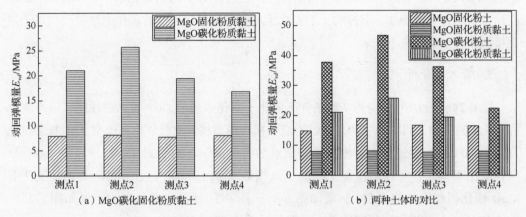

图 6-22　天然土土性对 MgO 碳化固化土动回弹模量的影响

　　图 6-23 给出了外加掺合料对 MgO 碳化固化粉质黏土动回弹模量的影响结果。图 6-23(a)、(b)均显示出掺粉土或掺细砂后,碳化土的动回弹模量均高于固化土的动

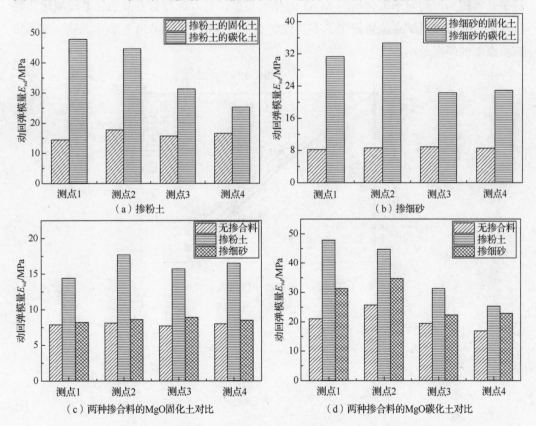

图 6-23　外加掺合料对 MgO 碳化固化粉质黏土动回弹模量的影响

回弹模量。将无掺合料的、掺粉土的和掺细砂的 3 种 MgO 固化粉质黏土进行对比，结果发现：碳化前，掺粉土的 MgO 固化粉质黏土的动回弹模量最高，而无掺合料和掺细砂的 MgO 固化粉质黏土的动回弹模量相当；当进行 CO_2 通气碳化后，3 种碳化土的动回弹模量均有显著增加，但掺粉土的碳化土增幅最大，掺细砂的碳化土增幅次之，无掺合料的碳化土增幅最小。

3. 贯入度分析

图 6-24～图 6-30 分别为 7 种条件下固化土碳化前后的 DCP 贯入曲线图。值得注意的是：实测中由于贯入速率的加快，为避免损坏模型槽，大部分待测模型土并未达到规范规定 30 cm 深度便停止。根据各测试点的贯入曲线，按照式（6-2）和式（6-3）分别计算出不同条件下待测模型土体的贯入指数 DCPI 和贯入阻力 R_s，其各种条件下 MgO 碳化固化土体的 DCPI 结果如图 6-31～图 6-34 所示，贯入阻力结果如图 6-35～图 6-41 所示。分析这些测试结果，可得到以下结论。

1）根据各种条件下贯入曲线中贯入深度和击数的关系，大部分土体的贯入深度随击数的增加而线性增加；对于素粉土和未碳化的 MgO 固化土而言，4 个测点处的贯入斜率基本相当；而对于碳化后的 MgO 固化土模型，贯入深度与击数的斜率较碳化前显著减小，并且随测试点位置发生了不同程度变化，基本上是测点 4 的斜率最大，测点 2 或测点 1 的斜率最小。

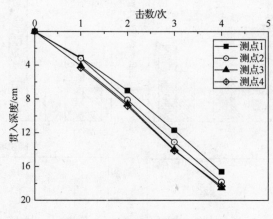

图 6-24　天然粉土的贯入曲线

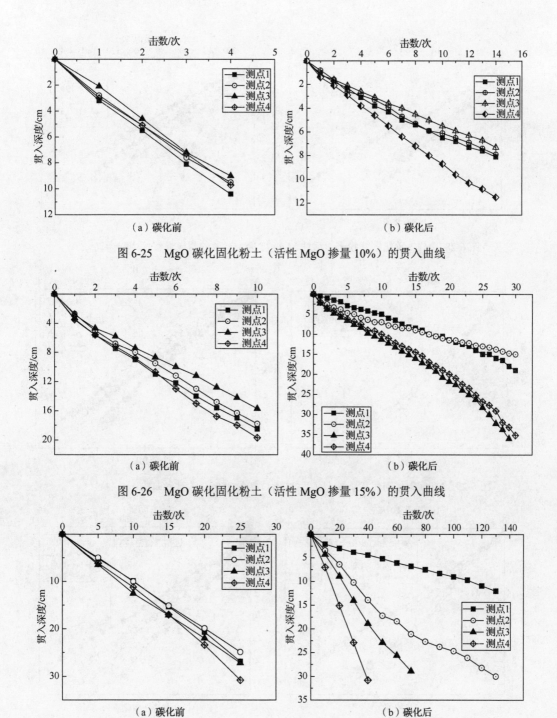

图 6-25　MgO 碳化固化粉土（活性 MgO 掺量 10%）的贯入曲线

图 6-26　MgO 碳化固化粉土（活性 MgO 掺量 15%）的贯入曲线

图 6-27　MgO 碳化固化粉土（活性 MgO 掺量 20%）的贯入曲线

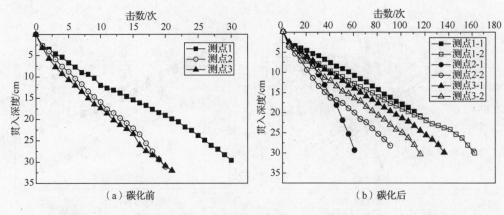

图 6-28　MgO 碳化固化粉土（活性 MgO 掺量 15%）的贯入曲线（中间通气）

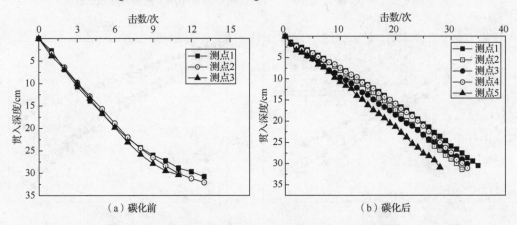

图 6-29　MgO 碳化固化粉质黏土（活性 MgO 掺量 15%）的贯入曲线（一端通气）

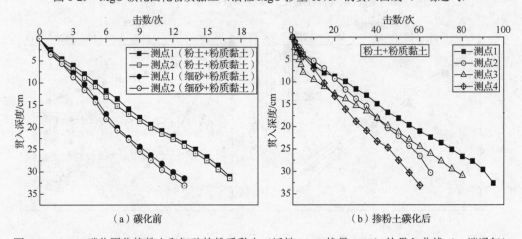

图 6-30　MgO 碳化固化掺粉土和细砂的粉质黏土（活性 MgO 掺量 15%）的贯入曲线（一端通气）

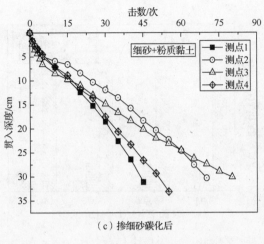

（c）掺细砂碳化后

图 6-30（续）

2）从不同条件下土体的平均贯入指数来看，MgO 固化粉土的 DCPI 较未固化天然粉土的显著降低，MgO 碳化粉土的 DCPI 较未碳化的 MgO 固化粉土也显著降低。在活性 MgO 掺量影响下，碳化前，相同掺量的 MgO 固化粉土在各测点处的 DCPI 基本相当，并且 MgO 固化粉土的 DCPI 随活性 MgO 掺量的增加而呈规律性降低；而碳化后，对于活性 MgO 掺量为 10% 和 15% 的碳化粉土来说，测点 1 和测点 2 处的 DCPI 相当，且小于测点 3 和测点 4 处的 DCPI；对于活性 MgO 掺量为 20% 的碳化粉土而言，从测点 1 到测点 4，DCPI 依次增加 [图 6-31 和图 6-32]。在通气方式影响下，在测点 1 和测点 2 处，端部通气下碳化粉土的 DCPI 较中间通气的小，在测点 4 处，中间通气下碳化粉土的 DCPI 较端部通气的小（图 6-33）。从土性影响来看，MgO 固化粉土的 DCPI 较 MgO 固化粉质黏土的低，MgO 碳化粉土的 DCPI 较 MgO 碳化粉质黏土的小，MgO 碳化粉土的 DCPI 从测点 1 到测点 4 逐渐增大，而 MgO 碳化粉质黏土的 DCPI 随测点无明显变化 [图 6-34（a）]。从掺合料的影响来看，碳化前，与 MgO 固化粉质黏土相比，MgO 固化（粉土+粉质黏土）的 DCPI 降低，而 MgO 固化（细砂+粉质黏土）几乎不变。而碳化后，与 MgO 碳化粉质黏土相比，MgO 碳化（粉土+粉质黏土）和 MgO 碳化（细砂+粉质黏土）的 DCPI 均降低；在测点 1 处，MgO 碳化（粉土+粉质黏土）的 DCPI 小于 MgO 碳化（细砂+粉质黏土）的 DCPI，而在其他测点处，两种碳化土基本相当 [图 6-34（b）]。

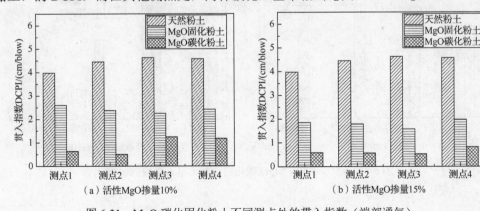

（a）活性MgO掺量10%　　　　　　　　　　（b）活性MgO掺量15%

图 6-31　MgO 碳化固化粉土不同测点处的贯入指数（端部通气）

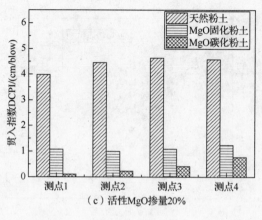

（c）活性MgO掺量20%

图 6-31（续）

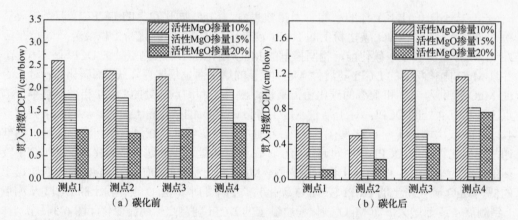

（a）碳化前   （b）碳化后

图 6-32　MgO 掺量对碳化固化粉土平均贯入指数的影响

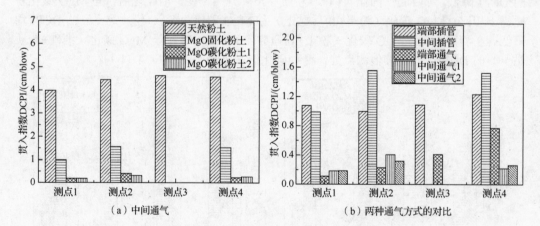

（a）中间通气   （b）两种通气方式的对比

图 6-33　通气方式对 MgO 碳化固化粉土贯入指数的影响

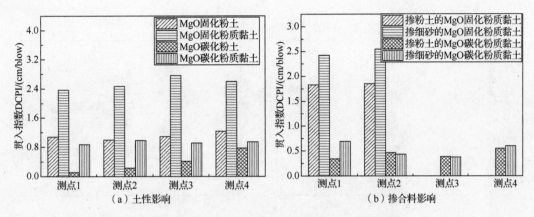

图 6-34　其他条件对 MgO 碳化固化土贯入指数的影响

3）从不同条件下贯入阻力随贯入深度的变化情况来看，天然土的贯入阻力较小（<20 J/cm），随贯入深度几乎不变；掺入活性 MgO 后，MgO 固化土的贯入阻力较天然土明显增加；碳化前，同一种条件下不同测点处贯入阻力曲线的变化规律较为相似；碳化后，贯入阻力曲线存在较大的离散性，尤其在碳化土上部 15 cm 内，随贯入深度的增加，大部分模型土的贯入阻力有减小趋势。这说明了 MgO 固化土碳化存在一定的不均匀性，上部碳化效果较好，土体强度和硬度较大，使贯入阻力较大，而底部的碳化效果较差，使贯入阻力相对较小，这与前述温度、回弹模量和 DCPI 所反映的结论是相一致的。此外，从图 6-35～图 6-41 的贯入阻力结果还可看出，中间通气时碳化粉土的整体贯入阻力要高于端部通气的贯入阻力，且相同条件下碳化粉土的贯入阻力要显著高于碳化粉质黏土的贯入阻力。

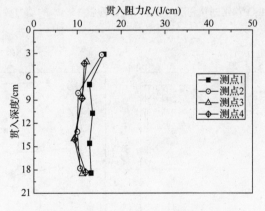

图 6-35　天然粉土的动力触探贯入阻力

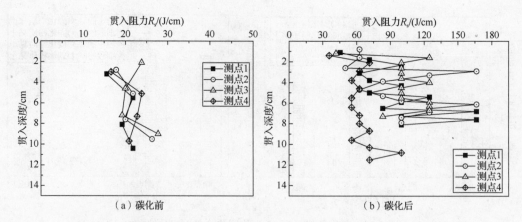

图 6-36　MgO 碳化固化粉土（活性 MgO 掺量 10%）的动力触探贯入阻力

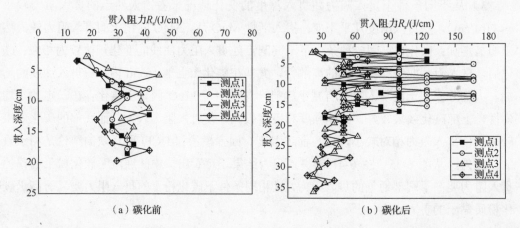

图 6-37　MgO 碳化固化粉土（活性 MgO 掺量 15%）的动力触探贯入阻力

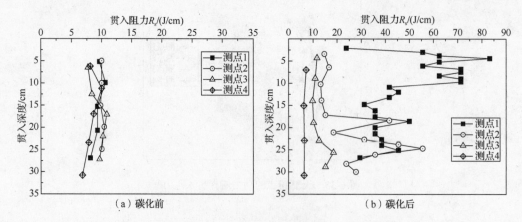

图 6-38　MgO 碳化固化粉土（活性 MgO 掺量 20%）的动力触探贯入阻力

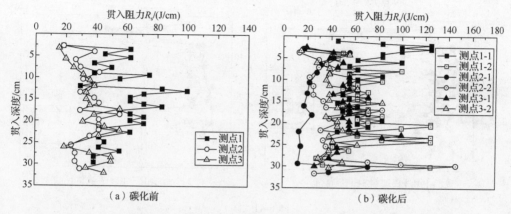

图 6-39　MgO 碳化固化粉土（活性 MgO 掺量 15%）的动力触探贯入阻力（中间通气）

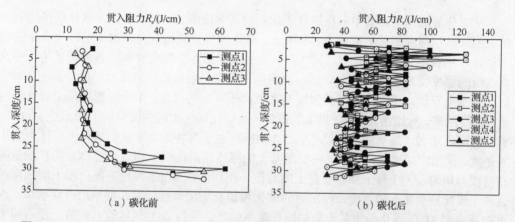

图 6-40　MgO 碳化固化粉质黏土（活性 MgO 掺量 15%）的动力触探贯入阻力（一端通气）

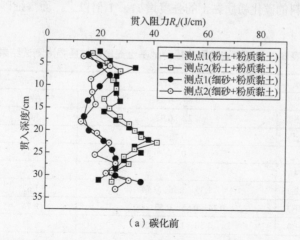

图 6-41　掺粉土和细砂的 MgO 碳化固化粉质黏土（活性 MgO 掺量 15%）的
动力触探贯入阻力（一端通气）

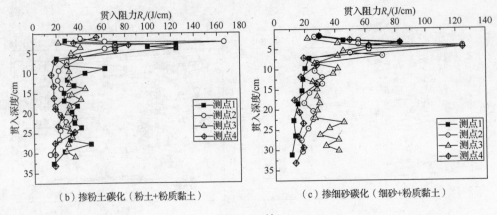

（b）掺粉土碳化（粉土+粉质黏土）　　　　　（c）掺细砂碳化（细砂+粉质黏土）

图 6-41（续）

4. 无侧限抗压强度

从碳化后的模型地基中取样进行无侧限抗压强度测试，不同条件下碳化模型地基土的无侧限抗压强度测试结果如表 6-3 所示，强度测试试块均取自模型地基碳化土中的较大试块。从表 6-3 中可以看出，第 2 组、第 3 组和第 4 组中有较多的强度测试值，并且这 3 组的强度值高于其他组强度值，说明这 3 组碳化后地基的整体性较好，易于取样。对比强度值发现，模型土上部的强度基本上高于下部的强度，4 个位置处，距离气源越近，强度越高。对比活性 MgO 掺量的影响，高碳化固化土的强度整体上随活性 MgO 掺量的增加而增加，最高强度可以达到 7.1 MPa。对于两种碳化方式，碳化土整体强度相差不大，采用中间通气时，碳化模型地基土的强度相对比较平均，说明 CO_2 的扩散范围相对较为均匀。关于粉土和粉质黏土的对比，相同活性 MgO 掺量下碳化粉土的强度远远高于碳化粉质黏土的强度，挖出后的碳化粉质黏土团聚性极差，很难形成块状体，这可能是由于 MgO 固化粉质黏土的初始孔隙率偏小，使得 CO_2 气体较难扩散，造成模型土中小团粒间缺乏有效胶结。当在粉质黏土中掺入粉土和细砂时，掺粉土的碳化粉质黏土的强度较无掺合料的碳化粉质黏土的强度增加了 1 倍以上，而掺细砂后，模型地基取样很难，整体性变差。

表 6-3　MgO 碳化固化模型地基土无侧限抗压强度测试结果

组号	取样区域	强度/MPa	平均值	标准差
第 1 组	测点 1（上）	0.60、0.69	0.65	0.06
	测点 1（下）	1.22、0.92	1.07	0.21
	测点 2（上）	0.72	0.72	—
	测点 2（下）	0.34、0.37、0.35	0.35	0.02
	测点 3/4	—	—	—
第 2 组	测点 1（上）	1.35、1.38、2.14	1.62	0.45
	测点 1（下）	0.74、0.55、0.52、1.22	0.76	0.32
	测点 2（上）	1.50、1.58、2.05	1.71	0.29
	测点 2（下）	1.03、0.64	0.92	0.39
	测点 3（上）	1.79、1.44、1.94	1.72	0.26
	测点 3（下）	1.20、0.51、0.52、0.47	0.68	0.35

续表

组号	取样区域	强度/MPa	平均值	标准差
第 2 组	测点 4（上）	1.30、1.61、1.21、1.13	1.31	0.21
	测点 4（下）	0.70、0.84、0.58、0.68	0.7	0.11
第 3 组	测点 1（上）	3.53、6.18、7.12、3.58	5.1	1.8
	测点 1（下）	3.25、2.72、3.06、2.52、2.78、2.35	2.78	0.33
	测点 2（上）	2.57、2.24、2.85、1.45、1.92	2.21	0.55
	测点 2（下）	2.12、2.45、1.59、0.91、0.92、	1.60	1.69
	测点 3（上）	1.33、1.22、1.45、1.42、1.01、1.59	1.34	0.2
	测点 3（下）	0.84、1.68、1.32、0.52	1.08	0.42
	测点 4	—	—	—
第 4 组	右侧（上）	2.66、1.45、1.56、2.31、1.44、1.74	1.86	0.51
	右侧（下）	0.99、0.84、1.10、0.90、1.15、1.16	1.02	0.13
	中间（上）	1.33、0.98、1.20、1.52	1.26	0.23
	中间（下）	0.63、0.72、0.74、0.66、0.61、0.72	0.68	0.05
	左侧（上）	2.08、1.70、1.71、1.38	1.72	0.29
	左侧（下）	0.82、0.92、0.75、0.95、0.90、0.84	0.86	0.07
第 5 组	测点 1	0.33、0.41	0.37	0.05
	其他位置	—	—	—
第 6 组（掺粉土）	测点 1	0.96、0.57	0.77	0.27
	测点 2	0.48、0.26	0.37	0.15
	其他位置	—	—	—
第 7 组（掺细砂）	测点 1	0.47	0.47	—
	其他位置	—	—	—

注：表中的"—"表示无法取强度测试样或取样失败。

5. 含水率、pH 值与电导率

表 6-4 为这几组模型中不同位置处 MgO 碳化固化土的含水率、pH 值和电导率的测试结果。从表 6-4 中可以发现，距离气源越近，MgO 碳化固化土的含水率越低，pH 值越小，电导率越低，并且与模型地基下部土层的结果相对比，一般模型地基土层上部的含水率、pH 值和电导率较低，这与前述力学测试强度较为一致。对比活性 MgO 掺量的影响，活性 MgO 掺量越高，碳化土对应的含水率、pH 值和电导率越低，这是因为：在相同初始含水率下，当固化土或碳化土中的 MgO 含量较高时，水化和碳化过程将消耗较多的水，进而使碳化土的孔隙液电离出更高浓度的 Mg^{2+} 和 OH^-。

表 6-4　MgO 碳化固化模型地基土含水率、pH 值及电导率的测试结果

组号	取样区域	含水率/%		pH 值		电导率/(μS/cm)	
		平均值	标准差	平均值	标准差	平均值	标准差
第 1 组	测点 1（上）	12.79	0.81	9.61	0.01	778	75
	测点 1（下）	14.21	0.21	9.71	0.02	691	26
	测点 2	14.45	0.47	9.76	—	783	—

续表

组号	取样区域	含水率/%		pH 值		电导率/(μS/cm)	
		平均值	标准差	平均值	标准差	平均值	标准差
第1组	测点 3	16.92	0.72	9.86	—	647	—
	测点 4	18.78	0.25	9.89	—	670	—
第2组	测点 1（上）	13.70	0.31	10.18	0.08	841	77
	测点 1（下）	14.48	0.14	10.26	0.04	952	82
	测点 2（上）	13.32	0.49	10.19	0.08	855	43
	测点 2（下）	14.37	0.49	10.29	0.03	944	11
	测点 3（上）	13.59	0.68	10.21	0.18	879	85
	测点 3（下）	13.93	0.27	10.31	0.04	1026	14
	测点 4（上）	15.16	0.83	10.28	0.05	963	11
	测点 4（下）	15.21	0.57	10.35	0.02	1044	23
第3组	测点 1（上）	8.96	0.35	10.18	0.03	831	43
	测点 1（下）	9.57	0.61	10.17	0.08	871	22
	测点 2（上）	11.01	0.22	10.16	0.01	735	72
	测点 2（下）	12.31	0.22	10.17	0.02	925	77
	测点 3（上）	11.82	0.24	10.19	0.01	931	36
	测点 3（下）	13.56	0.22	10.2	0.02	974	55
	测点 4（上）	13.11	0.14	10.29	0.05	990	49
	测点 4（下）	14.48	0.16	10.33	0.06	1115	28
第4组	右侧	12.11	0.60	9.51	0.015	1298	58
	中间	14.14	0.54	9.53	0.014	1303	39
	左侧	12.63	0.45	9.50	0.013	1270	30
第5组	测点 1	15.68	0.52	9.65	—	903	—
	测点 2	16.30	0.12	9.70	—	913	—
	测点 3	17.28	0.23	9.74	—	955	—
	测点 4	17.93	0.05	9.81	—	993	—
第6组（掺粉土）	测点 1	12.25	0.66	9.73	—	597	—
	测点 2	13.94	0.44	9.97	—	618	—
	测点 3	18.46	0.16	10.20	—	878	—
	测点 4	18.93	0.28	10.42	—	1163	—
第7组（掺细砂）	测点 1	7.79	0.75	9.71	—	1075	—
	测点 2	8.23	0.30	9.88	—	1097	—
	测点 3	10.39	0.27	9.90	—	1154	—
	测点 4	12.74	0.62	10.24	—	1245	—

注：表中的"—"表示未进行多点取样测试，仅对一点进行重复测试。

对比端部通气和中间通气两种方式，第 4 组的含水率和 pH 值均低于第 2 组的含水率和 pH 值，而第 4 组的电导率却高于第 2 组的电导率，这说明中间通气后 MgO 固化土的碳化效果优于端部通气的碳化效果，较多的水和 $Mg(OH)_2$ 被吸收碳化，使得溶液中电离出的 Mg^{2+} 和 OH 浓度较低。同样地，将碳化粉土和碳化粉质黏土进行对比，碳化粉土的含水率低于碳化粉质黏土的含水率，这可能受初始含水率的影响；而碳化粉质黏土的 pH 值和电导率较碳化粉土的低，不是因为 MgO 固化粉质黏土的碳化效果好，而可能是由于粉质黏土细粒土将 MgO 包裹成团，减小了实际孔溶液中 MgO 的量。由于第 6 组和第 7 组初始含水率不一样，所以此处不进行比较分析。

6. 碳化度

碳化度测试采用硝酸酸化法，描述了 MgO 固化土的碳化程度或碳化固化土中的 CO_2 吸收量，即吸收 CO_2 质量与所掺 MgO 质量的比值（m_{CO_2}/m_{MgO}）。表 6-5 给出了 7 组模型地基不同位置处的碳化固化土的碳化度测试结果，在同一组模型中，距离气源越近，碳化土中测出的 CO_2 含量相对越高，对大部分碳化土来说，越靠近上部，测出的 CO_2 含量越高。对比活性 MgO 掺量的影响，可以看出，CO_2 含量随活性 MgO 掺量的增加而增加，而 m_{CO_2}/m_{MgO} 却随活性 MgO 掺量的增加而降低，这说明 CO_2 吸收量的增长幅度不与 MgO 增长同步。对比端部通气和中间通气可以发现，中间通气的碳化土拥有相对高的 CO_2 含量或 m_{CO_2}/m_{MgO}。

表 6-5　MgO 碳化固化模型地基土碳化度的测试结果

组号	取样区域	CO_2 含量/%		CO_2 与 MgO 质量比 m_{CO_2}/m_{MgO}	
		平均值	标准差	平均值	标准差
第 1 组	测点 1（上）	7.05	0.002	0.78	0.0002
	测点 1（下）	7.57	0.41	0.83	0.045
	测点 2	6.40	—	0.70	—
	测点 3	4.87	—	0.54	—
	测点 4	4.17	—	0.46	—
第 2 组	测点 1（上）	7.42	0.08	0.57	0.006
	测点 1（下）	7.04	0.17	0.54	0.013
	测点 2（上）	7.04	0.16	0.54	0.01
	测点 2（下）	6.90	0.27	0.53	0.02
	测点 3（上）	7.16	0.02	0.55	0.001
	测点 3（下）	7.08	0.10	0.54	0.008
	测点 4（上）	6.41	0.03	0.49	0.002
	测点 4（下）	4.80	0.74	0.37	0.05
第 3 组	测点 1（上）	9.20	0.25	0.55	0.01
	测点 1（下）	10.2	0.30	0.61	0.02
	测点 2（上）	9.65	0.55	0.58	0.03
	测点 2（下）	7.16	0.33	0.43	0.02
	测点 3（上）	7.51	0.70	0.45	0.04
	测点 3（下）	7.21	0.05	0.43	0.003
	测点 4（上）	6.04	0.56	0.36	0.03
	测点 4（下）	4.88	0.07	0.29	0.004

组号	取样区域	CO_2含量/%		CO_2与MgO质量比 m_{CO_2}/m_{MgO}	
		平均值	标准差	平均值	标准差
第4组	右侧	9.44	0.04	0.57	0.003
	中间	9.89	0.60	0.59	0.04
	左侧	9.63	0.29	0.58	0.02
第5组	测点1	8.87	0.30	0.53	0.02
	测点2	9.67	0.52	0.58	0.03
	测点3	9.03	0.41	0.54	0.02
	测点4	7.06	0.17	0.37	0.04
第6组 （掺粉土）	测点1	7.85	—	0.47	—
	测点2	7.65	—	0.46	—
	测点3	4.75	—	0.34	—
	测点4	3.84	—	0.27	—
第7组 （掺细砂）	测点1	6.41	—	0.38	—
	测点2	6.51	—	0.39	—
	测点3	5.20	—	0.31	—
	测点4	3.26	—	0.20	—

注：表中的"—"表示未进行多点取样测试，仅对一点进行重复测试。

6.3　整体碳化固化技术现场应用

6.3.1　场地概况与施工材料

1. 场地概况

第一试验场地位于宜长高速一标段（宜兴市张渚镇），沟塘位于桩号 K4+500 处：淤泥深 0.6～1.2 m，含水率 75%～85%。施工前先对现场沟塘进行预处理，包括抽排水、清除场地内外杂草和大块建筑垃圾、整平场地周边等，预处理后（图 6-42）取样进行含水率测试，淤泥含水率为（85±5）%。第二试验场地位于常宜高速二标段（常州市武进区前黄镇）（图 6-43）。两场地的土性较为相似，现给出第一试验场地的土体物理性质和化学组成，如表 6-6 所示[220]。

（a）预处理前

（b）预处理后

图 6-42　沟塘预处理前后图（宜兴）

（a）预处理前　　　　　　　　　（b）预处理后

图 6-43　沟塘预处理前后图（常州）

表 6-6　场地土基本物理性质

测试指标	测试值
天然含水率/%	50~65
相对密度	2.72
天然密度/(kg/m³)	1.71
液限 w_L/%	46
塑限 w_P/%	20
烧失量%	3~5
原状土 pH 值	7.4
初始孔隙比 e_0	0.92

2. 施工方案

MgO 购于辽宁大石桥镇的氧化镁 65 粉，其活性值为 152 s，比表面积为 7.21 m²/g，活性含量为 42%，化学成分如表 6-7 所示。CO_2 气体就近购自宜兴神牛气体有限公司，选用与室内试验相同纯度（99%），规格为 30 kg/瓶，9 瓶为 1 组，每组共用一个通气阀门，用量根据现场通气进行补充。通气总管由五金公司定做，由高压油管、气压表、通气阀门和分流器组成，每个总管可以分流为 20 根支管。通气支管使用 ϕ8PE 软管+ϕ20PVC 硬管。硬管有 40 cm 和 60 cm 两种规格，为方便通气，硬管上每隔 5 cm 对穿打孔，并用纱布包裹底部，防止堵塞管道。试验材料如图 6-44 所示。

表 6-7　MgO 材料的化学成分及含量

成分	SiO_2	Al_2O_3	Fe_2O_3	K_2O	CaO	MgO	TiO_2
含量/%	69.79	17.84	5.34	2.05	1.11	1.04	1.00

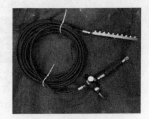

（a）MgO　　　　　　（b）高压通气管　　　　　　（c）PE 软管

图 6-44　现场材料实物图

（d）PVC打孔　　　　　　　（e）带孔PVC　　　　　　　（f）CO_2气瓶组

图 6-44（续）

6.3.2 整体碳化固化单点试验施工

1. 单点试验施工

室内试验已基本形成了 MgO 碳化固化软弱地基的工艺模型，但是室内试验受场地规模限制，无法确定大面积时的通气半径和通气压力等参数。因此，进行现场单点试验以确定通气管道布设距离和通气压力。单点试验场地选在待处理场地内靠边位置，在单点试验区取样进行含水率测试，含水率保持在（40±3）%。使用挖机在该区域内向下挖 60 cm 左右，按照土体密度 1.7 g/cm³，活性 MgO 掺量 15%，计算所需 MgO 质量，掺入并通过挖机和人工搅拌。

在该区域内划定 1 m×1 m 正方形、深度 60 cm 的长方体作为单点试验测试区，在测试区边缘布设一根带孔 PVC 管，在管道方向距离 30 cm、60 cm 处分别布设两层温度传感器，第一层距离地面 20 cm，第二层距离地面 40 cm，对温度传感器分别编号为 1、2、3、4。现场单点试验布置示意图及试验图如图 6-45 和图 6-46 所示。室内试验通气压力为 200 kPa，但是现场碳化面积较大。根据先前的研究：在一定范围内，MgO 的碳化效率随气压的增大而提升，但是气压过大会在土体中形成大的裂缝且气体流通太快会造成气体浪费，因此初始压力选为 500 kPa，在此基础上逐渐缓慢增大压力，观察密封膜鼓胀情况，最终选择 1 MPa 作为单点试验通气压力，在此压力下连续通气 3 h。

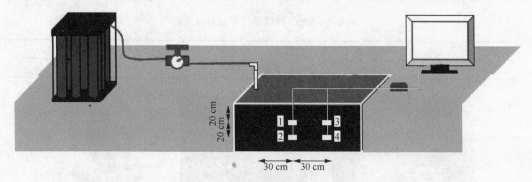

图 6-45 单点试验布置示意图

（a）单点试验系统 （b）传感器布设

图 6-46 单点试验图

2. 单点试验的温度结果

通气开始时记录场地温度，在不同位置处的监测温度如图 6-47 所示，其中环境温度为 4～6 ℃。从图 6-47 可以看出，场地的监测温度（>10 ℃）远远高于环境温度，其原因是 MgO 的水化和碳化作用是放热性反应，引起了处理区域中的热量积聚。对竖直方向的上下土层进行温度对比（1 和 2、3 和 4），发现温度曲线基本属于同一趋势，温度变化相似，这说明同一通气距离处的竖直方向上碳化过程差异不大，反应剧烈程度比较均匀。横向比较来看，1、2 两处（30 cm 处）的温度在通气初期出现了反常下降，其原因可能是该处距离通气管较近，从高压气罐中释放出的 CO_2 汽化降温影响。

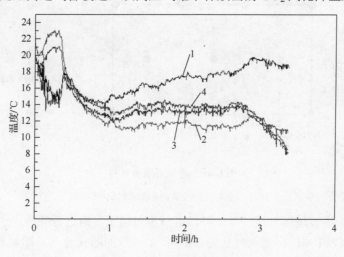

图 6-47 单点试验温度监测

通过两个水平距离处的监测温度可以看出，通气前 1 h 碳化反应最为剧烈，1 h 后，虽然温度曲线没有发生大的起伏，但是仍有小幅波动，在 1 号处的传感器表现尤其明显，分析原因为：相比于室内静压制样和模型试验，现场单点试验没有给 MgO 充分水化为 $Mg(OH)_2$ 的水化时间，因此前 1.0 h 剧烈反应的仅为水化了的 MgO，而剩余部分 MgO 在单点试验中没有参与反应或在后期缓慢进行反应。另外，在试验过程中发现连续通气

的形式，会造成密封膜持续鼓胀而漏气，无法保证 CO_2 气体的利用率，而通气一段时间后关掉通气阀门，则在一段时间内鼓胀的密封膜会逐渐恢复，说明在关停时间内，土体在缓慢吸收多余的 CO_2 气体。

3. 动力触探结果

掺入活性 MgO 粉末并覆膜养护 3 h 后，对待测区域进行动力触探测试，测得原状土和掺 MgO 混合土的动探击数（落锤质量为 10 kg，贯入深度为 30 cm）分别为 3 击和 4 击。根据《铁路工程地质原位测试规程》（TB 10018—2018）给出的贯入指标 N_{10} 的地基承载力换算公式 $R=8N_{10}-20$ ［其中，R 为地基承载力（kPa），N_{10} 为锥头下落 30 cm 所需的贯入击数（击/30 cm）］计算[8-9]，掺入 MgO 前后，待处理区域的承载力分别为 4 kPa 和 12 kPa。然后在单元区域中心插 PVC 通气管并覆盖密封膜，在通气压力为 500 kPa 下累计通气 6 h 并养护 1 d。最后揭开密封膜，对距离通气管 20 cm、40 cm 和 60 cm 的位置处进行轻型动力触探测试，测得的动探击数分别为 25、23 和 17，换算后的承载力为 180 kPa、164 kPa 和 116 kPa，均达到了 100 kPa 以上，满足了高速公路浅层路基的承载需要。但 60 cm 内外的强度相差较大，考虑到大面积区域的碳化处理效率及各单元区域的相互搭接，推荐最优通气间距为 60 cm，大面积处理可以选择 PVC 管间距为 1～1.2 m，使各碳化区域互相搭接形成一个固化整体，如图 6-48 所示。

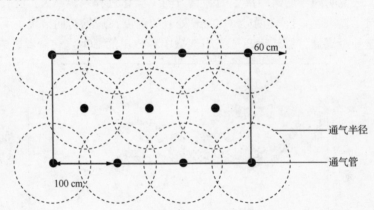

图 6-48　通气间距示意图

（注：圆点为通气支管，虚线为通气半径）

综上所述，经过现场单点试验，可以进一步对施工参数进行完善：通气管间距选为 1 m，通气压力为 1 MPa，通气时长为 3 h，但是采取间断式通气，即每通 1 h 中间停通 0.5 h，以提高土体中 CO_2 的利用率。

6.3.3　整体碳化固化施工技术

1. 整体搅拌设备研制

前述的整体碳化处理系统和方法均适用于土质相对较好的土体，能满足机械行走需要。为适应浅层河塘淤泥土的处置，提出了双向整体搅拌设备，可以将设备安装在长臂挖机上，避免了机械在河塘淤泥中行走。同时解决现有的双向水泥土搅拌机无法应对各种不同环境下软土的搅拌，仍然存在水泥土搅拌不均、成桩质量不佳的问题，以及采用现有的双向水泥土搅拌机进行软土搅拌固化无法灵活移动，施工工艺进程慢，且桩与桩之间会残余少许软土，难以达到对软弱地基整体加固的问题。

　　为此，公开了发明专利"一种双向整体搅拌设备及采用其加固浅层软弱地基的方法"（CN110359448A）。图 6-49（a）、（b）分别展示了双向整体搅拌设备的主视图和搅拌装置侧视图，为了进一步说明搅拌刀片的结构，图 6-49（c）、（d）分别展示了搅拌刀片的正视图和俯视图。具体地，一种双向整体搅拌设备包括机身、机架、搅拌装置和注料装置。搅拌装置包括动力传动系统、外钻装置和内钻装置。注料装置包括注料管和喷嘴。机械手的一端固定在机身上，另一端连接沿竖直方向设置的机架；机架的上部一侧设有动力传动系统，动力传动系统下方设置外钻装置和内钻装置。注料管设置于机架内部并沿机架的延伸方向铺设，注料管的一端连接外部的注料器，另一端连接设置于内钻装置下刀片上方的喷嘴。内钻装置和外钻装置分别连接到动力传动系统内转动方向互为反向的两个电动机上。内钻装置包括内钻芯杆、在内钻芯杆上并沿水平方向设置的内钻刀片和设置于内钻芯杆端部的钻头，外钻装置包括外钻套管和连接在外钻套管下方的外钻搅拌器，外钻搅拌器包括构成外钻搅拌器外框架的外刀片和设置于外刀片构成的外钻搅拌器外框架内的内刀片；内钻刀片包括设在外钻搅拌器外框架内的上刀片和外钻搅拌器外框架下方的下刀片。内刀片、上刀片和下刀片均设至少 1 排。外钻装置和内钻装置沿水平方向设置的刀片呈等角度交错分布。外钻搅拌器外框架包括水平方向设置的水平刀片及能够与外刀片接合拼接成不同形状的框架刀片。机身为挖机机身，动力传动系统由挖机的动力系统驱动。

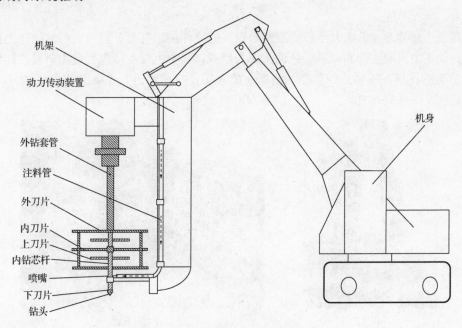

（a）双向整体搅拌设备的主视图

图 6-49　双向整体搅拌设备原理示意图

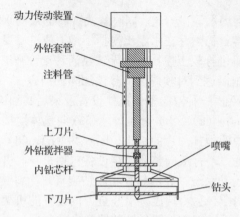

（b）双向整体搅拌设备的搅拌装置侧视图

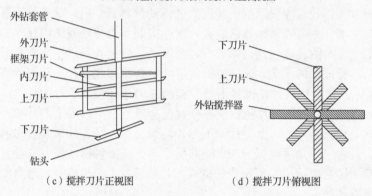

（c）搅拌刀片正视图　　　　　　　　（d）搅拌刀片俯视图

图 6-49（续）

　　基于上述原理，东南大学和南京路鼎搅拌桩特种技术有限公司自主研发的强力搅拌设备，设备由机身主体和输料系统两大部分组成，其中机身主体包括自主研发搅拌臂和与之配套的挖机，输料系统包括加料罐、喷粉罐及喷粉管道。设备具体外观如图 6-50 所示。

（a）机身主体

（b）储料装置

图 6-50　强力搅拌设备实物图

施工前，将搅拌臂与挖机连接，搅拌臂包含搅拌机架、动力设备、喷粉管道、双向搅拌头与喷粉出口。机架提供支承和保护作用，动力系统可以驱使双向搅拌头进行方向互反的转动。加料罐埋入地下，使罐口与地面平齐，以便于添加 MgO 粉。加料罐通过管道连接到喷粉罐入口，喷粉罐带有气压鼓风装置。喷粉罐下端材料出口通过喷粉管道连接至机架的喷粉出口。现场施工时，在加料罐口加入 MgO 粉，并打开喷粉罐的气压鼓风装置，MgO 粉被抽至喷粉罐并通过气压鼓风从喷粉罐底部的出口送出，通过喷粉管道最后从位于机架底部的喷粉口喷出。整个搅拌设备如图 6-51 所示。

图 6-51　整体搅拌设备现场工作图

2. 整体碳化现场施工

整体碳化处理现场试验的施工流程图如图 6-52 所示。

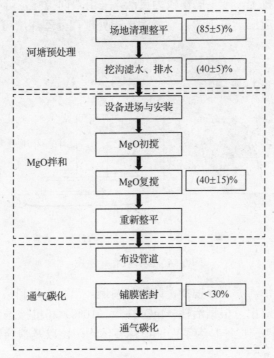

图 6-52　整体碳化施工流程图

（1）场地预处理

使用挖机将沟塘内淤泥翻堆至一侧，沿河塘四周挖设排水沟，并在四角挖蓄水坑，定时抽排蓄水坑中的积水，阴雨天气使用雨布遮盖土体。将塘中水抽干后测试含水率，为 40%～60%。将所有土体翻堆至东侧，并在四周挖设排水沟和集水井。土体在主固结作用下进行一定程度的排水（图 6-53）。

（a）场地整理　　　　　　　　　　　　　（b）河泥滤水

图 6-53　现场预处理（常州）

（2）设备安装与 MgO 搅拌

将加料罐和喷粉罐安置在待处理沟塘岸边，使用施工现场电箱或发电机作为其供电设备，将搅拌臂安装在配套挖机上，连接机身主体和输料系统（图 6-54）。该整体搅拌设备连接在外加的挖机上，施工操作较为灵活，采用双向搅拌，可有效避免淤泥在搅拌叶片上的抱团现象，适应于复杂的极软淤泥土层处理，处理深度可调范围为 0.5～4 m。

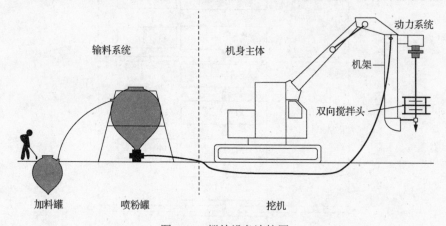

图 6-54　搅拌设备连接图

挖机进入沟塘，沿河塘进行搅拌，共搅拌两遍。工人在送料罐加入 MgO 粉，经喷粉罐鼓风送至喷粉口喷出，根据活性 MgO 掺量（10%）和机械送料速度，每个搅拌点搅拌停留 1 min。分两遍搅拌是为了保证搅拌整体均匀，以及消除每个搅拌点之间可能存在的搅拌边界（图 6-55）。

（a）原位搅拌（宜兴现场）　　　　　　　　　（b）异位搅拌（常州现场）

图 6-55　MgO 搅拌

搅拌结束后，卸掉双向搅拌装置，用挖机挖斗将 MgO 混合淤泥摊铺、整平和压实（图 6-56）。摊平后，沿处理场地挖设排水沟，在场地边角挖集水渗水坑，并定时进行抽排水；当遇上阴雨天气未能及时进行后续处理时，应盖上防水布防止下雨场地浸泡。摊铺后场地与排水沟布设图如图 6-57 所示。

（a）摊铺　　　　　　　　　　　　　　　（b）整平

图 6-56　混合料摊铺与整平

（a）宜兴现场　　　　　　　　　　　　　（b）常州现场

图 6-57　摊铺后场地与排水沟布设

（3）通气系统布设

搅拌结束后，搅拌设备应撤出场地，进行 PVC 管的插设和通气管道布置。

1）插管：通气管道采用带孔 PVC 管材，管道采用梅花式（正三角形）布置，间距以 0.8～1.2 m 为宜，根据搅拌后的土体性质调整 PVC 管的间距，PVC 管采用人工或借助插管机械插入。如果处理场地的软土较浅，采用竖向支管通气方式；如果处理软土较深（大于 2 m），PVC 管可采用长短管相间的方式插设（图 6-58）。PVC 管按照梅花形分布，PVC 管插设后的实物图如图 6-59 所示。

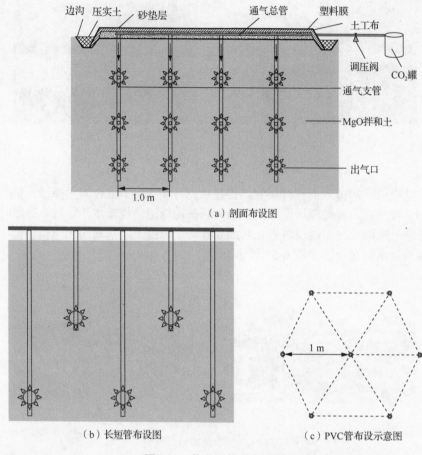

（a）剖面布设图

（b）长短管布设图　　　　（c）PVC管布设示意图

图 6-58　梅花形管道布设图

（a）宜兴现场

（b）常州现场

图 6-59　PVC 管插设实物图

2）管道连接：PVC 管插设完成后，将 PE 管一端通过变径弯头连至 PVC 管端头上，然后将 PE 管的另一端连接至高压气管（承受压力大于 4 MPa）的分流器接头上。高压气管与 CO_2 气瓶组通气口连接，用扳手拧紧连接处的卡扣螺钉，并在高压气管上增设调压阀。根据现场情况，可通过三通接头或分流器适当增加分流接口，每根主管分流 20 个通气支管，具体连接方式如图 6-60 所示，现场连接实物图如图 6-61 所示。每组 CO_2 气瓶共用一个主通气口，将主通气口与通气总管的阀门接通。

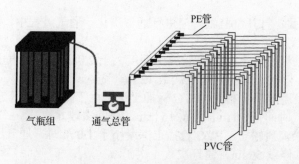

图 6-60　通气管道连接示意图

（a）宜兴现场

（b）常州现场

图 6-61　通气管道连接图

3）传感器埋设：处理土层中埋设温度传感器，以监测通气碳化过程中的温度变化。根据河塘底泥的实际处理深度来埋设传感器，当处理底泥的厚度小于 1.0 m 时，监测传感器采用单层埋设；当处理底泥厚度大于 1.0 m 且小于 2.0 m 时，监测传感器采用双层埋设；当处理底泥厚度大于 2.0 m 时，监测传感器采用 3 层埋设。传感器的水平向布设PVC 管，水平间隔为 30 cm。为保护好传感器，可将其通过 PVC 管引入并插入土层中。传感器外导线连接至 dataTaker 数据采集仪上，采集仪连接至计算机上进行通气碳化过程的监测。

（4）铺膜

通气管道布设后，在上部铺密封膜，将塑料膜沿处理场地边缘埋入边沟，并用土填压。按预设压力和通气方式，打开气瓶组阀门进行通气碳化，通气过程中，观察气压表，保证压力和气体足够。反应放热、水汽蒸发将在塑料膜内部凝结部分水滴，因此当碳化完成后，需揭开封膜，检查碳化效果（图 6-62）。

（a）宜兴现场

（b）常州现场

图 6-62　封膜碳化

（5）通气碳化

通气方式为连续通气或间断通气，通气压力根据处理土体的深度和土性来确定。按预设压力和通气方式，打开气瓶组阀门进行通气碳化。通气过程中，观察气压表，保证足量气体和足够压力。

1）当土性为淤泥质黏土、PVC 管插土深度大于 2.0 m 时，通气压力选为 600 kPa，通气时间每 30 min 停歇 15 min，通气次数 12 次。

2）当土性为淤泥质粉质黏土、PVC 管插土深度大于 1.0 m 小于 2.0 m 时，通气压力选为 400 kPa，通气时间每 30 min 停歇 15 min，通气次数 6 次。

3）当土性为淤泥质粉土、PVC 管插土深度小于 1.0 m 时，通气压力选为 200 kPa，通气时间每 30 min 停歇 5 min，通气次数 4 次。

4）停止通气且养护 6.0 h 后，可揭开密封膜晾晒，使土体表层干燥。

根据实施过程中的具体情况，可适当增大通气压力或延长碳化时间，碳化时间可根据监测温度决定，当监测温度稳定或下降时，表明主要碳化基本完成，可停止通气。施工过程应确保足够 CO_2 存量，当存量不足或者压强不足时，应及时补给。

（6）碳化处理场地测试分区

宜长高速宜兴段现场处理场地分为 4 个区域：场地北半侧分为 1、2 区，场地南半侧分为 3、4 区。使用白灰划定区域，在每个区域中，每隔 1.5 m 取点做轻型动力触探，试验点画白圈作为标记，如图 6-63（a）所示。弯沉落锤试验在轻型动力触探试验点中间进行。

常宜高速常州段现场处理场地分为 8 块试验和测试区域，其中 6 块为碳化处理区，1 块为水泥处理区，1 块为石灰处理区。6 块碳化处理区分别命名为 A1～A6 区，水泥处理区命名为 B 区，石灰处理区命名为 C 区。试验现场分区如图 6-63（b）所示。

（a）宜兴现场　　　　　　　　　　　　　　（b）常州现场

图 6-63　碳化处理场地测试分区图

控制参数变量，研究不同施工参数对整体碳化效果的不同作用。控制通气时间，研究 CO_2 气体输入量对整体碳化效果的影响，以确定符合工程需要的最佳通气时间；控制通气管距，研究布管密度对整体碳化效果的影响，合理设置通气管道。在水泥区和石灰区分别将 10%掺量的水泥和石灰搅拌进淤泥质土中，为研究 MgO 碳化与其他掺合料对比试验做准备。6 块碳化处理区通气时间与通气管距如表 6-8 所示。

表 6-8　各试验区通气管距与通气时间设置

区块	通气管距/m	气管密度/（根/m²）	通气时间/h	处理面积/m²
碳化区 A1	0.8	1.80	12	120
碳化区 A2	0.8	1.80	6	120
碳化区 A3	1.0	1.15	12	110
碳化区 A4	1.0	1.15	6	90
碳化区 A5	1.2	0.8	12	90

续表

区块	通气管距/m	气管密度/（根/m²）	通气时间/h	处理面积/m²
碳化区 A6	1.2	0.8	6	80
水泥对照区 B				15
石灰对照区 C				15

6.3.4　测试结果与分析

针对宜兴和常州两个地区的整体碳化处理现场，对碳化处理前后（碳化前、碳化 1 h 和碳化 6 h）的现场进行动力触探和动力弯沉测试，分析不同深度和不同工况下的力学性能，以评价整体碳化技术加固浅层软弱地基的处理效果[220]。

1.　宜兴整体碳化场地的测试结果

（1）动探-弯沉初测结果

将 MgO 粉末喷入浅层软弱场地中，进行均匀搅拌和整平后，测出的动力触探结果接近于原状土结果。然后对掺有 MgO 粉末的场地进行初次碳化，碳化结束约 1 h 后进行动力触探和动力弯沉测试，按照从 A1 区到 A4 区的顺序依次进行轻型动力触探和动力弯沉落锤测试。各区域点位测试结果如表 6-9～表 6-12 所示。

表 6-9　A1 区动探-弯沉初测结果

编号	贯入指标 N_{10}	动回弹模量/MPa	编号	贯入指标 N_{10}	动回弹模量/MPa
原状土	4	3.2	6	9	8.8
1	9	5.8	7	11	9.8
2	10	8.9	8	10	9.5
3	10	9.1	9	10	9.4
4	10	8.9	10	9	9.0
5	10	8.1	11	10	9.1

表 6-10　A2 区动探-弯沉初测结果

编号	贯入指标 N_{10}	动回弹模量/MPa	编号	贯入指标 N_{10}	动回弹模量/MPa
原状土	5	3.4	6	9	7.4
1	11	9.2	7	11	9.3
2	9	8.4	8	10	8.1
3	13	14.3	9	11	8.1
4	10	8.3	10	8	6.5
5	8	6.5	11	6	5.4

表 6-11　A3 区动探-弯沉初测结果

编号	贯入指标 N_{10}	动回弹模量/MPa	编号	贯入指标 N_{10}	动回弹模量/MPa
原状土	4	4.0	4	9	6.9
1	9	7.0	5	7	5.3
2	9	8.1	6	7	4.9
3	9	8.3	7	8	7.0

表 6-12　A4 区动探–弯沉初测结果

编号	贯入指标 N_{10}	动回弹模量/MPa	编号	贯入指标 N_{10}	动回弹模量/MPa
原状土	3	3.0	3	7	3.6
1	9	5.2	4	4	3.2
2	7	4.8	5	6	4.9

　　MgO 整体碳化可以在短时间内快速提高土体强度，因此碳化结束后马上进行原位测试以反映场地不同位置的碳化效果，评价本次碳化是否完全。首次原位测试后发现，碳化场地相较于碳化前原始土承载力和回弹模量都有了显著提高。整体来看，A1、A2两区域轻型动力触探和弯沉落锤结果明显优于 A3、A4 区域，将动力触探贯入指标 $N_{10}<9$ 的测试点连接后，得出 A3、A4 区域软弱区分布规律，如图 6-64 所示。

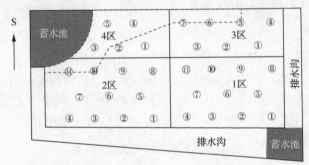

图 6-64　软弱处理区分区示意图

　　根据图 6-64 中区域，软弱区域主要存在于场地内侧靠边坡位置及环绕蓄水池位置，分析原因如下：在预处理和整平过程中，发现位于场地下部的水未能有效排出，下层土的含水率远远高于上层土体含水率；搅拌过程中，机械下层搅拌片断裂，造成下层固化剂搅拌不均匀，使上下层土之间存在比较明显的差异。经搅拌整平后，上层土平摊在场地外侧，处理得较差，下层土留在内侧；蓄水池周围土体地势较低，受到蓄水池渗水影响，含水率较高。因此，对相对软弱的区域进行补充碳化，然后进行原位测试复测。

　　（2）动探–弯沉复测结果

　　补充碳化至 6 h 后，场地软弱区域得到明显强化，整体性强度提高。进行复测时，在保证两次测试不互相影响的情况下，轻型动力触探和弯沉落锤测试应在初测测点附近进行，以便对比两次测试结果的变化。为反映土体整体深度上的强度，数据使用锥尖贯入深度为 60 cm 的击数，每个区域选择两个典型测点，其贯入测试结果如图 6-65 所示。

　　在贯入曲线中，曲线的斜率代表该土层的强度，斜率越大说明该次落锤时锥头下落越深，即土层强度越低，反之强度越高。对整体处理后的贯入曲线进行经验公式换算，

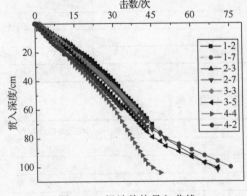

图 6-65　场地整体贯入曲线

得出场地 4 个区域处的平均承载力，如图 6-66 所示。首先在复测中，几乎所有测点贯入深度 30 cm 时的击数在 20 次左右，也即承载力达到 140 kPa，A4 区测点 4 表现略低，击数也大于 15，承载力大于 100 kPa。在 30 cm 深度以内，多条贯入曲线几乎重合；在大于 30 cm 以后，曲线不再发生重合现象，但是各曲线之间的差异并不明显。对比初测结果，复测结果中，A1 区、A2 区的贯入曲线的斜率在整个贯入深度中变化不大，未出现强度分层现象，可以认为在竖直方向上强度均匀，且达到了最大值。对于 A3 区和 A4 区的贯入曲线，经补充碳化后，各测点贯入参数在复测中均有比较明显的提升。土体中的 MgO 与 CO_2 进一步反应，使强度不断提高。

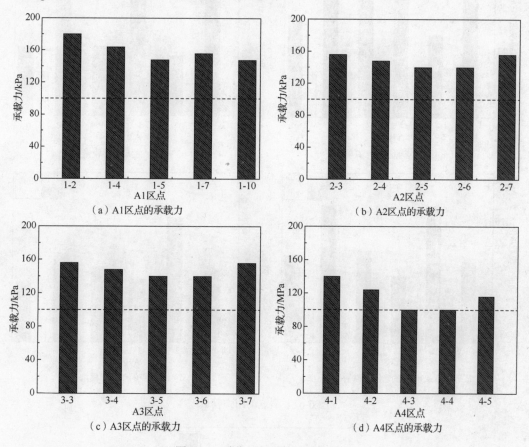

（a）A1 区点的承载力　　　　　　　（b）A2 区点的承载力

（c）A3 区点的承载力　　　　　　　（d）A4 区点的承载力

图 6-66　碳化处理后的场地承载力

通过对比图 6-65 所示曲线可以认为：①复测得到的贯入曲线所反映的不同区域的最终强度达到 140 kPa，相对于原始土样提高明显；②各区域贯入结果比较接近，即场地在水平方向上的强度表现均匀，避免出现不均匀沉降。

（3）动回弹模量结果

图 6-67 给出了 4 个区域各点的动回弹模量的初测和复测结果，将初、复测中每个区域典型测点点位动回弹模量求平均值，以代表该区域的平均弯沉测试水平（图 6-68）。4 个区域平均动回弹模量在初测中的结果与贯入曲线类似：A1 区和 A2 区的动回弹模量

结果要优于 A3 区和 A4 区的动回弹模量结果。初测 A1 区和 A2 区的平均动回弹模量约为 9 MPa，A3 区和 A4 区的平均动回弹模量均小于 7 MPa。但是在进行补充通气和封膜碳化后，各区域动回弹模量复测值有显著提高，A1 区和 A2 区的动回弹模量提高到 20 MPa，A3 区和 A4 区的动回弹模量结果虽然提高到 15 MPa 左右，但仍小于 A1 区和 A2 区的结果。

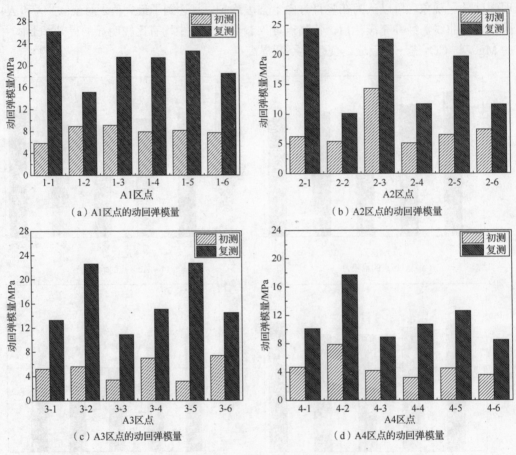

（a）A1区点的动回弹模量

（b）A2区点的动回弹模量

（c）A3区点的动回弹模量

（d）A4区点的动回弹模量

图 6-67   测点动回弹模量

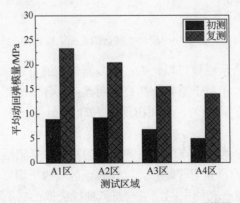

图 6-68   不同区域初、复测平均动回弹模量

此外，使用弯沉落锤测试仪进行动回弹模量测试所得到的结果与土体压实度密切相关。同一点位进行两次弯沉落锤测试，后一次结果会比前一次有所提升，这是由于落锤对土体产生了一定的击实作用，由此可见，弯沉落锤测试所得的动回弹模量会比较敏感地受到压实度的影响，而分析区域间出现测试结果的差异也与此有关。相比于弯沉落锤测试，轻型动力触探受压实度影响较小，故 4 个区域的贯入曲线表现比较均匀。

对比室内试验测得的弹性模量结果，可以认为：碳化土产生的生成物可以提供较好的骨架填充作用，进而在静载作用下，即使没有进行压实，也可以表现出较高的动回弹模量，但是在现场动回弹模量的测试过程中，弯沉落锤对土体施加了一定的动荷载，使处理土层受到显著的压实作用。因此在 MgO 碳化固化土整体施工中，应适当增加压实或击实次数来进一步提高土体的动回弹模量。

（4）物理力学性质

从现场取土进行对比室内试验，测试基本物理特性、微观特性及抗剪强度特性，对比碳化前后土体在各方面性质上的变化。将在试验开展前，掺入 MgO 碳化前、碳化后 3 个阶段所取土样分别命名为原始土、掺料土和碳化土。不同阶段测出的土样物理性质如表 6-13 所示，现场土体颗粒分析曲线如图 6-69 所示。

表 6-13　不同阶段测出的土样物理性质

测试指标	含水率/%	相对密度	液限 w_L/%	塑限 w_P/%	塑性指数	烧失量/%	pH 值
原始土	60±5	2.72	46	20	26	3～5	7.4
掺料土	35±5	2.72	57	42	25	3～5	10.2
碳化土	25±3	2.67	32	27	15	3～5	9.3

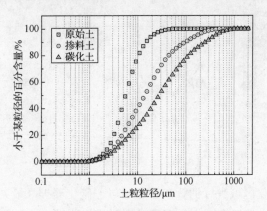

图 6-69　现场土体颗粒分析曲线

从不同阶段不同区域的浅层地基中取环刀试样，进行土样的抗剪强度指标测试，测试的平均结果如表 6-14 所示。从表 6-14 所示的平均结果可以看出，软土中掺入 MgO 后，土体的平均黏聚力和内摩擦角略有一定的提升，但是通入 CO_2 以后，碳化土体的抗剪强度指标较碳化前有显著提升，黏聚力从 15 kPa 左右增长至 50 kPa 左右，内摩擦角也从 9°

左右升高至 20° 左右。相对于未处理的软弱土，软土经 MgO 和 CO₂ 碳化处理后，拥有更佳的抗剪强度指标。与实测的动回弹模量和承载力互相印证，满足高速公路路基的承载力和变形需要。

表 6-14　现场土样的抗剪强度指标

土样	黏聚力 c/kPa	内摩擦角 φ/(°)	土样	黏聚力 c/kPa	内摩擦角 φ/(°)
原始土	14.32	9.34	A2 区碳化土	47.23	23.17
掺料土	15.06	10.65	A3 区碳化土	46.71	25.98
A1 区碳化土	55.03	19.10	A4 区碳化土	47.92	20.33

2. 常州现场整体碳化的测试结果

（1）轻型动力触探测试结果

为了对场地的处理效果进行对比，将处理场地分为 MgO 碳化处理区域和对照区域，其中 MgO 碳化处理区域分为 A1 区、A2 区、A3 区、A4 区、A5 区和 A6 区，对照区域分为水泥固化区和石灰固化区，具体场地分区布置如图 6-70 所示。

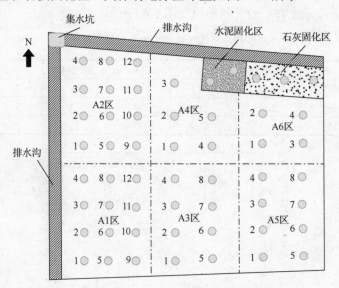

图 6-70　处理场地分区布置图

对 MgO 碳化固化区域进行插管和覆膜通气、碳化养护（最大通气时间为 12 h，养护时间为 3 d）后，进行轻型动力触探和动回弹模量测试。同时测试对照区域固化 28 d 后的动力触探和动回弹模量。图 6-71 描述了常州碳化试验现场 6 个区域碳化前后的轻型动力触探测试结果，从中可以看出，触探 60 cm 深度，碳化前的击数约为 15 次，而经过碳化后，碳化土的击数显著增加，A1～A3 区域的击数在 50 次以上，A4～A6 区域的击数也能维持在 20 次以上。图 6-72 给出了石灰土/水泥土固化 28 d 后的轻型动力触探测试结果，石灰土/水泥土固化场地的落锥击数基本在 40 次以上，其中水泥土固化区的击数接近 60 次。对比图 6-71 和图 6-72 可以发现，MgO 碳化 6 h 后部分场地（A1～A3 区域）的动力触探击数已达到水泥土/石灰土的动力触探击数，且击数较少的区域（A4～A6 区）也接近水泥土/石灰土的击数，其原因是 A4～A6 区为碳化时间较短、通气间距较大的区域。

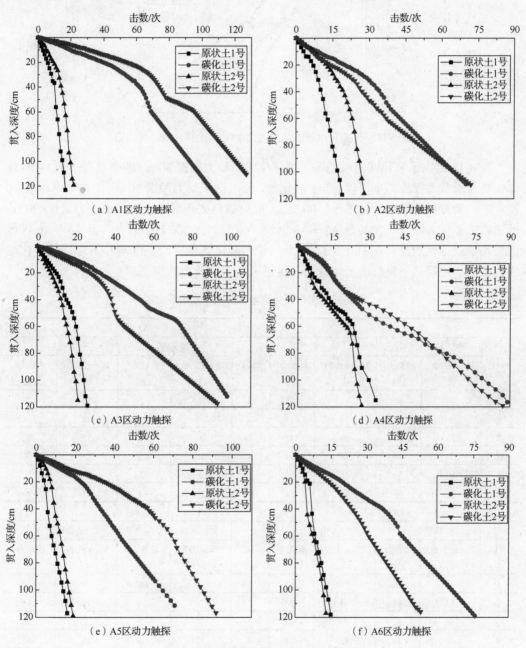

图 6-71　场地碳化处理后的贯入曲线

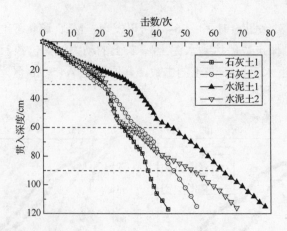

图 6-72　石灰土/水泥土场地处理 28 d 后的贯入曲线对比图

表 6-15 给出了常州试验现场各区域碳化前后动力触探 30 cm 的击数和承载力,从具体击数和承载力换算结果可以看出:碳化前,所有区域动力触探 30 cm 的击数基本在 10 次左右,换算后的承载力远低于 100 kPa;经过碳化处理后,所有区域动力触探 30 cm 的击数有了显著增加,尤其是 A1～A3 区域,承载力在 200 kPa 以上,而 A4～A6 区域的平均承载力也能维持在 100 kPa 以上。这说明碳化处理后,MgO 与 CO_2 生成的碳化产物为软弱场地提供了良好的土体骨架,促进了场地承载力的提高。

表 6-15　常州碳化现场各区的平均承载力

	A1 区					A2 区			
点位	碳化前		碳化后		点位	碳化前		碳化后	
	30 cm 击数/次	承载力/kPa	30 cm 击数/次	承载力/kPa		30 cm 击数/次	承载力/kPa	30 cm 击数/次	承载力/kPa
1	10	60	34	252	1	9	52	30	220
2	9	52	54	412	2	10	60	32	236
3	13	84	69	532	3	8	44	25	180
4	7	36	48	364	4	16	108	23	164
5	10	60	46	348	5	9	52	29	212
6	11	68	47	356	6	8	44	27	196
	A3 区					A4 区			
点位	碳化前		碳化后		点位	碳化前		碳化后	
	30 cm 击数/次	承载力/kPa	30 cm 击数/次	承载力/kPa		30 cm 击数/次	承载力/kPa	30 cm 击数/次	承载力/kPa
1	11	68	34	252	1	10	60	18	124
2	13	84	43	324	2	7	36	20	140
3	9	52	36	268	3	9	52	22	156
4	8	44	42	316	4	12	76	25	180
5	10	60	35	260	5	9	52	24	172
6	8	44	38	284	6	7	36	19	132

续表

| | A5 区 | | | | | A6 区 | | | |
| | 碳化前 | | 碳化后 | | | 碳化前 | | 碳化后 | |
点位	30 cm 击数/次	承载力/kPa	30 cm 击数/次	承载力/kPa	点位	30 cm 击数/次	承载力/kPa	30 cm 击数/次	承载力/kPa
1	7	36	20	140	1	8	44	17	116
2	12	76	25	180	2	5	20	15	100
3	6	28	22	156	3	10	60	23	164
4	7	36	31	228	4	7	36	29	212
5	9	52	47	356	5	6	28	18	124
6	8	44	26	188	6	5	20	17	116

（2）动回弹模量结果

图 6-73 描述了碳化处理前后场地的动回弹模量（所述动回弹模量是区域内所有测点动回弹模量的平均值）。对比发现，碳化后的场地动回弹模量较碳化前有了显著提高。尤其是 A1～A3 区域，平均动回弹模量基本在 15 MPa 以上；在 A4～A6 区域，大部分点的动回弹模量也维持在 10 MPa 以上。图 6-74 给出了石灰土/水泥土处理 28 d 后场地的动回弹模量，从图 6-74 可以发现，石灰土固化 28 d 后，其动回弹模量在 5 MPa 附近；而水泥土固化 28 d 后的动回弹模量在 20 MPa 左右。对比图 6-73 和图 6-74 可以发现，MgO 固化土碳化前的动回弹模量与石灰土固化 28 d 的动回弹模量相当，MgO 固化土碳化后的动回弹模量远远高于石灰土固化 28 d 的动回弹模量，略低于水泥土固化 28 d 后的动回弹模量。

对比宜兴现场的处理效果，常州试验现场的处理效果较高，在一次通气碳化后，均能使软弱土承载力和动回弹模量得到显著提升，满足了公路路基设计的规范要求。而宜兴现场碳化试验期间多为低温、多雨时期，天气因素在很大程度上影响了淤泥的处理效果，部分区域需要经过补充碳化才能使测试结果整体满足公路软基处理的承载力要求。

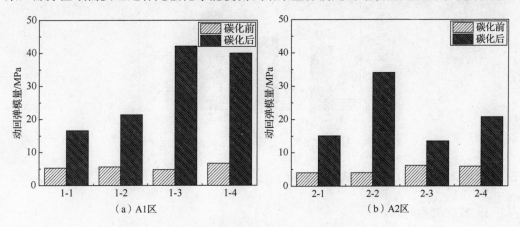

图 6-73　碳化处理前后场地的动回弹模量

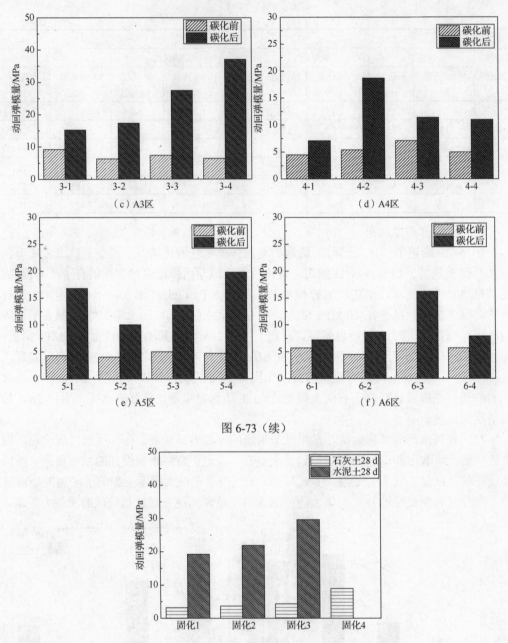

图 6-73（续）

图 6-74 石灰土/水泥土处理 28 d 后场地的动回弹模量

6.3.5 整体碳化固化技术影响因素分析

1. 碳化时间的控制

控制对照组的通气管距为定值，比较组内碳化区的碳化效果与 CO_2 通气时间的关系。将试验对照组分为 3 组，分别命名为 Dt1=[A1, A2]，Dt2=[A3, A4]，Dt3=[A5, A6]，其中：A1、A3、A5 区的通气时间为 12 h，A2、A4、A6 区的通气时间为 6 h；Dt1、Dt2、

Dt3 组内通气管道埋设距离分别为 0.8 m、1.0 m 和 1.2 m。对 3 组进行比较，分析不同碳化时间下土体的性能变化情况。

（1）碳化时间与动回弹模量关系分析

由于每一试验对照区数据较为分散，评价不同对照区的固化效果不直观。为方便比较，对每一对照区内的动回弹模量 E_r 和地基承载力 p_u 取平均值进行对照组比较分析。表 6-16 展示了 A1～A6 区不同对照组的动回弹模量变化关系，表中：ΔE_r（即 $E_{r后} - E_{r前}$）为碳化后相对于碳化前动回弹模量的增长量，Δ 为碳化 12 h 相比碳化 6 h 的动回弹模量增长量，K_e 为 Δ 与碳化 6 h 的动回弹模量提升量 ΔE_r 的比值，表明碳化 12 h 相对于碳化 6 h 动回弹模量的提升水平，l 为通气管距，t 为通气时间。

表 6-16　不同对照组动回弹模量变化关系

对照组编号	l/m	碳化 12 h，ΔE_r/MPa	碳化 6 h，ΔE_r/MPa	Δ/MPa	提升水平 K_e/%
Dt1	0.8	23.7	17.1	6.6	38.6
Dt2	1.0	16.1	8.8	7.3	83.0
Dt3	1.2	12.3	5.0	7.3	146.0
均值	—	17.4	10.3	7.1	68.6

从表 6-16 和图 6-75 中可以看到，相较于碳化 6 h，碳化 12 h 可以获得更高的动回弹模量，动回弹模量增量在 7.0 MPa 左右，与管距的关系不大。但是随着通气时间增加，不同管距下动回弹模量提升比例不同，且随着通气管距的增大，相较于碳化 6 h 的动回弹模量的提升比值也越高，近似成正比例关系，管距为 1.2 m 的增量比值约等于管距为 0.8 m 时增量比值的 3 倍。其原因在于，随着与通气管道距离的增加，相同时间内 MgO 搅拌土可获得的 CO_2 气体不断减少。前 6 h 碳化通气可以迅速提高通气管附近的土体抗压能力，当管距较小时，即使是两管中间的土体也可以吸收较多的 CO_2 气体，从而使动回弹模量比较迅速均匀地增长，动回弹模量在 6 h 内即可增长到较高水平，继续通气碳化对其帮助不大；当管距较大时，由于两通气管道距离较远，两管中间薄弱部位前 6 h 通气碳化时所吸收的 CO_2 气体有限，碳化反应较微弱，后 6 h 通气时由于开始吸入足量 CO_2 气体，碳化反应速率开始加快，强度提升加快，动回弹模量也开始以较高速率增长。

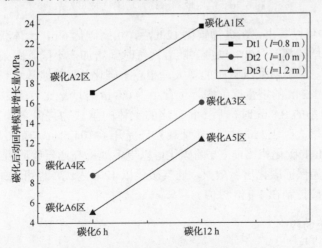

图 6-75　组内动回弹模量与碳化时间关系

（2）碳化时间与地基承载力关系分析

表 6-17 和图 6-76 展示了 A1~A6 各区碳化前后地基承载力平均提升值，其中：

$$\Delta p_u = p_{u后} - p_{u前} \tag{6-4}$$

式中，$p_{u后}$ 和 $p_{u前}$ 分别为碳化后和碳化前的地基允许承载力（kPa）；Δp_u 为碳化后相对于碳化前地基承载力的增长量（kPa）。

表 6-17 中还用提升水平 K_p 进行表征，即 Δp 与碳化 6 h 的地基允许承载力增长量 Δp_u 的比值，表示后 6 h 碳化地基允许承载力的提升水平。

表 6-17　不同对照地基承载力变化关系（组内管距相同）

对照组编号	l/m	碳化 12 h，Δp_u/kPa	碳化 6 h，Δp_u/kPa	Δp/kPa	提升水平 K_p/%
Dt1	0.8	272	105	167	159.0
Dt2	1.0	189	83	106	127.7
Dt3	1.2	137	67	70	104.5
均值	—	199	85	114	134.5

注：Δp 为碳化 12 h 相对于碳化 6 h 的地基允许承载力增加值。

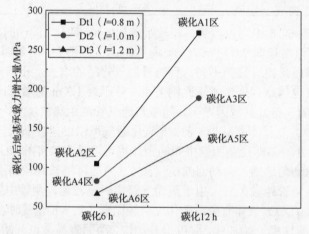

图 6-76　组内地基承载力与碳化时间关系

从表 6-17 中可以看出，在进行碳化 12 h 后，相比碳化 6 h，土体获得了大幅的承载能力提高，基本增幅都在 100% 以上。随着通气时间增加，不同管距条件下地基承载力的提升比例不同，且随着通气管距的增大，相较于碳化 6 h 的地基承载力的提升比值有所下降，管距为 1.2 m 的增量比值约等于管距为 0.8 m 时增量比值的 2/3。

当管距为较小的 0.8 m 时，后 6 h 碳化的土体的承载力提升效果显著，增幅达到 159%，但是管距增大到 1.2 m 时，土体承载力只提升了 104.5%，与前 6 h 碳化效果相当。总体来说，后 6 h 的碳化相比前 6 h 的碳化可以更多地提高通气管附近土体的承载力。

综上所述，为保证碳化质量效果，通气碳化以 12 h 为优，也可以采用碳化 6 h 的方案，但此时管距应控制在 1.0 m 以内。

2. 通气管距的控制

控制对照组内的通气时间为定值，比较组内碳化区的碳化效果与 CO_2 通气管距的关

系。将试验对照组分为 2 组，分别命名为 Dd1=[A1, A3, A5]，Dd2=[A2, A4, A6]。Dd1
组碳化时间为 12 h，Dd2 组碳化时间为 6 h。

（1）通气管距与动回弹模量关系分析

对 2 个分组进行分析比较，分析管距布置对碳化反应的影响。由表 6-18 和图 6-77
可以发现，管距为 0.8 m 时，动回弹模量的提升最多，随着管距的增长，动回弹模量增
长迅速变慢。碳化 12 h 时，1.2 m 管距的动回弹模量增量只有 0.8 m 时的一半左右；碳
化 6 h 时，1.2 m 管距的动回弹模量增量还未达到 0.8 m 管距时的 1/3。可见，增大通气
管距对动回弹模量的增长有不利影响，通气时间较短时影响更显著。其原因在于，前 6 h
碳化不充分，距离通气插管较远处无法得到有效碳化，因而严重依赖后 6 h 的碳化。当
管距为 0.8 m 时，通气密度的变大使气体在土体内运移更充分，即使在较短通气时间内，
也能达到较好的试验效果。

表 6-18　不同对照组动回弹模量变化关系（组内通气时间相同）

对照组编号	碳化时间 t/h	ΔE_r/MPa		
		管距 0.8 m	管距 1.0 m	管距 1.2 m
Dd1	12	23.7	16.1	12.3
Dd2	6	17.1	8.8	5.0
均值	—	20.4	12.45	8.65

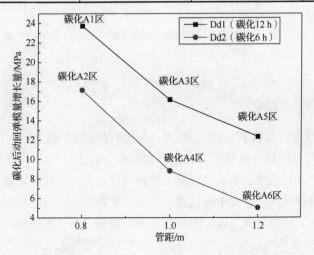

图 6-77　组内碳化时间相同时动回弹模量与通气管距的关系

（2）通气管距与地基承载力关系分析

表 6-19 和图 6-78 展示了 A1～A6 各区碳化前后允许地基承载力平均提升值。从
表 6-19 中可以看出，随着通气管距的增大，地基承载力不断降低。当管距为 0.8 m 时，
承载力增长量最大；而随着管距的不断增大，承载力的增量不断缩小，但减小趋势趋缓。
其原因在于，随着管距的增大，土体内碳化反应不均匀，但都达到了一定的强度，所以
继续增大管距的影响有所下降。通气管距对碳化效果有着重要影响，当管距控制在 0.8 m
时，通气效果良好；控制在 1.0 m 和 1.2 m 时，为达到碳化效果必须进行更长时间的通
气，以 12 h 为宜。

表 6-19　不同对照地基承载力变化关系（组内通气时间相同）

对照组编号	碳化时间 t/h	Δp_u /kPa		
		管距 0.8 m	管距 1.0 m	管距 1.2 m
Dt1	12	272	189	137
Dt2	6	105	83	67
均值	—	188.5	136.0	102.0

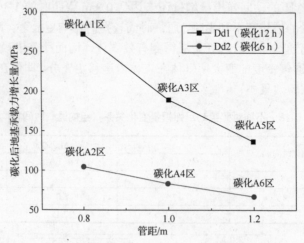

图 6-78　组内碳化时间相同时地基承载力与通气管距的关系

6.3.6　沉降监测

1. 宜兴碳化场地监测

碳化处理后埋设沉降板和土压力盒，进行处理淤泥的上层土体回填，以观测土体回填、施工和运营期间的处理地基应力和沉降的变化。孔压计和土压力盒的埋设按场地分区进行，并在处理场地边缘和未处理场地上埋设进行对比，场地上共埋设 6 个土压力盒和 6 个孔压计，埋设深度为土层的中间位置。在碳化处理场地的底层和相同高度处的未碳化场地上埋设沉降板，传感器的埋设如图 6-79 所示。埋设之后，在处理场地和未处理场地上填筑 6%石灰土，并按 96%压实度进行分层压实，传感器埋设的场地断面图如图 6-80 所示。

（a）埋设过程　　　　　　　　　　　　　　（b）埋设后

图 6-79　传感器埋设图

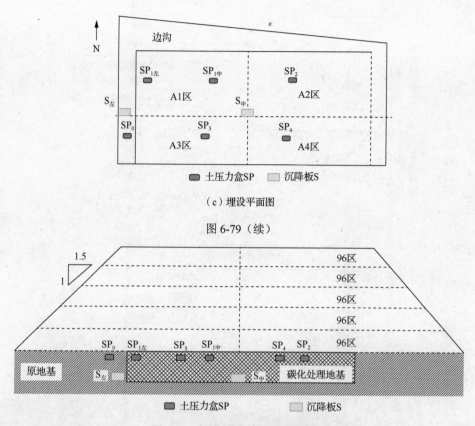

（c）埋设平面图

图 6-79（续）

图 6-80　传感器埋设的场地断面图

宜兴一标段 K4+500 附近的处理河塘从 2019 年 8 月开始填土压实，从 2019 年 9 月 26 日开始进行沉降观测，之后每月的 26 日左右进行沉降监测与记录，并与附近的一般路段的监测数据进行对比。监测点位置包括碳化河塘左侧、碳化河塘中心和一般路段，3 个位置的上覆压实土层厚度分别为 5.67 m、5.41 m 和 4.10 m。3 个位置的实测累计沉降量分别为 77 mm、54 mm 和 45.4 mm，且最后两个月实测沉降量均在 2 mm 以内。3 个位置的月沉降率对比如图 6-81 所示。从图 6-81 中可以发现，2019 年 9 月的月沉降量（率）最大，之后每月的沉降率逐渐降低，在最后记录的 2 个月，沉降量均在 2 mm 以内，表明了在压实填土碾压后 6 个月，土层的沉降量均达到了规范要求，且碳化处理后的河塘处较未碳化处理的场地有明显较小的沉降，这与前面所测得的动力触探和动回弹模量相一致。

图 6-82 显示了处理场地不同位置处土压力随时间的变化。从图 6-82 中可以看出，上覆填土压实后，大部分土压力值先降低后稳定，而仅有碳化区域 1 和碳化区域 2 的土压力值相对较为稳定。其原因可能是，碳化区域 1 和碳化区域 2 相对较硬，土压力盒埋设在土体中，在上部覆土荷载下较为稳定。

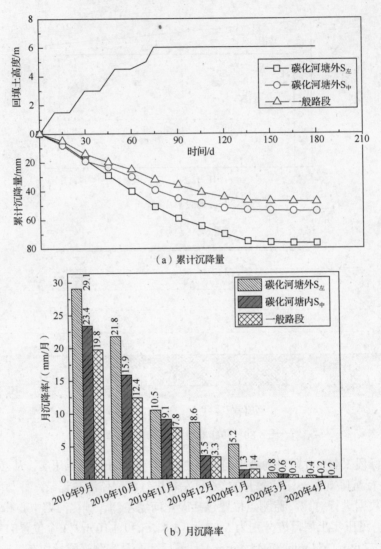

（a）累计沉降量

（b）月沉降率

图 6-81　填土后碳化处理河塘处的沉降对比图

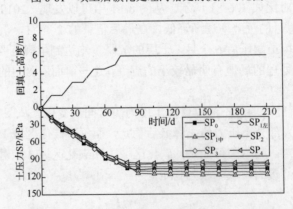

图 6-82　填土后碳化处理河塘处的土压力变化图

2. 常州碳化场地监测

图 6-83 为常州碳化场地的传感器埋设图，孔压计和土压力盒分别在 8 个不同区域进行埋设，沉降板在碳化 1 区、碳化 3 区、碳化 6 区和石灰/水泥固化 8 区。传感器埋设的场地断面图如图 6-84 所示。

图 6-85 描述了常州碳化场地不同位置处填土后的累计沉降量的变化情况和月沉降率结果。从图 6-85 中可以看出，填土后地基累计沉降量随时间先快速增加后趋于稳定，且区域 6 的累计沉降量变化最快，区域 8 和区域 3 次之，区域 1 的累计沉降量变化最慢，且月沉降率在第二个月达到最高。产生上述结果的原因是：区域 1 和区域 3 的位置远离排水边沟，碳化后达到良好的处理效果，而区域 6 和区域 8 邻近排水边沟，影响了 MgO 混合土的碳化，这与前面所测的动力触探和动回弹模量的结果相符。

（a）埋设过程

（b）埋设后

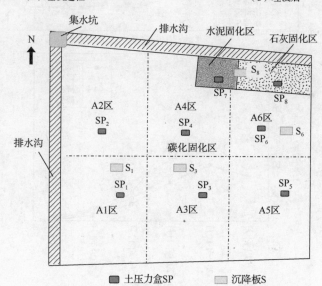
（c）埋设平面图

图 6-83　传感器的埋设

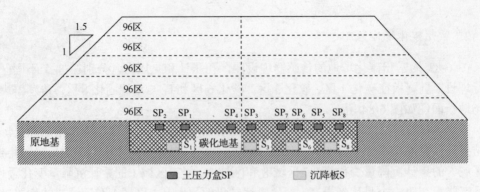

图 6-84　传感器埋设的场地断面图

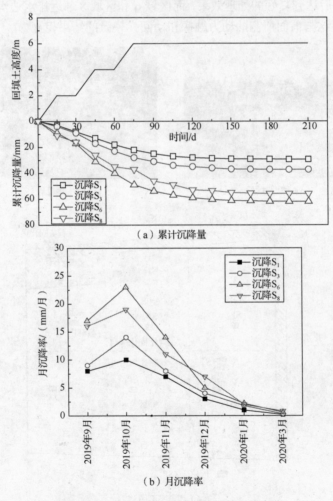

（a）累计沉降量

（b）月沉降率

图 6-85　填土后碳化处理河塘处的沉降变化

图 6-86 描述了碳化处理场地处土压力的变化结果，土压力随时间的变化规律与孔隙水压力变化规律相似，也是先减小后趋于稳定。土体的初始土压力普遍偏高，随着时间的推移开始下降，最终各埋设点位的土压力趋于稳定，且稳定于 130～135 kPa 之间。

其原因是：在进行回填土施工后，基底处土体所受附加应力急剧扩大，导致土体内相应的土压力也急剧升高。回填初始时各部位压实度不同，导致土体内部各处所受应力分布不均。对比地基沉降数据可以看到，随着土体内部沉降的稳定，土体受力也逐步稳定，地基的受力状态发生改变，并最终达到变形和受力的稳定，此时所受载荷以自重应力为主，因而都趋向于指定值。

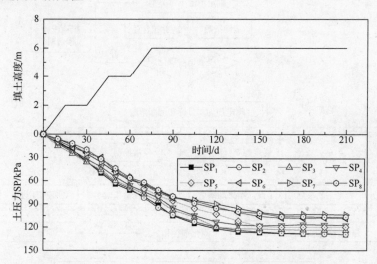

图 6-86　填土后碳化处理河塘处的土压力变化图

6.3.7　整体碳化固化施工工艺

总结模型试验和现场试验，提出了采用 MgO 整体碳化固化法的现场施工工艺，如图 6-87 所示，具体包括以下工序。

1. 施工前准备

（1）原位勘探

用取样筒从预处理现场取样，经密封处理后运至实验室进行土体基本参数测试，测试土体的天然含水率、液塑限、干密度、孔隙比、pH 值和电阻率等基本理化指标。

（2）轻型动力触探试验

轻型动力触探试验参照《岩土工程勘察规范（2009 年版）》（GB 50021—2001）规定，锤重 10 kg，落距 50 cm，自由落体法进行试验，记录贯入 30 cm 的击数 N_{10}，并换算成地基承载力。

（3）动回弹模量试验

动回弹模量采用 ZFG3000 便携式落锤弯沉仪，落锤质量为 10 kg，落锤高度为 90 cm，通过位移传感器和压力传感器记录路基土和承载板间的竖向位移和土的动回弹模量。

（4）MgO 固化剂、CO_2 气体和密封膜准备

固化剂活性 MgO 为粉体固化剂，MgO 粉需在常温和干燥环境下运输和储存，存放期间需做好防潮和防水处理；为方便起见，建议采用袋装固化剂。CO_2 气体采用工业级

CO_2，可采用高压瓶装或运罐车运送。密封膜包括塑料膜和土工膜两种，根据日处理面积来准备密封膜的数量。

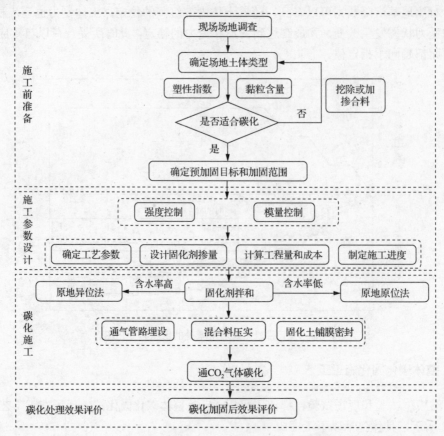

图 6-87　现场碳化固化施工工艺流程图

2. 施工参数设计

根据场地的土体类型、天然含水率等特征信息及处理场地的目标承载力，并根据 MgO 的活性指数确定固化剂 MgO 的最优掺量和场地碳化处理深度。

3. 碳化施工

（1）固化剂 MgO 的拌和和填压

MgO 的拌和分为原地异位拌和和原地原位拌和。当现场含水率高于土体液限时，可采用原地异位拌和法，即先现场土耕翻或挖出，进行晾晒，以脱出水分或降低含水率，然后用路用搅拌机将 MgO 和土地进行均匀搅拌，最后将混合料填压至坑槽内；当现场含水率低于土体液限时，可采用原地原位拌和法，即采用犁铧或 ALLU 强力搅拌机械将 MgO 与土体进行搅拌，搅拌过程中可适当洒水。

（2）通气管路的铺设

用排水板或带孔 PVC 管作为通气支管，用插板机械将排水板或 PVC 管插至 MgO

混合土的预定深度处，相邻两管之间的间距以小于 100 cm 为宜，最后用外接通气主管与各支管进行并联连接。

（3）监测装置布设

监测装置主要包括温度传感器和湿度传感器，温度传感器和湿度传感器布设在特征位置和深度处，传感器的终端与 dataTaker 数据采集仪进行连接。

（4）密封养护

在压实后的 MgO 混合土表层进行封膜覆盖，先用塑料膜进行整体密封，再用土工膜进行覆盖，然后进行压载。

（5）通气碳化

调节 CO_2 通气压力至（200±50）kPa，碳化通气方式可根据密封膜上部的压载情况选用连续通气和间断通气。累计通气时间一般为 12.0 h，也可根据现场实际碳化情况进行调整。

4. 碳化处理效果评价

（1）初步分析

根据碳化过程中土体温度和含水率的变化，初步分析地基碳化加固的程度。

（2）承载力测试

承载力测试包括轻型动力触探试验和动回弹模量试验，参照水泥土和石灰土地基的质量检测方法，进行电阻率、回弹模量、回弹弯沉和加州承载比（California bearing ratio，CBR）值测试。并从碳化路基现场取样进行无侧限抗压强度试验，根据碳化路基的弹性变形、承载能力和强度变化规律评价现场路基的碳化加固效果。

（3）沉降观测

在碳化处理后的场地埋设沉降板，并按公路路基处理规范进行上部堆填压实土，与未碳化的原素土场地和石灰（水泥）固化土层进行对比，分析监测沉降值变化。其中，处理地基的沉降应符合《公路路基设计规范》（JTG D30—2015）软土地基处理部分的相关规定：路堤中心沉降每昼夜不得大于 15 mm，边桩位移每昼夜不得大于 5 mm；同时要求连续 2 个月监测沉降量且每月沉降量不超过 5 mm；稳定性监测不得小于 6 个月。

（4）稳定性验算

按照相关规范的要求，处理后的软土地基也应进行稳定性验算。稳定验算一般采用瑞典圆弧滑动法中的固结有效应力法、改进总强度法，有条件时也可采用简化 Bishop 法、Janbu 普遍条分法。验算时按施工期和营运期的荷载分别计算稳定安全系数。施工期的荷载只考虑路堤自重，营运期的荷载包括路堤自重、路面的增重及行车荷载。

参 考 文 献

[1] 龚晓南. 地基处理手册[M]. 3 版. 北京：中国建筑工业出版社，2008.

[2] 刘松玉，周建，章定文，等. 地基处理技术进展[J]. 土木工程学报，2020，53（4）：93-110.

[3] 龚晓南. 地基处理技术及发展展望[M]. 北京：中国建筑工业出版社，2014.

[4] BRUCE D A, BRUCE M E C, DIMILLIO A F. Deep mixing method: a global perspective[J]. Geotechnical Special Publication, 1998: 1-26.

[5] TERASHI M. The state of practice in deep mixing methods[C]//Third International Conference on New Orieans, Louisiana, United States Grouting and Ground Treatment, ASCE, 2012: 25-49.

[6] 王梅，白晓红，梁仁旺，等. 生石灰与粉煤灰桩加固软土地基的微观分析[J]. 岩土力学，2001，22（1）：67-70.

[7] BOARDMAN D I, GLENDINNING S, ROGERS C D F. Development of stabilisation and solidification in lime-clay mixes[J]. Géotechnique, 2001, 51(6): 533-543.

[8] LISKA M. Properties and applications of reactive magnesia cements in porous blocks[D]. UK: University of Cambridge, 2010.

[9] 刘松玉，钱国超，章定文. 粉喷桩复合地基理论与工程应用[M]. 北京：中国建筑工业出版社，2006.

[10] YOUSUF M, MOLLAH A, VEMPATI R K, et al. The interfacial chemistry of solidification/stabilization of metals in cement and pozzolanic material systems[J]. Waste management, 1995, 15(2): 137-148.

[11] HANSEN J. The delicate architecture of cement[J]. Science, 1982, 82(3): 49-55.

[12] 王星华. 粘土固化浆液固结过程的 SEM 研究[J]. 岩土工程学报，1999，21（1）：37-43.

[13] JONGPRADIST P, JUMLONGRACH N, YOUWAI S, et al. Influence of fly ash on unconfined compressive strength of cement-admixed clay at high water content[J]. Journal of Materials in Civil Engineering, 2010, 22(1): 49-58.

[14] SCHNEIDER M, ROMER M, TSCHUDIN M, et al. Sustainable cement production—present and future[J]. Cement and Concrete Research, 2011, 41(7): 642-650.

[15] 聂永丰. 环境工程技术手册：固体废物处理工程技术手册[M]. 北京：化学工业出版社，2013.

[16] 王文军，朱向荣. 纳米硅粉水泥土的强度特性及固化机理研究[J]. 岩土力学，2004，25（6）：922-926.

[17] 王文军，朱向荣，方鹏飞. 纳米硅粉水泥土固化机理研究[J]. 浙江大学学报（工学版），2005，39（1）：148-153.

[18] CHINDAPRASIRT P, HOMWUTTIWONG S, SIRIVIVATNANON V. Influence of fly ash fineness on strength, drying shrinkage and sulfate resistance of blended cement mortar[J]. Cement and Concrete Research, 2004, 34(7): 1087-1092.

[19] LI G Y, WU X Z. Influence of fly ash and its mean particle size on certain engineering properties of cement composite mortars[J]. Cement and Concrete Research, 2005, 35(6): 1128-1134.

[20] NAIK T R, SINGH S S, HOSSAIN M M. Enhancement in mechanical properties of concrete due to blended ash[J]. Cement and Concrete Research, 1996, 26(1): 49-54.

[21] WILD S, KINUTHIA J M, JONES G I, et al. Suppression of swelling associated with ettringite formation in lime stabilized sulphate bearing clay soils by partial substitution of lime with granulated blastfurnace slag[J]. Engineering Geology, 1999, 51(4): 257-277.

[22] OBUZOR G N, KINUTHIA J M, ROBINSON R B. Utilisation of lime activated GGBS to reduce the deleterious effect of flooding on stabilised road structural materials: A laboratory simulation[J]. Engineering Geology, 2011, 122: 334-338.

[23] MILLER G A, AZAD S. Influence of soil type on stabilization with cement kiln dust[J]. Construction and Building Materials, 2000, 14(2): 89-97.

[24] KOLIAS S, KASSELOURI-RIGOPOULOU V, KARAHALIOS A. Stabilisation of clayey soils with high calcium fly ash and cement[J]. Cement and Concrete Composites, 2005, 27(2): 301-313.

[25] GOSWAMI R K, MAHANTA C. Leaching characteristics of residual lateritic soils stabilised with fly ash and lime for geotechnical applications[J]. Waste Management, 2007, 27(4): 466-481.

[26] HOSSAIN K M A, MOL L. Some engineering properties of stabilized clayey soils incorporating natural pozzolans and industrial wastes[J]. Construction and Building Materials, 2011, 25: 3495-3501.

[27] NIDZAM R M, KINUTHIA J M. Sustainable soil stabilisation with blastfurnace slag-a review[J]. Construction Materials, 2010, 163(3): 157-165.

[28] JEGANDAN S, LISKA M, OSMAN A A-M, et al. Sustainable binders for soil stabilisation[J]. Ground Improvement, 2010, 163(1): 53-61.

[29] DEGIRMENCIA N, OKUCUB A, TURABI A. Application of phosphogypsum in soil stabilization[J]. Building and Environment, 2007, 42: 3393-3398.

[30] AHMED A, UGAI K, KAMEI K. Laboratory and field evaluations of recycled gypsum as a stabilizer agent in embankment construction[J]. Soils and Foundations, 2011, 51(6): 975-990.

[31] 黄新, 胡同安. 水泥-废石膏加固软土的试验研究[J]. 岩土工程学报, 1998, 20 (5): 72-76.

[32] 黄新, 许晟, 宁建国. 含铝固化剂固化软土的试验研究[J]. 岩石力学与工程学报, 2007, 26 (1): 156-161.

[33] 牛晨亮, 黄新, 李战国, 等. 利用工业废渣固化软土的试验研究[J]. 环境工程学报, 2009, 3 (10): 1871-1874.

[34] 庄心善, 王功勋, 田苾. 含工业废料加固土的特性研究[J]. 土木工程学报, 2005, 38 (8): 114-117.

[35] 陈仁朋, 王进学, 陈云敏, 等. TDR 技术在石灰炉渣加固土中的应用[J]. 岩土工程学报, 2007, 29 (5): 676-683.

[36] 方祥位, 孙树国, 陈正汉, 等. GT 型土壤固化剂改良土的工程特性研究[J]. 岩土力学, 2006, 27 (9): 1545-1548.

[37] 牛晨亮, 黄新, 李战国, 等. 利用工业废渣固化软土的试验研究[J]. 环境工程学报, 2009, 3 (10): 1871-1874.

[38] YI Y L, LISKA M, AL-TABBAA A. Properties of two model soils stabilized with different blends and contents of GGBS, MgO, Lime, and PC[J]. Journal of Materials in Civil Engineering, 2013, 26(2): 267-274.

[39] YI Y L, LISKA M, AL-TABBAA A. Properties and microstructure of GGBS-magnesia pastes[J]. Advances in Cement Research, 2014, 26(2): 114-122.

[40] 陈胡星. 氧化镁微膨胀水泥-粉煤灰胶凝材料的膨胀性能及孔结构特征[J]. 硅酸盐学报, 2005, 33 (4): 516-519.

[41] 邓敏, 崔雪华, 刘元湛, 等. 水泥中氧化镁的膨胀机理[J]. 南京化工学院学报, 1990, 12 (4): 1-11.

[42] 黄西平, 张琦, 郭淑元, 等. 我国镁资源利用现状及开发前景[J]. 海湖盐与化工, 2004, 33 (6): 1-6.

[43] 李峥, 戈桦. 氢氧化镁煅烧氧化镁活性研究[J]. 盐业与化工, 2006, 35 (6): 1-3.

[44] 明常鑫, 翟学良, 池利民. 超细高活性氧化镁的制备, 性质及发展趋势[J]. 无机盐工业, 2005, 36 (6): 7-9.

[45] 章柯宁, 张一敏, 王昌安, 等. 碳化法从菱镁矿中提取高纯氧化镁的研究[J]. 武汉科技大学学报 (自然科学版), 2005, 27 (4): 352-353.

[46] 吴育飞, 翟学良, 施民梅. 卤水-碳酸钠法纳米氧化镁的微观形态[J]. 电子显微学报, 2005, 22 (6): 584-585.

[47] 姜运田, 张振伟, 林璜, 等. 老卤-碳铵法制备轻质氧化镁的研究[J]. 济南大学学报 (自然科学版), 2004, 18 (3): 246-248.

[48] LISKA M, AL-TABBAA A. Performance of magnesia cements in pressed masonry units with natural aggregates: Production parameters optimisation[J]. Construction and Building Materials, 2008, 22(8): 1789-1797.

[49] LISKA M, VANDEPERRE L, AL-TABBAA A. Influence of carbonation on the properties of reactive magnesia cement-based pressed masonry units[J]. Advances in Cement Research, 2008, 20(2): 53-64.

[50] GAO P W, LU X L, GENG F, et al. Production of MgO-type expansive agent in dam concrete by use of industrial by-products[J]. Building and environment, 2008, 43(4): 453-457.

[51] CANTERFORD J H, TSAMBOURAKIS G, LAMBERT B. Some observations on the properties of dypingite, $Mg_5(CO)_4(OH)_2 \cdot 5H_2O$, and related minerals[J]. Mineralogical Magazine, 1984, 48: 437-442.

[52] 徐丽君, 周仲怀. 苦卤综合利用技术的研究与开发[J]. 海湖盐与化工, 2001, 30 (4): 5-8.

[53] JIN F, AL-TABBAA A. Characterisation of different commercial reactive magnesia[J]. Advances in Cement Research, 2014, 26(2): 101-113.

[54] 钱海燕，邓敏，徐玲玲，等. 轻烧氧化镁活性测定方法的研究[J]. 化工矿物与加工，2005，34（1）：22-24.

[55] 唐小丽，刘昌胜. 重烧氧化镁粉的活性测定[J]. 华东理工大学学报（自然科学版），2001，27（2）：157-160.

[56] 孙世清，谢维章. 用热分析方法研究 MgO 的活性[J]. 硅酸盐学报，1986，14（2）：226-232.

[57] 董金美，余红发，李颖，等. 活性 MgO 定量分析标准方法的比较研究[J]. 盐湖研究，2011，19（2）：29-33.

[58] 中华人民共和国国家经济贸易委员会. 菱镁制品用轻烧氧化镁：WB/T 1019—2002[S]. 北京：中国标准出版社，2002.

[59] 中华人民共和国工业和信息化部. 轻烧氧化镁化学活性测定方法：YB/T 4019—2020[S]. 北京：冶金工业出版社，2020.

[60] 张秋丽，王中原，宋宝华. 轻烧氧化镁活性测定方法的研究[J]. 环境工程，2009，27（1）：441-442.

[61] 杨永，姬娜. 柠檬酸反应法测活性 MgO 含量技术分析[J]. 中国高新技术企业，2011，22（1）：8-9.

[62] 钱海燕，邓敏，徐玲玲，等. 轻烧氧化镁活性测定方法的研究[J]. 化工矿物与加工，2005，34（1）：22-24.

[63] 李维翰，尚红霞. 轻烧氧化镁粉活性测定的方法[J]. 硅酸盐通报，1987，6（6）：45-51.

[64] HARRISON A J W. The case for and ramifications of blending reactive magnesia with Portland cement[J]. Foundations, 2002, 175(2351).

[65] HARRISON A J W. Magnesian cements-Fundamental for sustainability in the built environment[C]// International RILEM Symposium on Concrete Science and Engineering: A Tribute to Arnon Bentur. RILEM Publications SARL, 2012.

[66] HARRISON J. Reactive magnesium oxide cement [P]. International Patent, WO/055049, 2001.

[67] HARRISON J. New cements based on the addition of reactive magnesia to Portland cement with or without addedpozzolan [C]. Proceedings of the CIA Conference: Concrete in the Third Millennium, CIA, Brisbane, Australia, 2003.

[68] HARRISON J. Reactive magnesium oxide cements: united States Patent, 7347896[P]. 2004.

[69] HARRISON A J W. Tec-cement update [M]. Concrete, 2005.

[70] HARRISON A J W. New cements based on the addition of reactive magnesia to Portland cement with or without added pozzolan[C]// Proc, CIA Conference: Concrete in the Third Millenium, CIA: Brisbane, Australia, 2008.

[71] HARRISON A J W. TecEco cement concretes-abatement, sequestration and waste utilization in the built environment[C]// TecEco Pty Ltd Conference, Austrilia, 2006: 1-11.

[72] VANDEPERRE L J, LISKA M, AL-TABBAA A. Hydration and mechanical properties of magnesia, pulverized fuel ash, and portland cement blends[J]. Journal of Materials in Civil Engineering, 2008, 20(5): 375-383.

[73] IYENGAR S, AL-TABBAA A. Application of two novel magnesia-based cements in the stabilization/solidification of contaminated soils[J]. Proceedings of GeoCongress: Geotechnics of waste management and remediation, 2008: 716-723.

[74] CWIRZEN A, HABERMEHL-CWIRZEN K. Effects of reactive magnesia on microstructure and frost durability of Portland cement-based binders[J]. Journal of Materials in Civil Engineering, 2012, 25(12): 1941-1950.

[75] JIN F, GU K, AL-TABBAA A. Strength and drying shrinkage of reactive MgO modified alkali-activated slag paste[J]. Construction and Building Materials, 2014, 51: 395-404.

[76] JIN F, WANG F, AL-TABBAA A. Three-year performance of in-situ solidificd/stabilised soil using novel MgO-bearing binders[J]. Chemosphere, 2016, 144: 681-688.

[77] GERDEMANN S J, DAHLIN D C, O'CONNOR W K. Carbon dioxide sequestration by aqueous mineral carbonation of magnesium silicate minerals[C]//Greenhouse Gas Control Technologies-6th International Conference, Pergamon, Turkey, 2003: 677-682.

[78] PRUESS K, GARCÍA J. Multiphase flow dynamics during CO_2 disposal into saline aquifers[J]. Environmental Geology, 2002, 42(2): 282-295.

[79] LI Q, WU Z S, LI X C. Prediction of CO_2 leakage during sequestration into marine sedimentary strata[J]. Energy Conversion and Management, 2009, 50(3): 503-509.

[80] LIM M, HAN G C, AHN J W, et al. Environmental remediation and conversion of carbon dioxide (CO_2) into useful green products by accelerated carbonation technology[J]. International journal of environmental research and public health, 2010, 7(1): 203-228.

[81] POWER I M, HARRISON A L, DIPPLE G M, et al. Carbon sequestration via carbonic anhydrase facilitated magnesium carbonate precipitation[J]. International Journal of Greenhouse Gas Control, 2013, 16: 145-155.

[82] MAROTO-VALER M M, FAUTH D J, KUCHTA M E, et al. Activation of magnesium rich minerals as carbonation feedstock materials for CO_2 sequestration[J]. Fuel Processing Technology, 2005, 86(14/15): 1627-1645.

[83] FRICKER K J, PARK A-H A. Effect of H_2O on $Mg(OH)_2$ carbonation pathways for combined CO_2 capture and storage[J]. Chemical Engineering Science, 2013, 100: 332-341.

[84] ZEVENHOVEN R, FAGERLUND J, NDUAGU E, et al. Carbon storage by mineralisation (CSM): Serpentinite rock carbonation via $Mg(OH)_2$ reaction intermediate without CO_2 pre-separation[J]. Energy Procedia, 2013, 37: 5945-5954.

[85] FAGERLUND J, NDUAGU E, Romao Ines, et al. CO_2 fixation using magnesium silicate minerals part 1: Process description and performance[J]. Energy, 2012, 41(1): 184-191.

[86] 肖佳, 勾成福. 混凝土碳化研究综述[J]. 混凝土, 2010, 1: 40-44.

[87] 曹明莉, 丁言兵, 郑进炫, 等. 混凝土碳化机理及预测模型研究进展[J]. 混凝土, 2012, 9: 35-38.

[88] BABUSHKIN V I. Thermodynamics of silicates [M]. Germany: springer-verlag, 1985.

[89] PAPADAKIS V G, TSIMAS S. Supplementary cementing materials in concrete Part I: efficiency and design[J]. Cement and Concrete Research, 2002, 32(10): 1525-1532.

[90] 阿列克谢耶夫. 钢筋混凝土结构中钢筋腐蚀与保护[M]. 黄可信, 吴兴祖, 等译. 北京: 中国建筑工业出版社, 1983.

[91] HOUST Y F, WITTMANN F H. Influence of porosity and water content on the diffusivity of CO_2 and O_2 through hydrated cement paste[J]. Cement and Concrete Research, 1994, 24(6): 1165-1176.

[92] 柳俊哲. 混凝土碳化研究与进展（1）：碳化机理及碳化程度评价[J]. 混凝土, 2005, 10: 10-13.

[93] 冯甘霖. 加速碳化改造水泥砖瓦性能的试验与数值模拟研究[D]. 哈尔滨: 哈尔滨工业大学（深圳研究生院）, 2013.

[94] FERNANDEZ B M, SIMONS S J R, HILLS C D, et al. A review of accelerated carbonation technology in the treatment of cement-based materials and sequestration of CO_2[J]. Journal of Hazardous Materials, 2004, 112(3): 193-205.

[95] 蒋利学, 张誉. 混凝土碳化深度的计算与试验研究[J]. 混凝土, 1996, 4: 12-17.

[96] 蒋清野, 王洪深, 路新瀛. 混凝土碳化数据库与混凝土碳化分析[R]. 北京: 清华大学: 钢筋锈蚀与混凝土冻融破坏的预测模型 1997 年度研究报告, 1997, 12.

[97] 徐道富. 环境气候条件下混凝土碳化速度研究[J]. 西部探矿工程, 2005, 10: 147-149.

[98] 李果, 袁迎曙, 耿欧. 气候条件对混凝土碳化速度的影响[J]. 混凝土, 2004, 11: 49-51.

[99] 刘亚芹. 混凝土碳化引起的钢筋锈蚀实用计算模式[D]. 上海: 同济大学, 1997.

[100] CAHYADI J H. Effect of carbonation on pore structure and strength characteristics of mortar[D]. Tokyo: University of Tokyo, 1995.

[101] HOUST Y F, WITTMANN F H. Depth profiles of carbonates formed during natural carbonation[J]. Cement and Concrete Research, 2002, 32(12): 1923-1930.

[102] HYVERT N, SELLIER A, DUPRAT F, et al. Dependency of C-S-H carbonation rate on CO_2 pressure to explain transition from accelerated tests to natural carbonation[J]. Cement and Concrete Research, 2010, 40(11): 1582-1589.

[103] ATIŞ C D. Accelerated carbonation and testing of concrete made with fly ash[J]. Construction and Building Materials, 2003, 17(3): 147-152.

[104] SULAPHA P, WONG S F, WEE T H, et al. Carbonation of concrete containing mineral admixtures[J]. Journal of Materials in Civil Engineering, 2003, 15(2): 134-143.

[105] PAPADAKIS V G. Effect of supplementary cementing materials on concrete resistance against carbonation and chloride

ingress[J]. Cement and Concrete Research, 2000, 30(2): 291-299.

[106] 岸谷孝一. 钢筋混凝土的耐久性[M]. 日本: 鹿岛建设技术研究所出版部, 1963.

[107] 陈树亮. 混凝土碳化机理、影响因素及预测模型[J]. 华北水利水电学院学报, 2010, 3: 35-39.

[108] 朱安民. 混凝土碳化与钢筋混凝土耐久性[J]. 混凝土, 1992, 6: 18-22.

[109] 吴建华, 张亚梅, 孙伟. 混凝土碳化模型和试验方法综述及建议[J]. 混凝土与水泥制品, 2008, 6: 1-7.

[110] 邸小坛, 周燕. 混凝土碳化规律的研究[R]. 北京: 中国建筑科学研究院结构所, 1994.

[111] 张誉, 蒋利学. 基于碳化机理的混凝土碳化深度实用数学模型[J]. 工业建筑, 1998, 28 (1): 16-19.

[112] 许丽萍, 黄士元. 预测混凝土中碳化深度的数学模型[J]. 上海建材学院学报, 1991, 4 (4): 347-356.

[113] 龚洛书, 苏曼青, 王洪琳. 混凝土多系数碳化方程及其应用[J]. 混凝土及加筋混凝土, 1985, 6: 10-16.

[114] WAN K S, XU Q, WANG Y D, et al. 3D spatial distribution of the calcium carbonate caused by carbonation of cement paste[J]. Cement and Concrete Composites, 2014, 45: 255-263.

[115] AGUIAR J B, JÚNIOR C. Carbonation of surface protected concrete[J]. Construction and Building Materials, 2013, 49: 478-483.

[116] PARK D C. Carbonation of concrete in relation to CO_2 permeability and degradation of coatings[J]. Construction and Building Materials, 2008, 22(11): 2260-2268.

[117] 易耀林. 基于可持续发展的搅拌桩系列新技术与理论[D]. 南京: 东南大学, 2013.

[118] HARRISON A J W. TecEco Eco-cement masonry product update–carbonation=sequestration[C]. TecEco Pty Ltd, Melbourne, Australia, 2005: 1-12.

[119] YI Y L, LISKA M, UNLUER C, et al. Carbonating magnesia for soil stabilization[J]. Canadian Geotechnical Journal, 2013, 50(8): 899-905.

[120] YI Y L, LU K W, LIU S Y, et al. Property changes of reactive magnesia-stabilized soil subjected to forced carbonation[J]. Canadian Geotechnical Journal, 2016, 53(2): 314-325.

[121] VANDEPERRE L J, AL-TABBAA A. Accelerated carbonation of reactive MgO cements[J]. Advances in Cement Research, 2007, 19(2): 67-79.

[122] UNLUER C, AL-TABBAA A. Enhancing the carbonation of MgO cement porous blocks through improved curing conditions[J]. Cement and Concrete Research, 2014, 59: 55-65.

[123] UNLUER C, AL-TABBAA A. Impact of hydrated magnesium carbonate additives on the carbonation of reactive MgO cements[J]. Cement and Concrete Research, 2013, 54: 87-97.

[124] MO L W, DENG M, TANG M S. Effects of calcination condition on expansion property of MgO-type expansive agent used in cement-based materials[J]. Cement and Concrete Research, 2010, 40(3): 437-446.

[125] MO L W, DENG M, WANG A G. Effects of MgO-based expansive additive on compensating the shrinkage of cement paste under non-wet curing conditions[J]. Cement and Concrete Composites, 2012, 34(3): 377-383.

[126] MO L W, PANESAR D K. Effects of accelerated carbonation on the microstructure of Portland cement pastes containing reactive MgO[J]. Cement and Concrete Research, 2012, 42(6): 769-777.

[127] MO L W, PANESAR D K, Accelerated carbonation: A potential approach to sequester CO_2 in cement paste containing slag and reactive MgO[J]. Cement and Concrete Composites, 2013, 43: 69-77.

[128] 朱静. 活性 MgO 制备低碳排放复合胶凝材料及水化碳化机理研究[D]. 武汉: 华中科技大学, 2013.

[129] LISKA M, AL-TABBAA A. Performance of magnesia cements in porous blocks in acid and magnesium environments[J]. Advances in Cement Research, 2012, 24(4): 221-232.

[130] GIAMMAR D E, BRUANT Jr R G, PETERS C A. Forsterite dissolution and magnesite precipitation at conditions relevant for deep saline aquifer storage and sequestration of carbon dioxide[J]. Chemical Geology, 2005, 217(3/4): 257-276.

[131] FERRINI V, DE VITO C, MIGNARDI S. Synthesis of nesquehonite by reaction of gaseous CO_2 with Mg chloride solution:

Its potential role in the sequestration of carbon dioxide[J]. Journal of hazardous materials, 2009, 168(2): 832-837.

[132] POWER I M, WILSON S A, THOM J M, et al. Biologically induced mineralization of dypingite by cyanobacteria from an alkaline wetland near Atlin, British Columbia, Canada[J]. Geochemical transactions, 2007, 8(13): 1-16.

[133] TEIR S, KUUSIK R, FOGELHOLM C J, et al. Production of magnesium carbonates from serpentinite for long-term storage of CO_2[J]. International Journal of Mineral Processing, 2007, 85(1-3): 1-15.

[134] BOTHA A, STRYDOM C A. Preparation of a magnesium hydroxy carbonate from magnesium hydroxide[J]. Hydrometallurgy, 2001, 62(3): 175-183.

[135] MING D W, FRANKLIN W T. Synthesis and characterization of lansfordite and nesquehonite[J]. Soil Science Society of America Journal, 1985, 49(5): 1303-1308.

[136] LANAS J, ALVAREZ J I. Dolomitic lime: thermal decomposition of nesquehonite[J]. Thermochimica Acta, 2004, 421(1-2): 123-132.

[137] SAWADA Y, YAMAGUCHI J, SAKURAI O, et al. Thermogravimetric study on the decomposition of hydromagnesite $4MgCO_3 \cdot Mg(OH)_2 \cdot 4H_2O$[J]. Thermochimica Acta, 1979, 33(0): 127-140.

[138] 李晨. 氧化镁活性对碳化搅拌桩加固效果影响研究[D]. 南京：东南大学，2014.

[139] 郑旭. 碳化固化土的耐久性能试验研究[D]. 南京：东南大学，2015.

[140] 蔡光华. 活性氧化镁碳化加固软弱土的试验与应用研究[D]. 南京：东南大学，2017.

[141] 刘松玉，李晨. 氧化镁活性对碳化固化效果影响研究[J]. 岩土工程学报，2015，37（1）：148-155.

[142] 蔡光华，刘松玉，杜延军，等. 不同活性氧化镁碳化加固粉土对比试验研究[J]. 东南大学学报（自然科学版），2015，45（5）：958-963.

[143] CAI G H, LIU S Y, DU Y J, et al. Influences of activity index on mechanical and microstructural characteristics of carbonated reactive magnesia-admixed silty soil[J]. Journal of Materials in Civil Engineering, 2016, 29(5): 04016285.

[144] Coastal Development Institute of Technology (CDIT). The deep mixing method-principle, design and construction[M]. Balkema, Rotterdam, 2002.

[145] HORPIBULSUK S, MIURA N, NAGARAJ T S. Assessment of strength development in cement-admixed high water content clays with Abrams' law as a basis[J]. Géotechnique, 2003, 53(4): 439-444.

[146] HORPIBULSUK S, RACHAN R, CHINKULKIJNIWAT A, et al. Analysis of strength development in cement-stabilized silty clay from microstructural considerations[J]. Construction and Building Materials, 2010, 24(10): 2011-2021.

[147] DU Y J, JIANG N J, SHEN S L, et al. Experimental investigation of influence of acid rain on leaching and hydraulic characteristics of cement-based solidified/stabilized lead contaminated clay[J]. Journal of hazardous materials, 2012, 225: 195-201.

[148] DU Y J, JIANG N J, LIU S Y, et al. Engineering properties and microstructural characteristics of cement-stabilized zinc-contaminated kaolin[J]. Canadian Geotechnical Journal, 2014, 51(3): 289-302.

[149] DU Y J, WEI M L, REDDY K R, et al. Effect of acid rain pH on leaching behavior of cement stabilized lead-contaminated soil[J]. Journal of hazardous materials, 2014, 271: 131-140.

[150] LIU S Y, DU Y J, YI Y L, et al. Field investigations on performance of T-shaped deep mixed soil cement column–supported embankments over soft ground[J]. Journal of geotechnical and geoenvironmental engineering, 2012, 138(6): 718-727.

[151] CAI G H, DU Y J, LIU S Y, et al. Physical properties, electrical resistivity, and strength characteristics of carbonated silty soil admixed with reactive magnesia[J]. Canadian Geotechnical Journal, 2015, 52(11): 1699-1713.

[152] 曹菁菁. 活性氧化镁碳化固化土微观机理及应用研究[D]. 南京：东南大学，2016.

[153] MITCHELL J K, SOGA K. Fundamentals of soil behavior[M]. Hoboken, USA: John Wiley & Sons, 2005.

[154] LIU S Y, CAI G H, CAO J J, et al. Influence of soil type on strength and microstructure of carbonated reactive magnesia-treated soil[J]. European Journal of Environmental and Civil Engineering, 2020, 24(2): 248-266.

[155] LORENZO G, BERGADO D, SORALUMP S. New and economical mixing method of cement-admixed clay for DMM application[J]. Geotechnical Testing Journal, 2006, 29(1): 1-10.

[156] UNLUER C, AL-TABBAA A. Green construction with carbonating reactive magnesia porous blocks: effect of cement and water contents[C]//2nd International Conference & Environmental Construction Exhibition, Dubai, 2011.

[157] 陈慧娥，王清. 有机质对水泥加固软土效果的影响[J]. 岩石力学与工程学报，2005，24（2）：5816-5821.

[158] 刘叔灼，巴凌真，杨医博，等. 有机质含量对水泥土强度影响的试验研究[J]. 武汉理工大学学报，2009，31（7）：40-43.

[159] 中华人民共和国住房和城乡建设部. 建筑地基处理技术规范：JGJ 79—2012[S]. 北京：中国建筑工业出版社，2011.

[160] 莫立武，KPANESAR D. 高浓度二氧化碳碳化活性氧化镁水泥浆体的显微结构[J]. 硅酸盐学报，2014，42（2）：142-149.

[161] WANG D X, ABRIAK N E, ZENTAR R. Strength and deformation properties of Dunkirk marine sediments solidified with cement, lime and fly ash[J]. Engineering Geology, 2013, 166: 90-99.

[162] DU Y J, WEI M L, JIN F, et al. Stress-strain relation and strength characteristics of cement treated zinc-contaminated clay[J]. Engineering Geology, 2013, 167: 20-26.

[163] HORPIBULSUK S, SUDDEEPONG A, Chinkulkijniwat Avirut, et al. Strength and compressibility of lightweight cemented clays[J]. Applied Clay Science, 2012, 69: 11-21.

[164] LORENZO G A. Fundamentals of cement-admixed clay in deep mixing and Its behavior as foundation support of reinforced embankment on subsiding soft clay ground[D]. Pathumthani, Thailand: Asian Institute of Technology, School of Civil Engineering, 2005.

[165] HORPIBULSUK S, PHOJAN W, SUDDEEPONG A, et al. Strength development in blended cement admixed saline clay[J]. Applied Clay Science, 2012, 55: 44-52.

[166] YI Y L, LISKA M, AKINYUGHA A, et al. Preliminary laboratory-scale model auger installation and testing of carbonated soil-MgO columns[J]. Geotechnical Testing Journal, 2013, 36(3): 1-10.

[167] CAI G H, LIU S Y, DU Y J, et al. Strength and deformation characteristics of carbonated reactive magnesia treated silt soil[J]. Journal of Central South University, 2015, 22: 1859-1868.

[168] CAMPANELLA R G, WEEMEES I. Development and use of an electrical resistivity cone for groundwater contamination studies[J]. Canadian Geotechnical Journal, 1990, 27(5): 557-567.

[169] ABU-HASSANEIN Z, BENSON C, BLOTZ L. Electrical resistivity of compacted clays[J]. Journal of Geotechnical Engineering, 1996, 122(5): 397-406.

[170] SINGH D N, KURIYAN S J, MANTHENA C K. A generalised relationship between soil electrical and thermal resistivities[J]. Experimental Thermal and Fluid Science, 2001, 25(3-4): 175-181.

[171] 韩立华，刘松玉，杜延军. 温度对污染土电阻率影响的试验研究[J]. 岩土力学，2007，28（6）：1151-1155.

[172] CAMPBELL R B, BOWER C A, RICHARDS L A. Change of electrical conductivity with temperature and the relation of osmotic pressure to electrical conductivity and ion concentration for soil extracts[C]//Soil Science Society of America Proceedings, 1948, 13: 66-69.

[173] KELLER G, FRISCHKNECHT F. Electrical methods in geophysical prospecting[M]. New York: Pergamon Press, 1966: 66-68.

[174] CHEN L, DU Y J, LIU S Y, et al. Evaluation of cement hydration properties of cement-stabilized lead-contaminated soils using electrical resistivity measurement[J]. Journal of Hazardous, Toxic, and Radioactive Waste, 2011, 15(4): 312-320.

[175] ZHANG D W, CAO Z G, FAN L B, et al. Evaluation of the influence of salt concentration on cement stabilized clay by electrical resistivity measurement method[J]. Engineering Geology, 2014, 170: 80-88.

[176] LIU S Y, DU Y J, HAN L H, et al. Experimental study on the electrical resistivity of soil–cement admixtures[J]. Environmental Geology, 2008, 54(6): 1227-1233.

[177] KOMINE H. Evaluation of chemical grouted soil by electrical resistivity[J]. Proceedings of the Institution of Civil Engineers-Ground Improvement, 1997, 1(2): 101-113.

[178] 朱伟, 张春雷, 高玉峰, 等. 海洋疏浚泥固化处理土基本力学性质研究[J]. 浙江大学学报（工学版）, 2005, 39（10）: 1561-1565.

[179] TERASHI M, TANAKA H, MITSUMOTO T, et al. Fundamental properties of lime and cement treated soils (2nd report)[J]. Report f the Port and Harbour Research Institute, 1980, 19(1): 33-62.

[180] 汤怡新, 刘汉龙, 朱伟. 水泥固化土工程特性试验研究[J]. 岩土工程学报, 2000, 22（5）: 549-554.

[181] 董金梅, 刘汉龙, 洪振舜, 等. 聚苯乙烯轻质混合土的压缩变形特性试验研究[J]. 岩土力学, 2006, 27（2）: 286-289.

[182] 范晓秋, 洪宝宁, 胡昕, 等. 水泥砂浆固化土物理力学特性试验研究[J]. 岩土工程学报, 2008, 30（4）: 605-610.

[183] 陈蕾. 水泥固化稳定重金属污染土机理与工程特性研究[D]. 南京: 东南大学, 2010.

[184] 陈蕾, 杜延军, 刘松玉, 等. 水泥固化铅污染土的基本应力-应变特性研究[J]. 岩土力学, 2011, 32（3）: 715-722.

[185] FUTAKI M, NAKANO K, HAGINO Y. Design strength of soil cement columns as foundation ground for structures[C]// Grouting and Deep Mixing Conference, Tokyo, 1996: 481-484.

[186] 王朝东, 陈静曦. 关于水泥粉喷桩有效桩长的探讨[J]. 岩土力学, 1996, 17（3）: 43-47.

[187] LORENZO G A, BERGADO D T. Fundamental characteristics of cement-admixed clay in deep mixing[J]. Journal of Materials in Civil Engineering, 2006, 18(2): 161-174.

[188] ZHANG T W, YUE X B, DENG Y F, et al. Mechanical behaviour and micro-structure of cement-stabilised marine clay with a metakaolin agent[J]. Construction and Building Materials, 2014, 73: 51-57.

[189] 徐志钧, 曹铭葆. 水泥土搅拌法处理地基[M]. 北京: 机械工业出版社, 2004.

[190] 侯永峰, 龚晓南. 水泥土的渗透特性[J]. 浙江大学学报（工学版）, 2000, 34（2）: 189-193.

[191] 朱崇辉. 水泥土渗透系数变化规律试验研究[J]. 长江科学院院报, 2013, 30（7）: 59-63.

[192] CHEW S H, KAMRUZZAMAN A H M, LEE F H. Physicochemical and engineering behavior of cement treated clays[J]. Journal of geotechnical and geoenvironmental engineering, 2004, 130(7): 696-706.

[193] LAPIERRE C, LEROUEIL S, LOCAT J. Mercury intrusion and permeability of Louiseville clay[J]. Canadian Geotechnical Journal, 1990, 27(6): 761-773.

[194] TAVENAS F, JEAN P, LEBLOND P, et al. The permeability of natural soft clays. Part II: Permeability characteristics[J]. Canadian Geotechnical Journal, 1983, 20(4): 645-660.

[195] BENTZ D P. Virtual pervious concrete: microstructure, percolation, and permeability[J]. ACI Materials Journal, 2008, 105(3): 297-301.

[196] American Society for Testing and Materials (ASTM). Standard Test Method for Wetting and Drying Test of Solid Wastes[S]. US: ASTM international, 2009.

[197] Public Works Research Institute. Development of advanced process and usage technique of construction sludge [R]. Final Report of Cooperative Research. Tokyo: Public Works Research Institute, 1997.

[198] American Society for Testing and Materials (ASTM). Standard test methods for freezing and thawing compacted soil-cement mixtures: D560-02(2003)[S]. US: ASTM international, 2003.

[199] American Society for Testing and Materials (ASTM). Standard Test Method for Length Change of Hydraulic-Cement Mortars Exposed to a Sulfate Solution: C1012/C1012M-10[S]. US: ASTM international, 2010.

[200] UNLUER C, AL-TABBAA A. Characterization of light and heavy hydrated magnesium carbonates using thermal analysis[J]. Journal of Thermal Analysis and Calorimetry, 2014, 115(1): 595-607.

[201] WASHBURN E W J. Note on a method of determining the distribution of pore sizes in a porous material[J]. Proceedings of the National Academy of Sciences, 1921, 7(4): 115-116.

[202] ZHANG T T, CHEESEMAN C R, VANDEPERRE L J. Development of low pH cement systems forming magnesium silicate

hydrate (M-S-H)[J]. Cement and Concrete Research, 2011, 41(4): 439-442.

[203] DE SILVA P, BUCEA L, SIRIVIVATNANON V. Chemical, microstructural and strength development of calcium and magnesium carbonate binders[J]. Cement and Concrete Research, 2009, 39(5): 460-465.

[204] FROST R L, PALMER S J. Infrared and infrared emission spectroscopy of nesquehonite $Mg(OH)(HCO_3) \cdot 2H_2O$-implications for the formula of nesquehonite[J]. Spectrochimica Acta Part A: Molecular and Biomolecular Spectroscopy, 2011, 78(4): 1255-1260.

[205] THIERY M, VILLAIN G, DANGLA P, et al. Investigation of the carbonation front shape on cementitious materials: Effects of the chemical kinetics[J]. Cement and Concrete Research, 2007, 37(7): 1047-1058.

[206] JIN F, ABDOLLAHZADEH A, AL-TABBAA A. Effect of different MgOs on the hydration of MgO-activated granulated ground blastfurnace slag paste[C]// Proceedings of 3rd international conference on sustainable construction materials and technologies Kyoto, Japan, 2015.

[207] 刘松玉, 曹菁菁, 蔡光华, 等. 压实度对 MgO 碳化土加固效果的影响及其机理研究[J]. 中国公路学报, 2018, 31 (8): 30-38.

[208] 张涛. 基于工业副产品木质素的粉土固化改良技术与工程应用研究[D]. 南京: 东南大学, 2015.

[209] ZHANG L M, LI X. Microporosity structure of coarse granular soils[J]. Journal of geotechnical and geoenvironmental engineering, 2010, 136(10): 1425-1436.

[210] 丁建文, 洪振舜, 刘松玉. 疏浚淤泥流动固化土的压汞试验研究[J]. 岩土力学, 2011, 32 (12): 3591-3596.

[211] HORPIBULSUK S, PHETCHUAY C, CHINKULKIJNIWAT A. Soil stabilization by calcium carbide residue and fly ash[J]. Journal of Materials in Civil Engineering, 2011, 24(2): 184-193.

[212] HORPIBULSUK S, RACHAN R, SUDDEEPONG A. Assessment of strength development in blended cement admixed Bangkok clay[J]. Construction and Building Materials, 2011, 25(4): 1521-1531.

[213] MUNZ I A, KIHLE J, BRANDVOLL Y, et al. A continuous process for manufacture of magnesite and silica from olivine, CO_2 and H_2O[J]. Energy Procedia, 2009, 1(1): 4891-4898.

[214] ALI F H, ADNAN A, CHOY C. Geotechnical properties of a chemically stabilized soil from Malaysia with rice husk ash as an additive[J]. Geotechnical & Geological Engineering, 1992, 10(2): 117-134.

[215] 黄新, 宁建国, 许晟, 等. 软土固化剂设计方法讨论[J]. 工业建筑, 2006, 36 (7): 7-12.

[216] 蔡光华, 刘松玉. 一种软土地基的换填垫层碳化加固方法: 2014102729571[P]. 2014-06-18.

[217] 蔡光华, 刘松玉, 杜延军, 等. 一种浅层软弱地基原位碳化固化处理方法: 2015103487979[P]. 2015-06-23.

[218] 杨博. 应用 DCP 快速检测土基压实质量研究[D]. 长沙: 长沙理工大学, 2010.

[219] HERRICK J E, JONES T L. A dynamic cone penetrometer for measuring soil penetration resistance[J]. Soil Science Society of America Journal, 2002, 66(4): 1320-1324.

[220] LIU S Y, CAI G H, DU G Y, et al. Field investigation of highway shallow soft-soil subgrade treated by mass carbonation technology[J]. Canadian Geotechnical Journal, 2021, 58(1): 97-113.